JN078919

スバラシク実力がつくと評判の

ベクトル解析

キャンパス・ゼミ

大学の数学がこんなに分かる！単位なんて楽に取れる！

馬場敬之

マセマ出版社

◆ はじめに ◆

みなさん，こんにちは。数学の**馬場敬之（ばば けいし）**です。これまで発刊した**大学数学「キャンパス・ゼミ」シリーズ**は多くの方々にご愛読頂き，大学数学学習の新たなスタンダードとして定着してきたようです。そして今回，新たに『**ベクトル解析キャンパス・ゼミ 改訂7**』を上梓することが出来て，心より嬉しく思っています。

ベクトル解析とは，**ベクトルと微分積分を融合させた数学の一分野**で，これは，**力学，電磁気学，流体力学**など，物理学の様々な現象を理論的に理解するために欠かせないものなのです。逆に言えば，この**ベクトル解析**をマスターすることによって初めて，これら**応用分野への扉を開く**ことができるのです。

多くの方々が，$\mathrm{grad}\,f\,(=\nabla f)$，$\mathrm{div}\,\boldsymbol{f}\,(=\nabla\cdot\boldsymbol{f})$，$\mathrm{rot}\,\boldsymbol{f}\,(=\nabla\times\boldsymbol{f})$ など，**ベクトル解析独特の記号法**に一種不思議な憧れをお持ちになっておられるかもしれません。そう…，これらの記号法を駆使して，**線積分**や**面積分**など様々な応用問題を解けるようになったとき，**大学数学の本当の面白さを実感できる**ようになるのです。

しかし，この**ベクトル解析**はよく**富士山の登山**にたとえられます。その意味は，「初めは易しくて楽なんだけれど，中腹から急に難しくなって，結局は途中で諦めてしまう。」ということです。

このような事にならないよう，読書の皆さん全員を無事頂上まで案内していけるよう，**高杉 豊 先生**はじめマセマのメンバーと検討を重ねながら，この『**ベクトル解析キャンパス・ゼミ 改訂7**』を書き上げました。

本書では基本から応用まで，**マセマ流のヴィジュアルで親切な解説**で，**力学や電磁気学の様々なテーマ**も取り上げながら，**本格的なベクトル解析の内容**を余すところなく解き明かしています。特に，**面積分**のところでは，負の**面要素**(微小面積)を認める専門書が多い中，これでは読者の皆さんの混乱を招く可能性があるので，**面要素はすべて正**という原則にのっとって**面積分の**

理論を分かりやすく再構築しました。これで頂上までの登山がさらに楽になると思います。

この『**ベクトル解析キャンパス・ゼミ 改訂 7**』は，全体が**4**章から構成されており，各章をさらにそれぞれ**10**～**20**ページ程度のテーマに分けていますので，非常に読みやすいはずです。ベクトル解析は難しいものだと思っている方も，まず**1**回この本を流し読みすることをお勧めします。初めは難しい公式の証明などは飛ばしても構いません。**方向余弦，共面ベクトル，スカラー3重積，ベクトル3重積，ベクトル値関数，接線ベクトル，主法線ベクトル，従法線ベクトル，曲率，捩率，フレネ・セレーの公式，スカラー場，等位曲面，ベクトル場，ハミルトン演算子，勾配ベクトル，発散，回転，線積分，面積分，面要素，面要素ベクトル，ガウスの発散定理，ガウスの積分と立体角，ストークスの定理**などなど…，次々と専門的な内容が目に飛び込んではきますが，不思議と違和感なく読みこなしていけるはずです。この**通し読みだけなら，おそらく1週間もあれば十分**のはずです。これで**ベクトル解析の全体像**をつかむ事が大切なのです。

1回通し読みが終わりましたら，後は各テーマの詳しい解説文を**精読**して，例題，演習問題，実践問題を**実際に自分で解きながら**，勉強を進めていって下さい。特に，実践問題は，演習問題と同型の問題を穴埋め形式にしたものですから，非常に学習しやすいと思います。

この精読が終わりましたならば，後は自分で納得がいくまで何度でも**繰り返し練習**することです。この反復練習により本物の実践力が身に付くので，**「ベクトル解析も自分自身の言葉で自在に語れる」**ようになるのです。こうなれば，**「数学の単位も，大学院の入試も，共に楽勝のはずです！」**

この『**ベクトル解析キャンパス・ゼミ 改訂 7**』により，皆さんが**奥深くて面白いベクトル解析の世界**に開眼されることを願ってやみません。

マセマ代表　馬場 敬之（けいし）

この改訂**7**では，ガウスの発散定理の演習問題をより教育的な問題に差し替えました。

目次

講義1 ベクトルと行列式

講義2 ベクトル値関数

講義3 スカラー場とベクトル場

講義4 線積分と面積分

ベクトルと行列式

▶ ベクトルの基本と行列式の計算
（方向余弦，共面ベクトル）

▶ 空間図形とベクトルの内積・外積

▶ ベクトルの内積・外積の応用
（スカラー 3 重積，ベクトル 3 重積，面積ベクトル）

§1. ベクトルの基本と行列式の計算

さァ，これから“**ベクトル解析**”の講義を始めよう。一般に，ベクトル解析とは，線形代数で学習した“**ベクトル**”や“**行列式**”と微分積分を合体させたものだと考えてくれていいんだよ。従って，ここではまず線形代数の復習として，ベクトルの基本と行列式の計算について解説しよう。いずれも，ベクトル解析を学ぶ上で基礎となる重要なものだからだ。

ベクトル解析では，対象が **3** 次元空間であるため，特に **3** 次元ベクトルを中心に“**方向余弦**”や“**共面ベクトル**”についても解説しよう。

● ベクトルの方向余弦を押さえよう！

図 **1** に示すように，“**ベクトル**”とは(ⅰ) 大きさと(ⅱ) 向きを持った量で，これらは $\boldsymbol{a}$ や $\boldsymbol{b}$ や $\boldsymbol{x}$ など，太字の小文字のアルファベットで表すことにしよう。ベクトルの

(ⅰ) 大きさは矢線の長さで表す。
　　これを“**ノルム**”といい，$\|\boldsymbol{a}\|$ などと表す。
(ⅱ) また，その向きは，矢印の向きで表す。

図 **1** ベクトル

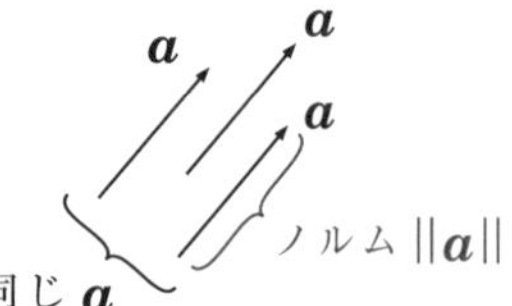

図 **2** 単位ベクトル $\boldsymbol{e}$

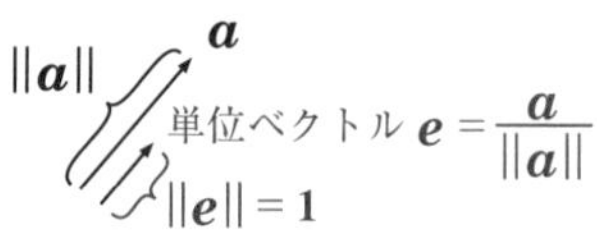

よって，図 **1** に示すように，大きさと向きが等しければ同じ $\boldsymbol{a}$ を表す。特に，大きさ(ノルム)が **0** のベクトルを“**零ベクトル**”と呼び，$\boldsymbol{0}$ で表す。ここで，$\boldsymbol{a} \neq \boldsymbol{0}$ のとき，$\boldsymbol{a}$ を自分自身の大きさ(ノルム) $\|\boldsymbol{a}\|$ $(\neq 0)$ で割ると，図 **2** に示すような $\boldsymbol{a}$ と同じ向きで，大きさ(ノルム)が **1** のベクトルが得られる。この大きさ **1** のベクトルを“**単位ベクトル**”と呼ぶ。これを $\boldsymbol{e}$ とおくと，これは

$$\boldsymbol{e} = \frac{1}{\|\boldsymbol{a}\|}\boldsymbol{a}$$

$(\boldsymbol{a} \neq \boldsymbol{0})$ と表される。ちなみに，大きさを **1** にすることを“**正規化する**”ということも覚えておこう。

これまで解説した“**ベクトル**”に対して，正・負の変化はあるが，大きさのみの量を“**スカラー**”という。これから，ベクトル解析で様々な量の計算を行っていくんだけれど，その対象がベクトルなのか，スカラーなのか，常に意識するように心がけてくれ。

（スカラー：“ある値”のこと）

典型的なベクトルの例としては“**力を表すベクトル**”や“**速度ベクトル**”が挙げられる。また，スカラーの典型例としては，“**温度**”や“**密度**”などが挙げられるね。

ベクトル解析では，物理的な空間を対象としているので，$\boldsymbol{a}$ を 3 次元ベクトルとすると，図 3 に示すように，$\boldsymbol{a}$ は成分表示で

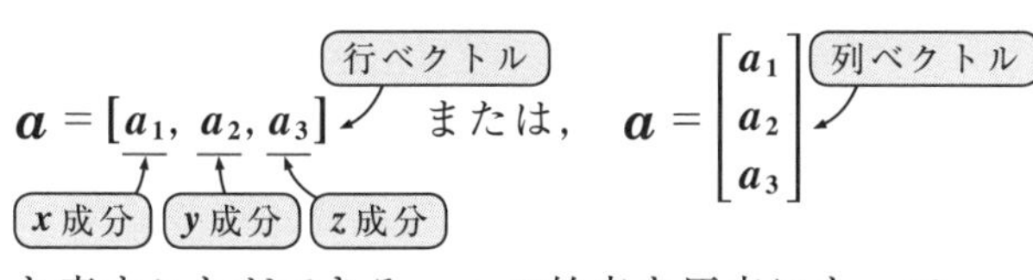

$$\boldsymbol{a} = [a_1,\ a_2,\ a_3] \quad \text{または，} \quad \boldsymbol{a} = \begin{bmatrix} a_1 \\ a_2 \\ a_3 \end{bmatrix}$$

図 3　空間ベクトルの成分表示

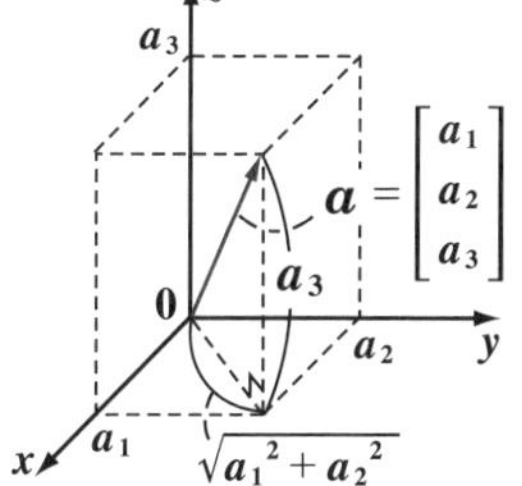

と表すことができる。$\boldsymbol{a}$ の始点を原点にもってきたときの終点の座標が $\boldsymbol{a}$ の成分になるんだね。$\boldsymbol{a}$ の成分は“**列ベクトル**”，“**行ベクトル**”のいずれで表現してもかまわない。

このとき，ベクトル $\boldsymbol{a}$ のノルム (大きさ) は三平方の定理から，

$\|\boldsymbol{a}\| = \sqrt{a_1^2 + a_2^2 + a_3^2}$ と表されることも大丈夫だね。

ここで，$\boldsymbol{a} = \begin{bmatrix} a_1 \\ a_2 \\ a_3 \end{bmatrix}$，$\boldsymbol{b} = \begin{bmatrix} b_1 \\ b_2 \\ b_3 \end{bmatrix}$ とおき，(I) 和と (II) スカラー倍を

(I) 和 $\boldsymbol{a} + \boldsymbol{b} = \begin{bmatrix} a_1 + b_1 \\ a_2 + b_2 \\ a_3 + b_3 \end{bmatrix}$，(II) スカラー倍 $k\boldsymbol{a} = \begin{bmatrix} ka_1 \\ ka_2 \\ ka_3 \end{bmatrix}$ で定義すると，（k：スカラー）

これらは次の性質をみたす。

(I) 和の性質

(i) $(\boldsymbol{a}+\boldsymbol{b})+\boldsymbol{c} = \boldsymbol{a}+(\boldsymbol{b}+\boldsymbol{c})$　(結合法則)　($\boldsymbol{a}$，$\boldsymbol{b}$，$\boldsymbol{c}$：3 次元ベクトル)

(ii) $\boldsymbol{a} + \boldsymbol{b} = \boldsymbol{b} + \boldsymbol{a}$　(交換法則)

(iii) $\boldsymbol{a} + \boldsymbol{0} = \boldsymbol{0} + \boldsymbol{a} = \boldsymbol{a}$ をみたすただ 1 つの $\boldsymbol{0}$ (零元(ぜろげん)) が存在する。

(iv) $\boldsymbol{a} + \boldsymbol{x} = \boldsymbol{x} + \boldsymbol{a} = \boldsymbol{0}$ をみたすただ 1 つの $-\boldsymbol{a}$ (逆元(ぎゃくげん)) が存在する。（$-\boldsymbol{a} = \boldsymbol{x}$）

(II) スカラー倍の性質

(i) $1 \cdot \boldsymbol{a} = \boldsymbol{a}$　　(ii) $k(\boldsymbol{a} + \boldsymbol{b}) = k\boldsymbol{a} + k\boldsymbol{b}$

(iii) $(k+l)\boldsymbol{a} = k\boldsymbol{a} + l\boldsymbol{a}$　　(iv) $(kl)\boldsymbol{a} = k(l\boldsymbol{a})$　(k，l：実数)

以上から，3 次元ベクトルの集合は，3 次元の“**線形空間**(せんけいくうかん)”または“**ベクトル空間**”を形成していると言えるんだね。

よって，任意の3次元ベクトル $\boldsymbol{x}=\begin{bmatrix} x \\ y \\ z \end{bmatrix}$ は，次の3つの“**基本ベクトル**”

$\boldsymbol{i}=\begin{bmatrix} 1 \\ 0 \\ 0 \end{bmatrix}$，$\boldsymbol{j}=\begin{bmatrix} 0 \\ 1 \\ 0 \end{bmatrix}$，$\boldsymbol{k}=\begin{bmatrix} 0 \\ 0 \\ 1 \end{bmatrix}$ の1次結合で表すことができる。

このi，j，kは，線形代数では“**標準基底**(ひょうじゅんきてい)”と呼ばれる“**正規直交基底**”のことだ。
大きさが1（正規）の互いに直交する基底のこと

すなわち，任意のベクトル $\boldsymbol{x}$ は，

$$\begin{bmatrix} x \\ y \\ z \end{bmatrix}=\begin{bmatrix} x \\ 0 \\ 0 \end{bmatrix}+\begin{bmatrix} 0 \\ y \\ 0 \end{bmatrix}+\begin{bmatrix} 0 \\ 0 \\ z \end{bmatrix}=x\begin{bmatrix} 1 \\ 0 \\ 0 \end{bmatrix}+y\begin{bmatrix} 0 \\ 1 \\ 0 \end{bmatrix}+z\begin{bmatrix} 0 \\ 0 \\ 1 \end{bmatrix}$$

$=x\boldsymbol{i}+y\boldsymbol{j}+z\boldsymbol{k}$ と，$\boldsymbol{i}$，$\boldsymbol{j}$，$\boldsymbol{k}$ の1次結合で表現できる。

ここまでは，既に「**線形代数キャンパス・ゼミ**」（マセマ）でも詳しく解説した内容なので，特に問題はなかったはずだ。

それでは，次，新たなテーマ“**方向余弦**(ほうこうよげん)”について解説しよう。

方向余弦

ベクトル $\boldsymbol{a}=[a_1,\ a_2,\ a_3]$ が x 軸，y 軸，z 軸の正の向きとなす角をそれぞれ α，β，γ $(0\leqq\alpha\leqq\pi,\ 0\leqq\beta\leqq\pi,\ 0\leqq\gamma\leqq\pi)$ とおくとき，$\cos\alpha=l$，$\cos\beta=m$，$\cos\gamma=n$ をベクトル $\boldsymbol{a}$ の“**方向余弦**(ほうこうよげん)”という。
そして，$l^2+m^2+n^2=1$ が成り立つ。

これだけではピンと来ないって？　当然だね。方向余弦は，後で解説するけれど，正射影された図形の面積と密接に関係する重要な量なんだ。だから，ここで詳しく説明しておこう。図4（i）に示すように，xyz 座標空間上に $\boldsymbol{a}=\overrightarrow{OA}=[a_1,\ a_2,\ a_3]$ をとり，$\boldsymbol{a}$ の終点Aから x 軸，y 軸，z 軸に下ろした垂線の足をそれぞれP，Q，Rとおく。すると，3つの直角三角形△OAP，△OAQ，△OARができるだろう。図4（i）だけでは分かりづらいので，これらの展開図を図4（ii）に示しておいた。ここで，$\angle AOP=\alpha$，$\angle AOQ=\beta$，$\angle AOR=\gamma$　$(0\leqq\alpha\leqq\pi,\ 0\leqq\beta\leqq\pi,\ 0\leqq\gamma\leqq\pi)$ とおくと，これらの余弦（cos）が，それぞれ方向余弦 l，m，n になる。すなわち，

$$l=\cos\alpha=\frac{a_1}{\|\boldsymbol{a}\|}\ \cdots①\qquad m=\cos\beta=\frac{a_2}{\|\boldsymbol{a}\|}\ \cdots②\qquad n=\cos\gamma=\frac{a_3}{\|\boldsymbol{a}\|}\ \cdots③$$

となるんだね。

図 **4** (i) 方向余弦 $\cos\alpha$, $\cos\beta$, $\cos\gamma$

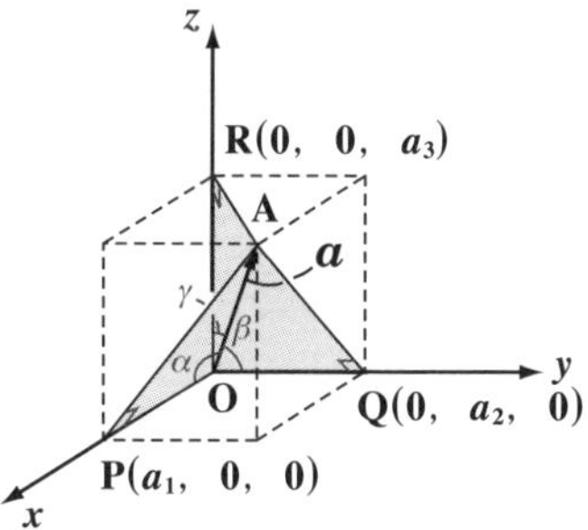

ここで，①，②，③の **2** 乗の和をとると，

$$l^2+m^2+n^2=\frac{a_1^{\ 2}}{\|\boldsymbol{a}\|^2}+\frac{a_2^{\ 2}}{\|\boldsymbol{a}\|^2}+\frac{a_3^{\ 2}}{\|\boldsymbol{a}\|^2}$$
$$=\frac{a_1^{\ 2}+a_2^{\ 2}+a_3^{\ 2}}{\|\boldsymbol{a}\|^2}=\frac{\|\boldsymbol{a}\|^2}{\|\boldsymbol{a}\|^2}=1$$

も導ける。

また，①，②，③より，l，m，n を成分に持つベクトル $[l,\ m,\ n]$ は，

$$[l,\ m,\ n]=\left[\frac{a_1}{\|\boldsymbol{a}\|},\ \frac{a_2}{\|\boldsymbol{a}\|},\ \frac{a_3}{\|\boldsymbol{a}\|}\right]$$
$$=\frac{1}{\|\boldsymbol{a}\|}[a_1,\ a_2,\ a_3]=\frac{1}{\|\boldsymbol{a}\|}\boldsymbol{a}$$ となるので，

これは $\boldsymbol{a}$ と同じ向きの単位ベクトルに他ならない。逆に言えば，$\boldsymbol{a}$ を正規化することにより方向余弦 l，m，n の値が求まるんだね。それでは，次の問題で練習してみよう。

(ii) △OAP，△OAQ，△OAR の展開図

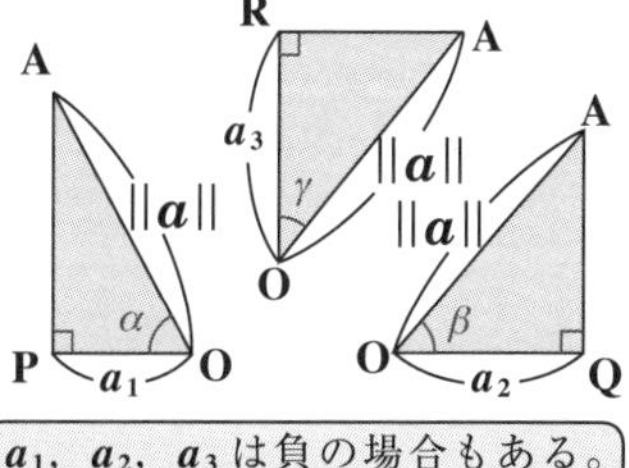

a_1，a_2，a_3 は負の場合もある。

> 例題 **1**　$\boldsymbol{a}=[\sqrt{2},\ -1,\ 1]$ の方向余弦を求め，$\boldsymbol{a}$ が x 軸，y 軸，z 軸の正の向きとそれぞれなす角 α，β，γ を求めよう。

$\boldsymbol{a}=[\sqrt{2},\ -1,\ 1]$ より，このノルムは $\|\boldsymbol{a}\|=\sqrt{(\sqrt{2})^2+(-1)^2+1^2}=\sqrt{4}=2$

よって，方向余弦 l，m，n は

$$l=\cos\alpha=\frac{\sqrt{2}}{\|\boldsymbol{a}\|}=\frac{\sqrt{2}}{2},\ \ m=\cos\beta=\frac{-1}{\|\boldsymbol{a}\|}=-\frac{1}{2},\ \ n=\cos\gamma=\frac{1}{\|\boldsymbol{a}\|}=\frac{1}{2}$$

以上より，$\boldsymbol{a}$ が x 軸，y 軸，z 軸の正の向きとそれぞれなす角 α，β，γ は

$\alpha=\frac{\pi}{4}$，$\beta=\frac{2}{3}\pi$，$\gamma=\frac{\pi}{3}$ となるんだね。

納得いった？

● 行列式の計算を復習しよう！

ベクトル解析では，行列式の計算は必要不可欠なので，既に線形代数で解説した内容ではあるが，ここでシッカリ復習しておこう。まず，n 次正方行列の行列式の定義は次の通りだ。

n 次正方行列の行列式

n 次正方行列 $A=\begin{bmatrix} a_{11} & a_{12} & \cdots & a_{1n} \\ a_{21} & a_{22} & \cdots & a_{2n} \\ \vdots & \vdots & & \vdots \\ a_{n1} & a_{n2} & \cdots & a_{nn} \end{bmatrix}$ の行列式 $|A|$ は，

（第1行，第2行，…，第 n 行／第1列，第2列，…，第 n 列）

$$|A|=\sum \mathrm{sgn}\begin{pmatrix} 1 & 2 & 3 & \cdots & n \\ i_1 & i_2 & i_3 & \cdots & i_n \end{pmatrix} a_{1i_1}a_{2i_2}a_{3i_3}\cdots a_{ni_n}$$ と定義する。（行列式はスカラーだ！）

ただし，置換 $\begin{pmatrix} 1 & 2 & 3 & \cdots & n \\ i_1 & i_2 & i_3 & \cdots & i_n \end{pmatrix}$ が

（i）偶置換のとき，$\mathrm{sgn}\begin{pmatrix} 1 & 2 & 3 & \cdots & n \\ i_1 & i_2 & i_3 & \cdots & i_n \end{pmatrix}=1$　であり，

（ii）奇置換のとき，$\mathrm{sgn}\begin{pmatrix} 1 & 2 & 3 & \cdots & n \\ i_1 & i_2 & i_3 & \cdots & i_n \end{pmatrix}=-1$　である。

この行列式の定義から，2 次正方行列，3 次正方行列の行列式，すなわち 2 次の行列式と 3 次の行列式が次のように導ける。

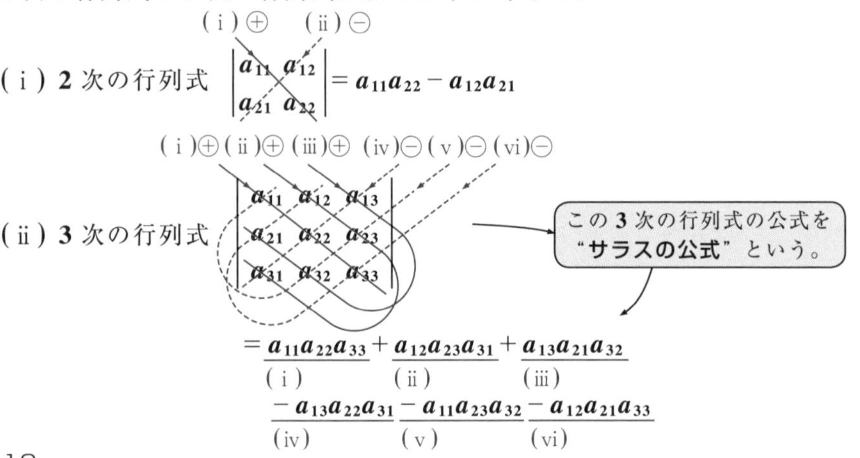

（i）2 次の行列式 $\begin{vmatrix} a_{11} & a_{12} \\ a_{21} & a_{22} \end{vmatrix}=a_{11}a_{22}-a_{12}a_{21}$

（ii）3 次の行列式 $\begin{vmatrix} a_{11} & a_{12} & a_{13} \\ a_{21} & a_{22} & a_{23} \\ a_{31} & a_{32} & a_{33} \end{vmatrix}$

$$=\underbrace{a_{11}a_{22}a_{33}}_{(i)}+\underbrace{a_{12}a_{23}a_{31}}_{(ii)}+\underbrace{a_{13}a_{21}a_{32}}_{(iii)}\underbrace{-a_{13}a_{22}a_{31}}_{(iv)}\underbrace{-a_{11}a_{23}a_{32}}_{(v)}\underbrace{-a_{12}a_{21}a_{33}}_{(vi)}$$

次，“**余因子**（よいんし）”による行列式の展開についても復習しておこう。

$$n\text{ 次正方行列 } A = \begin{bmatrix} a_{11} & a_{12} & \cdots & a_{1j} & \cdots & a_{1n} \\ a_{21} & a_{22} & \cdots & a_{2j} & \cdots & a_{2n} \\ \vdots & \vdots & & \vdots & & \vdots \\ a_{i1} & a_{i2} & \cdots & a_{ij} & \cdots & a_{in} \\ \vdots & \vdots & & \vdots & & \vdots \\ a_{n1} & a_{n2} & \cdots & a_{nj} & \cdots & a_{nn} \end{bmatrix} \leftarrow \boxed{\text{第 } i \text{ 行}} \text{ について，}$$

↑ 第 j 列

次のように (i, j) 成分の a_{ij} を中心に第 i 行と第 j 列を除いた $(n-1)$ 次の行列式を作り，それに $(-1)^{i+j}$ をかけたものを，行列 A の“(i, j) **余因子**”といい，A_{ij} で表す。すなわち，

取り除く！

$$(i, j) \text{ 余因子 } A_{ij} = (-1)^{i+j} \begin{vmatrix} a_{11} & a_{12} & \cdots & a_{1j} & \cdots & a_{1n} \\ a_{21} & a_{22} & \cdots & a_{2j} & \cdots & a_{2n} \\ \vdots & \vdots & & \vdots & & \vdots \\ a_{i1} & a_{i2} & \cdots & a_{ij} & \cdots & a_{in} \\ \vdots & \vdots & & \vdots & & \vdots \\ a_{n1} & a_{n2} & \cdots & a_{nj} & \cdots & a_{nn} \end{vmatrix} \text{ となるんだね。}$$

そして，この余因子 A_{ij} を使って，n 次の行列式を次のように $n-1$ 次の行列式で展開できる。これも重要な公式だから，思い出してくれ。

余因子による行列式の展開

n 次の正方行列 A の行列式 $|A|$ は，次のように余因子で展開できる。

(Ⅰ) 第 i 行による展開

$$|A| = a_{i1}A_{i1} + a_{i2}A_{i2} + \cdots\cdots + a_{in}A_{in} \quad (i = 1, 2, \cdots, n)$$

(Ⅱ) 第 j 列による展開

$$|A| = a_{1j}A_{1j} + a_{2j}A_{2j} + \cdots\cdots + a_{nj}A_{nj} \quad (j = 1, 2, \cdots, n)$$

それでは以上の公式を使って，次の例題で 3 次の行列式の値（スカラー）を実際に計算してみよう。

例題 2　次の 3 次正方行列の行列式を求めよう。

(1) $A=\begin{bmatrix} 1 & -2 & 4 \\ 3 & 1 & -2 \\ -2 & 5 & 1 \end{bmatrix}$　(2) $B=\begin{bmatrix} 3 & 1 & -1 \\ 2 & -2 & 4 \\ 1 & 4 & 2 \end{bmatrix}$　(3) $C=\begin{bmatrix} 2 & -1 & 0 \\ 1 & -3 & 2 \\ 1 & 2 & 0 \end{bmatrix}$

(1), (2), (3) はいずれも 3 次の行列式の問題なので，サラスの公式を使っても，余因子展開を利用してもいいんだね。

(1) 3 次正方行列 A の行列式 $|A|$ を，サラスの公式を使って求めると，

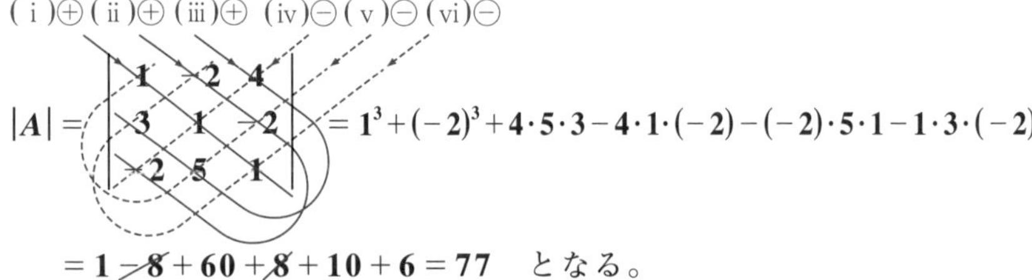

$|A|=\begin{vmatrix} 1 & -2 & 4 \\ 3 & 1 & -2 \\ -2 & 5 & 1 \end{vmatrix}=1^3+(-2)^3+4\cdot5\cdot3-4\cdot1\cdot(-2)-(-2)\cdot5\cdot1-1\cdot3\cdot(-2)$

$=1-8+60+8+10+6=77$　となる。

別解

A の第 1 行による余因子展開を使って解くと，

$|A|=\underline{\underline{1}}\times(-1)^{1+1}\begin{vmatrix} 1 & -2 & 4 \\ 3 & 1 & -2 \\ -2 & 5 & 1 \end{vmatrix}+(\underline{\underline{-2}})\times(-1)^{1+2}\begin{vmatrix} 1 & -2 & 4 \\ 3 & 1 & -2 \\ -2 & 5 & 1 \end{vmatrix}+\underline{\underline{4}}\times(-1)^{1+3}\begin{vmatrix} 1 & -2 & 4 \\ 3 & 1 & -2 \\ -2 & 5 & 1 \end{vmatrix}$

除く　除く　除く

$=\underline{1}\times(-1)^{1+1}\underline{\begin{vmatrix} 1 & -2 \\ 5 & 1 \end{vmatrix}}+(\underline{-2})\times(-1)^{1+2}\underline{\underline{\begin{vmatrix} 3 & -2 \\ -2 & 1 \end{vmatrix}}}+\underline{4}\times(-1)^{1+3}\underline{\begin{vmatrix} 3 & 1 \\ -2 & 5 \end{vmatrix}}$

$[a_{11}\times A_{11}+a_{12}\times A_{12}+a_{13}\times A_{13}]$

$=1\times(1+10)+2\times(3-4)+4\times(15+2)$

$=11-2+68=77$　となって，同じ結果が導けた！

(2) 3 次正方行列 B の行列式 $|B|$ を，サラスの公式を使って求めると，

$|B|=\begin{vmatrix} 3 & 1 & -1 \\ 2 & -2 & 4 \\ 1 & 4 & 2 \end{vmatrix}=3\cdot(-2)\cdot2+1\cdot4\cdot1+(-1)\cdot4\cdot2-(-1)\cdot(-2)\cdot1-4^2\cdot3-2^2\cdot1$

$=-12+4-8-2-48-4=-70$　となる。

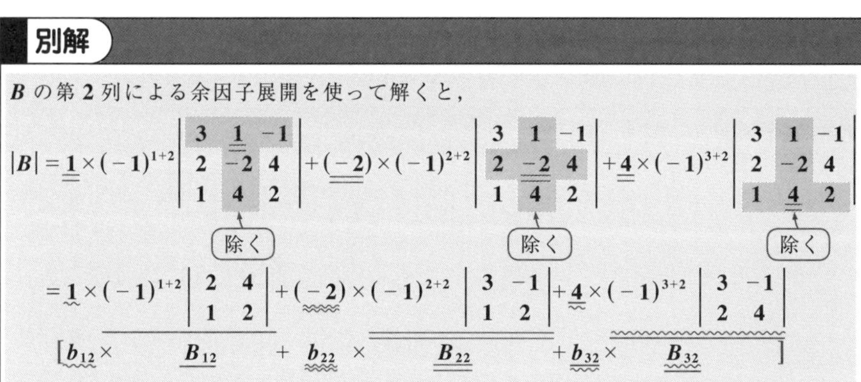

(3) 3 次正方行列 C の行列式 $|C|$ を，サラスの公式を使って求めると，

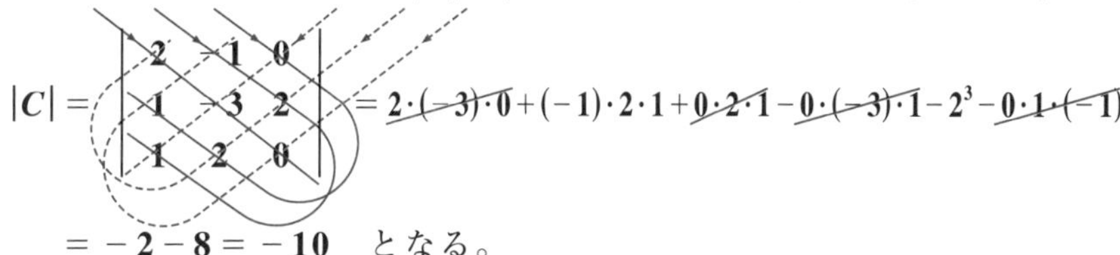

$= -2 - 8 = -10$　となる。

行列 C は，第 3 列に 0 が 2 つもあるので，別解では C の第 3 列による余因子展開を利用することにしよう。

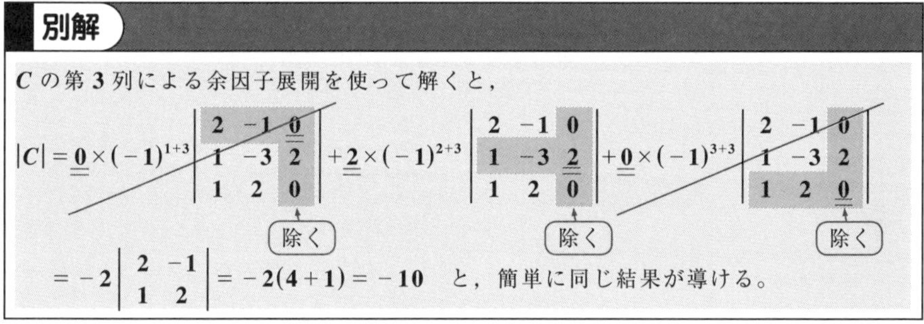

このように，行列の成分の中に 0 が入っていると，行列式の計算は非常に楽になる。従って，実際の行列式の計算においては，次の“行列式の性質”を利用して積極的に成分 0 を作り出していけばいいんだよ。

ここで，一般に n 次正方行列 A の行と列を入れ替えてできる行列を“転置行列（てんちぎょうれつ）”と呼び，${}^tA$ で表す。すると行列式の定義から，$|A| = |{}^tA|$ が導けるんだ。これから，行列式に関する公式は「行について言えることは列についても言える」と覚えておいていいよ。

A と ${}^tA$ のイメージは $A = [\equiv]$ と ${}^tA = [||||]$ だよ。

● 行列式の性質を復習しよう！

まず，行列式の行に関する性質を復習しておこう。

行列式の行に関する性質

(Ⅰ)
$$\begin{vmatrix} a_{11} & a_{12} & \cdots & a_{1n} \\ \vdots & \vdots & & \vdots \\ a_{k1}+b_{k1} & a_{k2}+b_{k2} & \cdots & a_{kn}+b_{kn} \\ \vdots & \vdots & & \vdots \\ a_{n1} & a_{n2} & \cdots & a_{nn} \end{vmatrix} = \begin{vmatrix} a_{11} & a_{12} & \cdots & a_{1n} \\ \vdots & \vdots & & \vdots \\ a_{k1} & a_{k2} & \cdots & a_{kn} \\ \vdots & \vdots & & \vdots \\ a_{n1} & a_{n2} & \cdots & a_{nn} \end{vmatrix} + \begin{vmatrix} a_{11} & a_{12} & \cdots & a_{1n} \\ \vdots & \vdots & & \vdots \\ b_{k1} & b_{k2} & \cdots & b_{kn} \\ \vdots & \vdots & & \vdots \\ a_{n1} & a_{n2} & \cdots & a_{nn} \end{vmatrix}$$

(Ⅱ)
$$\begin{vmatrix} a_{11} & a_{12} & \cdots & a_{1n} \\ \vdots & \vdots & & \vdots \\ ca_{k1} & ca_{k2} & \cdots & ca_{kn} \\ \vdots & \vdots & & \vdots \\ a_{n1} & a_{n2} & \cdots & a_{nn} \end{vmatrix} = c \begin{vmatrix} a_{11} & a_{12} & \cdots & a_{1n} \\ \vdots & \vdots & & \vdots \\ a_{k1} & a_{k2} & \cdots & a_{kn} \\ \vdots & \vdots & & \vdots \\ a_{n1} & a_{n2} & \cdots & a_{nn} \end{vmatrix}$$

(Ⅲ)
$$\begin{vmatrix} a_{11} & a_{12} & \cdots & a_{1n} \\ \vdots & \vdots & & \vdots \\ a_{k1} & a_{k2} & \cdots & a_{kn} \\ \vdots & \vdots & & \vdots \\ a_{l1} & a_{l2} & \cdots & a_{ln} \\ \vdots & \vdots & & \vdots \\ a_{n1} & a_{n2} & \cdots & a_{nn} \end{vmatrix} = - \begin{vmatrix} a_{11} & a_{12} & \cdots & a_{1n} \\ \vdots & \vdots & & \vdots \\ a_{l1} & a_{l2} & \cdots & a_{ln} \\ \vdots & \vdots & & \vdots \\ a_{k1} & a_{k2} & \cdots & a_{kn} \\ \vdots & \vdots & & \vdots \\ a_{n1} & a_{n2} & \cdots & a_{nn} \end{vmatrix}$$

第 k 行 → ／ 第 l 行 →

第 k 行と第 l 行を入れ替えると行列式の符号が変わる。

(Ⅳ)
$$\begin{vmatrix} a_{11} & a_{12} & \cdots & a_{1n} \\ \vdots & \vdots & & \vdots \\ a_{k1} & a_{k2} & \cdots & a_{kn} \\ \vdots & \vdots & & \vdots \\ a_{k1} & a_{k2} & \cdots & a_{kn} \\ \vdots & \vdots & & \vdots \\ a_{n1} & a_{n2} & \cdots & a_{nn} \end{vmatrix} = 0$$

第 k 行 → ／ 第 l 行 →

第 k 行と第 l 行が同じ行列の行列式は $\mathbf{0}$ になる。

(Ⅴ)
$$\begin{vmatrix} a_{11} & a_{12} & \cdots & a_{1n} \\ \vdots & \vdots & & \vdots \\ a_{k1} & a_{k2} & \cdots & a_{kn} \\ \vdots & \vdots & & \vdots \\ a_{l1} & a_{l2} & \cdots & a_{ln} \\ \vdots & \vdots & & \vdots \\ a_{n1} & a_{n2} & \cdots & a_{nn} \end{vmatrix} = \begin{vmatrix} a_{11} & a_{12} & \cdots & a_{1n} \\ \vdots & \vdots & & \vdots \\ a_{k1} & a_{k2} & \cdots & a_{kn} \\ \vdots & \vdots & & \vdots \\ a_{l1}\pm ca_{k1} & a_{l2}\pm ca_{k2} & \cdots & a_{ln}\pm ca_{kn} \\ \vdots & \vdots & & \vdots \\ a_{n1} & a_{n2} & \cdots & a_{nn} \end{vmatrix}$$

第 k 行 → ／ 第 l 行 →

ここで，公式 $|A| = |{}^tA|$ より，「行について言えることは列についても言える」ので，次に示すように，列に関する性質も同様に成り立つんだね。

行列式の列に関する性質

(Ⅰ) $\begin{vmatrix} a_{11} & \cdots & a_{1k}+b_{1k} & \cdots & a_{1n} \\ \vdots & & \vdots & & \vdots \\ a_{n1} & \cdots & a_{nk}+b_{nk} & \cdots & a_{nn} \end{vmatrix} = \begin{vmatrix} a_{11} & \cdots & a_{1k} & \cdots & a_{1n} \\ \vdots & & \vdots & & \vdots \\ a_{n1} & \cdots & a_{nk} & \cdots & a_{nn} \end{vmatrix} + \begin{vmatrix} a_{11} & \cdots & b_{1k} & \cdots & a_{1n} \\ \vdots & & \vdots & & \vdots \\ a_{n1} & \cdots & b_{nk} & \cdots & a_{nn} \end{vmatrix}$

(Ⅱ) $\begin{vmatrix} a_{11} & \cdots & ca_{1k} & \cdots & a_{1n} \\ \vdots & & \vdots & & \vdots \\ a_{n1} & \cdots & ca_{nk} & \cdots & a_{nn} \end{vmatrix} = c\begin{vmatrix} a_{11} & \cdots & a_{1k} & \cdots & a_{1n} \\ \vdots & & \vdots & & \vdots \\ a_{n1} & \cdots & a_{nk} & \cdots & a_{nn} \end{vmatrix}$

(Ⅲ) $\begin{vmatrix} a_{11} & \cdots & a_{1k} & \cdots & a_{1l} & \cdots & a_{1n} \\ \vdots & & \vdots & & \vdots & & \vdots \\ a_{n1} & \cdots & a_{nk} & \cdots & a_{nl} & \cdots & a_{nn} \end{vmatrix} = -\begin{vmatrix} a_{11} & \cdots & a_{1l} & \cdots & a_{1k} & \cdots & a_{1n} \\ \vdots & & \vdots & & \vdots & & \vdots \\ a_{n1} & \cdots & a_{nl} & \cdots & a_{nk} & \cdots & a_{nn} \end{vmatrix}$ ← 第 k 列と第 l 列を入れ替えると行列式の符号が変わる。

（第 k 列）（第 l 列）

(Ⅳ) $\begin{vmatrix} a_{11} & \cdots & a_{1k} & \cdots & a_{1k} & \cdots & a_{1n} \\ \vdots & & \vdots & & \vdots & & \vdots \\ a_{n1} & \cdots & a_{nk} & \cdots & a_{nk} & \cdots & a_{nn} \end{vmatrix} = \mathbf{0}$ ← 第 k 列と第 l 列が等しい行列の行列式は $\mathbf{0}$ になる。

（第 k 列）（第 l 列）

(Ⅴ) $\begin{vmatrix} a_{11} & \cdots & a_{1k} & \cdots & a_{1l} & \cdots & a_{1n} \\ \vdots & & \vdots & & \vdots & & \vdots \\ a_{n1} & \cdots & a_{nk} & \cdots & a_{nl} & \cdots & a_{nn} \end{vmatrix} = \begin{vmatrix} a_{11} & \cdots & a_{1k} & \cdots & a_{1l} \pm ca_{1k} & \cdots & a_{1n} \\ \vdots & & \vdots & & \vdots & & \vdots \\ a_{n1} & \cdots & a_{nk} & \cdots & a_{nl} \pm ca_{nk} & \cdots & a_{nn} \end{vmatrix}$

（第 k 列）（第 l 列）

第 k 列を c 倍して第 l 列にたして（引いて）も，行列式の値は変化しない。

以上の行列式の性質を利用すると，行列式の計算がさらにスムーズに簡単に行えるようになるんだね。でも，何故このように“行列式の計算”にこだわるのかって？ それは，この後に出てくる“共面ベクトル”や“ベクトルの外積”などと，行列式の計算が密接に関連してくるからなんだ。だから，ここでシッカリ行列式の計算練習をやっておくことにより，後の“ベクトル解析”の解説が楽にマスターできるようになるんだよ。頑張ろう！

例題 **2** (**P14**) の (**1**) $A=\begin{bmatrix}1 & -2 & 4\\ 3 & 1 & -2\\ -2 & 5 & 1\end{bmatrix}$ と (**2**) $B=\begin{bmatrix}3 & 1 & -1\\ 2 & -2 & 4\\ 1 & 4 & 2\end{bmatrix}$ の行列式の値は，行列式の性質を使って次のように求めてもいい。

(**1**) $|A|=\begin{vmatrix}1 & -2 & 4\\ 3 & 1 & -2\\ -2 & 5 & 1\end{vmatrix} \underset{③+2\times①}{\overset{②-3\times①}{=}} \begin{vmatrix}1 & -2 & 4\\ 0 & 7 & -14\\ 0 & 1 & 9\end{vmatrix}$

②行 − **3**× ①行と③行 + **2**× ①行を計算することにより，第 **1** 列に **2** つの **0** を作った。後は，第 **1** 列による余因子展開を行えばいいんだね。

$=1\times(-1)^{1+1}\begin{vmatrix}7 & -14\\ 1 & 9\end{vmatrix}=1\times 7\begin{vmatrix}1 & -2\\ 1 & 9\end{vmatrix}=7\times\{1\times 9-(-2)\times 1\}=77$

第 **1** 行より，**7** をくくり出した。

(**2**) $|B|=\begin{vmatrix}3 & 1 & -1\\ 2 & -2 & 4\\ 1 & 4 & 2\end{vmatrix} \overset{①\leftrightarrow③}{=} -2\begin{vmatrix}1 & 4 & 2\\ 1 & -1 & 2\\ 3 & 1 & -1\end{vmatrix} \underset{③-3\times①}{\overset{②-①}{=}} -2\begin{vmatrix}1 & 4 & 2\\ 0 & -5 & 0\\ 0 & -11 & -7\end{vmatrix}$

①行と③行を入れ替えたので⊖が付き，第 **2** 行から **2** をくくり出した。

②行 − ①行と，③行 − **3**× ①行により，第 **1** 列に **2** つの **0** を作った。

$=-2\times 1\times(-1)^{1+1}\begin{vmatrix}-5 & 0\\ -11 & -7\end{vmatrix}=-2\times\{-5\times(-7)-\cancel{0\times(-11)}\}$

$=-70$　となって，前に計算したものと同じ結果が導けた。

さらに，$X=\begin{bmatrix}0 & 0 & 0\\ 1 & 2 & -1\\ 4 & 2 & 3\end{bmatrix}$ や $Y=\begin{bmatrix}1 & 3 & 1\\ 2 & -1 & 2\\ 1 & 5 & 1\end{bmatrix}$ の行列式は共に

$|X|=\begin{vmatrix}0 & 0 & 0\\ 1 & 2 & -1\\ 4 & 2 & 3\end{vmatrix}=0$　　　$|Y|=\begin{vmatrix}1 & 3 & 1\\ 2 & -1 & 2\\ 1 & 5 & 1\end{vmatrix}=0$

①行の成分がすべて **0** だから，この行列式の値は **0** になる。

①′列と③′列の成分がまったく同じだから，この行列式の値は **0** になる。

となるのも大丈夫だね。

それでは準備が整ったので，“**共面ベクトル**”の解説に入ろう。

● 共面ベクトルでは，行列式が 0 になる！

3つの3次元ベクトル $\boldsymbol{a}$，$\boldsymbol{b}$，$\boldsymbol{c}$ が同一平面上にあるとき，$\boldsymbol{a}$，$\boldsymbol{b}$，$\boldsymbol{c}$ は **“共面ベクトルである”** という。そして，この共面ベクトルについては次の公式が使える。

共面ベクトル

3つの3次元ベクトル $\boldsymbol{a}=[a_1, a_2, a_3]$, $\boldsymbol{b}=[b_1, b_2, b_3]$, $\boldsymbol{c}=[c_1, c_2, c_3]$ について，

(1) これらが同一平面上にあるとき，
これらを **“共面ベクトル”** と呼び

$$\begin{vmatrix} a_1 & a_2 & a_3 \\ b_1 & b_2 & b_3 \\ c_1 & c_2 & c_3 \end{vmatrix} = 0 \quad \cdots ①$$ が成り立つ。

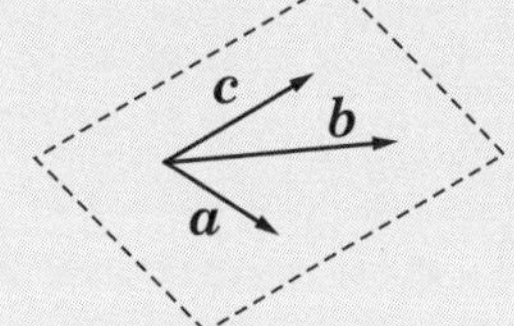

(2) これらが同一平面上にないとき，

$$\begin{vmatrix} a_1 & a_2 & a_3 \\ b_1 & b_2 & b_3 \\ c_1 & c_2 & c_3 \end{vmatrix} \neq 0 \quad \cdots ②$$ が成り立つ。

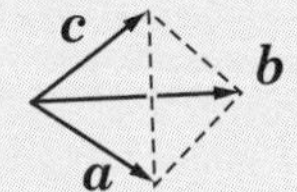

何のことか分からないって？ いいよ。これから解説しよう。

まず，(2) から解説する。$\boldsymbol{a}$，$\boldsymbol{b}$，$\boldsymbol{c}$ が同一平面上にない，すなわち $\boldsymbol{a}$，$\boldsymbol{b}$，$\boldsymbol{c}$ が共面ベクトルでないとき，$\boldsymbol{a}$，$\boldsymbol{b}$，$\boldsymbol{c}$ は1次独立(線形独立)なベクトルなんだね。すなわち，　$\alpha_1\boldsymbol{a}+\alpha_2\boldsymbol{b}+\alpha_3\boldsymbol{c}=\boldsymbol{0}$ …(a)　(α_1, α_2, α_3:実数係数)とおくと，(a)は，$\alpha_1=\alpha_2=\alpha_3=0$ のときしか成り立たない。これが1次独立の定義だ。ここで，(a)を変形すると，

$$\alpha_1\begin{bmatrix} a_1 \\ a_2 \\ a_3 \end{bmatrix}+\alpha_2\begin{bmatrix} b_1 \\ b_2 \\ b_3 \end{bmatrix}+\alpha_3\begin{bmatrix} c_1 \\ c_2 \\ c_3 \end{bmatrix}=\begin{bmatrix} 0 \\ 0 \\ 0 \end{bmatrix}$$

$$\begin{bmatrix} \alpha_1a_1+\alpha_2b_1+\alpha_3c_1 \\ \alpha_1a_2+\alpha_2b_2+\alpha_3c_2 \\ \alpha_1a_3+\alpha_2b_3+\alpha_3c_3 \end{bmatrix}=\begin{bmatrix} 0 \\ 0 \\ 0 \end{bmatrix} \text{ より， } \begin{bmatrix} a_1 & b_1 & c_1 \\ a_2 & b_2 & c_2 \\ a_3 & b_3 & c_3 \end{bmatrix}\begin{bmatrix} \alpha_1 \\ \alpha_2 \\ \alpha_3 \end{bmatrix}=\begin{bmatrix} 0 \\ 0 \\ 0 \end{bmatrix} \quad \cdots (b)$$

（これを行列 A とおく。）

となって，α_1, α_2, α_3 を未知数とする同次3元1次連立方程式になるんだね。

ここで，$A=\begin{bmatrix} a_1 & b_1 & c_1 \\ a_2 & b_2 & c_2 \\ a_3 & b_3 & c_3 \end{bmatrix}$，$\boldsymbol{\alpha}=\begin{bmatrix} \alpha_1 \\ \alpha_2 \\ \alpha_3 \end{bmatrix}$ とおくと，(b)は，

$A\boldsymbol{\alpha} = \mathbf{0}$ …(b)′ となる。$\boldsymbol{\alpha} = \mathbf{0}$ のとき，$\alpha_1 = \alpha_2 = \alpha_3 = 0$ に対応する。

ここで，$\boldsymbol{\alpha} = \mathbf{0} \longleftrightarrow A^{-1}$ が存在する $\longleftrightarrow |A| \neq 0$ となるので，

A^{-1} が存在するとき，(b)′ の両辺に $A^{-1}\left[= \frac{1}{|A|}\tilde{A} \ (\tilde{A}:余因子行列)\right]$ を左からかけると，$\boldsymbol{\alpha} = A^{-1}\mathbf{0} = \mathbf{0}$ となるからね。

「線形代数キャンパス・ゼミ」(マセマ)

$\boldsymbol{\alpha} = \mathbf{0}$ となる必要十分条件は $|A| \neq 0$ となる。

ここで，$|A| = |{}^tA|$ より，　$\boldsymbol{\alpha} = \mathbf{0}$ $(\alpha_1 = \alpha_2 = \alpha_3 = 0)$，すなわち

$$|A| = \begin{vmatrix} a_1 & b_1 & c_1 \\ a_2 & b_2 & c_2 \\ a_3 & b_3 & c_3 \end{vmatrix}, \quad |{}^tA| = \begin{vmatrix} a_1 & a_2 & a_3 \\ b_1 & b_2 & b_3 \\ c_1 & c_2 & c_3 \end{vmatrix}$$

$|A| \neq 0$ を条件としてもいいんだけど，慣例として $|{}^tA| \neq 0$ の条件を用いる。

$\boldsymbol{a}$，$\boldsymbol{b}$，$\boldsymbol{c}$ が共面ベクトルでない条件は，$|{}^tA| = \begin{vmatrix} a_1 & a_2 & a_3 \\ b_1 & b_2 & b_3 \\ c_1 & c_2 & c_3 \end{vmatrix} \neq 0$ となって，

公式②が導けるんだね。納得いった？

逆に，(1) $\boldsymbol{a}$，$\boldsymbol{b}$，$\boldsymbol{c}$ が同一平面上にある共面ベクトルである条件は，

$A\boldsymbol{\alpha} = \mathbf{0}$ …(b)′ に対して，

$\boldsymbol{\alpha} \neq \mathbf{0} \longleftrightarrow A^{-1}$ が存在しない $\longleftrightarrow |A| = 0$ $[|{}^tA| = 0]$ となるので，

α_1，α_2，α_3 の内少なくとも 1 つは 0 でない，つまり $\boldsymbol{a}$，$\boldsymbol{b}$，$\boldsymbol{c}$ が 1 次従属 (線形従属) となる条件だ！

$$|{}^tA| = \begin{vmatrix} a_1 & a_2 & a_3 \\ b_1 & b_2 & b_3 \\ c_1 & c_2 & c_3 \end{vmatrix} = 0$$

よって，公式①も導けた！　これも大丈夫だね。

それでは，次の例題を解いてみよう。

例題 3　$\boldsymbol{a} = [1,\ 0,\ 1]$，$\boldsymbol{b} = [2,\ 1,\ -3]$，$\boldsymbol{c} = [-1,\ 1,\ c_3]$ のとき，
$\boldsymbol{a}$，$\boldsymbol{b}$，$\boldsymbol{c}$ が共面ベクトルとなるように，c_3 の値を定めよう。
このとき，$\boldsymbol{b}$ を $\boldsymbol{a}$ と $\boldsymbol{c}$ の 1 次結合で表してみよう。

$\boldsymbol{a}$，$\boldsymbol{b}$，$\boldsymbol{c}$ が共面ベクトルとなるための条件は，

$$\begin{vmatrix} 1 & 0 & 1 \\ 2 & 1 & -3 \\ -1 & 1 & c_3 \end{vmatrix} = 0 \text{ より，} \begin{vmatrix} 1 & 0 & 1 \\ 0 & 1 & -5 \\ 0 & 1 & c_3+1 \end{vmatrix} = 1 \times (-1)^{1+1} \begin{vmatrix} 1 & -5 \\ 1 & c_3+1 \end{vmatrix} = 0$$

②行 $-2\times$ ①行，③行 $+$ ①行

よって，$1\times(c_3+1)-(-5)\times 1=0$　　$c_3+6=0$　　$\therefore c_3=-6$　となる。
このとき，$\boldsymbol{a}$，$\boldsymbol{b}$，$\boldsymbol{c}$ は1次従属となるため，$\alpha_1\boldsymbol{a}+\alpha_2\boldsymbol{b}+\alpha_3\boldsymbol{c}=\boldsymbol{0}$ …(a)
をみたす α_1，α_2，α_3 の解のうち，すべてが0以外のものも存在し得る。
(a)を変形して，α_1，α_2，α_3 を未知数とする1次方程式を導くと，

$$\alpha_1\begin{bmatrix}1\\0\\1\end{bmatrix}+\alpha_2\begin{bmatrix}2\\1\\-3\end{bmatrix}+\alpha_3\begin{bmatrix}-1\\1\\-6\end{bmatrix}=\begin{bmatrix}0\\0\\0\end{bmatrix}$$ より，

$$\begin{bmatrix}1&2&-1\\0&1&1\\1&-3&-6\end{bmatrix}\begin{bmatrix}\alpha_1\\\alpha_2\\\alpha_3\end{bmatrix}=\begin{bmatrix}0\\0\\0\end{bmatrix}$$ となる。

係数行列の行基本変形

$$\begin{bmatrix}1&2&-1\\0&1&1\\1&-3&-6\end{bmatrix}\xrightarrow{③-①}\begin{bmatrix}1&2&-1\\0&1&1\\0&-5&-5\end{bmatrix}\xrightarrow{③+5\times②}\begin{bmatrix}1&2&-1\\0&1&1\\0&0&0\end{bmatrix}\}(r=2)$$

ランク

「線形代数キャンパス・ゼミ」(マセマ)

よって，$$\begin{bmatrix}1&2&-1\\0&1&1\\0&0&0\end{bmatrix}\begin{bmatrix}\alpha_1\\\alpha_2\\\alpha_3\end{bmatrix}=\begin{bmatrix}0\\0\\0\end{bmatrix}$$

$\therefore \alpha_1+2\alpha_2-\alpha_3=0$ かつ $\alpha_2+\alpha_3=0$
ここで，$\alpha_3=-1$ とおくと，
$\alpha_2=1$，$\alpha_1=-3$　となる。
これらを(a)に代入して，
$-3\boldsymbol{a}+\boldsymbol{b}-\boldsymbol{c}=\boldsymbol{0}$
$\therefore$ $\boldsymbol{b}$ を $\boldsymbol{a}$ と $\boldsymbol{c}$ の1次結合で表すと，
$\boldsymbol{b}=3\boldsymbol{a}+\boldsymbol{c}$　となるんだね。

$\boldsymbol{a}$，$\boldsymbol{b}$，$\boldsymbol{c}$ は共面ベクトルだから，同一平面上に存在する！

ベクトル解析では，どうしても線形代数の知識が必要不可欠だ。行列式の計算についてはここでも復習したけれど，余因子行列や連立1次方程式の解法(係数行列の行基本変形)について知識のない方は
「線形代数キャンパス・ゼミ」(マセマ)で予め学習されることをお勧めする。
それでは，次の演習問題と実践問題を解いて，さらに共面ベクトルや方向余弦の計算練習をしておこう。

演習問題 1　●共面ベクトルと方向余弦●

3 つの 3 次元ベクトル $\boldsymbol{a}=[2\sqrt{2},\ 1,\ a_3]$, $\boldsymbol{b}=[\sqrt{2},\ -1,\ 2\sqrt{3}]$, $\boldsymbol{c}=[0,\ -3,\ \sqrt{3}]$ が共面ベクトルであるとき，a_3 の値を求めよ。
また，$\boldsymbol{a}$ と z 軸の正の向きとがなす角 $\gamma\ (0\leqq\gamma\leqq\pi)$ を求めよ。

ヒント！ $\boldsymbol{a}$, $\boldsymbol{b}$, $\boldsymbol{c}$ が共面ベクトルとなるための条件は，これら 3 つのベクトルでできる行列の行列式が 0 となることなんだね。また，$\boldsymbol{a}$ の方向余弦の 1 つ $\cos\gamma$ は $\dfrac{a_3}{\|\boldsymbol{a}\|}$ で求まる。さァ，頑張って解いてみよう。

解答&解説

$\boldsymbol{a}$, $\boldsymbol{b}$, $\boldsymbol{c}$ が共面ベクトルであるとき，

$$\begin{vmatrix} 2\sqrt{2} & 1 & a_3 \\ \sqrt{2} & -1 & 2\sqrt{3} \\ 0 & -3 & \sqrt{3} \end{vmatrix} = \sqrt{6}\begin{vmatrix} 2 & 1 & a_3 \\ 1 & -1 & 2\sqrt{3} \\ 0 & -\sqrt{3} & 1 \end{vmatrix}$$

(①′列から $\sqrt{2}$ を，③行から $\sqrt{3}$ をくくり出した。)

($\boldsymbol{a}$, $\boldsymbol{b}$, $\boldsymbol{c}$ が共面ベクトルとなる条件は $\begin{vmatrix} a_1 & a_2 & a_3 \\ b_1 & b_2 & b_3 \\ c_1 & c_2 & c_3 \end{vmatrix}=0$ だね。)

$$=\sqrt{6}\begin{vmatrix} 2 & \sqrt{3}a_3+1 & a_3 \\ 1 & 5 & 2\sqrt{3} \\ 0 & 0 & 1 \end{vmatrix} = \sqrt{6}\times 1\times(-1)^{3+3}\begin{vmatrix} 2 & \sqrt{3}a_3+1 \\ 1 & 5 \end{vmatrix}$$

(②′列 $+\sqrt{3}\times$ ③′列)　(第③行で余因子展開した。)

$$=\sqrt{6}\{10-(\sqrt{3}a_3+1)\}=-\sqrt{6}(\sqrt{3}a_3-9)=0$$ となる。

$\therefore a_3=3\sqrt{3}$ である。

よって，$\boldsymbol{a}=[2\sqrt{2},\ 1,\ 3\sqrt{3}]$ のノルムは，

$\|\boldsymbol{a}\|=\sqrt{(2\sqrt{2})^2+1^2+(3\sqrt{3})^2}=\sqrt{8+1+27}=\sqrt{36}=6$ である。

これから，

$$\frac{\boldsymbol{a}}{\|\boldsymbol{a}\|}=\frac{1}{6}[2\sqrt{2},\ 1,\ 3\sqrt{3}]=\left[\frac{\sqrt{2}}{3},\ \frac{1}{6},\ \frac{\sqrt{3}}{2}\right]$$ より，

($\cos\alpha$, $\cos\beta$, $\cos\gamma$ ← 方向余弦)

$\boldsymbol{a}$ が z 軸の正の向きとなす角を $\gamma\ (0\leqq\gamma\leqq\pi)$ とおくと，

$\cos\gamma=\dfrac{\sqrt{3}}{2}$　　$\therefore \gamma=\dfrac{\pi}{6}$ である。

実践問題 1　● 共面ベクトルと方向余弦 ●

3 つの 3 次元ベクトル $\boldsymbol{a}=[1,\ -\sqrt{2},\ a_3]$, $\boldsymbol{b}=[-1,\ -3\sqrt{2},\ 3]$, $\boldsymbol{c}=[1,\ \sqrt{2},\ -2]$ が共面ベクトルであるとき, a_3 の値を求めよ。
また, $\boldsymbol{a}$ と z 軸の正の向きとがなす角 $\gamma\ (0 \leqq \gamma \leqq \pi)$ を求めよ。

ヒント！ $\boldsymbol{a}$, $\boldsymbol{b}$, $\boldsymbol{c}$ が共面ベクトルとなる条件から a_3 の値を求め, $\boldsymbol{a}$ と同じ向きを持つ単位ベクトルの z 成分から γ の値を求めればいいんだね。

解答＆解説

$\boldsymbol{a}$, $\boldsymbol{b}$, $\boldsymbol{c}$ が共面ベクトルであるとき,

$$\begin{vmatrix} 1 & -\sqrt{2} & a_3 \\ -1 & -3\sqrt{2} & 3 \\ 1 & \sqrt{2} & -2 \end{vmatrix} = \sqrt{2}\begin{vmatrix} 1 & -1 & a_3 \\ -1 & -3 & 3 \\ 1 & 1 & -2 \end{vmatrix} = \sqrt{2}\begin{vmatrix} 1 & -1 & a_3 \\ 0 & -4 & \boxed{(ア)} \\ 0 & 2 & \boxed{(イ)} \end{vmatrix}$$

（②′列から $\sqrt{2}$ をくくり出した。）（②行＋①行, ③行－①行）

$$= \sqrt{2}\times 1 \times (-1)^{1+1}\begin{vmatrix} -4 & \boxed{(ア)} \\ 2 & \boxed{(イ)} \end{vmatrix} = \sqrt{2}\{4(a_3+2)-2(a_3+3)\}$$

（第①′列で余因子展開した。）

$= 2\sqrt{2}(\boxed{(ウ)}) = 0$　となる。

$\therefore a_3 = \boxed{(エ)}$

よって, $\boldsymbol{a} = [1,\ -\sqrt{2},\ \boxed{(エ)}\ ]$ のノルムは,

$\|\boldsymbol{a}\| = \sqrt{1^2+(-\sqrt{2})^2+(\boxed{(エ)})^2} = 2$　である。

これから,

$$\frac{\boldsymbol{a}}{\|\boldsymbol{a}\|} = \frac{1}{2}[1,\ -\sqrt{2},\ \boxed{(エ)}\ ] = \left[\frac{1}{2},\ -\frac{\sqrt{2}}{2},\ \frac{\boxed{(エ)}}{2}\right]$$ より,

$\boldsymbol{a}$ が z 軸の正の向きとなす角を $\gamma\ (0 \leqq \gamma \leqq \pi)$ とおくと,

$\cos\gamma = \dfrac{\boxed{(エ)}}{2}$　　$\therefore \gamma = \boxed{(オ)}$　である。

解答　(ア) a_3+3　(イ) $-a_3-2$　(ウ) a_3+1　(エ) -1　(オ) $\frac{2}{3}\pi$

§2. 空間図形とベクトルの内積・外積

今回の講義で，ベクトルをさらに深めよう。まず，座標空間における平面，直線，球面のベクトル方程式を示す。特に，平面のベクトル方程式は行列式を使ってシンプルに表現することができ，そして，これが“**ベクトルの外積**(がいせき)”のプロローグ(序章)にもなっているんだよ。ベクトルの“**内積**(ないせき)”については既習だけれど，“**外積**”については未習の方が多いと思う。しかし，いずれも，これから解説する本格的な“ベクトル解析”で重要な役割を演じることになるので，ここでその基本をマスターしておこう。

● 座標空間での平面の方程式は，行列式で表せる！

3 次元座標空間の原点 **O** を通る平面の方程式は，次の **2** 通りの表し方がある。

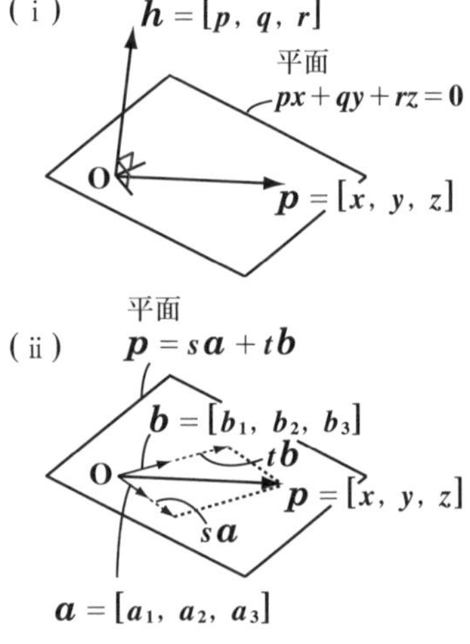

図 **1**　原点 **O** を通る平面の方程式

(Ⅰ) 図 **1**(ⅰ)に示すように，この平面は，

$px+qy+rz=0$ ……①

と表せ，このときこの平面と垂直な法線ベクトルを $\boldsymbol{h}$ とおくと，

$\boldsymbol{h}=[p, q, r]$ となる。

(Ⅱ) 図 **1**(ⅱ)に示すように，

2 つの **1** 次独立なベクトル

$\begin{cases}\boldsymbol{a}=[a_1, a_2, a_3]\\ \boldsymbol{b}=[b_1, b_2, b_3]\end{cases}$

が張る平面上の動ベクトルを

$\boldsymbol{p}=[x, y, z]$ とおくと，この平面の方程式は，

$\boldsymbol{p}=s\boldsymbol{a}+t\boldsymbol{b}$ ……②　(s, t：媒介変数)と表せる。以上のことは，既に高校でも習っているはずだ。

ここで，図 **1**(ⅰ)と(ⅱ)の平面が同一平面のとき，①から導ける $\boldsymbol{h}$ と②の $\boldsymbol{a}$, $\boldsymbol{b}$ の関係がどうなるのか興味が湧いてくると思う。解説しよう。まず，図 **1**(ⅱ)の平面から考えてみる。$\boldsymbol{p}$ は動ベクトル，$\boldsymbol{a}$ と $\boldsymbol{b}$ は定ベクトルの違いはあるが，この **3** つのベクトルは同一平面上にある共面ベクトルなので，②の方程式の代わりに，次のような方程式で表すこともできる。

$$\begin{vmatrix} x & y & z \\ a_1 & a_2 & a_3 \\ b_1 & b_2 & b_3 \end{vmatrix} = 0 \quad \cdots\cdots ③$$

・$[x, y, z] = [0, 0, 0]$ のとき，$\begin{vmatrix} 0 & 0 & 0 \\ a_1 & a_2 & a_3 \\ b_1 & b_2 & b_3 \end{vmatrix} = 0$

・$[x, y, z] = [a_1, a_2, a_3]$ のとき，$\begin{vmatrix} a_1 & a_2 & a_3 \\ a_1 & a_2 & a_3 \\ b_1 & b_2 & b_3 \end{vmatrix} = 0$

・$[x, y, z] = [b_1, b_2, b_3]$ のとき，$\begin{vmatrix} b_1 & b_2 & b_3 \\ a_1 & a_2 & a_3 \\ b_1 & b_2 & b_3 \end{vmatrix} = 0$

となって，③をみたすので，点$\boldsymbol{p}$は，点O，$\boldsymbol{a}$，$\boldsymbol{b}$を通る。よって，動ベクトル$\boldsymbol{p}$は$\boldsymbol{a}$と$\boldsymbol{b}$の張る平面を表すんだね。

③は②の媒介変数sとtを消去して導かれる式でもあるんだよ。この③の左辺の行列式を第1行で余因子展開してみることにしよう。すると，

$$\underline{x}\begin{vmatrix} a_2 & a_3 \\ b_2 & b_3 \end{vmatrix} \underline{-y}\begin{vmatrix} a_1 & a_3 \\ b_1 & b_3 \end{vmatrix} + \underline{z}\begin{vmatrix} a_1 & a_2 \\ b_1 & b_2 \end{vmatrix} = 0$$

$x\times(-1)^{1+1}$　$y\times(-1)^{1+2}$　$z\times(-1)^{1+3}$

だね。これをさらに変形して，

$$x\begin{vmatrix} a_2 & a_3 \\ b_2 & b_3 \end{vmatrix} + y\begin{vmatrix} a_3 & a_1 \\ b_3 & b_1 \end{vmatrix} + z\begin{vmatrix} a_1 & a_2 \\ b_1 & b_2 \end{vmatrix} = 0 \quad \cdots\cdots ③'$$

$(a_2b_3 - a_3b_2)$　$(a_3b_1 - a_1b_3)$　$(a_1b_2 - a_2b_1)$

図2　原点Oを通る平面

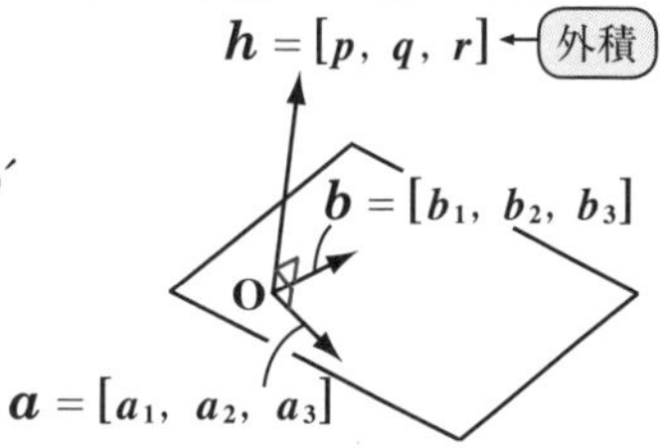

よって，

$$(a_2b_3 - a_3b_2)x + (a_3b_1 - a_1b_3)y + (a_1b_2 - a_2b_1)z = 0 \quad \cdots\cdots ③''$$

となるんだね。ここで，①と③″は同じ平面の方程式なので，x，y，zの各係数の比が等しいことが言える。けれど，今回はもう一歩踏み込んで，各係数の値そのものが等しい，すなわち

$$\boldsymbol{h} = [p, q, r] = [a_2b_3 - a_3b_2, \ a_3b_1 - a_1b_3, \ a_1b_2 - a_2b_1]$$

とおくことにしよう。何故ならば，これが$\boldsymbol{a}$と$\boldsymbol{b}$の“**外積**”そのものになっているからなんだ。外積については，後で詳しく解説するが，ここでは図2に示すように2つの1次独立なベクトル$\boldsymbol{a}$と$\boldsymbol{b}$の外積が$\boldsymbol{h}$であり，これは$\boldsymbol{a}$，$\boldsymbol{b}$の両方に直交する法線ベクトルであることを頭に入れておいてくれ。それでは，下に平面の公式をもう1度まとめておこう。

原点Oを通る平面の方程式

原点Oを通り，2つの1次独立なベクトル$\boldsymbol{a} = [a_1, a_2, a_3]$，$\boldsymbol{b} = [b_1, b_2, b_3]$の張る平面の方程式は，$\begin{vmatrix} x & y & z \\ a_1 & a_2 & a_3 \\ b_1 & b_2 & b_3 \end{vmatrix} = 0$ である。

それでは，ここで，例題を **1** 題解いておこう。

例題 **4**　原点 **O** を通り，$\boldsymbol{a}=[1,\ 1,\ 2]$ と $\boldsymbol{b}=[3,\ -1,\ 1]$ が張る平面の方程式を求めてみよう。

公式通り計算すればいいんだね。原点 **O** を通り，$\boldsymbol{a}=[1,\ 1,\ 2]$ と $\boldsymbol{b}=[3,\ -1,\ 1]$ の張る平面の方程式は，

$$\begin{vmatrix} x & y & z \\ 1 & 1 & 2 \\ 3 & -1 & 1 \end{vmatrix} = 0 \quad \cdots\cdots(\mathrm{a})$$

よって，(a)を変形して，

$$x\begin{vmatrix} 1 & 2 \\ -1 & 1 \end{vmatrix} - y\begin{vmatrix} 1 & 2 \\ 3 & 1 \end{vmatrix} + z\begin{vmatrix} 1 & 1 \\ 3 & -1 \end{vmatrix} = 0$$

第 **1** 行による余因子展開だ！

$(1\times1-2\times(-1))$　$(1\times1-2\times3)$　$(1\times(-1)-1\times3)$

$3x+5y-4z=0$ となって，答えだ。

(a)をサラスの公式によって展開しても同じ結果になる。自分で試してみるといいよ。

エッ，原点 **O** ではなく，もっと一般に点 $\mathbf{Q}(c_1,\ c_2,\ c_3)$ を通る平面の方程式はどうなるのかって？ いい質問だ！ これは，原点 **O** を通る平面の方程式に少し改良を加えればいいんだよ。

点 Q を通る平面の方程式

点 $\mathbf{Q}(c_1,\ c_2,\ c_3)$ を通り，**2** つの **1** 次独立な $\boldsymbol{a}=[a_1,\ a_2,\ a_3]$，$\boldsymbol{b}=[b_1,\ b_2,\ b_3]$ が張る平面 $\boldsymbol{\pi}$ の方程式は，動ベクトル $\boldsymbol{p}=[x,\ y,\ z]$ を用いると，

$$\begin{vmatrix} x-c_1 & y-c_2 & z-c_3 \\ a_1 & a_2 & a_3 \\ b_1 & b_2 & b_3 \end{vmatrix} = 0 \quad \cdots\cdots①$$

である。

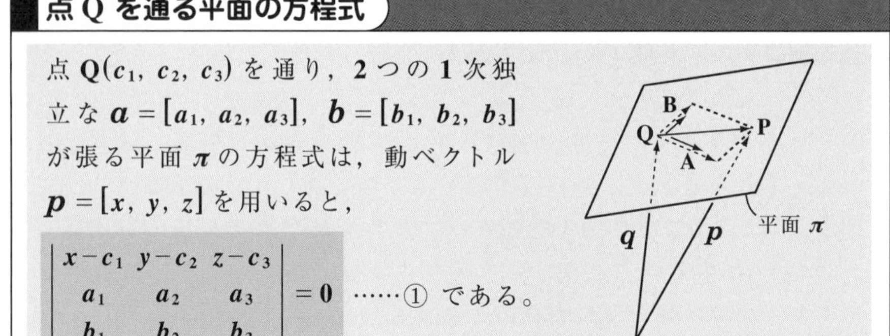

$[x,\ y,\ z]=[c_1,\ c_2,\ c_3]$，$[a_1+c_1,\ a_2+c_2,\ a_3+c_3]$，$[b_1+c_1,\ b_2+c_2,\ b_3+c_3]$ のとき，いずれも①をみたすので，点 **P** は点 **Q**，点 **A**，点 **B** の **3** 点を通る。

（$\mathbf{P}=\boldsymbol{p}$，$\mathbf{Q}=\boldsymbol{q}$，$\mathbf{A}=\boldsymbol{q}+\boldsymbol{a}$，$\mathbf{B}=\boldsymbol{q}+\boldsymbol{b}$）

これから，$\boldsymbol{p}$ は点 **Q** を通り，$\boldsymbol{a}$ と $\boldsymbol{b}$ の張る平面上を自由に動く動ベクトルであることが分かるので，①は平面 $\boldsymbol{\pi}$ を表す方程式になるんだね。

原点以外の点を通る平面の方程式についても，次の例題で練習しておこう。

> 例題 5　点 $\mathrm{Q}(2,\ 1,\ -3)$ を通り，$\boldsymbol{a}=[1,\ 1,\ 2]$ と $\boldsymbol{b}=[3,\ -1,\ 1]$ が張る平面の方程式を求めてみよう。

点 $\mathrm{Q}(2,\ 1,\ -3)$ を通り，$\boldsymbol{a}=[1,\ 1,\ 2]$ と $\boldsymbol{b}=[3,\ -1,\ 1]$ の張る平面の方程式は，公式より，

$$\begin{vmatrix} x-2 & y-1 & z+3 \\ 1 & 1 & 2 \\ 3 & -1 & 1 \end{vmatrix} = 0 \quad \cdots\cdots(\mathrm{b})$$

だね。この(b)を変形して，

（第 1 行による余因子展開だ！）

$$(x-2)\begin{vmatrix} 1 & 2 \\ -1 & 1 \end{vmatrix} - (y-1)\begin{vmatrix} 1 & 2 \\ 3 & 1 \end{vmatrix} + (z+3)\begin{vmatrix} 1 & 1 \\ 3 & -1 \end{vmatrix} = 0$$

$$3(x-2)+5(y-1)-4(z+3)=0$$

$\therefore\ 3x+5y-4z-23=0$　となって，答えだ！

これで，行列式を使った平面の方程式の表現法もマスターできたと思う。

● 直線と球面のベクトル方程式も押さえておこう！

次，座標空間における直線のベクトル方程式についても復習しておこう。

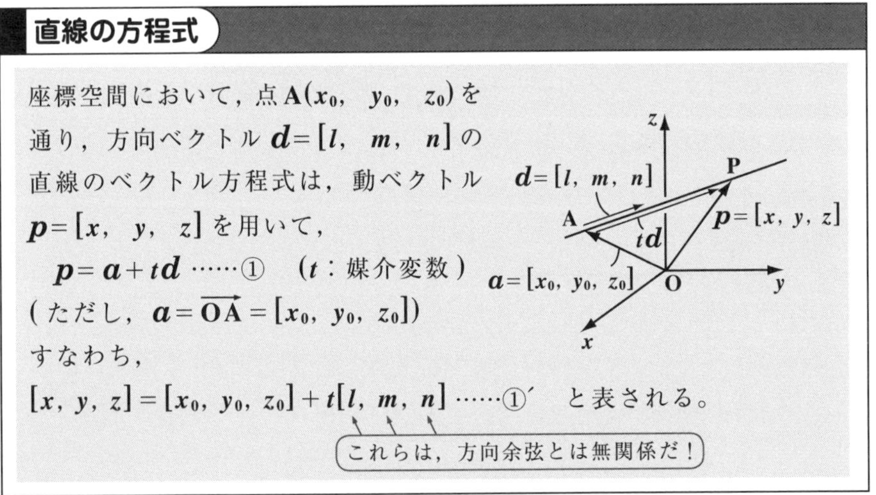

直線の方程式

座標空間において，点 $\mathrm{A}(x_0,\ y_0,\ z_0)$ を通り，方向ベクトル $\boldsymbol{d}=[l,\ m,\ n]$ の直線のベクトル方程式は，動ベクトル $\boldsymbol{p}=[x,\ y,\ z]$ を用いて，

$\boldsymbol{p}=\boldsymbol{a}+t\boldsymbol{d}$ ……①　（t：媒介変数）

（ただし，$\boldsymbol{a}=\overrightarrow{\mathrm{OA}}=[x_0,\ y_0,\ z_0]$）

すなわち，

$[x,\ y,\ z]=[x_0,\ y_0,\ z_0]+t[l,\ m,\ n]$ ……①′　と表される。

（これらは，方向余弦とは無関係だ！）

$l \neq 0,\ m \neq 0,\ n \neq 0$ のとき，①′から媒介変数 t を消去して，この直線は

$$\frac{x-x_0}{l}=\frac{y-y_0}{m}=\frac{z-z_0}{n}\ (=t)$$

と表すことができることも大丈夫だね。

球面のベクトル方程式も高校数学の範囲だけれど，復習しておこう。

球面の方程式

座標空間において，点 $\mathbf{A}(x_0, y_0, z_0)$ を中心とし，半径 $r\ (>0)$ の球面の方程式は，動ベクトル $\boldsymbol{p}=[x, y, z]$ を用いて，
$\|\boldsymbol{p}-\boldsymbol{a}\|=r$ ……② と表される。
（ただし，$\boldsymbol{a}=\overrightarrow{\mathrm{OA}}=[x_0, y_0, z_0]$）

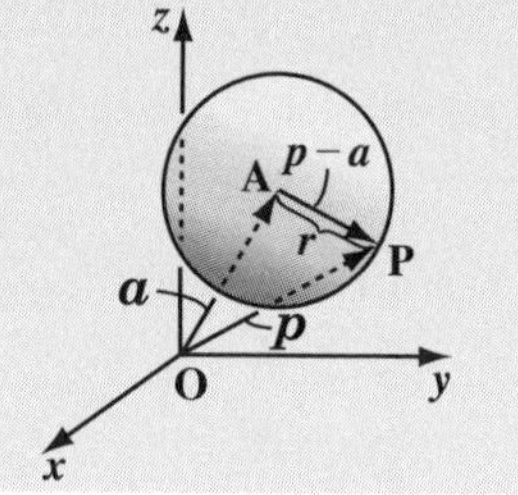

$\boldsymbol{p}-\boldsymbol{a}=[x, y, z]-[x_0, y_0, z_0]=[x-x_0, y-y_0, z-z_0]$ であり，
②の両辺を 2 乗すると，

$\|\boldsymbol{p}-\boldsymbol{a}\|^2=r^2$ となる。よって，これから見慣れた球面の方程式

（$\|\boldsymbol{p}-\boldsymbol{a}\|^2 = (x-x_0)^2+(y-y_0)^2+(z-z_0)^2$）

$(x-x_0)^2+(y-y_0)^2+(z-z_0)^2=r^2$ が導かれる。これも大丈夫だね。
それでは，直線と球面について，次の例題で練習しておこう。

例題 6　座標空間における直線 L：$\dfrac{x-1}{2}=\dfrac{y+2}{-1}=\dfrac{z+1}{-1}$ ……(a) と
球面 S：$x^2+y^2+z^2=10$ ……(b) の交点の座標を求めてみよう。

このような問題の場合，(a)の直線の式 $=t$（媒介変数）とおいて，まず t の値を定めることがポイントなんだ。(a)より，

直線 L：$\dfrac{x-1}{2}=\dfrac{y+2}{-1}=\dfrac{z+1}{-1}=t$ ……(a)′ とおくと，

（L は，点 $\mathbf{A}(1, -2, -1)$ を通り，方向ベクトル $\boldsymbol{d}=[2, -1, -1]$ の直線だね。）

$x=2t+1$ ……(c)，$y=-t-2$ ……(d)，$z=-t-1$ ……(e) となる。

（x, y, z がすべて t の式で表せた！）

(c)，(d)，(e)を，球面 S：$x^2+y^2+z^2=10$ ……(b) に代入して，

（原点 O を中心とする半径 $r=\sqrt{10}$ の球面）

$(2t+1)^2+(-t-2)^2+(-t-1)^2=10$

$6t^2+10t-4=0$ ←（$4t^2+4t+1+t^2+4t+4+t^2+2t+1=10$）

$3t^2+5t-2=0$，　$(t+2)(3t-1)=0$　$\therefore t=-2, \dfrac{1}{3}$ ←（t の値が決定できた！）

(i) $t=-2$ のとき，(c), (d), (e)より，$x=-3$, $y=0$, $z=1$

(ii) $t=\frac{1}{3}$ のとき，(c), (d), (e)より，$x=\frac{5}{3}$, $y=-\frac{7}{3}$, $z=-\frac{4}{3}$

以上より，直線 L と球面 S の交点の座標は，

$(-3,\ 0,\ 1)$ と $\left(\frac{5}{3},\ -\frac{7}{3},\ -\frac{4}{3}\right)$ になるんだね。

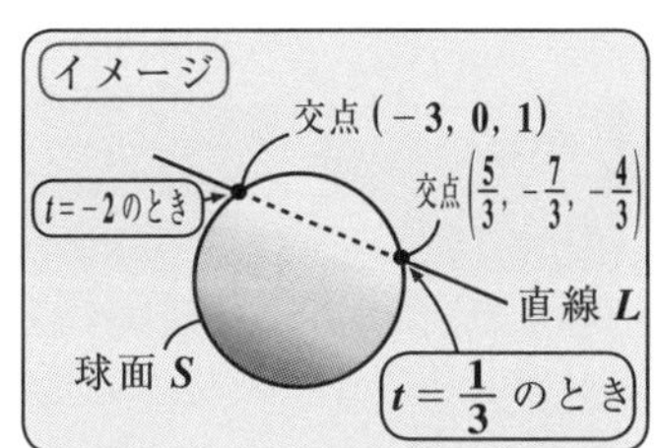

● ベクトルの内積も復習しよう！

2つのベクトル $\boldsymbol{a}$ と $\boldsymbol{b}$ の積(かけ算)には，“内積(ないせき)”と“外積(がいせき)”の2種類がある。内積については既に御存知と思うが，ここで**“計量線形空間(けいりょうせんけいくうかん)”**の定義も含めて復習しておこう。

計量線形空間

線形空間 V の任意の2つの元(げん) $\boldsymbol{a}$ と $\boldsymbol{b}$ に対して，内積という実数 $\boldsymbol{a}\cdot\boldsymbol{b}$ が定まり，次の4つの条件を満たすとき，この線形空間 V を**“計量線形空間”**と呼ぶ。

(i) $\boldsymbol{a}\cdot\boldsymbol{b}=\boldsymbol{b}\cdot\boldsymbol{a}$ ←交換の法則

(ii) $(\boldsymbol{a}_1+\boldsymbol{a}_2)\cdot\boldsymbol{b}=\boldsymbol{a}_1\cdot\boldsymbol{b}+\boldsymbol{a}_2\cdot\boldsymbol{b}$，$\boldsymbol{a}\cdot(\boldsymbol{b}_1+\boldsymbol{b}_2)=\boldsymbol{a}\cdot\boldsymbol{b}_1+\boldsymbol{a}\cdot\boldsymbol{b}_2$ ←分配の法則

(iii) $(k\boldsymbol{a})\cdot\boldsymbol{b}=k(\boldsymbol{a}\cdot\boldsymbol{b})$，$\boldsymbol{a}\cdot(k\boldsymbol{b})=k(\boldsymbol{a}\cdot\boldsymbol{b})$ (k：実数)

(iv) $\boldsymbol{a}\cdot\boldsymbol{a}\geqq 0$ (特に，$\boldsymbol{a}=\boldsymbol{0} \Leftrightarrow \boldsymbol{a}\cdot\boldsymbol{a}=0$)

内積 $\boldsymbol{a}\cdot\boldsymbol{b}$ は，実数(スカラー)であることに気をつけよう。線形空間の元(要素)の間に内積という演算をもち込むことによって，線形空間に“大きさ”や“角度”という概念を生み出せるんだね。ここで，V の元 $\boldsymbol{a}$ に対して，その大きさ(ノルム)を内積を使って，次のように再定義しておこう。

大きさ(ノルム)の定義

計量線形空間 V の元 $\boldsymbol{a}$ に対して，$\sqrt{\boldsymbol{a}\cdot\boldsymbol{a}}$ を元 $\boldsymbol{a}$ の大きさ(ノルム)と呼び，$\|\boldsymbol{a}\|=\sqrt{\boldsymbol{a}\cdot\boldsymbol{a}}$ (特に，$\boldsymbol{a}=\boldsymbol{0}$ のとき，$\|\boldsymbol{a}\|=0$) と表す。

これから，シュワルツの不等式 $|\boldsymbol{a}\cdot\boldsymbol{b}|\leqq\|\boldsymbol{a}\|\cdot\|\boldsymbol{b}\|$ が導かれ，さらにこれを基に日頃見慣れた内積の公式を導くことができるんだね。この一連の流れは，**「線形代数キャンパス・ゼミ」**(マセマ)で詳述している。

それでは，$\boldsymbol{a}$と$\boldsymbol{b}$の内積の公式を下に示す。

内積の定義

計量線形空間Vの$\mathbf{0}$でない2つの元$\boldsymbol{a}$, $\boldsymbol{b}$のなす角θを

$\dfrac{\boldsymbol{a}\cdot\boldsymbol{b}}{\|\boldsymbol{a}\|\|\boldsymbol{b}\|}=\cos\theta \quad (0\leqq\theta\leqq\pi)$ で定義すると，

内積の公式：$\boldsymbol{a}\cdot\boldsymbol{b}=\|\boldsymbol{a}\|\|\boldsymbol{b}\|\cos\theta$ ……① が導ける。

（この公式は，$\boldsymbol{a}=\mathbf{0}$や$\boldsymbol{b}=\mathbf{0}$のときでも成り立つ。）

ここで，$\boldsymbol{a}$, $\boldsymbol{b}$が3次元ベクトル$\boldsymbol{a}=[a_1, a_2, a_3]$, $\boldsymbol{b}=[b_1, b_2, b_3]$のとき，内積$\boldsymbol{a}\cdot\boldsymbol{b}$は次のように表されるのも大丈夫だね。

内積の成分表示

2つの3次元ベクトル$\boldsymbol{a}=[a_1, a_2, a_3]$と$\boldsymbol{b}=[b_1, b_2, b_3]$の内積$\boldsymbol{a}\cdot\boldsymbol{b}$は，$\boldsymbol{a}\cdot\boldsymbol{b}=a_1b_1+a_2b_2+a_3b_3$ ……② である。

ここで，$\|\boldsymbol{a}\|=\sqrt{\boldsymbol{a}\cdot\boldsymbol{a}}=\sqrt{a_1^2+a_2^2+a_3^2}$, $\|\boldsymbol{b}\|=\sqrt{\boldsymbol{b}\cdot\boldsymbol{b}}=\sqrt{b_1^2+b_2^2+b_3^2}$

より，$\boldsymbol{a}$と$\boldsymbol{b}$のなす角θの余弦$\cos\theta$は，次のように求められる。

$$\cos\theta=\frac{\boldsymbol{a}\cdot\boldsymbol{b}}{\|\boldsymbol{a}\|\|\boldsymbol{b}\|}=\frac{a_1b_1+a_2b_2+a_3b_3}{\sqrt{a_1^2+a_2^2+a_3^2}\sqrt{b_1^2+b_2^2+b_3^2}} \quad (\text{ただし，}\boldsymbol{a}\neq\mathbf{0},\ \boldsymbol{b}\neq\mathbf{0})$$

最終的な内積の公式は，高校数学で習った通りなので問題ないと思うけれど，②の内積の成分表示の公式を導いておこう。

$\|\boldsymbol{a}-\boldsymbol{b}\|^2=(\boldsymbol{a}-\boldsymbol{b})\cdot(\boldsymbol{a}-\boldsymbol{b})$ より，←（ノルムの定義式）

$\|\boldsymbol{a}-\boldsymbol{b}\|^2=\underbrace{\boldsymbol{a}\cdot\boldsymbol{a}}_{\|\boldsymbol{a}\|^2}-\boldsymbol{a}\cdot\boldsymbol{b}-\underbrace{\boldsymbol{b}\cdot\boldsymbol{a}}_{\boldsymbol{a}\cdot\boldsymbol{b}}+\underbrace{\boldsymbol{b}\cdot\boldsymbol{b}}_{\|\boldsymbol{b}\|^2}$ ←（分配の法則）（交換の法則）

$\|\boldsymbol{a}-\boldsymbol{b}\|^2=\|\boldsymbol{a}\|^2+\|\boldsymbol{b}\|^2-2\boldsymbol{a}\cdot\boldsymbol{b}$ ……(a)

ここで，$\|\boldsymbol{a}-\boldsymbol{b}\|^2=(a_1-b_1)^2+(a_2-b_2)^2+(a_3-b_3)^2$, $\|\boldsymbol{a}\|^2=a_1^2+a_2^2+a_3^2$

$\|\boldsymbol{b}\|^2=b_1^2+b_2^2+b_3^2$ より，これらを(a)に代入して，

$\underbrace{(a_1-b_1)^2}_{a_1^2-2a_1b_1+b_1^2}+\underbrace{(a_2-b_2)^2}_{a_2^2-2a_2b_2+b_2^2}+\underbrace{(a_3-b_3)^2}_{a_3^2-2a_3b_3+b_3^2}=a_1^2+a_2^2+a_3^2+b_1^2+b_2^2+b_3^2-2\boldsymbol{a}\cdot\boldsymbol{b}$

$-2(a_1b_1+a_2b_2+a_3b_3)=-2\boldsymbol{a}\cdot\boldsymbol{b}$

$\therefore\ \boldsymbol{a}\cdot\boldsymbol{b}=a_1b_1+a_2b_2+a_3b_3$ ……② が導けるんだね。

また，$\boldsymbol{a}$と$\boldsymbol{b}$が3次元ベクトルの場合，右図に示すように，$\|\boldsymbol{a}\|$，$\|\boldsymbol{b}\|$，$\|\boldsymbol{a}-\boldsymbol{b}\|$を3辺にもつ三角形に余弦定理を用いると，

$$\|\boldsymbol{a}-\boldsymbol{b}\|^2=\|\boldsymbol{a}\|^2+\|\boldsymbol{b}\|^2-2\|\boldsymbol{a}\|\|\boldsymbol{b}\|\cos\theta \quad \cdots\cdots(\mathrm{b})$$

（θ：$\boldsymbol{a}$と$\boldsymbol{b}$のなす角）

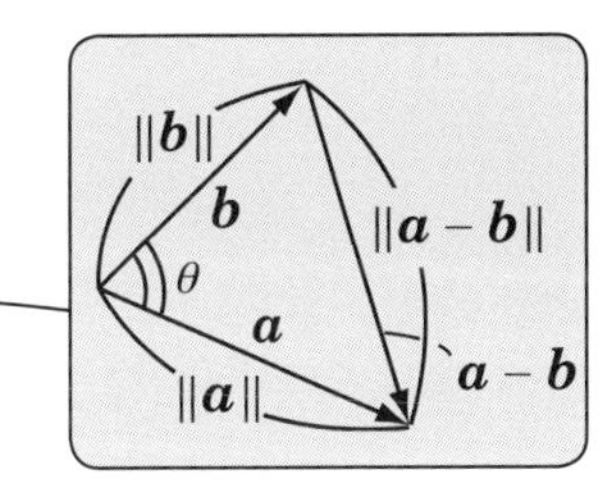

となるので，(a)と(b)を比較して，内積の公式

$\boldsymbol{a}\cdot\boldsymbol{b}=\|\boldsymbol{a}\|\|\boldsymbol{b}\|\cos\theta$ ……① が導けるんだね。

そして，この①の内積の公式は“正射影（せいしゃえい）”とも密接に関係している。図3に示すように，$\boldsymbol{a}$を地面，$\boldsymbol{b}$をその地面に斜めに立っている棒と考える。このとき$\boldsymbol{a}$に垂直に光が差したとき，$\boldsymbol{b}$が$\boldsymbol{a}$に落とす影を“正射影”と言い，その大きさは$\|\boldsymbol{b}\|\,|\cos\theta|$で表せる。

“ベクトル解析”では，図形（領域）の正射影の面積も，方向余弦と関連して重要なテーマになるんだよ。後で，詳しく解説しよう。

図3　内積と正射影

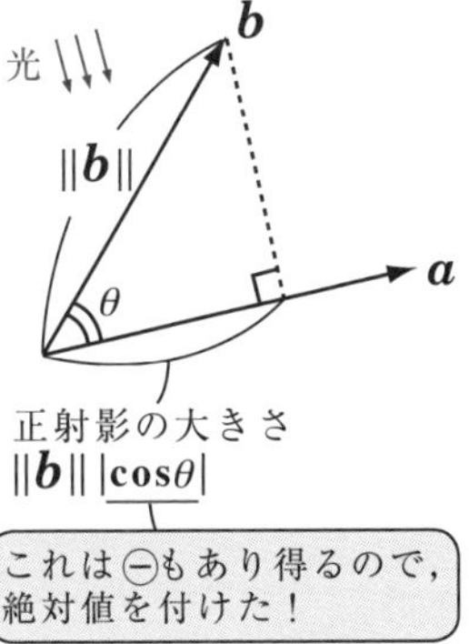

それでは次，3次元の基本ベクトル$\boldsymbol{i}=[1,\ 0,\ 0]$，$\boldsymbol{j}=[0,\ 1,\ 0]$，$\boldsymbol{k}=[0,\ 0,\ 1]$の内積についても解説しておこう。これらは正規直交基底なので，

$\boldsymbol{i}\cdot\boldsymbol{i}=\boldsymbol{j}\cdot\boldsymbol{j}=\boldsymbol{k}\cdot\boldsymbol{k}=1$，$\boldsymbol{i}\cdot\boldsymbol{j}=\boldsymbol{j}\cdot\boldsymbol{k}=\boldsymbol{k}\cdot\boldsymbol{i}=0$ となる。

（$\boldsymbol{i}$, $\boldsymbol{j}$, $\boldsymbol{k}$のノルムは1だ。）（$\boldsymbol{i}$, $\boldsymbol{j}$, $\boldsymbol{k}$は互いに直交する。）

よって，たとえば，$\boldsymbol{a}=2\boldsymbol{i}-3\boldsymbol{j}+\boldsymbol{k}$と$\boldsymbol{b}=-\boldsymbol{i}+2\boldsymbol{j}+5\boldsymbol{k}$の内積は，

$$\boldsymbol{a}\cdot\boldsymbol{b}=(2\boldsymbol{i}-3\boldsymbol{j}+\boldsymbol{k})\cdot(-\boldsymbol{i}+2\boldsymbol{j}+5\boldsymbol{k})=-2\underbrace{\boldsymbol{i}\cdot\boldsymbol{i}}_{1}-6\underbrace{\boldsymbol{j}\cdot\boldsymbol{j}}_{1}+5\underbrace{\boldsymbol{k}\cdot\boldsymbol{k}}_{1}$$

$=-2-6+5=-3$ と計算してもいいよ。（$\because\ \boldsymbol{i}\cdot\boldsymbol{j}=\boldsymbol{j}\cdot\boldsymbol{k}=\boldsymbol{k}\cdot\boldsymbol{i}=0$）

これは，$\boldsymbol{a}=[2,\ -3,\ 1]$，$\boldsymbol{b}=[-1,\ 2,\ 5]$の内積として，
$\boldsymbol{a}\cdot\boldsymbol{b}=2\times(-1)+(-3)\times2+1\times5=-2-6+5=-3$ と同じことだ。

最後に**P24**の平面の方程式$px+qy+rz=0$ ……① は，法線ベクトル$\boldsymbol{h}=[p,\ q,\ r]$と平面上を動く動ベクトル$\boldsymbol{p}=[x,\ y,\ z]$が常に直交するので，内積$\boldsymbol{h}\cdot\boldsymbol{p}=0$を，成分表示したものだったんだね。大丈夫？

● ベクトルの外積をマスターしよう！

それではいよいよ，同一直線上にない 2 つの 3 次元ベクトル $\boldsymbol{a}$ と $\boldsymbol{b}$ の "外積"（"外積" を "ベクトル積" と呼ぶこともある。）について，解説しよう。$\boldsymbol{a}$ と $\boldsymbol{b}$ の内積を $\boldsymbol{a}\cdot\boldsymbol{b}$ と表すのに対して，$\boldsymbol{a}$ と $\boldsymbol{b}$ の外積は $\boldsymbol{a}\times\boldsymbol{b}$ と表す。また，内積 $\boldsymbol{a}\cdot\boldsymbol{b}$ がスカラーであるのに対して，外積 $\boldsymbol{a}\times\boldsymbol{b}$ はベクトルになるので，これを

$\boldsymbol{a}\times\boldsymbol{b}=\boldsymbol{c}$ ←（これが外積を表すベクトルだ。）

と表すことにしよう。この外積 $\boldsymbol{c}$ の特徴は図 4 に示すように，次の 3 つだ。

図 4　ベクトルの外積
$\boldsymbol{a}\times\boldsymbol{b}=\boldsymbol{c}$

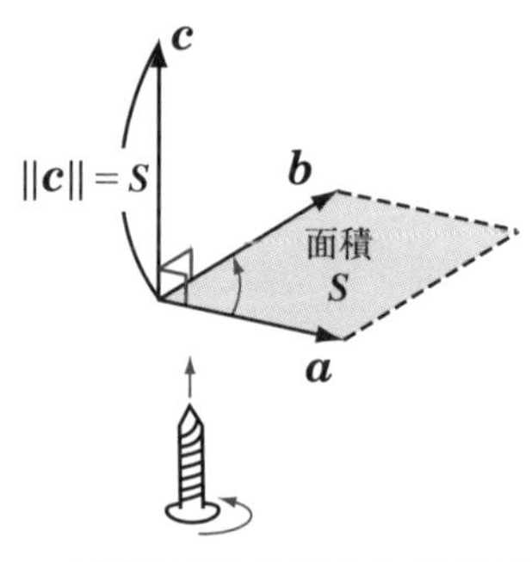

（$\boldsymbol{c}$ の向きは，右ネジの進む向きだ。）

(ⅰ) $\boldsymbol{c}$ は $\boldsymbol{a}$ と $\boldsymbol{b}$ の両方と直交する。
　つまり，$\boldsymbol{c}\perp\boldsymbol{a}$ かつ $\boldsymbol{c}\perp\boldsymbol{b}$ より，
　$\boldsymbol{c}\cdot\boldsymbol{a}=0$ かつ $\boldsymbol{c}\cdot\boldsymbol{b}=0$ である。

(ⅱ) $\boldsymbol{c}$ のノルム（大きさ）$\|\boldsymbol{c}\|$ は，$\boldsymbol{a}$ と $\boldsymbol{b}$ を 2 辺にもつ平行四辺形の面積 S に等しい。よって，
　$\|\boldsymbol{c}\|=S$ である。

(ⅲ) さらに，$\boldsymbol{c}$ の**向き**は図 4 に示すように，$\boldsymbol{a}$ から $\boldsymbol{b}$ に向かうように回転するとき，**右ネジが進む向き**に一致する。だから，外積 $\boldsymbol{b}\times\boldsymbol{a}$ の場合は $\boldsymbol{b}$ から $\boldsymbol{a}$ に回転するときに右ネジの進む向きになるので，
　$\boldsymbol{b}\times\boldsymbol{a}=-\boldsymbol{c}$ となるんだね。
　つまり，外積では交換の法則は成り立たないことに気を付けよう。

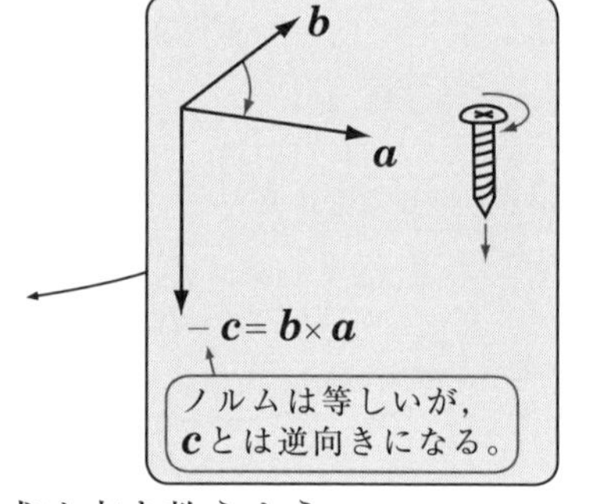

では，この外積 $\boldsymbol{a}\times\boldsymbol{b}\,[=\boldsymbol{c}]$ の実際の求め方を教えよう。

$\boldsymbol{a}=[a_1,\ a_2,\ a_3]$，$\boldsymbol{b}=[b_1,\ b_2,\ b_3]$ のとき，実はこの外積 $\boldsymbol{a}\times\boldsymbol{b}$ は原点を通り，$\boldsymbol{a}$ と $\boldsymbol{b}$ の張る平面 $\begin{vmatrix} x & y & z \\ a_1 & a_2 & a_3 \\ b_1 & b_2 & b_3 \end{vmatrix}=0$，すなわち

$$\begin{vmatrix} a_2 & a_3 \\ b_2 & b_3 \end{vmatrix} x + \underbrace{\begin{vmatrix} a_3 & a_1 \\ b_3 & b_1 \end{vmatrix} y}_{-\begin{vmatrix} a_1 & a_3 \\ b_1 & b_3 \end{vmatrix} y} + \begin{vmatrix} a_1 & a_2 \\ b_1 & b_2 \end{vmatrix} z = 0$$ ← 第 **1** 行による余因子展開

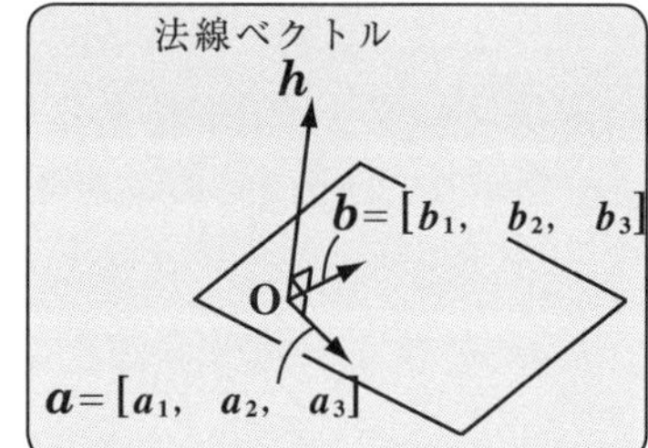

の法線ベクトル $\boldsymbol{h}$，つまり，

$$\left[\begin{vmatrix} a_2 & a_3 \\ b_2 & b_3 \end{vmatrix}, \begin{vmatrix} a_3 & a_1 \\ b_3 & b_1 \end{vmatrix}, \begin{vmatrix} a_1 & a_2 \\ b_1 & b_2 \end{vmatrix}\right]$$

$$= [a_2b_3 - a_3b_2,\ a_3b_1 - a_1b_3,\ a_1b_2 - a_2b_1]$$

のことなんだ。**(P25)**　従って，$\boldsymbol{a} \times \boldsymbol{b}$ は次のように形式的に行列式の形で表現することができる。

$$\boldsymbol{a} \times \boldsymbol{b} = \left[\begin{vmatrix} a_2 & a_3 \\ b_2 & b_3 \end{vmatrix}, \begin{vmatrix} a_3 & a_1 \\ b_3 & b_1 \end{vmatrix}, \begin{vmatrix} a_1 & a_2 \\ b_1 & b_2 \end{vmatrix}\right]$$

$$= \begin{vmatrix} a_2 & a_3 \\ b_2 & b_3 \end{vmatrix} \boldsymbol{i} + \begin{vmatrix} a_3 & a_1 \\ b_3 & b_1 \end{vmatrix} \boldsymbol{j} + \begin{vmatrix} a_1 & a_2 \\ b_1 & b_2 \end{vmatrix} \boldsymbol{k}$$

$$= \begin{vmatrix} a_2 & a_3 \\ b_2 & b_3 \end{vmatrix} \boldsymbol{i} - \begin{vmatrix} a_1 & a_3 \\ b_1 & b_3 \end{vmatrix} \boldsymbol{j} + \begin{vmatrix} a_1 & a_2 \\ b_1 & b_2 \end{vmatrix} \boldsymbol{k} \quad \cdots\cdots (a)$$

$$= \begin{vmatrix} \boldsymbol{i} & \boldsymbol{j} & \boldsymbol{k} \\ a_1 & a_2 & a_3 \\ b_1 & b_2 & b_3 \end{vmatrix} \quad \cdots\cdots (b)$$

(a)は(b)の行列式の第 **1** 行による余因子展開の形になっているんだね。

ただし，この(b)は本当の行列式ではないね。何故って？ 第 **1** 行が実数の行ではなくて，**3** つの基本ベクトル $\boldsymbol{i}$，$\boldsymbol{j}$，$\boldsymbol{k}$ で構成されているからだ。だから，「形式的に行列式の形で表現する」と言ったんだ。しかし、この式は外積の公式として非常に覚えやすい形をしている。もう **1** 度，下にまとめておくので，シッカリ頭に入れておこう。

外積の公式

同一直線上にない **2** つの **3** 次元ベクトル $\boldsymbol{a} = [a_1, a_2, a_3]$，$\boldsymbol{b} = [b_1, b_2, b_3]$ の外積 $\boldsymbol{a} \times \boldsymbol{b}$ は，

$$\boldsymbol{a} \times \boldsymbol{b} = \begin{vmatrix} \boldsymbol{i} & \boldsymbol{j} & \boldsymbol{k} \\ a_1 & a_2 & a_3 \\ b_1 & b_2 & b_3 \end{vmatrix}$$ で求められる。

外積 $\boldsymbol{a}\times\boldsymbol{b}$ のテクニカルなもう **1** つの求め方を，図 **5** にまとめて紹介しておこう。

図 **5** 外積 $\boldsymbol{a}\times\boldsymbol{b}$ の求め方

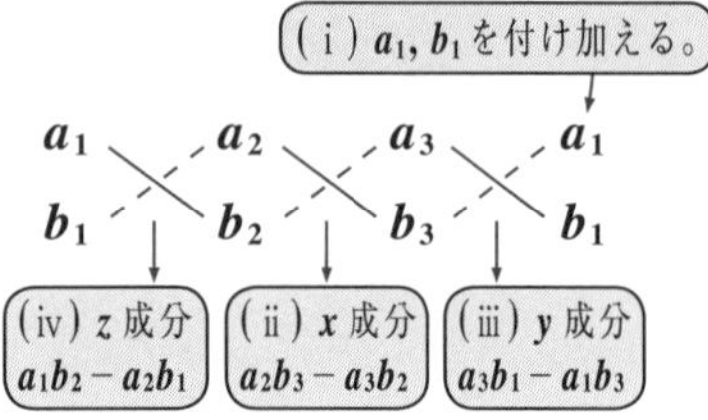

(i) まず，$\boldsymbol{a}=[a_1,\ a_2,\ a_3]$，$\boldsymbol{b}=[b_1,\ b_2,\ b_3]$ の成分を上下に並べて書き，最後に a_1 と b_1 をもう **1** 回付け加える。

(ii) 真中の $\begin{vmatrix} a_2 & a_3 \\ b_2 & b_3 \end{vmatrix}$ を計算して，外積の x 成分を求める。

(iii) 右の $\begin{vmatrix} a_3 & a_1 \\ b_3 & b_1 \end{vmatrix}$ を計算して，外積の y 成分を求める。

(iv) 最後に左の $\begin{vmatrix} a_1 & a_2 \\ b_1 & b_2 \end{vmatrix}$ を計算して，外積の z 成分を求める。

要領は覚えた？ それでは，実際に次の例題で外積の計算をしてみよう。

例題 7　次の各ベクトル $\boldsymbol{a}$, $\boldsymbol{b}$ の外積 $\boldsymbol{a}\times\boldsymbol{b}$ を求めてみよう。

(1) $\boldsymbol{a}=[1,\ 1,\ 2]$, $\boldsymbol{b}=[3,\ -1,\ 1]$ ← 例題 **4** (**P26**) 参照

(2) $\boldsymbol{a}=[2,\ 3,\ -1]$, $\boldsymbol{b}=[-1,\ 5,\ -4]$

(1) $\boldsymbol{a}=[1,\ 1,\ 2]$，$\boldsymbol{b}=[3,\ -1,\ 1]$ より，外積 $\boldsymbol{a}\times\boldsymbol{b}$ は，

$$\boldsymbol{a}\times\boldsymbol{b}=\begin{vmatrix} \boldsymbol{i} & \boldsymbol{j} & \boldsymbol{k} \\ 1 & 1 & 2 \\ 3 & -1 & 1 \end{vmatrix}=\begin{vmatrix} 1 & 2 \\ -1 & 1 \end{vmatrix}\boldsymbol{i}+\begin{vmatrix} 2 & 1 \\ 1 & 3 \end{vmatrix}\boldsymbol{j}+\begin{vmatrix} 1 & 1 \\ 3 & -1 \end{vmatrix}\boldsymbol{k}$$

← 第 **1** 行による余因子展開

($1+2=3$)　($6-1=5$)　($-1-3=-4$)

$$=3[1,\ 0,\ 0]+5[0,\ 1,\ 0]-4[0,\ 0,\ 1]$$

$=[3,\ 5,\ -4]$ となって，答えだ。これは例題 **4**(**P26**) の平面の法線ベクトルと同じものだね。

別解

外積 $\boldsymbol{a}\times\boldsymbol{b}$ は，図 **5** の模式図に従って，右のように求めて，
$\boldsymbol{a}\times\boldsymbol{b}=[3,\ 5,\ -4]$
としてもかまわない。

1	1	2	1
3	−1	1	3

$-1-3=-4$ ← z 成分
$1+2=3$ ← x 成分
$6-1=5$ ← y 成分

$$b\times a=\begin{vmatrix} i & j & k \\ 3 & -1 & 1 \\ 1 & 1 & 2 \end{vmatrix}=\begin{vmatrix} -1 & 1 \\ 1 & 2 \end{vmatrix}i+\begin{vmatrix} 1 & 3 \\ 2 & 1 \end{vmatrix}j+\begin{vmatrix} 3 & -1 \\ 1 & 1 \end{vmatrix}k$$

$=-3i-5j+4k=[-3,\ -5,\ 4]$ となって，

$b\times a=-a\times b$ となることが，この例からも分かるね。$b\times a$ の向きは，b から a に向かうように回転するとき，右ネジが進む向きに一致するので，$a\times b$ とは“大きさ”は同じで“向き”が逆になるからなんだね。

$a\times b$

b

a

$b\times a\ [=-a\times b]$

(2) 次，$a=[2,\ 3,\ -1]$，$b=[-1,\ 5,\ -4]$ の外積 $a\times b$ は，

$$a\times b=\begin{vmatrix} i & j & k \\ 2 & 3 & -1 \\ -1 & 5 & -4 \end{vmatrix}=\begin{vmatrix} 3 & -1 \\ 5 & -4 \end{vmatrix}i+\begin{vmatrix} -1 & 2 \\ -4 & -1 \end{vmatrix}j+\begin{vmatrix} 2 & 3 \\ -1 & 5 \end{vmatrix}k$$

$=-7i+9j+13k$

$=[-7,\ 9,\ 13]$ となる。

2　3　−1　2

−1　5　−4　−1

, 13] [−7 , 9

z 成分　x 成分　y 成分

このように求めてもいい。

● 外積の性質も押さえておこう！

それでは，外積の基本性質を次にまとめておこう。

外積の性質 (I)

同一直線上にない 2 つの 3 次元ベクトル $a=[a_1,\ a_2,\ a_3]$，$b=[b_1,\ b_2,\ b_3]$ の外積を $c=a\times b$ とおくと，

(1) $a\perp c$ かつ $b\perp c$ となる。

よって，$a\cdot c=0$ かつ $b\cdot c=0$ ……(＊1)

(2) $\|c\|=\|a\|\|b\|\sin\theta$ ……………………(＊2)

（ただし，θ は a と b のなす角，$0\leqq\theta\leqq\pi$）

c は a と b の両方と直交する。

c の大きさ（ノルム）は，a と b を 2 辺とする平行四辺形の面積と等しい。

(1) の (＊1) は，前述した平面の法線ベクトルの考え方から明らかだけど，ここでキチンと証明しておこう。$a\cdot c=0$ のみを示す。$b\cdot c=0$ は同様に示せるので自分で確かめてみてくれ。

(1) $\boldsymbol{a}\cdot\boldsymbol{c}=0$ ……(∗1) を証明する。

$$\begin{cases}\boldsymbol{a}=[a_1,\ a_2,\ a_3]\\ \boldsymbol{c}=\left[\begin{vmatrix}a_2 & a_3\\ b_2 & b_3\end{vmatrix},\ \begin{vmatrix}a_3 & a_1\\ b_3 & b_1\end{vmatrix},\ \begin{vmatrix}a_1 & a_2\\ b_1 & b_2\end{vmatrix}\right]\end{cases}$$ より，

$$\boldsymbol{c}=\boldsymbol{a}\times\boldsymbol{b}=\begin{vmatrix}\boldsymbol{i} & \boldsymbol{j} & \boldsymbol{k}\\ a_1 & a_2 & a_3\\ b_1 & b_2 & b_3\end{vmatrix}=\begin{vmatrix}a_2 & a_3\\ b_2 & b_3\end{vmatrix}\boldsymbol{i}+\begin{vmatrix}a_3 & a_1\\ b_3 & b_1\end{vmatrix}\boldsymbol{j}+\begin{vmatrix}a_1 & a_2\\ b_1 & b_2\end{vmatrix}\boldsymbol{k}$$

$\boldsymbol{a}$と$\boldsymbol{c}$の内積 $\boldsymbol{a}\cdot\boldsymbol{c}$は，

$$\boldsymbol{a}\cdot\boldsymbol{c}=a_1\begin{vmatrix}a_2 & a_3\\ b_2 & b_3\end{vmatrix}+a_2\begin{vmatrix}a_3 & a_1\\ b_3 & b_1\end{vmatrix}+a_3\begin{vmatrix}a_1 & a_2\\ b_1 & b_2\end{vmatrix}$$

$$=a_1\cdot(-1)^{1+1}\begin{vmatrix}a_2 & a_3\\ b_2 & b_3\end{vmatrix}+a_2\cdot(-1)^{1+2}\begin{vmatrix}a_1 & a_3\\ b_1 & b_3\end{vmatrix}+a_3\cdot(-1)^{1+3}\begin{vmatrix}a_1 & a_2\\ b_1 & b_2\end{vmatrix}$$

$$=\begin{vmatrix}a_1 & a_2 & a_3\\ a_1 & a_2 & a_3\\ b_1 & b_2 & b_3\end{vmatrix}$$

第1，2行が同じだからこの行列式は0になる。

第1行による余因子展開

$=0$　となって，証明できた！

(2) 外積$\boldsymbol{c}$のノルム$\|\boldsymbol{c}\|$が$\boldsymbol{a}$と$\boldsymbol{b}$を2辺とする平行四辺形の面積と等しくなる，すなわち $\|\boldsymbol{c}\|=\|\boldsymbol{a}\|\|\boldsymbol{b}\|\sin\theta$ ……(∗2) が成り立つことも示しておこう。

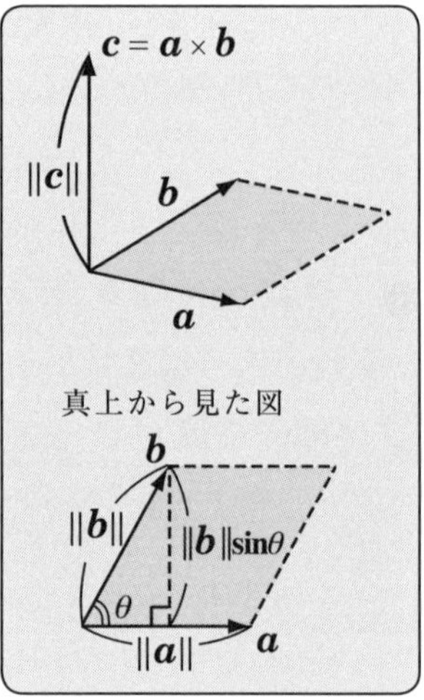

$c=a\times b$
$\|c\|$
b
a
真上から見た図
b
$\|b\|$
$\|b\|\sin\theta$
θ
$\|a\|$
a

((∗2) の左辺$)^2=\|\boldsymbol{c}\|^2$

$$=\begin{vmatrix}a_2 & a_3\\ b_2 & b_3\end{vmatrix}^2+\begin{vmatrix}a_3 & a_1\\ b_3 & b_1\end{vmatrix}^2+\begin{vmatrix}a_1 & a_2\\ b_1 & b_2\end{vmatrix}^2$$

$$=(a_2b_3-a_3b_2)^2+(a_3b_1-a_1b_3)^2+(a_1b_2-a_2b_1)^2$$

((∗2) の右辺$)^2=\|\boldsymbol{a}\|^2\|\boldsymbol{b}\|^2\sin^2\theta$　$(1-\cos^2\theta)$

$$=\|\boldsymbol{a}\|^2\|\boldsymbol{b}\|^2(1-\cos^2\theta)=\|\boldsymbol{a}\|^2\|\boldsymbol{b}\|^2-\|\boldsymbol{a}\|^2\|\boldsymbol{b}\|^2\cos^2\theta$$

$\|\boldsymbol{a}\|^2\|\boldsymbol{b}\|^2\cos^2\theta = (\boldsymbol{a}\cdot\boldsymbol{b})^2$

$$=\|\boldsymbol{a}\|^2\|\boldsymbol{b}\|^2-(\boldsymbol{a}\cdot\boldsymbol{b})^2$$

$\|\boldsymbol{a}\|^2 = (a_1{}^2+a_2{}^2+a_3{}^2)$，$\|\boldsymbol{b}\|^2 = (b_1{}^2+b_2{}^2+b_3{}^2)$，$(\boldsymbol{a}\cdot\boldsymbol{b})^2 = (a_1b_1+a_2b_2+a_3b_3)^2$

$= (a_1{}^2 + a_2{}^2 + a_3{}^2)(b_1{}^2 + b_2{}^2 + b_3{}^2) - (a_1b_1 + a_2b_2 + a_3b_3)^2$

$= a_1{}^2b_1{}^2 + a_1{}^2b_2{}^2 + a_1{}^2b_3{}^2 + a_2{}^2b_1{}^2 + a_2{}^2b_2{}^2 + a_2{}^2b_3{}^2 + a_3{}^2b_1{}^2 + a_3{}^2b_2{}^2 + a_3{}^2b_3{}^2$

$\quad - (a_1{}^2b_1{}^2 + a_2{}^2b_2{}^2 + a_3{}^2b_3{}^2 + 2a_1a_2b_1b_2 + 2a_2a_3b_2b_3 + 2a_3a_1b_3b_1)$

$= (a_2{}^2b_3{}^2 - 2a_2a_3b_2b_3 + a_3{}^2b_2{}^2) + (a_3{}^2b_1{}^2 - 2a_3a_1b_3b_1 + a_1{}^2b_3{}^2) + (a_1{}^2b_2{}^2 - 2a_1a_2b_1b_2 + a_2{}^2b_1{}^2)$

$= (a_2b_3 - a_3b_2)^2 + (a_3b_1 - a_1b_3)^2 + (a_1b_2 - a_2b_1)^2$

よって，$((*2)$ の左辺$)^2 = ((*2)$ の右辺$)^2$ が成り立つ。ここで，$(*2)$ の両辺は共に 0 以上だね。ゆえに，$\|\boldsymbol{a} \times \boldsymbol{b}\| = \|\boldsymbol{a}\|\|\boldsymbol{b}\|\sin\theta$ ……$(*2)$ となって，$(*2)$ の証明もできた！

それではさらに外積の性質を示しておこう。

外積の性質（Ⅱ）

(1) $\boldsymbol{0} \times \boldsymbol{a} = \boldsymbol{a} \times \boldsymbol{0} = \boldsymbol{0}$　　(2) $\boldsymbol{a} \times \boldsymbol{a} = \boldsymbol{0}$

(3) $\boldsymbol{a} \times \boldsymbol{b} = -\boldsymbol{b} \times \boldsymbol{a}$　　(4) $(k\boldsymbol{a}) \times \boldsymbol{b} = \boldsymbol{a} \times (k\boldsymbol{b}) = k(\boldsymbol{a} \times \boldsymbol{b})$ （k：実数）

(5) $\boldsymbol{a} \times (\boldsymbol{b} + \boldsymbol{c}) = \boldsymbol{a} \times \boldsymbol{b} + \boldsymbol{a} \times \boldsymbol{c}$，$(\boldsymbol{b} + \boldsymbol{c}) \times \boldsymbol{a} = \boldsymbol{b} \times \boldsymbol{a} + \boldsymbol{c} \times \boldsymbol{a}$

(6) 基本ベクトル $\boldsymbol{i} = [1, 0, 0]$，$\boldsymbol{j} = [0, 1, 0]$，$\boldsymbol{k} = [0, 0, 1]$ に対して，

$\boldsymbol{i} \times \boldsymbol{j} = \boldsymbol{k}$，$\boldsymbol{j} \times \boldsymbol{k} = \boldsymbol{i}$，$\boldsymbol{k} \times \boldsymbol{i} = \boldsymbol{j}$

$\boldsymbol{i} \times \boldsymbol{i} = \boldsymbol{0}$，$\boldsymbol{j} \times \boldsymbol{j} = \boldsymbol{0}$，$\boldsymbol{k} \times \boldsymbol{k} = \boldsymbol{0}$

$\boldsymbol{a} = [a_1, a_2, a_3]$，$\boldsymbol{b} = [b_1, b_2, b_3]$，$\boldsymbol{c} = [c_1, c_2, c_3]$ として，解説していくよ。

(1) $\boldsymbol{0} \times \boldsymbol{a} = \begin{vmatrix} \boldsymbol{i} & \boldsymbol{j} & \boldsymbol{k} \\ 0 & 0 & 0 \\ a_1 & a_2 & a_3 \end{vmatrix} = \boldsymbol{0}$，$\boldsymbol{a} \times \boldsymbol{0} = \begin{vmatrix} \boldsymbol{i} & \boldsymbol{j} & \boldsymbol{k} \\ a_1 & a_2 & a_3 \\ 0 & 0 & 0 \end{vmatrix} = \boldsymbol{0}$ となるのはいいね。

(2) 当然，$\boldsymbol{a}$ と $\boldsymbol{a}$ のなす角 $\theta = 0$ より，$\|\boldsymbol{a} \times \boldsymbol{a}\| = \|\boldsymbol{a}\|\|\boldsymbol{a}\|\sin 0 = 0$ ←スカラー

よって，$\boldsymbol{a} \times \boldsymbol{a} = \boldsymbol{0}$ となるんだね。（証明は(2)と同様だね。）

(1), (2) より，一般的な公式として，$(c\boldsymbol{a}) \times \boldsymbol{a} = \boldsymbol{a} \times (c\boldsymbol{a}) = \boldsymbol{0}$ （c：実数）と覚えておこう。$c = 0$，1 の特殊な場合が，(1), (2) の公式だったんだ。

(3) $\boldsymbol{a} \times \boldsymbol{b} = \begin{vmatrix} \boldsymbol{i} & \boldsymbol{j} & \boldsymbol{k} \\ a_1 & a_2 & a_3 \\ b_1 & b_2 & b_3 \end{vmatrix} = -\begin{vmatrix} \boldsymbol{i} & \boldsymbol{j} & \boldsymbol{k} \\ b_1 & b_2 & b_3 \\ a_1 & a_2 & a_3 \end{vmatrix} = -\boldsymbol{b} \times \boldsymbol{a}$ と，(3) も証明できる。

(4) $\underset{[ka_1,\ ka_2,\ ka_3]}{(k\boldsymbol{a})}\times\boldsymbol{b} = \begin{vmatrix} \boldsymbol{i} & \boldsymbol{j} & \boldsymbol{k} \\ ka_1 & ka_2 & ka_3 \\ b_1 & b_2 & b_3 \end{vmatrix} = k\begin{vmatrix} \boldsymbol{i} & \boldsymbol{j} & \boldsymbol{k} \\ a_1 & a_2 & a_3 \\ b_1 & b_2 & b_3 \end{vmatrix} = k(\boldsymbol{a}\times\boldsymbol{b})$ となる。

第 2 行から k をくくり出した。

$\boldsymbol{a}\times(k\boldsymbol{b}) = k(\boldsymbol{a}\times\boldsymbol{b})$ も同様に示せる。

(5) $\boldsymbol{a}\times(\boldsymbol{b}+\boldsymbol{c}) = \boldsymbol{a}\times\boldsymbol{b}+\boldsymbol{a}\times\boldsymbol{c}$ (分配の法則)が成り立つことも示しておこう。

$\underset{[a_1,\ a_2,\ a_3]}{\boldsymbol{a}}\times\underset{[b_1+c_1,\ b_2+c_2,\ b_3+c_3]}{(\boldsymbol{b}+\boldsymbol{c})} = [a_1,\ a_2,\ a_3]\times[b_1+c_1,\ b_2+c_2,\ b_3+c_3]$

$$= \begin{vmatrix} \boldsymbol{i} & \boldsymbol{j} & \boldsymbol{k} \\ a_1 & a_2 & a_3 \\ b_1+c_1 & b_2+c_2 & b_3+c_3 \end{vmatrix}$$

行列式の行に関する性質 (I) (P16)

$$= \begin{vmatrix} \boldsymbol{i} & \boldsymbol{j} & \boldsymbol{k} \\ a_1 & a_2 & a_3 \\ b_1 & b_2 & b_3 \end{vmatrix} + \begin{vmatrix} \boldsymbol{i} & \boldsymbol{j} & \boldsymbol{k} \\ a_1 & a_2 & a_3 \\ c_1 & c_2 & c_3 \end{vmatrix}$$

$= \boldsymbol{a}\times\boldsymbol{b}+\boldsymbol{a}\times\boldsymbol{c}$ となって，分配の法則が成り立つこともいいね。

$(\boldsymbol{b}+\boldsymbol{c})\times\boldsymbol{a} = \boldsymbol{b}\times\boldsymbol{a}+\boldsymbol{c}\times\boldsymbol{a}$ についても，同様に証明できるので，やってみるといい。

(6) 最後に，基本ベクトル $\boldsymbol{i},\ \boldsymbol{j},\ \boldsymbol{k}$ について，

$\boldsymbol{a}\times\boldsymbol{a}=\boldsymbol{0}$ より，

$\boldsymbol{i}\times\boldsymbol{i}=\boldsymbol{j}\times\boldsymbol{j}=\boldsymbol{k}\times\boldsymbol{k}=\boldsymbol{0}$ となるのはいいね。

次，外積の向き（右ネジの進む向き）にも注意すると，$\boldsymbol{i}\times\boldsymbol{j}=\boldsymbol{k}$ となることも分かると思う。同様に，

$\boldsymbol{j}\times\boldsymbol{k}=\boldsymbol{i}$，$\boldsymbol{k}\times\boldsymbol{i}=\boldsymbol{j}$ となるのも大丈夫だね。これら 3 つの式は，$\boldsymbol{i},\ \boldsymbol{j},\ \boldsymbol{k}$ の順にクルクル回る右図のようなメリー・ゴーラウンドを頭に入れておけば，忘れることもないはずだ。

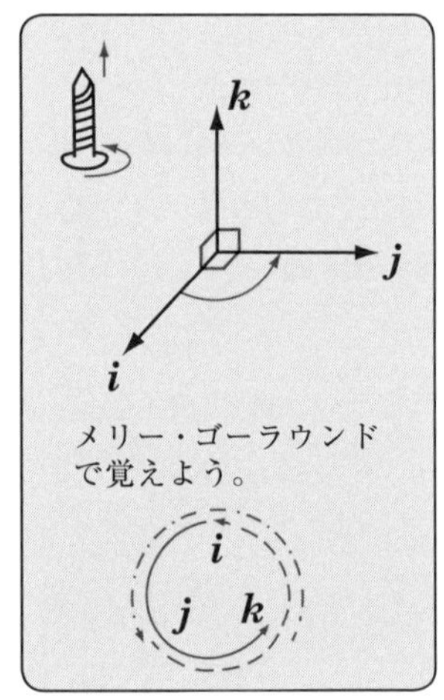

この基本ベクトル $\boldsymbol{i}$, $\boldsymbol{j}$, $\boldsymbol{k}$ の演算公式 (6) から一般のベクトルの外積を求めることもできる。例題 7(P34) の外積をこの解法を使って，もう 1 度解き直してみよう。

(1) $\begin{cases} \boldsymbol{a}=[1,\ 1,\ 2]=\boldsymbol{i}+\boldsymbol{j}+2\boldsymbol{k} \\ \boldsymbol{b}=[3,\ -1,\ 1]=3\boldsymbol{i}-\boldsymbol{j}+\boldsymbol{k} \end{cases}$ として，外積 $\boldsymbol{a}\times\boldsymbol{b}$ を求めると，

$$\boldsymbol{a}\times\boldsymbol{b}=(\boldsymbol{i}+\boldsymbol{j}+2\boldsymbol{k})\times(3\boldsymbol{i}-\boldsymbol{j}+\boldsymbol{k})$$

$$=\underbrace{3\boldsymbol{i}\times\boldsymbol{i}}_{0}-\underbrace{\boldsymbol{i}\times\boldsymbol{j}}_{\boldsymbol{k}}+\underbrace{\boldsymbol{i}\times\boldsymbol{k}}_{-\boldsymbol{k}\times\boldsymbol{i}=-\boldsymbol{j}}+3\underbrace{\boldsymbol{j}\times\boldsymbol{i}}_{-\boldsymbol{i}\times\boldsymbol{j}=-\boldsymbol{k}}-\underbrace{\boldsymbol{j}\times\boldsymbol{j}}_{0}+\underbrace{\boldsymbol{j}\times\boldsymbol{k}}_{\boldsymbol{i}}+6\underbrace{\boldsymbol{k}\times\boldsymbol{i}}_{\boldsymbol{j}}-2\underbrace{\boldsymbol{k}\times\boldsymbol{j}}_{-\boldsymbol{j}\times\boldsymbol{k}=-\boldsymbol{i}}+\underbrace{2\boldsymbol{k}\times\boldsymbol{k}}_{0}$$

$$=-\boldsymbol{k}-\boldsymbol{j}-3\boldsymbol{k}+\boldsymbol{i}+6\boldsymbol{j}+2\boldsymbol{i}=3\boldsymbol{i}+5\boldsymbol{j}-4\boldsymbol{k}$$

$=[3,\ 5,\ -4]$ と，同じ結果が導ける。

(2) $\begin{cases} \boldsymbol{a}=[2,\ 3,\ -1]=2\boldsymbol{i}+3\boldsymbol{j}-\boldsymbol{k} \\ \boldsymbol{b}=[-1,\ 5,\ -4]=-\boldsymbol{i}+5\boldsymbol{j}-4\boldsymbol{k} \end{cases}$ として，外積 $\boldsymbol{a}\times\boldsymbol{b}$ を求めよう。

$$\boldsymbol{a}\times\boldsymbol{b}=(2\boldsymbol{i}+3\boldsymbol{j}-\boldsymbol{k})\times(-\boldsymbol{i}+5\boldsymbol{j}-4\boldsymbol{k})$$

$$=10\underbrace{\boldsymbol{i}\times\boldsymbol{j}}_{\boldsymbol{k}}-8\underbrace{\boldsymbol{i}\times\boldsymbol{k}}_{-\boldsymbol{j}}-3\underbrace{\boldsymbol{j}\times\boldsymbol{i}}_{-\boldsymbol{k}}-12\underbrace{\boldsymbol{j}\times\boldsymbol{k}}_{\boldsymbol{i}}+\underbrace{\boldsymbol{k}\times\boldsymbol{i}}_{\boldsymbol{j}}-5\underbrace{\boldsymbol{k}\times\boldsymbol{j}}_{-\boldsymbol{i}}$$

$\boldsymbol{i}\times\boldsymbol{i}=\boldsymbol{j}\times\boldsymbol{j}=\boldsymbol{k}\times\boldsymbol{k}=0$ より，これらははじめから略した。省エネだ！

$$=10\boldsymbol{k}+8\boldsymbol{j}+3\boldsymbol{k}-12\boldsymbol{i}+\boldsymbol{j}+5\boldsymbol{i}=-7\boldsymbol{i}+9\boldsymbol{j}+13\boldsymbol{k}$$

$=[-7,\ 9,\ 13]$ も同じ結果が導けた！

以上で，ベクトルの内積と外積について，その基本の解説は終了です。内積は既に習った内容の復習だったと思うけれど，外積については初めての方が多かったかも知れない。行列式の形式で覚えておくと忘れないし，また様々な公式の証明もスムーズに理解できたと思う。

それでは，次の演習問題と実践問題で，外積の計算にさらに慣れておこう。

演習問題 2	●ベクトルの外積●

$\boldsymbol{a}=[a_1,\ -1,\ -2]$ と $\boldsymbol{b}=[1,\ b_2,\ -4]$ が

$(2\boldsymbol{a}+3\boldsymbol{b})\times(\boldsymbol{a}-2\boldsymbol{b})=[-56,\ -42,\ -35]$ ……① をみたす。

このとき，a_1 と b_2 の値を求めよ。

ヒント！ ①の左辺を分配の法則で展開して，外積の性質：$\boldsymbol{a}\times\boldsymbol{a}=\boldsymbol{b}\times\boldsymbol{b}=\boldsymbol{0}$ や $\boldsymbol{a}\times\boldsymbol{b}=-\boldsymbol{b}\times\boldsymbol{a}$ を利用すれば，話が見えてくるはずだ。

解答＆解説

①の左辺を変形すると，

$$(\text{①の左辺})=(2\boldsymbol{a}+3\boldsymbol{b})\times(\boldsymbol{a}-2\boldsymbol{b})$$

$$=2\boldsymbol{a}\times\boldsymbol{a}-4\boldsymbol{a}\times\boldsymbol{b}+3\boldsymbol{b}\times\boldsymbol{a}-6\boldsymbol{b}\times\boldsymbol{b}$$

分配の法則

（$\boldsymbol{a}\times\boldsymbol{a}=\boldsymbol{0}$，$\boldsymbol{b}\times\boldsymbol{a}=-\boldsymbol{a}\times\boldsymbol{b}$，$\boldsymbol{b}\times\boldsymbol{b}=\boldsymbol{0}$）

$$=-7\boldsymbol{a}\times\boldsymbol{b}$$ となる。

よって，①は，$-7\boldsymbol{a}\times\boldsymbol{b}=[-56,\ -42,\ -35]$ より，

$\boldsymbol{a}\times\boldsymbol{b}=-\frac{1}{7}[-56,\ -42,\ -35]=[8,\ 6,\ 5]$ ……② となる。

ここで，

$\begin{cases}\boldsymbol{a}=[a_1,\ -1,\ -2]\\ \boldsymbol{b}=[1,\ b_2,\ -4]\end{cases}$ より，外積 $\boldsymbol{a}\times\boldsymbol{b}$ は，

$$\boldsymbol{a}\times\boldsymbol{b}=\begin{vmatrix}\boldsymbol{i}&\boldsymbol{j}&\boldsymbol{k}\\ a_1&-1&-2\\ 1&b_2&-4\end{vmatrix}$$

$=[2b_2+4,\ 4a_1-2,\ a_1b_2+1]$ ……③ となる。

$$\begin{matrix}a_1 & & -1 & & -2 & & a_1\\ 1 & & b_2 & & -4 & & 1\end{matrix}$$

a_1b_2+1][$4+2b_2$，$-2+4a_1$，

z 成分　x 成分　y 成分

②，③の各成分を比較して，

$2b_2+4=8$ ……④，$4a_1-2=6$ ……⑤，$a_1b_2+1=5$ ……⑥ となる。

⑤より，$a_1=2$，④より，$b_2=2$ （これらは，⑥をみたす。）

よって，求める a_1，b_2 の値は，

$a_1=2$，$b_2=2$ である。

実践問題 2　● ベクトルの外積 ●

$\boldsymbol{a}=[a_1,\ 2,\ 3]$ と $\boldsymbol{b}=[-2,\ 3,\ b_3]$ が
$(\boldsymbol{a}-\boldsymbol{b})\times(\boldsymbol{a}+2\boldsymbol{b})=[-33,\ -15,\ 21]$ ……① をみたす。
このとき，a_1 と b_3 の値を求めよ。

ヒント！ ①の左辺を分配の法則により変形すれば，①から外積 $\boldsymbol{a}\times\boldsymbol{b}$ が求まる。

解答＆解説

①の左辺を変形すると，

$$(\text{①の左辺})=(\boldsymbol{a}-\boldsymbol{b})\times(\boldsymbol{a}+2\boldsymbol{b})$$

$$=\underbrace{\boldsymbol{a}\times\boldsymbol{a}}_{\boldsymbol{0}}+2\boldsymbol{a}\times\boldsymbol{b}-\underbrace{\boldsymbol{b}\times\boldsymbol{a}}_{-\boldsymbol{a}\times\boldsymbol{b}}-2\underbrace{\boldsymbol{b}\times\boldsymbol{b}}_{\boldsymbol{0}}$$　分配の法則

$=$ (ア) $\boldsymbol{a}\times\boldsymbol{b}$ となる。

よって，①は，(ア) $\boldsymbol{a}\times\boldsymbol{b}=[-33,\ -15,\ 21]$ より，

$\boldsymbol{a}\times\boldsymbol{b}=$ (イ) $[-33,\ -15,\ 21]=$ (ウ) ……② となる。

ここで，

$\begin{cases}\boldsymbol{a}=[a_1,\ 2,\ 3]\\ \boldsymbol{b}=[-2,\ 3,\ b_3]\end{cases}$ より，外積 $\boldsymbol{a}\times\boldsymbol{b}$ は，

$$\boldsymbol{a}\times\boldsymbol{b}=\begin{vmatrix}\boldsymbol{i}&\boldsymbol{j}&\boldsymbol{k}\\ a_1&2&3\\ -2&3&b_3\end{vmatrix}$$

$=[$ (エ) $,\ -a_1b_3-6,\ 3a_1+4]$ ……③ となる。

a_1　2　3　a_1
-2　3　b_3　-2
$3a_1+4][$ (エ) $,\ -6-a_1b_3,$
z成分　x成分　y成分

②，③の各成分を比較して，

(エ) $=-11$ ……④，$-a_1b_3-6=-5$ ……⑤，$3a_1+4=7$ ……⑥

⑥より，$a_1=$ (オ)，④より，$b_3=$ (カ)　（これらは，⑤をみたす。）

よって，求める a_1 と b_3 の値は，

$a_1=$ (オ)，$b_3=$ (カ)　である。

解答　(ア) 3　(イ) $\dfrac{1}{3}$　(ウ) $[-11,\ -5,\ 7]$　(エ) $2b_3-9$　(オ) 1　(カ) -1

§3. ベクトルの内積・外積の応用

前回でベクトルの内積と外積について，その基本の解説が終わったので，これからこの内積と外積の応用について講義しようと思う。具体的には，まず **"スカラー 3 重積"** と **"ベクトル 3 重積"** を解説しよう。そして，**"面積ベクトル"** についても教えるつもりだ。

だんだん本格的なテーマに入っていくけれど，これまで学習した内容の総決算でもあるから，シッカリマスターしよう。

● スカラー 3 重積から平行六面体の体積が求まる！

内積と外積を組み合わせた，3 つのベクトルの積を 3 重積という。たとえば，(ⅰ) $(\boldsymbol{a}\cdot\boldsymbol{b})\boldsymbol{c}$ や (ⅱ) $\boldsymbol{a}\cdot(\boldsymbol{b}\times\boldsymbol{c})$ や (ⅲ) $\boldsymbol{a}\times(\boldsymbol{b}\times\boldsymbol{c})$ などがある。

$\boldsymbol{a}\cdot\boldsymbol{b}=k$ (スカラー) より これは単なる $k\boldsymbol{c}$ のこと

これは **"スカラー 3 重積"** の例

これは **"ベクトル 3 重積"** の例

$\boldsymbol{a}\cdot(\boldsymbol{b}\cdot\boldsymbol{c})$ や $\boldsymbol{a}\times(\boldsymbol{b}\cdot\boldsymbol{c})$ などの 3 重積は存在しないことは大丈夫？ ここで，$\boldsymbol{b}\cdot\boldsymbol{c}=k$ (スカラー) とおくと，$\boldsymbol{a}\cdot k$ (ベクトルとスカラーの内積 ?) や $\boldsymbol{a}\times k$ (ベクトルとスカラーの外積 ??) となって，定義できないことが分かると思う。

(ⅰ) $(\boldsymbol{a}\cdot\boldsymbol{b})\boldsymbol{c}$ は，$\boldsymbol{a}\cdot\boldsymbol{b}=k$ (スカラー) とおくと，$k\boldsymbol{c}$ となって，ベクトル $\boldsymbol{c}$ を実数 (スカラー) 倍しただけのものなんだね。

(ⅱ) $\boldsymbol{a}\cdot(\boldsymbol{b}\times\boldsymbol{c})$ は，ベクトル $\boldsymbol{a}$ とベクトル $\boldsymbol{b}\times\boldsymbol{c}$ の内積なので，この結果はスカラー (実数) になる。よって，$\boldsymbol{a}\cdot(\boldsymbol{b}\times\boldsymbol{c})$ の形の 3 重積を **"スカラー 3 重積"** と呼ぶ。

(ⅲ) $\boldsymbol{a}\times(\boldsymbol{b}\times\boldsymbol{c})$ は，ベクトル $\boldsymbol{a}$ とベクトル $\boldsymbol{b}\times\boldsymbol{c}$ の外積なので，この結果はベクトルになるんだね。よって，$\boldsymbol{a}\times(\boldsymbol{b}\times\boldsymbol{c})$ の形の 3 重積を **"ベクトル 3 重積"** と呼ぶ。

これからまず，**"スカラー 3 重積"** について詳しく説明しよう。スカラー 3 重積 $\boldsymbol{a}\cdot(\boldsymbol{b}\times\boldsymbol{c})$ は，キレイな行列式の形で表現することができ，これを $(\boldsymbol{a},\ \boldsymbol{b},\ \boldsymbol{c})$ と表したりもする。そして，このスカラー 3 重積の絶対値は $\boldsymbol{a}$，$\boldsymbol{b}$，$\boldsymbol{c}$ の 3 つのベクトルを 3 辺にもつ平行六面体の体積にもなっているんだよ。

スカラー 3 重積

$\boldsymbol{a}=[a_1,\ a_2,\ a_3]$, $\boldsymbol{b}=[b_1,\ b_2,\ b_3]$, $\boldsymbol{c}=[c_1,\ c_2,\ c_3]$のとき，**スカラー3重積**$\boldsymbol{a}\cdot(\boldsymbol{b}\times\boldsymbol{c})$を$(\boldsymbol{a},\ \boldsymbol{b},\ \boldsymbol{c})$と表すと，これは次のように計算できる。

$$(\boldsymbol{a},\boldsymbol{b},\boldsymbol{c})=\boldsymbol{a}\cdot(\boldsymbol{b}\times\boldsymbol{c})=\begin{vmatrix} a_1 & a_2 & a_3 \\ b_1 & b_2 & b_3 \\ c_1 & c_2 & c_3 \end{vmatrix} \quad \cdots\cdots(*1)$$

これは㊀になることもある！

また，スカラー 3 重積の絶対値 $|\boldsymbol{a}\cdot(\boldsymbol{b}\times\boldsymbol{c})|$ は，右図に示すような $\boldsymbol{a},\boldsymbol{b},\boldsymbol{c}$ を 3 辺にもつ平行六面体の体積 V を表す。すなわち，

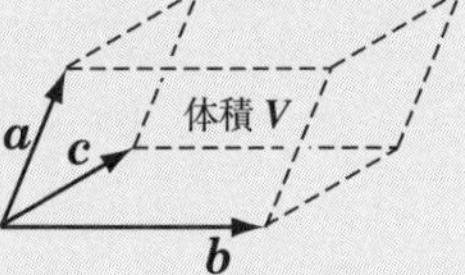

体積 $V=|\boldsymbol{a}\cdot(\boldsymbol{b}\times\boldsymbol{c})|$ ……(＊2) である。

さらに次式が成り立つ。

$$(\boldsymbol{a},\boldsymbol{b},\boldsymbol{c})=(\boldsymbol{b},\boldsymbol{c},\boldsymbol{a})=(\boldsymbol{c},\boldsymbol{a},\boldsymbol{b})$$
$$=-(\boldsymbol{a},\boldsymbol{c},\boldsymbol{b})=-(\boldsymbol{b},\boldsymbol{a},\boldsymbol{c})=-(\boldsymbol{c},\boldsymbol{b},\boldsymbol{a}) \quad \cdots\cdots(*3)$$

スカラー 3 重積 $\boldsymbol{a}\cdot(\boldsymbol{b}\times\boldsymbol{c})$ を $(\boldsymbol{a},\boldsymbol{b},\boldsymbol{c})=\boldsymbol{a}\cdot(\boldsymbol{b}\times\boldsymbol{c})$ と表すことにすると，たとえば $(\boldsymbol{b},\boldsymbol{c},\boldsymbol{a})=\boldsymbol{b}\cdot(\boldsymbol{c}\times\boldsymbol{a})$ や $(\boldsymbol{c},\boldsymbol{b},\boldsymbol{a})=\boldsymbol{c}\cdot(\boldsymbol{b}\times\boldsymbol{a})$ となるんだね。大丈夫？ それでは，(＊1) から証明していこう。

$$(\boldsymbol{a},\boldsymbol{b},\boldsymbol{c})=\boldsymbol{a}\cdot(\boldsymbol{b}\times\boldsymbol{c})=[a_1,\ a_2,\ a_3]\cdot\begin{vmatrix} \boldsymbol{i} & \boldsymbol{j} & \boldsymbol{k} \\ b_1 & b_2 & b_3 \\ c_1 & c_2 & c_3 \end{vmatrix}$$

$$=(a_1\boldsymbol{i}+a_2\boldsymbol{j}+a_3\boldsymbol{k})\cdot\left(\begin{vmatrix} b_2 & b_3 \\ c_2 & c_3 \end{vmatrix}\boldsymbol{i}+\begin{vmatrix} b_3 & b_1 \\ c_3 & c_1 \end{vmatrix}\boldsymbol{j}+\begin{vmatrix} b_1 & b_2 \\ c_1 & c_2 \end{vmatrix}\boldsymbol{k}\right)$$

$$=a_1\begin{vmatrix} b_2 & b_3 \\ c_2 & c_3 \end{vmatrix}\underbrace{\boldsymbol{i}\cdot\boldsymbol{i}}_{1^2}+a_2\begin{vmatrix} b_3 & b_1 \\ c_3 & c_1 \end{vmatrix}\underbrace{\boldsymbol{j}\cdot\boldsymbol{j}}_{1^2}+a_3\begin{vmatrix} b_1 & b_2 \\ c_1 & c_2 \end{vmatrix}\underbrace{\boldsymbol{k}\cdot\boldsymbol{k}}_{1^2}$$

$$(\because\ \boldsymbol{i}\cdot\boldsymbol{i}=\boldsymbol{j}\cdot\boldsymbol{j}=\boldsymbol{k}\cdot\boldsymbol{k}=1,\quad \boldsymbol{i}\cdot\boldsymbol{j}=\boldsymbol{j}\cdot\boldsymbol{k}=\boldsymbol{k}\cdot\boldsymbol{i}=0)$$

$$=a_1(-1)^{1+1}\begin{vmatrix} b_2 & b_3 \\ c_2 & c_3 \end{vmatrix}+a_2(-1)^{1+2}\begin{vmatrix} b_1 & b_3 \\ c_1 & c_3 \end{vmatrix}+a_3(-1)^{1+3}\begin{vmatrix} b_1 & b_2 \\ c_1 & c_2 \end{vmatrix}$$

これは第 1 行による余因子展開の式だ。

$$=\begin{vmatrix} a_1 & a_2 & a_3 \\ b_1 & b_2 & b_3 \\ c_1 & c_2 & c_3 \end{vmatrix}$$ となって (＊1) が導けた！

それでは次，スカラー 3 重積 $\boldsymbol{a}\cdot(\boldsymbol{b}\times\boldsymbol{c})$ の絶対値が，$\boldsymbol{a}$，$\boldsymbol{b}$，$\boldsymbol{c}$ を 3 辺とする平行六面体の体積 V に等しい，すなわち

$$V=|\boldsymbol{a}\cdot(\boldsymbol{b}\times\boldsymbol{c})| \quad \cdots\cdots(*2)$$

が成り立つことを示そう。

図 1 スカラー 3 重積と平行六面体の体積 V

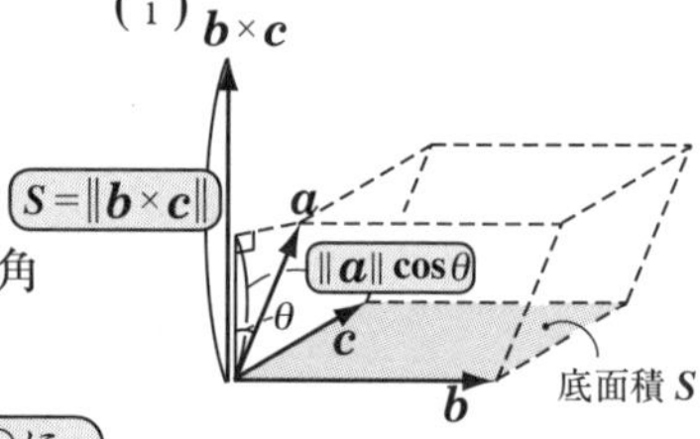

(ii) $\boldsymbol{b}\times\boldsymbol{c}$ 　$\boldsymbol{a}$　高さ　$\|\boldsymbol{a}\|\cos\theta$　$\boldsymbol{c}$　$\boldsymbol{b}$　底面積 $S=\|\boldsymbol{b}\times\boldsymbol{c}\|$

図 1(i) に示すように，$\boldsymbol{a}$ と $\boldsymbol{b}\times\boldsymbol{c}$ のなす角を θ とおくと，このスカラー 3 重積は，

$$\boldsymbol{a}\cdot(\boldsymbol{b}\times\boldsymbol{c})=\|\boldsymbol{a}\|\,\|\boldsymbol{b}\times\boldsymbol{c}\|\cos\theta$$
$$=\underbrace{\|\boldsymbol{b}\times\boldsymbol{c}\|}_{\text{底面積 }S}\,\underbrace{\|\boldsymbol{a}\|\cos\theta}_{\text{高さ}}$$

これは⊖にもなり得る！

となる。ここで，$\|\boldsymbol{b}\times\boldsymbol{c}\|$ は，$\boldsymbol{b}$ と $\boldsymbol{c}$ を 2 辺とする平行四辺形の面積 S を表し，また，$\|\boldsymbol{a}\|\cos\theta$ は，$\boldsymbol{a}$ の $\boldsymbol{b}\times\boldsymbol{c}$ に対する正射影を表す。

よって，図 1(ii) に示すように，$\|\boldsymbol{b}\times\boldsymbol{c}\|$ は平行六面体の底面積 S を，そして $\|\boldsymbol{a}\|\underline{\cos\theta}$

θ が，$\frac{\pi}{2}<\theta\leqq\pi$ のとき，これは⊖になる！

の絶対値 $\|\boldsymbol{a}\||\cos\theta|$ は平行六面体の高さを表すんだね。これから，この平行六面体の体積 V は，次の式で計算できる。つまり，$(*2)$ が成り立つんだね。

$$V=\|\boldsymbol{b}\times\boldsymbol{c}\|\,\|\boldsymbol{a}\||\cos\theta|=\big|\|\boldsymbol{a}\|\,\|\boldsymbol{b}\times\boldsymbol{c}\|\cos\theta\big|=|\boldsymbol{a}\cdot(\boldsymbol{b}\times\boldsymbol{c})| \quad \cdots\cdots(*2)$$

それでは次，スカラー 3 重積の性質として

$$(\boldsymbol{a},\boldsymbol{b},\boldsymbol{c})=(\boldsymbol{b},\boldsymbol{c},\boldsymbol{a})=(\boldsymbol{c},\boldsymbol{a},\boldsymbol{b})$$
$$=-(\boldsymbol{a},\boldsymbol{c},\boldsymbol{b})=-(\boldsymbol{b},\boldsymbol{a},\boldsymbol{c})=-(\boldsymbol{c},\boldsymbol{b},\boldsymbol{a}) \quad \cdots\cdots\cdots(*3)$$

が成り立つことを示そう。

$(*3)$ の上の 3 式は，メリー・ゴーラウンドになっているので，覚えやすいはずだ。

これはスカラー 3 重積の公式：

$$(\boldsymbol{a},\boldsymbol{b},\boldsymbol{c})=\begin{vmatrix} a_1 & a_2 & a_3 \\ b_1 & b_2 & b_3 \\ c_1 & c_2 & c_3 \end{vmatrix} \quad \cdots\cdots(*1)$$

から導ける。

まず，$(\boldsymbol{a},\boldsymbol{b},\boldsymbol{c})$，$(\boldsymbol{b},\boldsymbol{a},\boldsymbol{c})$，$(\boldsymbol{b},\boldsymbol{c},\boldsymbol{a})$ の例で示すと，

$(\boldsymbol{a}, \boldsymbol{b}, \boldsymbol{c}) = -(\boldsymbol{b}, \boldsymbol{a}, \boldsymbol{c}) = (\boldsymbol{b}, \boldsymbol{c}, \boldsymbol{a})$ となることが分かる？

$$\left[\begin{vmatrix} a_1 & a_2 & a_3 \\ b_1 & b_2 & b_3 \\ c_1 & c_2 & c_3 \end{vmatrix} = -1 \cdot \begin{vmatrix} b_1 & b_2 & b_3 \\ a_1 & a_2 & a_3 \\ c_1 & c_2 & c_3 \end{vmatrix} = (-1)^2 \cdot \begin{vmatrix} b_1 & b_2 & b_3 \\ c_1 & c_2 & c_3 \\ a_1 & a_2 & a_3 \end{vmatrix}\right]$$

まず，$(\boldsymbol{b}, \boldsymbol{a}, \boldsymbol{c})$ は $(\boldsymbol{a}, \boldsymbol{b}, \boldsymbol{c})$ の $\boldsymbol{a}$ と $\boldsymbol{b}$ の行を入れ替えているので，行列式の符号が⊖に変わる。そしてさらに，$(\boldsymbol{b}, \boldsymbol{c}, \boldsymbol{a})$ は $(\boldsymbol{b}, \boldsymbol{a}, \boldsymbol{c})$ の $\boldsymbol{a}$ と $\boldsymbol{c}$ の行を入れ替えているので，行列式の符号がさらに変わって，元の⊕に戻るんだね。

つまり，$(\boldsymbol{a}, \boldsymbol{b}, \boldsymbol{c})$ に対して，メリー・ゴーラウンドの $(\boldsymbol{b}, \boldsymbol{c}, \boldsymbol{a})$ と $(\boldsymbol{c}, \boldsymbol{a}, \boldsymbol{b})$ は **2** 回行列式の行を入れ替えることになるので，符号は，そのままで等しく，$(\boldsymbol{a}, \boldsymbol{c}, \boldsymbol{b})$ と $(\boldsymbol{b}, \boldsymbol{a}, \boldsymbol{c})$ と $(\boldsymbol{c}, \boldsymbol{b}, \boldsymbol{a})$ は **1** 回しか行列式の行を入れ替えていないので，符号が⊖になるんだね。納得いった？

それでは，スカラー **3** 重積を，次の例題で実際に求めてみよう。

例題 8　$\boldsymbol{a} = [1, 3, -1]$，$\boldsymbol{b} = [0, \sqrt{2}, 2]$，$\boldsymbol{c} = [2\sqrt{2}, 1, -\sqrt{2}]$ について (i) $(\boldsymbol{a}, \boldsymbol{b}, \boldsymbol{c})$ と (ii) $(\boldsymbol{b}, \boldsymbol{a}, \boldsymbol{c})$ を求めてみよう。

(i) スカラー **3** 重積の公式より，

$$(\boldsymbol{a}, \boldsymbol{b}, \boldsymbol{c}) = \boldsymbol{a} \cdot (\boldsymbol{b} \times \boldsymbol{c}) = \begin{vmatrix} 1 & 3 & -1 \\ 0 & \sqrt{2} & 2 \\ 2\sqrt{2} & 1 & -\sqrt{2} \end{vmatrix}$$

← サラスの公式

$$= 1 \cdot \sqrt{2} \cdot (-\sqrt{2}) + 3 \cdot 2 \cdot 2\sqrt{2} - (-1) \cdot \sqrt{2} \cdot 2\sqrt{2} - 2 \cdot 1 \cdot 1$$

$$= -2 + 12\sqrt{2} + 4 - 2 = 12\sqrt{2}$$ となる。

これから，$\boldsymbol{a}$，$\boldsymbol{b}$，$\boldsymbol{c}$ を **3** 辺にもつ平行六面体の体積 V は $V = 12\sqrt{2}$ であることも分かる。（これは，⊕だから，絶対値をとる必要がない！）

(ii) $(\boldsymbol{b}, \boldsymbol{a}, \boldsymbol{c})$ は $(\boldsymbol{a}, \boldsymbol{b}, \boldsymbol{c})$ の行列式の $\boldsymbol{a}$ と $\boldsymbol{b}$ の行を **1** 回だけ入れ替えたものになるので，

$(\boldsymbol{b}, \boldsymbol{a}, \boldsymbol{c}) = -(\boldsymbol{a}, \boldsymbol{b}, \boldsymbol{c}) = -12\sqrt{2}$ となって，答えだ！

スカラー3重積の絶対値$|(\boldsymbol{a}, \boldsymbol{b}, \boldsymbol{c})|$は，$\boldsymbol{a}, \boldsymbol{b}, \boldsymbol{c}$を3辺にもつ平行六面体の体積を表すので，$\boldsymbol{a}, \boldsymbol{b}, \boldsymbol{c}$の内いずれか1つが$\boldsymbol{0}$であるか，または$\boldsymbol{a}, \boldsymbol{b}, \boldsymbol{c}$の内いずれか2つが平行または等しいとき，スカラー3重積は0になる。たとえば，$(\boldsymbol{a}, \boldsymbol{0}, \boldsymbol{c}) = (\boldsymbol{a}, \boldsymbol{b}, 2\boldsymbol{a}) = (\boldsymbol{a}, \boldsymbol{a}, \boldsymbol{c}) = 0$となるんだね。

零ベクトル　$\boldsymbol{a} /\!/ 2\boldsymbol{a}$（平行）　$\boldsymbol{a}$と$\boldsymbol{a}$が等しい。

● ベクトル3重積も押さえておこう！

$\boldsymbol{a} \times (\boldsymbol{b} \times \boldsymbol{c})$や$(\boldsymbol{a} \times \boldsymbol{b}) \times \boldsymbol{c}$などの3重積の結果は，ベクトルになるので，

$\boldsymbol{a}$と$\boldsymbol{b} \times \boldsymbol{c}$の外積　$\boldsymbol{a} \times \boldsymbol{b}$と$\boldsymbol{c}$の外積

これらを"**ベクトル3重積**"という。それでは，この基本事項を下に示そう。

ベクトル3重積

$\boldsymbol{a} \times (\boldsymbol{b} \times \boldsymbol{c})$や$(\boldsymbol{a} \times \boldsymbol{b}) \times \boldsymbol{c}$などを"**ベクトル3重積**"という。
一般に，$\boldsymbol{a} \times (\boldsymbol{b} \times \boldsymbol{c}) \neq (\boldsymbol{a} \times \boldsymbol{b}) \times \boldsymbol{c}$である。そして，次の公式が成り立つ。

$$\boldsymbol{a} \times (\boldsymbol{b} \times \boldsymbol{c}) = (\boldsymbol{a} \cdot \boldsymbol{c})\boldsymbol{b} - (\boldsymbol{a} \cdot \boldsymbol{b})\boldsymbol{c} \quad \cdots\cdots(*)$$

$$(\boldsymbol{a} \times \boldsymbol{b}) \times \boldsymbol{c} = (\boldsymbol{a} \cdot \boldsymbol{c})\boldsymbol{b} - (\boldsymbol{b} \cdot \boldsymbol{c})\boldsymbol{a} \quad \cdots\cdots(*)'$$

$(*)$の式の右辺は，$(\boldsymbol{a} \cdot \boldsymbol{c}) = k$（スカラー），$(\boldsymbol{a} \cdot \boldsymbol{b}) = l$（スカラー）とおくと，これらを係数にもつ2つのベクトル$\boldsymbol{b}$と$\boldsymbol{c}$の1次結合になっている。よって，$(*)$は$\boldsymbol{a} \times (\boldsymbol{b} \times \boldsymbol{c}) = k\boldsymbol{b} - l\boldsymbol{c}$の形の式なんだね。

$k = (\boldsymbol{a} \cdot \boldsymbol{c})$　$l = (\boldsymbol{a} \cdot \boldsymbol{b})$

そして，この$(*)$の式から，$(*)'$の式は次のように導ける。

$$(\boldsymbol{a} \times \boldsymbol{b}) \times \boldsymbol{c} = -\boldsymbol{c} \times (\boldsymbol{a} \times \boldsymbol{b}) = -\{(\boldsymbol{c} \cdot \boldsymbol{b})\boldsymbol{a} - (\boldsymbol{c} \cdot \boldsymbol{a})\boldsymbol{b}\}$$

$\boldsymbol{a}$と$\boldsymbol{b}$の1次結合　$(\boldsymbol{c} \cdot \boldsymbol{b}) = (\boldsymbol{b} \cdot \boldsymbol{c})$　$(\boldsymbol{c} \cdot \boldsymbol{a}) = (\boldsymbol{a} \cdot \boldsymbol{c})$　内積には，交換の法則が成り立つ。

$$= (\boldsymbol{a} \cdot \boldsymbol{c})\boldsymbol{b} - (\boldsymbol{b} \cdot \boldsymbol{c})\boldsymbol{a}$$

以上より，$(*)$の公式が証明できれば，$(*)'$も示せる。それでは，これから$(*)$を証明してみよう。

これは少し計算が大変になるけれど，$\boldsymbol{a} = [a_1, a_2, a_3]$，$\boldsymbol{b} = [b_1, b_2, b_3]$，$\boldsymbol{c} = [c_1, c_2, c_3]$とおいて，$(*)$の左辺が右辺と等しくなることを示す。

ここで，$\boldsymbol{b} \times \boldsymbol{c} = \left[\begin{vmatrix} b_2 & b_3 \\ c_2 & c_3 \end{vmatrix}, \ -\begin{vmatrix} b_1 & b_3 \\ c_1 & c_3 \end{vmatrix}, \ \begin{vmatrix} b_1 & b_2 \\ c_1 & c_2 \end{vmatrix} \right]$ より，

$((*)$ の左辺 $) = \boldsymbol{a}\times(\boldsymbol{b}\times\boldsymbol{c})$

$$=[a_1,\ a_2,\ a_3]\times\left[\begin{vmatrix} b_2 & b_3 \\ c_2 & c_3 \end{vmatrix},\ \begin{vmatrix} b_3 & b_1 \\ c_3 & c_1 \end{vmatrix},\ \begin{vmatrix} b_1 & b_2 \\ c_1 & c_2 \end{vmatrix}\right]$$

D_1　D_2　D_3 とおくと

$a_1\ a_2\ a_3\ a_1$ / $D_1\ D_2\ D_3\ D_1$ (z成分][x成分 y成分)

$$=\left[a_2\begin{vmatrix} b_1 & b_2 \\ c_1 & c_2 \end{vmatrix}-a_3\begin{vmatrix} b_3 & b_1 \\ c_3 & c_1 \end{vmatrix},\ a_3\begin{vmatrix} b_2 & b_3 \\ c_2 & c_3 \end{vmatrix}-a_1\begin{vmatrix} b_1 & b_2 \\ c_1 & c_2 \end{vmatrix},\ a_1\begin{vmatrix} b_3 & b_1 \\ c_3 & c_1 \end{vmatrix}-a_2\begin{vmatrix} b_2 & b_3 \\ c_2 & c_3 \end{vmatrix}\right]\ \cdots\cdots ①$$

x成分　y成分　z成分

ここで，①の x 成分，y 成分，z 成分をそれぞれ変形してみよう。

(ⅰ) (①の x 成分 $) = a_2(b_1c_2 - b_2c_1) - a_3(b_3c_1 - b_1c_3)$

$= (a_2c_2 + a_3c_3)b_1 - (a_2b_2 + a_3b_3)c_1$ ← b_1 と c_1 でまとめる。

$= (a_1c_1 + a_2c_2 + a_3c_3)b_1 - (a_1b_1 + a_2b_2 + a_3b_3)c_1$ ← $a_1b_1c_1$ をたした分，引く。

$(\boldsymbol{a}\cdot\boldsymbol{c})$　$(\boldsymbol{a}\cdot\boldsymbol{b})$

$= (\boldsymbol{a}\cdot\boldsymbol{c})b_1 - (\boldsymbol{a}\cdot\boldsymbol{b})c_1$

同様に，

(ⅱ) (①の y 成分 $) = a_3(b_2c_3 - b_3c_2) - a_1(b_1c_2 - b_2c_1)$

$= (a_1c_1 + a_3c_3)b_2 - (a_1b_1 + a_3b_3)c_2$ ← b_2 と c_2 でまとめる。

$= (a_1c_1 + a_2c_2 + a_3c_3)b_2 - (a_1b_1 + a_2b_2 + a_3b_3)c_2$ ← $a_2b_2c_2$ をたした分，引く。

$= (\boldsymbol{a}\cdot\boldsymbol{c})b_2 - (\boldsymbol{a}\cdot\boldsymbol{b})c_2$

(ⅲ) (①の z 成分 $) = a_1(b_3c_1 - b_1c_3) - a_2(b_2c_3 - b_3c_2)$

$= (a_1c_1 + a_2c_2)b_3 - (a_1b_1 + a_2b_2)c_3$ ← b_3 と c_3 でまとめる。

$= (a_1c_1 + a_2c_2 + a_3c_3)b_3 - (a_1b_1 + a_2b_2 + a_3b_3)c_3$ ← $a_3b_3c_3$ をたした分，引く。

$= (\boldsymbol{a}\cdot\boldsymbol{c})b_3 - (\boldsymbol{a}\cdot\boldsymbol{b})c_3$　となる。

以上(ⅰ)(ⅱ)(ⅲ)の結果を①に代入すると，

$((*)$ の左辺 $)$

$= [(\boldsymbol{a}\cdot\boldsymbol{c})b_1 - (\boldsymbol{a}\cdot\boldsymbol{b})c_1,\ (\boldsymbol{a}\cdot\boldsymbol{c})b_2 - (\boldsymbol{a}\cdot\boldsymbol{b})c_2,\ (\boldsymbol{a}\cdot\boldsymbol{c})b_3 - (\boldsymbol{a}\cdot\boldsymbol{b})c_3]$

$= [(\boldsymbol{a}\cdot\boldsymbol{c})b_1,\ (\boldsymbol{a}\cdot\boldsymbol{c})b_2,\ (\boldsymbol{a}\cdot\boldsymbol{c})b_3] - [(\boldsymbol{a}\cdot\boldsymbol{b})c_1,\ (\boldsymbol{a}\cdot\boldsymbol{b})c_2,\ (\boldsymbol{a}\cdot\boldsymbol{b})c_3]$

$= (\boldsymbol{a}\cdot\boldsymbol{c})[b_1,\ b_2,\ b_3] - (\boldsymbol{a}\cdot\boldsymbol{b})[c_1,\ c_2,\ c_3]$

$= (\boldsymbol{a}\cdot\boldsymbol{c})\boldsymbol{b} - (\boldsymbol{a}\cdot\boldsymbol{b})\boldsymbol{c} = ((*)$ の右辺 $)$

よって，ベクトル3重積の公式：$\boldsymbol{a}\times(\boldsymbol{b}\times\boldsymbol{c}) = (\boldsymbol{a}\cdot\boldsymbol{c})\boldsymbol{b} - (\boldsymbol{a}\cdot\boldsymbol{b})\boldsymbol{c}$ ……$(*)$

が成り立つことが分かった。この公式により，2つのメンドウな外積計算の代わりに，**2** つの簡単な内積計算で済むので，ベクトル **3** 重積も楽に求められるようになるんだね。
それでは，次の例題で，実際にベクトル **3** 重積を求めてみよう。

例題 **9** $\boldsymbol{a}=[1,\ 2,\ 1]$，$\boldsymbol{b}=[2,\ 1,\ -1]$，$\boldsymbol{c}=[3,\ 0,\ 1]$ について，(ｉ) $\boldsymbol{a}\times(\boldsymbol{b}\times\boldsymbol{c})$ と (ⅱ) $(\boldsymbol{a}\times\boldsymbol{b})\times\boldsymbol{c}$ を求めてみよう。

(ｉ) ベクトル **3** 重積の公式より，

$$\boldsymbol{a}\times(\boldsymbol{b}\times\boldsymbol{c})=(\boldsymbol{a}\cdot\boldsymbol{c})\boldsymbol{b}-(\boldsymbol{a}\cdot\boldsymbol{b})\boldsymbol{c}\ \cdots\cdots(*)$$

ここで，$\boldsymbol{a}\cdot\boldsymbol{c}=1\times3+\cancel{2\times0}+1\times1=4$，$\boldsymbol{a}\cdot\boldsymbol{b}=1\times2+2\times1+1\times(-1)=3$

以上を $(*)$ に代入して，

$$\boldsymbol{a}\times(\boldsymbol{b}\times\boldsymbol{c})=4\boldsymbol{b}-3\boldsymbol{c}=4[2,\ 1,\ -1]-3[3,\ 0,\ 1]$$
$$=[8,\ 4,\ -4]-[9,\ 0,\ 3]=[-1,\ 4,\ -7]$$ となる。

(ⅱ) $(\boldsymbol{a}\times\boldsymbol{b})\times\boldsymbol{c}$ についても，$(*)$ の公式を応用すると，

$$(\boldsymbol{a}\times\boldsymbol{b})\times\boldsymbol{c}=-\boldsymbol{c}\times(\boldsymbol{a}\times\boldsymbol{b})=-\{(\boldsymbol{c}\cdot\boldsymbol{b})\boldsymbol{a}-(\boldsymbol{c}\cdot\boldsymbol{a})\boldsymbol{b}\}$$
$$=(\boldsymbol{a}\cdot\boldsymbol{c})\boldsymbol{b}-(\boldsymbol{b}\cdot\boldsymbol{c})\boldsymbol{a}\ \cdots\cdots(*)'$$ となる。

$(*)'$ は覚えてなくても，$(*)$ から簡単に導ける！

ここで，$\boldsymbol{a}\cdot\boldsymbol{c}=4$，$\boldsymbol{b}\cdot\boldsymbol{c}=2\times3+\cancel{1\times0}+(-1)\times1=5$

以上を $(*)'$ に代入して，

$$(\boldsymbol{a}\times\boldsymbol{b})\times\boldsymbol{c}=4\boldsymbol{b}-5\boldsymbol{a}=4[2,\ 1,\ -1]-5[1,\ 2,\ 1]$$
$$=[8,\ 4,\ -4]-[5,\ 10,\ 5]=[3,\ -6,\ -9]$$ となる。

以上 (ｉ)(ⅱ) から $\boldsymbol{a}\times(\boldsymbol{b}\times\boldsymbol{c})\neq(\boldsymbol{a}\times\boldsymbol{b})\times\boldsymbol{c}$ であることが，例題でも確認できたんだね。

一般に，ベクトル **3** 重積に結合の法則は成り立たない！

● 面積ベクトルもマスターしよう！

それでは，"**面積ベクトル**"についても解説しておこう。図 **2** に示すように空間内に平面 π を定める。この π 上に閉曲線 C で囲まれる図形を D とおき，その面積を S とおくことにする。ここで，図 **2** に示すように，閉曲線 C に沿って回る向きを定めたとき，これにより進む右ネジの向きを，この平面 π の正の向きと呼ぶ。

図 **2** 面積ベクトル

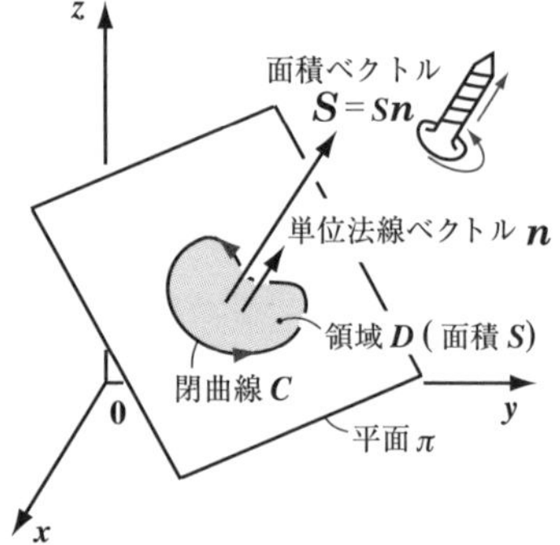

このとき，平面πに垂直で大きさ**1**の正の向きのベクトルを"**単位法線**（たんいほうせん）**ベクトル**"と呼び，これを$\boldsymbol{n}$と表すことにする。そしてさらに，この$\boldsymbol{n}$に，図形Dの面積S（スカラー）をかけたものが"**面積ベクトル**"と呼ばれるものであり，これを$\boldsymbol{S}$とおくことにすると，

面積ベクトル $\boldsymbol{S} = S\boldsymbol{n}$ ……① となるんだね。

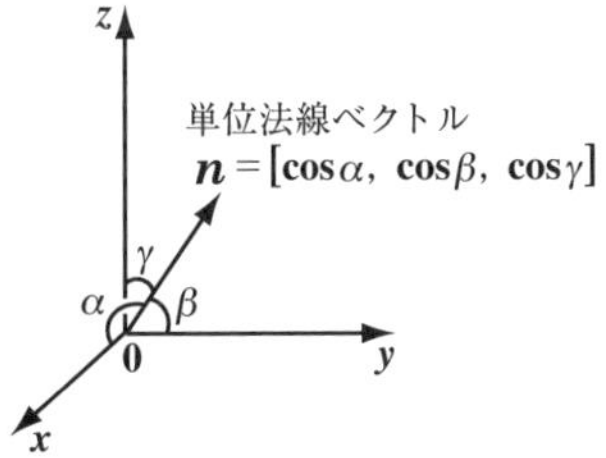

ここで，図**3**に示すように，単位法線ベクトル$\boldsymbol{n}$とx軸，y軸，z軸の正の向きとがなす角をそれぞれα，β，γとおくと，$\boldsymbol{n}$の各成分は，次のように方向余弦(**P10**)で表すことができる。

図 **3** 単位法線ベクトル $\boldsymbol{n}$

$$\boldsymbol{n} = [\cos\alpha,\ \cos\beta,\ \cos\gamma] \quad \cdots\cdots ②$$

（方向余弦）

$\|\boldsymbol{n}\| = \sqrt{\cos^2\alpha + \cos^2\beta + \cos^2\gamma} = \sqrt{1} = 1$ となるのも大丈夫だね。

（ここで，$0 \leqq \alpha \leqq \pi$，$0 \leqq \beta \leqq \pi$，$0 \leqq \gamma \leqq \pi$）

よって，②を①に代入すると，次のように面積ベクトルの成分表示が得られる。

$$\boldsymbol{S} = S[\cos\alpha,\ \cos\beta,\ \cos\gamma] = [S\cos\alpha,\ S\cos\beta,\ S\cos\gamma] \quad \cdots\cdots ③$$

さらに，この③と，基本ベクトル $\boldsymbol{i} = [1,\ 0,\ 0]$，$\boldsymbol{j} = [0,\ 1,\ 0]$，$\boldsymbol{k} = [0,\ 0,\ 1]$ との内積をとると，次のように③の各成分が抽出されるんだね。

$$\boldsymbol{i}\cdot\boldsymbol{S} = S\cos\alpha \ \cdots ④ \qquad \boldsymbol{j}\cdot\boldsymbol{S} = S\cos\beta \ \cdots ⑤ \qquad \boldsymbol{k}\cdot\boldsymbol{S} = S\cos\gamma \ \cdots ⑥$$

この④，⑤，⑥はα，β，γが鈍角のとき ⊖ となる可能性があるので，これらの絶対値をとったもの，すなわち

$$|\boldsymbol{i}\cdot\boldsymbol{S}| = S|\cos\alpha| \ \cdots ④',\quad |\boldsymbol{j}\cdot\boldsymbol{S}| = S|\cos\beta| \ \cdots ⑤',\quad |\boldsymbol{k}\cdot\boldsymbol{S}| = S|\cos\gamma| \ \cdots ⑥'$$

（Dのyz平面への正射影の面積）（Dのzx平面への正射影の面積）（Dのxy平面への正射影の面積）

は，図形Dをそれぞれ，yz平面，zx平面，そしてxy平面に正射影したものの面積を表すことになる。

これだけではピンとこないって？ 当然だね。ここでは，図形Dのxy平面への正射影の面積が⑥′となることを図を使って詳しく解説しよう。これがマスターできれば④′，⑤′も同様だから，自分で確認できるはずだ。

図 **4**(ⅰ) に示すように，平面 π 上の図形 $\boldsymbol{D}$ の単位法線ベクトル $\boldsymbol{n}$ と基本ベクトル $\boldsymbol{k}=[0, 0, 1]$ とのなす角が γ なんだね。（z 軸の正の向きの単位ベクトル）

図 4 D の xy 平面への正射影の面積

(ⅰ)

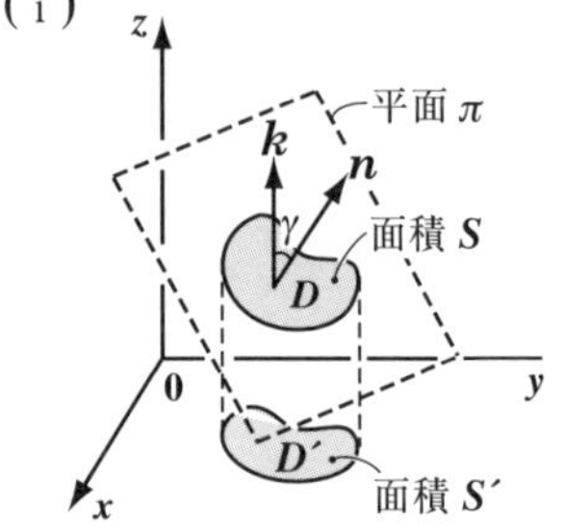

そして，図形 $\boldsymbol{D}$ を $\boldsymbol{xy}$ 平面へ正射影した図形を $\boldsymbol{D'}$ とおく。また，$\boldsymbol{D}$ と $\boldsymbol{D'}$ の面積をそれぞれ $\boldsymbol{S}$ と $\boldsymbol{S'}$ とおくことにしよう。

ここで，図形 $\boldsymbol{D}$ と $\boldsymbol{D'}$ が線分に見えるように視点を移動して，描いたものが図 **4**(ⅱ) だ。この図から明らかに，図形 $\boldsymbol{D}$ をある方向に $\cos\gamma$ 倍だけ縮小したもの（これは，⊖にもなり得る。）が正射影の図形 $\boldsymbol{D'}$ になるので，$\boldsymbol{D}$ の面積 $\boldsymbol{S}$ も，$|\cos\gamma|$ 倍されて，$\boldsymbol{D'}$ の面積 $\boldsymbol{S'}$ になるんだね。（面積が⊖になることはないので，絶対値を付ける！）

(ⅱ)

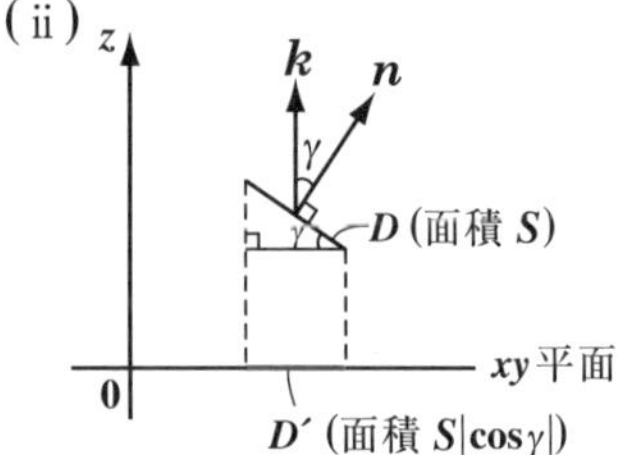

(ⅲ)

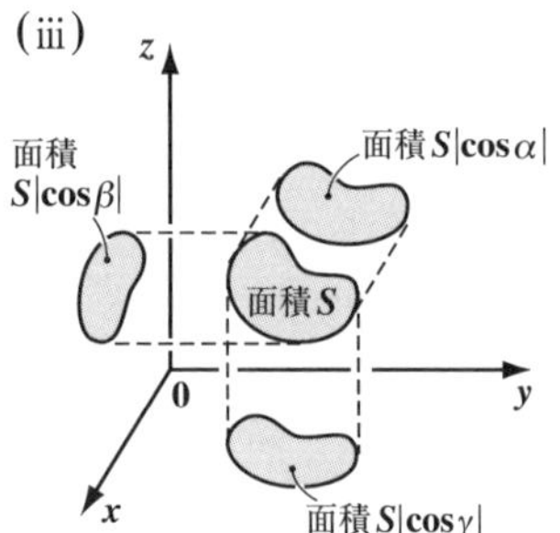

よって，図形 $\boldsymbol{D}$ を $\boldsymbol{xy}$ 平面に正射影した図形の面積 $\boldsymbol{S'}$ は

$$S' = S|\cos\gamma| \quad [=|\boldsymbol{k}\cdot\boldsymbol{S}|] \quad \cdots\cdots ⑥'$$

となるんだね。

同様に，図 **4**(ⅲ) に示すように，

・$\boldsymbol{D}$ を $\boldsymbol{yz}$ 平面に正射影したものの面積は，$S|\cos\alpha| \quad [=|\boldsymbol{i}\cdot\boldsymbol{S}|] \quad \cdots\cdots ④'$

・$\boldsymbol{D}$ を $\boldsymbol{zx}$ 平面に正射影したものの面積は，$S|\cos\beta| \quad [=|\boldsymbol{j}\cdot\boldsymbol{S}|] \quad \cdots\cdots ⑤'$

となるんだね。方向余弦 $\cos\alpha$，$\cos\beta$，$\cos\gamma$ が正射影した図形の面積と密接に関係しているのが分かったと思う。

それでは，以上のことを面積ベクトルの基本事項として，まとめて次に示そう。

面積ベクトル

空間内の平面π上に，閉曲線Cで囲まれる図形Dを定め，この面積をSとおく。閉曲線Cに沿って回る向きを定めたとき，右ネジの進む向きを正の向きとし，この正の向きに平面πの単位法線ベクトル$\boldsymbol{n}=[\cos\alpha,\ \cos\beta,\ \cos\gamma]$をとる。
このとき，図形Dの面積ベクトル$\boldsymbol{S}$は，次式で表される。

$$\boldsymbol{S}=S\boldsymbol{n}=[S\cos\alpha,\ S\cos\beta,\ S\cos\gamma]$$

(ここで，$\cos\alpha$，$\cos\beta$，$\cos\gamma$：方向余弦)

また，基本ベクトル$\boldsymbol{i}$，$\boldsymbol{j}$，$\boldsymbol{k}$に対して，図形Dを
(ⅰ) yz平面へ正射影した図形の面積は，$|\boldsymbol{i}\cdot\boldsymbol{S}|=S|\cos\alpha|$となり，
(ⅱ) zx平面へ正射影した図形の面積は，$|\boldsymbol{j}\cdot\boldsymbol{S}|=S|\cos\beta|$となり，
(ⅲ) xy平面へ正射影した図形の面積は，$|\boldsymbol{k}\cdot\boldsymbol{S}|=S|\cos\gamma|$となる。

身近な面積ベクトルの例として，$\boldsymbol{a}$と$\boldsymbol{b}$の外積$\boldsymbol{a}\times\boldsymbol{b}$が挙げられるんだね。$\boldsymbol{a}$と$\boldsymbol{b}$を2辺にもつ平行四辺形を図形$D$と考え，右図のような回転の向きを与えると，図形$D$に直交し，この平行四辺形の面積をノルム(大きさ)とする正の向きのベクトルが$\boldsymbol{a}\times\boldsymbol{b}$だからなんだね。

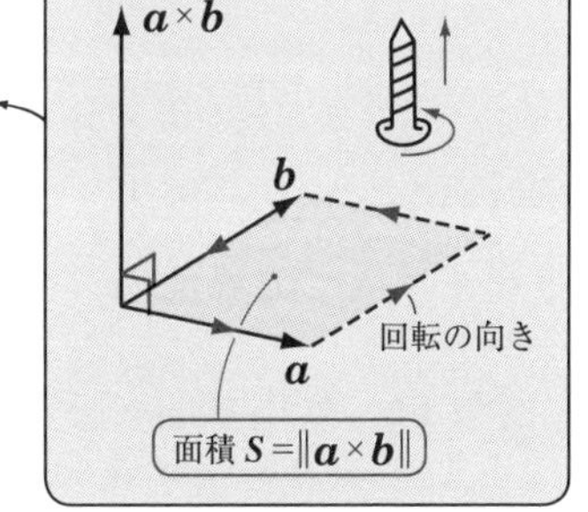

だから，たとえば，$\boldsymbol{a}\times\boldsymbol{b}=[-2,\ 3,\ -\sqrt{3}]$の場合，$\boldsymbol{a}$と$\boldsymbol{b}$を2辺にもつ平行四辺形$D$の面積$S$は，$S=\|\boldsymbol{a}\times\boldsymbol{b}\|=\sqrt{(-2)^2+3^2+(-\sqrt{3})^2}=\sqrt{16}=4$であり，
$\boldsymbol{a}\times\boldsymbol{b}=[\underset{4\cos\alpha}{\underline{-2}},\ \underset{4\cos\beta}{\underline{3}},\ \underset{4\cos\gamma}{\underline{-\sqrt{3}}}]$の各成分の絶対値が，この$D$を$yz$平面，$zx$平面，$xy$平面に正射影した図形の面積を表すんだね。よって，平行四辺形Dの
yz平面への正射影の図形の面積$=|-2|=2$ であり，
zx平面への正射影の図形の面積$=3$ であり，
xy平面への正射影の図形の面積$=|-\sqrt{3}|=\sqrt{3}$ であることが分かる。
面白かっただろう？ それでは，さらに，外積に関連した典型的な問題を例題の形で紹介しておこう。

● 典型的な外積の問題を押さえておこう！

座標空間内の 3 点 A, B, C を結んでできる△ABC の面積について，次の例題を解いてみよう。

> 例題 10　座標空間内の 3 点 A，B，C に対して，$\overrightarrow{OA}=\boldsymbol{a}$，$\overrightarrow{OB}=\boldsymbol{b}$，$\overrightarrow{OC}=\boldsymbol{c}$ とおくとき，△ABC の面積 S が，
> $S=\frac{1}{2}\|\boldsymbol{a}\times\boldsymbol{b}+\boldsymbol{b}\times\boldsymbol{c}+\boldsymbol{c}\times\boldsymbol{a}\|$ …(∗)　で表されることを示そう。

右図に示すように，△ABC の面積 S は

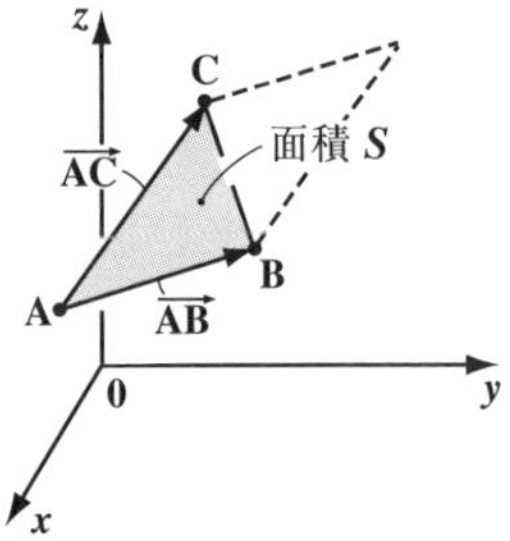

$$S=\frac{1}{2}\|\overrightarrow{AB}\times\overrightarrow{AC}\|$$

$\overrightarrow{AB}=(\overrightarrow{OB}-\overrightarrow{OA})$，$\overrightarrow{AC}=(\overrightarrow{OC}-\overrightarrow{OA})$

$\overrightarrow{AB}$ と $\overrightarrow{AC}$ を 2 辺にもつ平行四辺形の面積の $\frac{1}{2}$ に相当するからね。

$$=\frac{1}{2}\|(\boldsymbol{b}-\boldsymbol{a})\times(\boldsymbol{c}-\boldsymbol{a})\|$$

$$=\frac{1}{2}\|\boldsymbol{b}\times\boldsymbol{c}-\boldsymbol{b}\times\boldsymbol{a}-\boldsymbol{a}\times\boldsymbol{c}+\boldsymbol{a}\times\boldsymbol{a}\|$$

$\boldsymbol{b}\times\boldsymbol{a}=-(\boldsymbol{a}\times\boldsymbol{b})$，$\boldsymbol{a}\times\boldsymbol{c}=-(\boldsymbol{c}\times\boldsymbol{a})$，$\boldsymbol{a}\times\boldsymbol{a}=\boldsymbol{0}$

外積の公式
$\boldsymbol{a}\times\boldsymbol{a}=\boldsymbol{0}$，$\boldsymbol{a}\times\boldsymbol{b}=-\boldsymbol{b}\times\boldsymbol{a}$

$\therefore S=\frac{1}{2}\|\boldsymbol{a}\times\boldsymbol{b}+\boldsymbol{b}\times\boldsymbol{c}+\boldsymbol{c}\times\boldsymbol{a}\|$ となって，

(∗) の公式が導けた！　大丈夫？

それでは次，方程式 $\boldsymbol{a}\times\boldsymbol{x}=\boldsymbol{b}$ の問題にもチャレンジしよう！

> 例題 11　方程式 $\boldsymbol{a}\times\boldsymbol{x}=\boldsymbol{b}$ ……①　$(\boldsymbol{a}\neq\boldsymbol{0},\ \boldsymbol{b}\neq\boldsymbol{0})$ について，
> まず，$\boldsymbol{a}\cdot\boldsymbol{b}=0$ ……②　であることを示し，次に①の解 $\boldsymbol{x}$ が
> $\boldsymbol{x}=\dfrac{\boldsymbol{b}\times\boldsymbol{a}}{\|\boldsymbol{a}\|^2}+c\boldsymbol{a}$ ……③　(c：任意の実数) であることを示そう。

まず，②を示す。②の左辺の $\boldsymbol{b}$ に①を代入すると，

(②の左辺) $=\boldsymbol{a}\cdot(\boldsymbol{a}\times\boldsymbol{x})=(\boldsymbol{a},\ \boldsymbol{a},\ \boldsymbol{x})=0$　となる。よって，

（$\boldsymbol{a}\times\boldsymbol{x}=\boldsymbol{b}$）

スカラー 3 重積で，2 つのベクトルが等しい。よって，これは 0 だ！

$\boldsymbol{a}\cdot\boldsymbol{b}=0$ ……②が成り立つことが示せた。つまり，$\boldsymbol{a}\perp\boldsymbol{b}$ ということだ。

次，③が①の解であることは，実際に③を①の左辺に代入して，これが①の右辺の $\boldsymbol{b}$ になることを示せばいいんだね。

$$(\text{①の左辺}) = \boldsymbol{a}\times\underbrace{\left(\frac{\boldsymbol{b}\times\boldsymbol{a}}{\|\boldsymbol{a}\|^2}+c\boldsymbol{a}\right)}_{\boldsymbol{x}} = \frac{\boldsymbol{a}\times(\boldsymbol{b}\times\boldsymbol{a})}{\|\boldsymbol{a}\|^2}+c\underbrace{\boldsymbol{a}\times\boldsymbol{a}}_{\boldsymbol{0}}$$

ベクトル3重積の公式
$\boldsymbol{a}\times(\boldsymbol{b}\times\boldsymbol{c})=(\boldsymbol{a}\cdot\boldsymbol{c})\boldsymbol{b}-(\boldsymbol{a}\cdot\boldsymbol{b})\boldsymbol{c}$

$$=\frac{(\underbrace{\boldsymbol{a}\cdot\boldsymbol{a}}_{\|\boldsymbol{a}\|^2})\boldsymbol{b}-(\underbrace{\boldsymbol{a}\cdot\boldsymbol{b}}_{0\ (②より)})\boldsymbol{a}}{\|\boldsymbol{a}\|^2}=\frac{\|\boldsymbol{a}\|^2}{\|\boldsymbol{a}\|^2}\boldsymbol{b}=\boldsymbol{b}=(\text{①の右辺})$$

$(\because\ \boldsymbol{a}\cdot\boldsymbol{b}=0\ \cdots②)$

これから，③が①の解であることが分かった。でも，これだけでは釈然としないって？　当然だ！　この解の図形的な意味も押さえておこう。

②より，$\boldsymbol{a}\perp\boldsymbol{b}$ だね。ここで，図(i)に示すように，$\boldsymbol{a}$ と $\boldsymbol{b}$ の両方に直交する解を $\boldsymbol{x}_0$ とおいて，まず，この $\boldsymbol{x}_0$ を求めてみよう。

外積の向きも考えると，図(i)のように $\boldsymbol{x}_0$ は $\boldsymbol{b}\times\boldsymbol{a}$ と平行になる。$\boldsymbol{b}\times\boldsymbol{a}$ のノルムは $\|\boldsymbol{b}\times\boldsymbol{a}\|=\|\boldsymbol{b}\|\,\|\boldsymbol{a}\|\sin\frac{\pi}{2}=\|\boldsymbol{b}\|\,\|\boldsymbol{a}\|$ だ。これに対して，$\boldsymbol{a}\times\boldsymbol{x}_0=\boldsymbol{b}$ をみたすためには図(i)の真上から見た図で明らかなように，$\boldsymbol{x}_0$ のノルムは $\|\boldsymbol{x}_0\|=\frac{\|\boldsymbol{b}\|}{\|\boldsymbol{a}\|}$ でなければならないね。よって，$\boldsymbol{x}_0$ は $\boldsymbol{b}\times\boldsymbol{a}$ を $\|\boldsymbol{a}\|^2$ で割ったものになる。

$\therefore\ \boldsymbol{x}_0=\frac{\boldsymbol{b}\times\boldsymbol{a}}{\|\boldsymbol{a}\|^2}$ ……(a)　となる。

これで，$\|\boldsymbol{a}\times\boldsymbol{x}_0\|=\|\boldsymbol{b}\|$ ……(b)　がみたされる。でも，(b)をみたす $\boldsymbol{x}$ は，図(ii)に示すように，$\boldsymbol{x}_0$ に $c\boldsymbol{a}$ (c：任意の実数)を加えたものでもかまわない。図(ii)の真上から見た図から分かるように，$\boldsymbol{a}$ と $\boldsymbol{x}=\boldsymbol{x}_0+c\boldsymbol{a}$ を2辺とする平行四辺形の面積も $\|\boldsymbol{b}\|$ となって条件をみたすからだ。これから①の解 $\boldsymbol{x}$ は，$\boldsymbol{x}=\boldsymbol{x}_0+c\boldsymbol{a}=\frac{\boldsymbol{b}\times\boldsymbol{a}}{\|\boldsymbol{a}\|^2}+c\boldsymbol{a}$ …③ (c：任意の実数)となるんだね。納得いった？

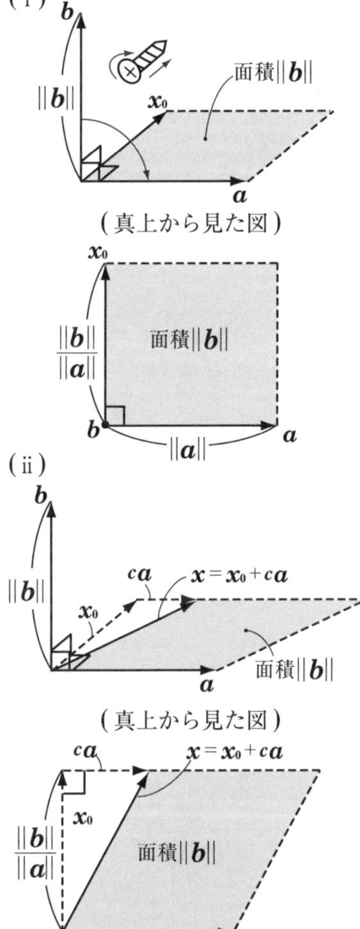

演習問題 3　● ベクトルの内積と外積の応用 ●

座標空間内に 3 点 A(1, 0, −1), B(0, 2, 1), C(1, −1, 2) があり，
$\boldsymbol{a}=\overrightarrow{\mathrm{OA}}$, $\boldsymbol{b}=\overrightarrow{\mathrm{OB}}$, $\boldsymbol{c}=\overrightarrow{\mathrm{OC}}$ とおく。
(1) スカラー 3 重積 $(\boldsymbol{a}, \boldsymbol{b}, \boldsymbol{c})$ を求めよ。
(2) ベクトル 3 重積 $\boldsymbol{a}\times(\boldsymbol{b}\times\boldsymbol{c})$ を求めよ。
(3) △ABC の面積ベクトル $\boldsymbol{S}$ を求めよ。また，△ABC を xy 平面に正射影したものの面積を求めよ。
(4) 方程式 $\boldsymbol{a}\times\boldsymbol{x}=\boldsymbol{a}\times(\boldsymbol{b}\times\boldsymbol{c})$ ……①　の解 $\boldsymbol{x}$ を求めよ。

ヒント！ 内積と外積の総まとめの問題だ。それぞれ，公式をウマク利用して解こう。

解答＆解説

$\boldsymbol{a}=\overrightarrow{\mathrm{OA}}=[1, 0, -1]$　$\boldsymbol{b}=\overrightarrow{\mathrm{OB}}=[0, 2, 1]$　$\boldsymbol{c}=\overrightarrow{\mathrm{OC}}=[1, -1, 2]$ について

(1) スカラー 3 重積 $(\boldsymbol{a}, \boldsymbol{b}, \boldsymbol{c})$ は公式より，

$$(\boldsymbol{a}, \boldsymbol{b}, \boldsymbol{c})=\boldsymbol{a}\cdot(\boldsymbol{b}\times\boldsymbol{c})=\begin{vmatrix}1 & 0 & -1\\ 0 & 2 & 1\\ 1 & -1 & 2\end{vmatrix}$$

> $\boldsymbol{a}=[a_1, a_2, a_3]$, $\boldsymbol{b}=[b_1, b_2, b_3]$, $\boldsymbol{c}=[c_1, c_2, c_3]$ のとき，
> $(\boldsymbol{a}, \boldsymbol{b}, \boldsymbol{c})=\begin{vmatrix}a_1 & a_2 & a_3\\ b_1 & b_2 & b_3\\ c_1 & c_2 & c_3\end{vmatrix}$ だね。

$=1\cdot2\cdot2-(-1)\cdot2\cdot1-1\cdot(-1)\cdot1$　← サラスの公式

$=7$　となる。← $\boldsymbol{a}, \boldsymbol{b}, \boldsymbol{c}$ を 3 辺にもつ平行六面体の体積

(2) ベクトル 3 重積 $\boldsymbol{a}\times(\boldsymbol{b}\times\boldsymbol{c})$ は公式より，

$\boldsymbol{a}\times(\boldsymbol{b}\times\boldsymbol{c})=(\boldsymbol{a}\cdot\boldsymbol{c})\boldsymbol{b}-(\boldsymbol{a}\cdot\boldsymbol{b})\boldsymbol{c}$　← ベクトル 3 重積の公式通り

$\boldsymbol{a}\cdot\boldsymbol{c}=1\cdot1+0\cdot(-1)+(-1)\cdot2$　　$\boldsymbol{a}\cdot\boldsymbol{b}=1\cdot0+0\cdot2+(-1)\cdot1$

$=\boldsymbol{c}-\boldsymbol{b}=[1, -1, 2]-[0, 2, 1]$

$=[1, -3, 1]$ となる。

(3) △ABC の面積ベクトル $\boldsymbol{S}$ は，

$\boldsymbol{S}=\dfrac{1}{2}(\overrightarrow{\mathrm{AB}}\times\overrightarrow{\mathrm{AC}})$ より，

$\boldsymbol{S}=\dfrac{1}{2}(\boldsymbol{a}\times\boldsymbol{b}+\boldsymbol{b}\times\boldsymbol{c}+\boldsymbol{c}\times\boldsymbol{a})$

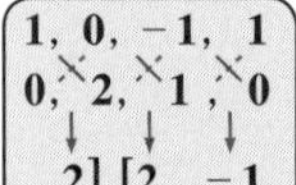

0, 2, 1, 0
1, −1, 2, 1
, −2] [5, 1

1, −1, 2, 1
1, 0, −1, 1
, 1] [1, 3

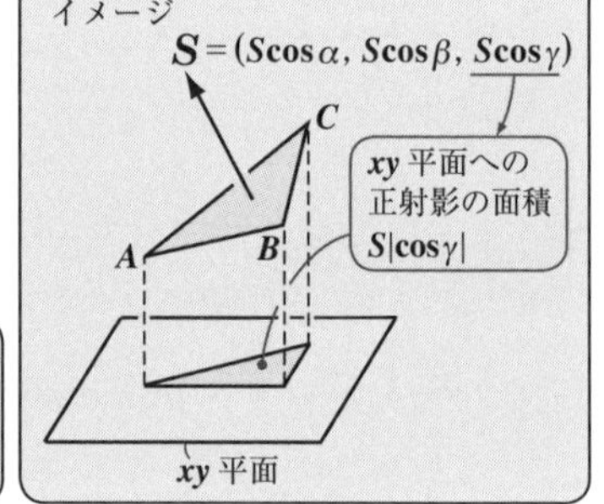

$$S=\frac{1}{2}\{[2,\ -1,\ 2]+[5,\ 1,\ -2]+[1,\ 3,\ 1]\}=\frac{1}{2}[8,\ 3,\ 1]$$

$$=\left[4,\ \frac{3}{2},\ \frac{1}{2}\right]\ \text{である。}$$

（$\frac{1}{2}$ は $S\cos\gamma$ → △ABC の xy 平面への正射影の面積 $S|\cos\gamma|$）

これから，△ABC の xy 平面への正射影の面積は，$\left|\frac{1}{2}\right|=\frac{1}{2}$ である。

(4) $\boldsymbol{d}=\boldsymbol{a}\times(\boldsymbol{b}\times\boldsymbol{c})$ とおくと，**(2)** の結果より，$\boldsymbol{d}=[1,\ -3,\ 1]$ となる。

そして，①の方程式は，

$\boldsymbol{a}\times\boldsymbol{x}=\boldsymbol{d}$ ……①′ となる。ここで，$\boldsymbol{a}\neq\boldsymbol{0}$，かつ

$\boldsymbol{a}\cdot\boldsymbol{d}=[1,\ 0,\ -1]\cdot[1,\ -3,\ 1]=1+0-1=0$ をみたすので，①′の解 $\boldsymbol{x}$ は存在する。①′の解は，解の公式より，

$$\boldsymbol{x}=\frac{\boldsymbol{d}\times\boldsymbol{a}}{\|\boldsymbol{a}\|^2}+c\boldsymbol{a}\quad(c\text{：任意の実数})$$

（$\boldsymbol{a}\times\boldsymbol{x}=\boldsymbol{b}$ $(\boldsymbol{a}\neq\boldsymbol{0},\ \boldsymbol{a}\cdot\boldsymbol{b}=0)$ の解は，$\boldsymbol{x}=\frac{\boldsymbol{b}\times\boldsymbol{a}}{\|\boldsymbol{a}\|^2}+c\boldsymbol{a}$ だね。）

ここで，$\|\boldsymbol{a}\|^2=1^2+0^2+(-1)^2=2$，

$\boldsymbol{d}\times\boldsymbol{a}=[3,\ 2,\ 3]$ より，

（1, −3, 1, 1
1, 0, −1, 1
, 3] [3, 2）

$$\boldsymbol{x}=\frac{1}{2}[3,\ 2,\ 3]+c[1,\ 0,\ -1]$$

$$=\left[\frac{3}{2}+c,\ 1,\ \frac{3}{2}-c\right]\ \text{である。}$$

(4) の別解

①を変形して，$\boldsymbol{a}\times(\boldsymbol{x}-\boldsymbol{b}\times\boldsymbol{c})=\boldsymbol{0}$

（$\boldsymbol{x}-\boldsymbol{b}\times\boldsymbol{c}$ は $c\boldsymbol{a}$（c：任意の実数)）

よって，$\boldsymbol{x}-\boldsymbol{b}\times\boldsymbol{c}=c\boldsymbol{a}$ とおけるので，解 $\boldsymbol{x}$ は

$\boldsymbol{x}=\boldsymbol{b}\times\boldsymbol{c}+c\boldsymbol{a}=[5,\ 1,\ -2]+c[1,\ 0,\ -1]$

（$\boldsymbol{b}\times\boldsymbol{c}=[5,\ 1,\ -2]$，$[5,\ 1,\ -2]$ は $\boldsymbol{x}_1$ とおく。）

$=[5+c,\ 1,\ -2-c]$ である。

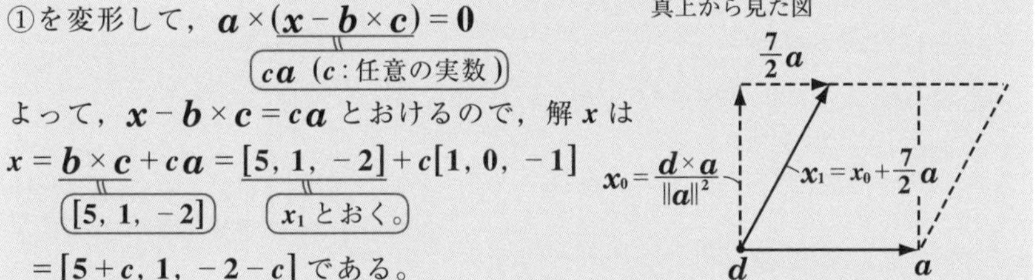

結果が合わないって？ 大丈夫だよ。**P53** と同様に真上から見た図を描くといい。ここで，$\boldsymbol{x}_1=[5,\ 1,\ -2]$，$\boldsymbol{x}_0=\left[\frac{3}{2},\ 1,\ \frac{3}{2}\right]$ とおくと，

$\boldsymbol{x}_1=\boldsymbol{x}_0+\frac{7}{2}\boldsymbol{a}=\left[\frac{3}{2},\ 1,\ \frac{3}{2}\right]+\frac{7}{2}[1,\ 0,\ -1]$ となって，解の公式の $\boldsymbol{x}_0$ の代わりに $\boldsymbol{x}_1$ が基準の解として用いられているだけのことなんだね。納得いった？

講義1 ● ベクトルと行列式　公式エッセンス

1. 共面ベクトル

$\boldsymbol{a}=[a_1, a_2, a_3]$, $\boldsymbol{b}=[b_1, b_2, b_3]$, $\boldsymbol{c}=[c_1, c_2, c_3]$ が共面ベクトルのとき,

$$\begin{vmatrix} a_1 & a_2 & a_3 \\ b_1 & b_2 & b_3 \\ c_1 & c_2 & c_3 \end{vmatrix}=0$$ が成り立つ。

2. 点Qを通る平面の方程式

点 $\mathrm{Q}(c_1, c_2, c_3)$ を通り，1次独立な $\boldsymbol{a}=[a_1, a_2, a_3]$, $\boldsymbol{b}=[b_1, b_2, b_3]$ が張る平面の方程式は,

$$\begin{vmatrix} x-c_1 & y-c_2 & z-c_3 \\ a_1 & a_2 & a_3 \\ b_1 & b_2 & b_3 \end{vmatrix}=0$$ （$\boldsymbol{p}=[x, y, z]$ はこの平面の動ベクトル）

3. ベクトルの外積

2つの3次元ベクトル $\boldsymbol{a}=[a_1, a_2, a_3]$, $\boldsymbol{b}=[b_1, b_2, b_3]$ の外積 $\boldsymbol{a}\times\boldsymbol{b}$ は

$$\boldsymbol{a}\times\boldsymbol{b}=\begin{vmatrix} \boldsymbol{i} & \boldsymbol{j} & \boldsymbol{k} \\ a_1 & a_2 & a_3 \\ b_1 & b_2 & b_3 \end{vmatrix}$$ （ただし，$\boldsymbol{i}=[1, 0, 0]$, $\boldsymbol{j}=[0, 1, 0]$, $\boldsymbol{k}=[0, 0, 1]$ とする。）

4. 外積の性質

1次独立な2つのベクトル $\boldsymbol{a}=[a_1, a_2, a_3]$, $\boldsymbol{b}=[b_1, b_2, b_3]$ の外積を $\boldsymbol{c}=\boldsymbol{a}\times\boldsymbol{b}$ とおくと,

(1) $\boldsymbol{a}\perp\boldsymbol{c}$ かつ $\boldsymbol{b}\perp\boldsymbol{c}$　(2) $\|\boldsymbol{c}\|=\|\boldsymbol{a}\|\|\boldsymbol{b}\|\sin\theta$ （θ：$\boldsymbol{a}$ と $\boldsymbol{b}$ のなす角）

(3) $\boldsymbol{a}\times\boldsymbol{b}=-\boldsymbol{b}\times\boldsymbol{a}$　(4) $\boldsymbol{a}\times(\boldsymbol{b}+\boldsymbol{c})=\boldsymbol{a}\times\boldsymbol{b}+\boldsymbol{a}\times\boldsymbol{c}$　など。

5. スカラー3重積

$\boldsymbol{a}=[a_1, a_2, a_3]$, $\boldsymbol{b}=[b_1, b_2, b_3]$, $\boldsymbol{c}=[c_1, c_2, c_3]$ のとき,

スカラー3重積 $(\boldsymbol{a}, \boldsymbol{b}, \boldsymbol{c})=\boldsymbol{a}\cdot(\boldsymbol{b}\times\boldsymbol{c})=\begin{vmatrix} a_1 & a_2 & a_3 \\ b_1 & b_2 & b_3 \\ c_1 & c_2 & c_3 \end{vmatrix}$ （この絶対値は，$\boldsymbol{a}, \boldsymbol{b}, \boldsymbol{c}$ を3辺にもつ平行六面体の体積である。）

6. ベクトル3重積

(1) $\boldsymbol{a}\times(\boldsymbol{b}\times\boldsymbol{c})\neq(\boldsymbol{a}\times\boldsymbol{b})\times\boldsymbol{c}$　(2) $\boldsymbol{a}\times(\boldsymbol{b}\times\boldsymbol{c})=(\boldsymbol{a}\cdot\boldsymbol{c})\boldsymbol{b}-(\boldsymbol{a}\cdot\boldsymbol{b})\boldsymbol{c}$

7. 面積ベクトル

3次元空間内の平面 π 上の図形 D の面積ベクトル $\boldsymbol{S}$ は

$$\boldsymbol{S}=S\boldsymbol{n}=[S\cos\alpha,\ S\cos\beta,\ S\cos\gamma]$$ （$\boldsymbol{n}$：単位法線ベクトル）

（図形 D の (i) yz 平面，(ii) zx 平面，(iii) xy 平面への正射影の面積は，それぞれ (i) $|\boldsymbol{i}\cdot\boldsymbol{S}|=S|\cos\alpha|$, (ii) $|\boldsymbol{j}\cdot\boldsymbol{S}|=S|\cos\beta|$, (iii) $|\boldsymbol{k}\cdot\boldsymbol{S}|=S|\cos\gamma|$）

ベクトル値関数

▶ **1 変数ベクトル値関数とその微分**
（スカラー 3 重積，ベクトル 3 重積の微分）

▶ **曲線を表すベクトル値関数**
（曲率，捩率，フレネ・セレーの公式）

▶ **点の運動を表すベクトル値関数**
（運動量，角運動量，面積速度）

▶ **1 変数・2 変数ベクトル値関数とその積分**
（仕事と運動エネルギー，曲面の面積など）

§1. 1変数ベクトル値関数とその微分

さァ，これから“**ベクトル値関数**(ちかんすう)”(***vector-valued function***)について解説しよう。ベクトル値関数には，**1**変数のもの と 多変数のもの の**2**種類が
(**1**つの独立変数の)(複数の独立変数のベクトル値関数)
あるんだけれど，これからしばらくは，“**1変数ベクトル値関数**”に絞って詳しく解説していくつもりだ。これをマスターすることがまず基本だからね。

1変数ベクトル値関数とは，独立変数(スカラー)tに対して，その従属変数は各成分がtの関数となるベクトルのことで，$\boldsymbol{a}(t)$や$\boldsymbol{b}(t)$などと表される。ここでは特に，**3**次元のベクトル値関数を考える。このベクトル値関数と対比して，従来の**1**変数実数関数$f(t)$や$g(t)$などのことを“**スカラー値関数**”と呼ぶ。今回は，ベクトル値関数同士の内積や外積も含めて，様々なベクトル値関数の微分法についても学習していこう。

● まず，ベクトル値関数に慣れよう！

1変数ベクトル値関数の典型的な例として，独立変数に時刻tをとった場合の，座標空間における原点**O**に関する位置ベクトル$\boldsymbol{p}(t)$や速度ベクトル$\boldsymbol{v}(t)$がある。これらはいずれも**3**次元ベクトル値関数で，

$$\boldsymbol{p}(t)=[p_1(t),\ p_2(t),\ p_3(t)]$$

$$\boldsymbol{v}(t)=[v_1(t),\ v_2(t),\ v_3(t)]$$

と表すことができる。これによって，図**1**に示すように，動点**P**が時刻$t=\cdots t_1,\ t_2\cdots$と変化させたときに座標空間内を移動する様子を数学的に記述することができるようになるんだね。

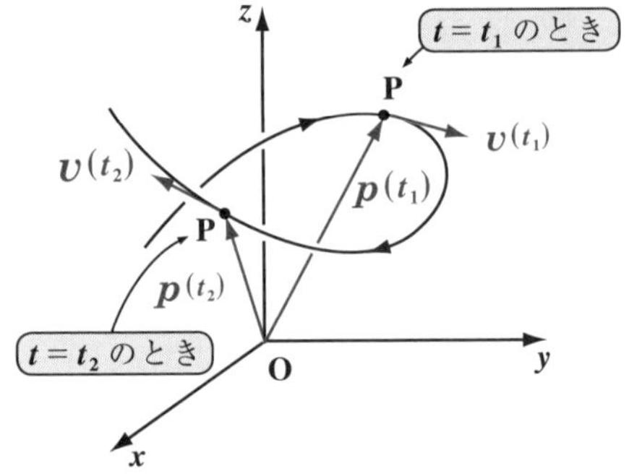

図**1**　**1**変数ベクトル値関数の例

このような物理的な意味を想定しない一般論としてベクトル値関数を表す場合には，$\boldsymbol{a}(t)=[a_1(t),\ a_2(t),\ a_3(t)]$などと表すことにしよう。
(ベクトル$\boldsymbol{a}$のx，y，z成分が，すべて独立変数tの関数になっている。)

このようなベクトル値関数と対比して，従来の**1**変数実数関数$f(t)$，$g(t)$などは，“**スカラー値関数**”と呼ぶ。

数学的にはベクトル値関数はベクトルの各成分が，t や θ や s などの変数で表されているというだけだから，ベクトル同士の和や差や内積・外積などの計算を従来通り行うことができる。

それでは，次の例題で練習してみよう。

例題 **12**　t を独立変数とする **3** つのベクトル値関数：

$$\boldsymbol{a}(t)=[1,\ t,\ t^2]\qquad \boldsymbol{b}(t)=[t,\ 1,\ 0]\qquad \boldsymbol{c}(t)=[1,\ -t,\ t^2]$$

と，**1** つのスカラー値関数 $f(t)=t+1$ がある。

このとき，次の関数を求めてみよう。

(1) $f(t)\boldsymbol{a}(t)$　(2) $\dfrac{\boldsymbol{b}(t)}{\|\boldsymbol{b}(t)\|}$　(3) $\boldsymbol{a}(t)\cdot\boldsymbol{b}(t)$　(4) $\boldsymbol{a}(t)\times\boldsymbol{b}(t)$

(5) $\boldsymbol{a}(t)\cdot(\boldsymbol{b}(t)\times\boldsymbol{c}(t))$　(6) $\boldsymbol{a}(t)\times(\boldsymbol{b}(t)\times\boldsymbol{c}(t))$

(1) $f(t)\,\boldsymbol{a}(t)=(t+1)[1,\ t,\ t^2]=[t+1,\ t^2+t,\ t^3+t^2]$ となる。

スカラー値関数　ベクトル値関数　→　ベクトル値関数

(2) $\dfrac{\boldsymbol{b}(t)}{\|\boldsymbol{b}(t)\|}=\dfrac{1}{\|\boldsymbol{b}(t)\|}\boldsymbol{b}(t)=\dfrac{1}{\sqrt{t^2+1}}[t,\ 1,\ 0]=\left[\dfrac{t}{\sqrt{t^2+1}},\ \dfrac{1}{\sqrt{t^2+1}},\ 0\right]$

スカラー値関数　ベクトル値関数　→　(単位)ベクトル値関数（ノルムが **1** となるので）

(3) $\boldsymbol{a}(t)\cdot\boldsymbol{b}(t)=[1,\ t,\ t^2]\cdot[t,\ 1,\ 0]=1\times t+t\times 1+t^2\times 0=2t$

共にベクトル値関数　→　スカラー値関数

(4) $\boldsymbol{a}(t)\times\boldsymbol{b}(t)=[1,\ t,\ t^2]\times[t,\ 1,\ 0]$

共にベクトル値関数

$=[-t^2,\ t^3,\ 1-t^2]$

ベクトル値関数

（計算：$1\ \ t\ \ t^2\ \ 1$ ／ $t\ \ 1\ \ 0\ \ t$ ／ $,\ 1-t^2]\ \ [-t^2,\ \ t^3$）

(5) $\boldsymbol{a}(t)\cdot(\boldsymbol{b}(t)\times\boldsymbol{c}(t))=[1,\ t,\ t^2]\cdot[t^2,\ -t^3,\ -t^2-1]$

共にベクトル値関数

$=1\times t^2+t\times(-t^3)+t^2\times(-t^2-1)=-2t^4$

スカラー3重積 → スカラー値関数

（計算：$t\ \ 1\ \ 0\ \ t$ ／ $1\ \ -t\ \ t^2\ \ 1$ ／ $,\ -t^2-1]\ \ [t^2,\ \ -t^3$）

(6) $\boldsymbol{a}(t)\times(\boldsymbol{b}(t)\times\boldsymbol{c}(t))=[1,\ t,\ t^2]\times[t^2,\ -t^3,\ -t^2-1]$

共にベクトル値関数

$=[t^5-t^3-t,\ t^4+t^2+1,\ -2t^3]$

ベクトル3重積 → ベクトル値関数

（計算：$1\ \ t\ \ t^2\ \ 1$ ／ $t^2\ \ -t^3\ \ -t^2-1\ \ t^2$ ／ $,\ -2t^3]\ \ [-t^3-t+t^5,\ \ t^4+t^2+1$）

● ベクトル値関数の導関数を求めよう！

次，ベクトル値関数に極限を導入して，その連続性を定義しよう。

ベクトル値関数の連続性

ベクトル値関数 $\boldsymbol{a}(t)=[a_1(t),\ a_2(t),\ a_3(t)]$ について，

$\lim_{t\to t_0} a_1(t)=b_1$，$\lim_{t\to t_0} a_2(t)=b_2$，$\lim_{t\to t_0} a_3(t)=b_3$ のとき，

$\boldsymbol{b}=[b_1,\ b_2,\ b_3]$ とおくと，$\boldsymbol{a}(t)$ は $t\to t_0$ のとき $\boldsymbol{b}$ に"**収束する**"といい，

$\lim_{t\to t_0}\boldsymbol{a}(t)=\boldsymbol{b}$ と表す。（$\boldsymbol{b}$ を"**極限ベクトル**"という。）

特に，$\boldsymbol{b}=\boldsymbol{a}(t_0)$ のとき，

$\lim_{t\to t_0}\boldsymbol{a}(t)=\boldsymbol{a}(t_0)$ となり，$\boldsymbol{a}(t)$ は $t=t_0$ で"**連続である**"という。

以上は形式的には，スカラー値関数のときと同様だから覚えやすいと思う。ただし，ベクトル値関数の極限の場合，**3** つの成分すべてに言及していることに気を付けよう。

それでは次に，ベクトル値関数の導関数(微分係数)について，解説しよう。

ベクトル値関数の導関数

ベクトル値関数 $\boldsymbol{a}(t)=[a_1(t),\ a_2(t),\ a_3(t)]$ の各成分について導関数

$a_1'(t),\ a_2'(t),\ a_3'(t)$ が存在するとき，$\boldsymbol{a}(t)$ は"**微分可能である**"といい，

$\boldsymbol{a}(t)$ の"**導関数**" $\boldsymbol{a}'(t)$ を

$\boldsymbol{a}'(t)=[a_1'(t),\ a_2'(t),\ a_3'(t)]$ と表す。

導関数 $\boldsymbol{a}'(t)$ は次のように極限の式で表すこともできる。すなわち，

$$\boldsymbol{a}'(t)=\lim_{\Delta t\to 0}\frac{\boldsymbol{a}(t+\Delta t)-\boldsymbol{a}(t)}{\Delta t}$$

← 実数関数の導関数の定義式と形式的に同じだけど，これは **3** つの各成分の極限に関する式なんだ。

$$=\lim_{\Delta t\to 0}\frac{1}{\Delta t}\{[a_1(t+\Delta t),\ a_2(t+\Delta t),\ a_3(t+\Delta t)]-[a_1(t),\ a_2(t),\ a_3(t)]\}$$

$$=\lim_{\Delta t\to 0}\frac{1}{\Delta t}[a_1(t+\Delta t)-a_1(t),\ a_2(t+\Delta t)-a_2(t),\ a_3(t+\Delta t)-a_3(t)]$$

$$=\lim_{\Delta t\to 0}\left[\frac{a_1(t+\Delta t)-a_1(t)}{\Delta t},\ \frac{a_2(t+\Delta t)-a_2(t)}{\Delta t},\ \frac{a_3(t+\Delta t)-a_3(t)}{\Delta t}\right]$$

（各成分 → $a_1'(t)$，$a_2'(t)$，$a_3'(t)$）

$=[a_1'(t),\ a_2'(t),\ a_3'(t)]$ となるんだね。

この導関数 $\boldsymbol{a}'(t)$ は，$\dfrac{d\boldsymbol{a}}{dt}$ や $\dfrac{d\boldsymbol{a}(t)}{dt}$ などと表すこともある。だから，独立変数が u の場合の導関数 $\boldsymbol{a}'(u)$ は，$\underline{\boldsymbol{a}'(u) = \dfrac{d\boldsymbol{a}}{du} = \dfrac{d\boldsymbol{a}(u)}{du}}$ のことなんだね。大丈夫だね。

($\boldsymbol{a}(u)$ を u で微分したもの)

さらに，t が u の関数で，かつ $\boldsymbol{a}(t)$ が u で微分可能ならば，次式が成り立つ。

$$\frac{d\boldsymbol{a}}{du} = \frac{d\boldsymbol{a}}{dt}\frac{dt}{du}$$

これも，スカラー値関数の "**合成関数の微分**" と同形式だから覚えやすいと思う。

さらに，n 階導関数 $(n = 2,\ 3,\ 4,\ \cdots)$ も，スカラー値関数のときと同様に次のように定義する。$\dfrac{d^n\boldsymbol{a}}{dt^n} = \dfrac{d}{dt}\left(\dfrac{d^{n-1}\boldsymbol{a}}{dt^{n-1}}\right)$

そして，この n 階導関数を成分表示で表すと，

$$\frac{d^n\boldsymbol{a}(t)}{dt^n} = \left[\frac{d^na_1(t)}{dt^n},\ \frac{d^na_2(t)}{dt^n},\ \frac{d^na_3(t)}{dt^n}\right]$$ または

$\boldsymbol{a}^{(n)}(t) = [a_1{}^{(n)}(t),\ a_2{}^{(n)}(t),\ a_3{}^{(n)}(t)]$ となる。つまり，ベクトル値関数の n 階導関数は，各成分を n 階微分したものなんだね。

それでは，次の例題で実際にベクトル値関数の微分計算をやってみよう。

> 例題 13　次のベクトル値関数の 1 階導関数と 2 階導関数を求めよう。
>
> (1) $\boldsymbol{a}(t) = [t^2+1,\ 2t-1,\ t-t^3]$　　(2) $\boldsymbol{b}(t) = [\cos t,\ \sin t,\ t]$
>
> (3) $\boldsymbol{c}(t) = [e^t,\ 2e^{-t},\ 2t]$

成分毎に微分するだけだから，簡単だね。

(1) $\boldsymbol{a}'(t) = [(t^2+1)',\ (2t-1)',\ (t-t^3)'] = [2t,\ 2,\ 1-3t^2]$

これをさらに t で微分して，

$\boldsymbol{a}''(t) = [(2t)',\ 2',\ (1-3t^2)'] = [2,\ 0,\ -6t]$ となる。

(2) $\boldsymbol{b}'(t) = [(\cos t)',\ (\sin t)',\ (t)'] = [-\sin t,\ \cos t,\ 1]$

これをさらに t で微分して，

$\boldsymbol{b}''(t) = [(-\sin t)',\ (\cos t)',\ 1'] = [-\cos t,\ -\sin t,\ 0]$ となる。

(3) $\boldsymbol{c}'(t) = [(e^t)',\ (2e^{-t})',\ (2t)'] = [e^t,\ -2e^{-t},\ 2]$

これをさらに t で微分して，

$\boldsymbol{c}''(t) = [(e^t)',\ (-2e^{-t})',\ 2'] = [e^t,\ 2e^{-t},\ 0]$ となって，答えだ！

● 微分公式もマスターしよう！

それでは，ベクトル値関数の様々な微分公式を紹介しておこう。これらも，スカラー値関数の微分公式と形式的には同様なので，覚えやすいと思う。

ベクトル値関数の微分公式（Ⅰ）

$\boldsymbol{a}(t)$，$\boldsymbol{b}(t)$ をベクトル値関数，$\boldsymbol{k}$ を定ベクトル，$f(t)$ をスカラー値関数，k を定数とするとき，次の公式が成り立つ。

(1) $\boldsymbol{k}' = \boldsymbol{0}$　　(2) $\{f(t)\boldsymbol{k}\}' = f'(t)\boldsymbol{k}$

(3) $\{\boldsymbol{a}(t)+\boldsymbol{b}(t)\}' = \boldsymbol{a}'(t)+\boldsymbol{b}'(t)$　　(4) $\{k\boldsymbol{a}(t)\}' = k\boldsymbol{a}'(t)$

(5) $\{f(t)\boldsymbol{a}(t)\}' = f'(t)\boldsymbol{a}(t)+f(t)\boldsymbol{a}'(t)$

(6) $\left\{\dfrac{\boldsymbol{a}(t)}{f(t)}\right\}' = \dfrac{f(t)\boldsymbol{a}'(t)-f'(t)\boldsymbol{a}(t)}{\{f(t)\}^2}$　（ただし，$f(t) \neq 0$ とする。）

$\boldsymbol{k} = [k_1,\ k_2,\ k_3]$，$\boldsymbol{a}(t) = [a_1(t),\ a_2(t),\ a_3(t)]$，$\boldsymbol{b}(t) = [b_1(t),\ b_2(t),\ b_3(t)]$

（これらは，$[a_1,\ a_2,\ a_3]$ や，$[b_1,\ b_2,\ b_3]$ と略記することもある。）

とおいて，証明していこう。

(1) $\boldsymbol{k}' = [k_1',\ k_2',\ k_3'] = [0,\ 0,\ 0] = \boldsymbol{0}$　となる。

(2) $\{f(t)\boldsymbol{k}\}' = [f(t)k_1,\ f(t)k_2,\ f(t)k_3]' = [\{f(t)k_1\}',\ \{f(t)k_2\}',\ \{f(t)k_3\}']$

$= [f'(t)k_1,\ f'(t)k_2,\ f'(t)k_3] = f'(t)\boldsymbol{k}$　となる。

(3) $\{\boldsymbol{a}(t)+\boldsymbol{b}(t)\}' = [a_1(t)+b_1(t),\ a_2(t)+b_2(t),\ a_3(t)+b_3(t)]'$

$= [(a_1+b_1)',\ (a_2+b_2)',\ (a_3+b_3)'] = [a_1'+b_1',\ a_2'+b_2',\ a_3'+b_3']$

$= [a_1',\ a_2',\ a_3'] + [b_1',\ b_2',\ b_3'] = \boldsymbol{a}'(t)+\boldsymbol{b}'(t)$　となる。

(4) $\{k\boldsymbol{a}(t)\}' = [ka_1(t),\ ka_2(t),\ ka_3(t)]'$

$= [(ka_1)',\ (ka_2)',\ (ka_3)'] = [ka_1',\ ka_2',\ ka_3']$

$= k[a_1',\ a_2',\ a_3'] = k\boldsymbol{a}'(t)$　となって，これも証明できた。

(5) $\{f(t)\boldsymbol{a}(t)\}' = \{f(t)[a_1(t),\ a_2(t),\ a_3(t)]\}'$

（$f(t)$：スカラー値関数）

$= [fa_1,\ fa_2,\ fa_3]' = [(fa_1)',\ (fa_2)',\ (fa_3)']$

$= [f'a_1+fa_1',\ f'a_2+fa_2',\ f'a_3+fa_3']$

$= [f'a_1,\ f'a_2,\ f'a_3] + [fa_1',\ fa_2',\ fa_3']$

$= f'[a_1,\ a_1,\ a_3] + f[a_1',\ a_2',\ a_3']$

$= f'(t)\boldsymbol{a}(t) + f(t)\boldsymbol{a}'(t)$　となって，証明終了だ。

（これは，スカラー値関数の微分公式 $(fg)' = f'g+fg'$ と形式的に同じ形だ。）

(6) $\left\{\frac{\boldsymbol{a}(t)}{f(t)}\right\}' = \left\{\frac{1}{f(t)}[a_1(t),\ a_2(t),\ a_3(t)]\right\}'$

$= \left[\frac{a_1}{f},\ \frac{a_2}{f},\ \frac{a_3}{f}\right]' = \left[\left(\frac{a_1}{f}\right)',\ \left(\frac{a_2}{f}\right)',\ \left(\frac{a_3}{f}\right)'\right]$

$= \left[\frac{a_1'f - a_1f'}{f^2},\ \frac{a_2'f - a_2f'}{f^2},\ \frac{a_3'f - a_3f'}{f^2}\right]$

$= \frac{1}{f^2}\{[fa_1',\ fa_2',\ fa_3'] - [f'a_1,\ f'a_2,\ f'a_3]\}$

$= \frac{f[a_1',\ a_2',\ a_3'] - f'[a_1,\ a_2,\ a_3]}{f^2} = \frac{f(t)\boldsymbol{a}'(t) - f'(t)\boldsymbol{a}(t)}{\{f(t)\}^2}$ となる。

これもスカラー値関数の微分公式 $\left(\frac{f}{g}\right)' = \frac{f'g - fg'}{g^2}$ と形式的にまったく同じだ！

それでは，内積や外積も含めた，ベクトル値関数の微分公式も下に示しておくよ。

ベクトル値関数の微分公式（Ⅱ）

$\boldsymbol{a}(t)$，$\boldsymbol{b}(t)$，$\boldsymbol{c}(t)$ をベクトル値関数，$\boldsymbol{k}$ を定ベクトルとするとき，次の公式が成り立つ。

(7) $\{\boldsymbol{k}\cdot\boldsymbol{a}(t)\}' = \boldsymbol{k}\cdot\boldsymbol{a}'(t)$　　(8) $\{\boldsymbol{k}\times\boldsymbol{a}(t)\}' = \boldsymbol{k}\times\boldsymbol{a}'(t)$

(9) $\{\boldsymbol{a}(t)\cdot\boldsymbol{b}(t)\}' = \boldsymbol{a}'(t)\cdot\boldsymbol{b}(t) + \boldsymbol{a}(t)\cdot\boldsymbol{b}'(t)$

(10) $\{\boldsymbol{a}(t)\times\boldsymbol{b}(t)\}' = \boldsymbol{a}'(t)\times\boldsymbol{b}(t) + \boldsymbol{a}(t)\times\boldsymbol{b}'(t)$

(11) $\big(\boldsymbol{a}(t),\ \boldsymbol{b}(t),\ \boldsymbol{c}(t)\big)' = \big(\boldsymbol{a}'(t),\ \boldsymbol{b}(t),\ \boldsymbol{c}(t)\big) + \big(\boldsymbol{a}(t),\ \boldsymbol{b}'(t),\ \boldsymbol{c}(t)\big) + \big(\boldsymbol{a}(t),\ \boldsymbol{b}(t),\ \boldsymbol{c}'(t)\big)$

(12) $\{\boldsymbol{a}(t)\times\big(\boldsymbol{b}(t)\times\boldsymbol{c}(t)\big)\}' = \boldsymbol{a}'(t)\times\big(\boldsymbol{b}(t)\times\boldsymbol{c}(t)\big) + \boldsymbol{a}(t)\times\big(\boldsymbol{b}'(t)\times\boldsymbol{c}(t)\big) + \boldsymbol{a}(t)\times\big(\boldsymbol{b}(t)\times\boldsymbol{c}'(t)\big)$

(11) は，スカラー **3** 重積 $\big(\boldsymbol{a}(t),\ \boldsymbol{b}(t),\ \boldsymbol{c}(t)\big) = \boldsymbol{a}(t)\cdot\big(\boldsymbol{b}(t)\times\boldsymbol{c}(t)\big)$ の微分公式で，**(12)** はベクトル **3** 重積 $\boldsymbol{a}(t)\times\big(\boldsymbol{b}(t)\times\boldsymbol{c}(t)\big)$ の微分公式なんだね。少し長い公式ではあるけれど，見事にスカラー値関数の微分公式と同じ形式になっているので忘れることはないと思う。ただし，具体的な微分計算において **(9)** ～ **(12)** の公式はあまり役には立たないね。たとえば，**(12)** の公式について言えば，まず，ベクトル **3** 重積 $\boldsymbol{a}(t)\times\big(\boldsymbol{b}(t)\times\boldsymbol{c}(t)\big)$ を求めて微分した方が，**1** 回の **3** 重積の計算で済むから早いんだね。もし，**(12)** の右辺を利用すると，**3** 回も **3** 重積の計算をしないといけないから効率が悪くなる。

しかし，これらの公式は，様々な式変形の際には当然役に立つ。だから，その証明も含めて，シッカリ頭に入れておこう。今回の証明でポイントになるのは **(9)** と **(10)** の公式だ。**(7)** と **(8)** はこれらの特殊な場合だし，**(11)** と **(12)** はこれらを組み合わせて利用すれば簡単に証明できるからだ。それでは，**(9)** と **(10)** の証明から始めよう。

ここでも，$\boldsymbol{a}(t)=[a_1(t),\ a_2(t),\ a_3(t)]$，$\boldsymbol{b}(t)=[b_1(t),\ b_2(t),\ b_3(t)]$ とおいて証明する。（これらは，$[a_1,\ a_2,\ a_3]$ や，$[b_1,\ b_2,\ b_3]$ と略記することもある。）

まず，(9) $\{\boldsymbol{a}(t)\cdot\boldsymbol{b}(t)\}'=\boldsymbol{a}'(t)\cdot\boldsymbol{b}(t)+\boldsymbol{a}(t)\cdot\boldsymbol{b}'(t)$ を証明しよう。

$$\begin{aligned}\{\boldsymbol{a}(t)\cdot\boldsymbol{b}(t)\}'&=\{[a_1(t),\ a_2(t),\ a_3(t)]\cdot[b_1(t),\ b_2(t),\ b_3(t)]\}'\\&=(a_1b_1+a_2b_2+a_3b_3)'=(a_1b_1)'+(a_2b_2)'+(a_3b_3)'\\&=a_1'b_1+a_1b_1'+a_2'b_2+a_2b_2'+a_3'b_3+a_3b_3'\\&=(a_1'b_1+a_2'b_2+a_3'b_3)+(a_1b_1'+a_2b_2'+a_3b_3')\\&=[a_1',\ a_2',\ a_3']\cdot[b_1,\ b_2,\ b_3]+[a_1,\ a_2,\ a_3]\cdot[b_1',\ b_2',\ b_3']\\&=\boldsymbol{a}'(t)\cdot\boldsymbol{b}(t)+\boldsymbol{a}(t)\cdot\boldsymbol{b}'(t)\end{aligned}$$

となって，証明終了だ！

次，(10) $\{\boldsymbol{a}(t)\times\boldsymbol{b}(t)\}'=\boldsymbol{a}'(t)\times\boldsymbol{b}(t)+\boldsymbol{a}(t)\times\boldsymbol{b}'(t)$ についても証明しよう。

$$\begin{aligned}\{\boldsymbol{a}(t)\times\boldsymbol{b}(t)\}'&=\{[a_1(t),\ a_2(t),\ a_3(t)]\times[b_1(t),\ b_2(t),\ b_3(t)]\}'\\&=[a_2b_3-a_3b_2,\ a_3b_1-a_1b_3,\ a_1b_2-a_2b_1]'\\&=[(a_2b_3-a_3b_2)',\ (a_3b_1-a_1b_3)',\ (a_1b_2-a_2b_1)']\\&=[a_2'b_3+a_2b_3'-a_3'b_2-a_3b_2',\\&\qquad a_3'b_1+a_3b_1'-a_1'b_3-a_1b_3',\ a_1'b_2+a_1b_2'-a_2'b_1-a_2b_1']\\&=[a_2'b_3-a_3'b_2,\ a_3'b_1-a_1'b_3,\ a_1'b_2-a_2'b_1]+[a_2b_3'-a_3b_2',\ a_3b_1'-a_1b_3',\ a_1b_2'-a_2b_1']\\&=\boldsymbol{a}'(t)\times\boldsymbol{b}(t)+\boldsymbol{a}(t)\times\boldsymbol{b}'(t)\end{aligned}$$

$\begin{array}{cccc}a_1 & a_2 & a_3 & a_1\\ b_1 & b_2 & b_3 & b_1\end{array}$ → $,\ a_1b_2-a_2b_1]$ $[a_2b_3-a_3b_2,$ $a_3b_1-a_1b_3$

$\begin{array}{cccc}a_1' & a_2' & a_3' & a_1'\\ b_1 & b_2 & b_3 & b_1\end{array}$ → $,\ a_1'b_2-a_2'b_1]$ $[a_2'b_3-a_3'b_2,$ $a_3'b_1-a_1'b_3$

$\begin{array}{cccc}a_1 & a_2 & a_3 & a_1\\ b_1' & b_2' & b_3' & b_1'\end{array}$ → $,\ a_1b_2'-a_2b_1']$ $[a_2b_3'-a_3b_2',$ $a_3b_1'-a_1b_3'$

となって，これも証明できた！

(9), (10)はいずれもスカラー値関数 $(fg)'=f'g+fg'$ と同じ形式の公式なんだね。
次，(11)のスカラー3重積の微分公式も(9)と(10)の公式から簡単に導ける。
すなわち，

$$\begin{aligned}(11)\ (\boldsymbol{a},\ \boldsymbol{b},\ \boldsymbol{c})'&=\{\boldsymbol{a}\cdot(\boldsymbol{b}\times\boldsymbol{c})\}'=\boldsymbol{a}'\cdot(\boldsymbol{b}\times\boldsymbol{c})+\boldsymbol{a}\cdot(\boldsymbol{b}\times\boldsymbol{c})'\quad((9)\text{より})\\&=\boldsymbol{a}'\cdot(\boldsymbol{b}\times\boldsymbol{c})+\boldsymbol{a}\cdot\{(\boldsymbol{b}'\times\boldsymbol{c})+(\boldsymbol{b}\times\boldsymbol{c}')\}\quad((10)\text{より})\\&=\boldsymbol{a}'\cdot(\boldsymbol{b}\times\boldsymbol{c})+\boldsymbol{a}\cdot(\boldsymbol{b}'\times\boldsymbol{c})+\boldsymbol{a}\cdot(\boldsymbol{b}\times\boldsymbol{c}')\\&=(\boldsymbol{a}',\ \boldsymbol{b},\ \boldsymbol{c})+(\boldsymbol{a},\ \boldsymbol{b}',\ \boldsymbol{c})+(\boldsymbol{a},\ \boldsymbol{b},\ \boldsymbol{c}')\end{aligned}$$

となって，証明できた。

同様に，(12)のベクトル3重積の微分公式も，(10)の公式を2回使えばスグ証明できる。

$$(12)\ \{\boldsymbol{a}\times(\boldsymbol{b}\times\boldsymbol{c})\}'=\boldsymbol{a}'\times(\boldsymbol{b}\times\boldsymbol{c})+\boldsymbol{a}\times(\boldsymbol{b}\times\boldsymbol{c})' \quad ((10)\text{より})$$

$$=\boldsymbol{a}'\times(\boldsymbol{b}\times\boldsymbol{c})+\boldsymbol{a}\times\{(\boldsymbol{b}'\times\boldsymbol{c})+(\boldsymbol{b}\times\boldsymbol{c}')\} \quad (\text{再度}(10)\text{を使った！})$$

$$=\boldsymbol{a}'\times(\boldsymbol{b}\times\boldsymbol{c})+\boldsymbol{a}\times(\boldsymbol{b}'\times\boldsymbol{c})+\boldsymbol{a}\times(\boldsymbol{b}\times\boldsymbol{c}')$$ と証明終了だ！

(11)，(12)の公式も，形式的には，スカラー値関数の微分公式 $(fgh)'=f'gh+fg'h+fgh'$ とまったく同様の形をしているんだね。シッカリ覚えておこう。

それでは，例題12(1)～(4)を使って実際に微分公式を確認してみよう。

例題 14 $\boldsymbol{a}=\boldsymbol{a}(t)=[1,\ t,\ t^2]$，$\boldsymbol{b}=\boldsymbol{b}(t)=[t,\ 1,\ 0]$，$f=f(t)=t+1$ について次の微分公式が成り立つことを確認してみよう。
(ただし，$b=\|\boldsymbol{b}\|$ とする。)

(1) $(f\boldsymbol{a})'=f'\boldsymbol{a}+f\boldsymbol{a}'$　(2) $\left(\dfrac{\boldsymbol{b}}{b}\right)'=\dfrac{b\boldsymbol{b}'-b'\boldsymbol{b}}{b^2}$

(3) $(\boldsymbol{a}\cdot\boldsymbol{b})'=\boldsymbol{a}'\cdot\boldsymbol{b}+\boldsymbol{a}\cdot\boldsymbol{b}'$　(4) $(\boldsymbol{a}\times\boldsymbol{b})'=\boldsymbol{a}'\times\boldsymbol{b}+\boldsymbol{a}\times\boldsymbol{b}'$

(1) 例題12(1)の結果より，$f\boldsymbol{a}=[t+1,\ t^2+t,\ t^3+t^2]$ だね。

よって，$(f\boldsymbol{a})'=[t+1,\ t^2+t,\ t^3+t^2]'=[1,\ 2t+1,\ 3t^2+2t]$ ← 成分毎に微分するだけだ。

次に，$f'\boldsymbol{a}+f\boldsymbol{a}'=1\cdot[1,\ t,\ t^2]+(t+1)[0,\ 1,\ 2t]$

$$=[1,\ t,\ t^2]+[0,\ t+1,\ 2t^2+2t]=[1,\ 2t+1,\ 3t^2+2t]$$

よって，微分公式が成り立つことが確認できた。以下同様に調べよう。

(2) 例題12(2)より，$\dfrac{\boldsymbol{b}}{b}=\left[\dfrac{t}{\sqrt{t^2+1}},\ \dfrac{1}{\sqrt{t^2+1}},\ 0\right]$　$\left(\dfrac{\text{分子}}{\text{分母}}\right)'=\dfrac{(\text{分子})'\text{分母}-\text{分子}(\text{分母})'}{(\text{分母})^2}$

よって，$\left(\dfrac{\boldsymbol{b}}{b}\right)'=\left[\dfrac{1\sqrt{t^2+1}-t\cdot\frac{1}{2}(t^2+1)^{-\frac{1}{2}}\cdot 2t}{t^2+1},\ -\frac{1}{2}(t^2+1)^{-\frac{3}{2}}\cdot 2t,\ 0\right]$

$$=\left[\frac{1}{(t^2+1)^{\frac{3}{2}}},\ -\frac{t}{(t^2+1)^{\frac{3}{2}}},\ 0\right]$$

次に，$\dfrac{b\boldsymbol{b}'-b'\boldsymbol{b}}{b^2}=\dfrac{1}{b}\boldsymbol{b}'-\dfrac{b'}{b^2}\boldsymbol{b}=\dfrac{1}{\sqrt{t^2+1}}[1,\ 0,\ 0]-\dfrac{\frac{1}{2}(t^2+1)^{-\frac{1}{2}}\cdot 2t}{t^2+1}[t,\ 1,\ 0]$

$$=\left[\frac{1}{\sqrt{t^2+1}},\ 0,\ 0\right]-\left[\frac{t^2}{(t^2+1)^{\frac{3}{2}}},\ \frac{t}{(t^2+1)^{\frac{3}{2}}},\ 0\right]$$

$$=\left[\frac{1}{(t^2+1)^{\frac{3}{2}}},\ -\frac{t}{(t^2+1)^{\frac{3}{2}}},\ 0\right]$$ となって，これも確認できた。

$\boxed{\begin{array}{l}\boldsymbol{a}=[1,\ t,\ t^2]\\ \boldsymbol{b}=[t,\ 1,\ 0]\end{array}}$

(3) 例題 **12 (3)** より，$\boldsymbol{a}\cdot\boldsymbol{b}=2t$　よって，$(\boldsymbol{a}\cdot\boldsymbol{b})'=2$

次に，$\boldsymbol{a}'\cdot\boldsymbol{b}+\boldsymbol{a}\cdot\boldsymbol{b}'=[0,\ 1,\ 2t]\cdot[t,\ 1,\ 0]+[1,\ t,\ t^2]\cdot[1,\ 0,\ 0]$

$=\cancel{0\cdot t}+1\cdot1+\cancel{2t\cdot0}+1\cdot1+\cancel{t\cdot0}+\cancel{t^2\cdot0}=2$　となって，

これも確認できた。

(4) 例題 **12 (4)** より，$\boldsymbol{a}\times\boldsymbol{b}=[-t^2,\ t^3,\ 1-t^2]$

よって，$(\boldsymbol{a}\times\boldsymbol{b})'=[-t^2,\ t^3,\ 1-t^2]'=[-2t,\ 3t^2,\ -2t]$

次に，$\boldsymbol{a}'\times\boldsymbol{b}+\boldsymbol{a}\times\boldsymbol{b}'=[0,\ 1,\ 2t]\times[t,\ 1,\ 0]+[1,\ t,\ t^2]\times[1,\ 0,\ 0]$

$=[-2t,\ 2t^2,\ -t]+[0,\ t^2,\ -t]$

$\begin{array}{cccccc}0&&1&2t&&0\\ t&&1&0&&t\end{array}$ → $,\ -t]\ [-2t,\ 2t^2$

$\begin{array}{cccccc}1&&t&t^2&&1\\ 1&&0&0&&1\end{array}$ → $,\ -t]\ [0,\ t^2$

$=[-2t,\ 3t^2,\ -2t]$　となって，これも確認できたね。

さらに，次の例題で，微分公式を実際に利用してみよう。

> 例題 **15**　ベクトル値関数 $\boldsymbol{a}=\boldsymbol{a}(t)$ のノルムを $\|\boldsymbol{a}\|=a$ とおく。
> このとき，次の関数を微分してみよう。
> **(1)** $\dfrac{\boldsymbol{a}}{a}$　(ただし，$a\neq0$)　　**(2)** $\boldsymbol{a}\times\boldsymbol{a}'$
> **(3)** $(\boldsymbol{a},\ \boldsymbol{a}',\ \boldsymbol{a}'')$　　**(4)** $\boldsymbol{a}\times(\boldsymbol{a}'\times\boldsymbol{a}'')$

(1) $\left(\dfrac{\boldsymbol{a}}{a}\right)'=\dfrac{a\boldsymbol{a}'-a'\boldsymbol{a}}{a^2}$　← 公式 $\left(\dfrac{\boldsymbol{a}}{f}\right)'=\dfrac{f\boldsymbol{a}'-f'\boldsymbol{a}}{f^2}$

(2) $(\boldsymbol{a}\times\boldsymbol{a}')'=\underbrace{\boldsymbol{a}'\times\boldsymbol{a}'}_{\boldsymbol{0}}+\boldsymbol{a}\times\boldsymbol{a}''=\boldsymbol{a}\times\boldsymbol{a}''$

$\boldsymbol{0}$ ← $\because\ \boldsymbol{p}\times\boldsymbol{p}=\boldsymbol{0}$　　公式 $(\boldsymbol{a}\times\boldsymbol{b})'=\boldsymbol{a}'\times\boldsymbol{b}+\boldsymbol{a}\times\boldsymbol{b}'$

公式 $(\boldsymbol{a},\ \boldsymbol{b},\ \boldsymbol{c})'=(\boldsymbol{a}',\ \boldsymbol{b},\ \boldsymbol{c})+(\boldsymbol{a},\ \boldsymbol{b}',\ \boldsymbol{c})+(\boldsymbol{a},\ \boldsymbol{b},\ \boldsymbol{c}')$

(3) $(\boldsymbol{a},\ \boldsymbol{a}',\ \boldsymbol{a}'')'=\underbrace{(\boldsymbol{a}',\ \boldsymbol{a}',\ \boldsymbol{a}'')}_{0}+\underbrace{(\boldsymbol{a},\ \boldsymbol{a}'',\ \boldsymbol{a}'')}_{0}+(\boldsymbol{a},\ \boldsymbol{a}',\ \boldsymbol{a}''')$

$=(\boldsymbol{a},\ \boldsymbol{a}',\ \boldsymbol{a}''')$　となる。

スカラー**3**重積の中に**2**つ平行なもの(または同じもの)が含まれるとき，**0**となるんだね。

公式 $\{\boldsymbol{a}\times(\boldsymbol{b}\times\boldsymbol{c})\}'=\boldsymbol{a}'\times(\boldsymbol{b}\times\boldsymbol{c})+\boldsymbol{a}\times(\boldsymbol{b}'\times\boldsymbol{c})+\boldsymbol{a}\times(\boldsymbol{b}\times\boldsymbol{c}')$

(4) $\big(\boldsymbol{a}\times(\boldsymbol{a}'\times\boldsymbol{a}'')\big)'=\boldsymbol{a}'\times(\boldsymbol{a}'\times\boldsymbol{a}'')+\cancel{\boldsymbol{a}\times\underbrace{(\boldsymbol{a}''\times\boldsymbol{a}'')}_{\boldsymbol{0}}}+\boldsymbol{a}\times(\boldsymbol{a}'\times\boldsymbol{a}''')$

$=\boldsymbol{a}'\times(\boldsymbol{a}'\times\boldsymbol{a}'')+\boldsymbol{a}\times(\boldsymbol{a}'\times\boldsymbol{a}''')$　となる。

● ベクトル値関数の大きさと向きの条件式も押さえよう！

一般にベクトル値関数 $\boldsymbol{a}(t)$ は，変数 t の変化により変動するけれど，その変動について，

(ⅰ) “**向き**” は変化するけれど，“**大きさ(ノルム)**” は変化しない，すなわち $\|\boldsymbol{a}(t)\| = c$（一定）となる場合と，

(ⅱ) “**大きさ(ノルム)**” は変化するけれど，“**向き**” は変化しない，すなわち $\boldsymbol{a}(t) = \underbrace{f(t)}_{\text{正のスカラー値関数}}\underbrace{\boldsymbol{c}}_{\text{定ベクトル}}$ となる場合の **2** つの特殊な場合について，それぞれの必要十分条件の式をシンプルに表すことができる。それを，ベクトル値関数の “**大きさ**” と “**向き**” の条件式として，下に示そう。

図 2

(ⅰ) $\|\boldsymbol{a}(t)\| = c$ のイメージ

$\boldsymbol{a}(t)$　c　$\boldsymbol{a}(t)$　c　c　$\boldsymbol{a}(t)$

(ⅱ) $\boldsymbol{a}(t) = f(t)\boldsymbol{c}$ のイメージ

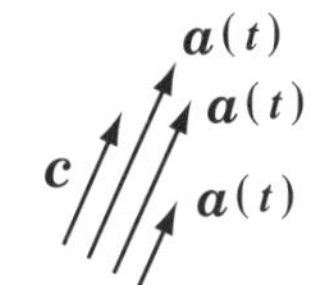

ベクトル値関数の “大きさ” と “向き” の条件式

ベクトル値関数 $\boldsymbol{a}(t)$ について次の定理が成り立つ。

(Ⅰ) “**大きさ(ノルム)**” が一定の条件

$$\|\boldsymbol{a}(t)\| = c \iff \boldsymbol{a}(t)\cdot\boldsymbol{a}'(t) = 0 \quad \cdots\cdots(*1)$$

(Ⅱ) “**向き**” が一定の条件

$$\boldsymbol{a}(t) = f(t)\boldsymbol{c} \iff \boldsymbol{a}(t)\times\boldsymbol{a}'(t) = \boldsymbol{0} \quad \cdots\cdots(*2)$$

（ただし，c：定数，$f(t)$：正のスカラー値関数，$\boldsymbol{c}$：定ベクトル）

これだけじゃ，何のことか分からないって？当然だ！早速証明してみよう。

(Ⅰ) “**大きさ**” 一定の条件 $(*1)$ を証明してみよう。

(ⅰ) まず，$\|\boldsymbol{a}\| = c \Longrightarrow \boldsymbol{a}\cdot\boldsymbol{a}' = 0$ を示そう。

$\|\boldsymbol{a}\| = c$ のとき，この両辺を **2** 乗して，$\underbrace{\|\boldsymbol{a}\|^2}_{\boldsymbol{a}\cdot\boldsymbol{a}} = \underbrace{c^2}_{\text{一定}}$

この両辺を t で微分して，

$\underbrace{(\boldsymbol{a}\cdot\boldsymbol{a})'}_{\boldsymbol{a}'\cdot\boldsymbol{a}+\boldsymbol{a}\cdot\boldsymbol{a}'=2\boldsymbol{a}\cdot\boldsymbol{a}'} = 0$ ← 公式 $(\boldsymbol{a}\cdot\boldsymbol{b})' = \boldsymbol{a}'\cdot\boldsymbol{b}+\boldsymbol{a}\cdot\boldsymbol{b}'$　　$2\boldsymbol{a}\cdot\boldsymbol{a}' = 0$　　両辺を **2** で割って，

$\boldsymbol{a}\cdot\boldsymbol{a}' = 0$ が導ける。

(ⅱ) 次に，$\boldsymbol{a}\cdot\boldsymbol{a}' = 0 \Longrightarrow \|\boldsymbol{a}\| = c$ を示そう。

$\boldsymbol{a}\cdot\boldsymbol{a}' = 0$ の両辺に **2** をかけて，$\underbrace{2\boldsymbol{a}\cdot\boldsymbol{a}'}_{(\boldsymbol{a}\cdot\boldsymbol{a})'} = 0$

よって，$(\boldsymbol{a}\cdot\boldsymbol{a})'=0$ より，$\boldsymbol{a}\cdot\boldsymbol{a}=c^2$（一定）とおける。すなわち，$\|\boldsymbol{a}\|^2=c^2$ だね。ここで，$c>0$ とすると，$\|\boldsymbol{a}\|=c$ も，導ける。

以上より，

$\|\boldsymbol{a}\|=c \iff \boldsymbol{a}\cdot\boldsymbol{a}'=0$ …(＊1) は成り立つ。

このことは，ベクトル値関数 $\boldsymbol{a}(t)$ が，t により変動しても，たとえば，単位ベクトル値関数のように“**大きさ**”を常に一定に保っているならば，$\boldsymbol{a}(t)\cdot\boldsymbol{a}'(t)=0$ が成り立つので，$\boldsymbol{a}(t)$ とその導関数 $\boldsymbol{a}'(t)$ は常に直交する。すなわち $\boldsymbol{a}(t)\perp\boldsymbol{a}'(t)$ となるんだね。

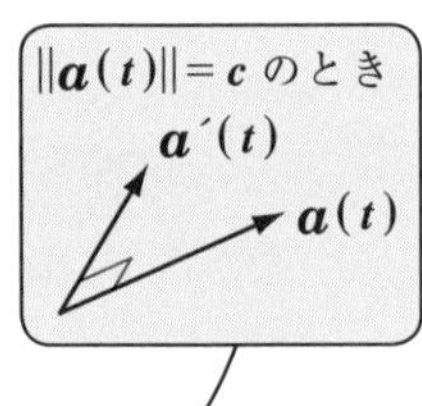

（Ⅱ）“**向き**”一定の条件：$\boldsymbol{a}=f(t)\boldsymbol{c} \iff \boldsymbol{a}\times\boldsymbol{a}'=\boldsymbol{0}$ …(＊2) も証明しよう。

（ⅰ）まず，$\boldsymbol{a}=f(t)\boldsymbol{c} \implies \boldsymbol{a}\times\boldsymbol{a}'=\boldsymbol{0}$ を示そう。

$\boldsymbol{a}=f(t)\boldsymbol{c}$ のとき，この両辺を t で微分して，

$\boldsymbol{a}'=f'(t)\boldsymbol{c}$ ←（公式：$\{f(t)\boldsymbol{k}\}'=f'(t)\boldsymbol{k}$（$\boldsymbol{k}$：定ベクトル））

よって，$\boldsymbol{a}\times\boldsymbol{a}'=f(t)\boldsymbol{c}\times f'(t)\boldsymbol{c}=f(t)f'(t)\underbrace{\boldsymbol{c}\times\boldsymbol{c}}_{\boldsymbol{0}}=\boldsymbol{0}$ となって示せた。

（ⅱ）次に，$\boldsymbol{a}\times\boldsymbol{a}'=\boldsymbol{0} \implies \boldsymbol{a}=f(t)\boldsymbol{c}$ となることも示そう。これは少し難しいよ。

$\boldsymbol{a}\times\boldsymbol{a}'=\boldsymbol{0}$ より，$\boldsymbol{a}'=g(t)\boldsymbol{a}$ ……①

（$\boldsymbol{a}\times\boldsymbol{b}=\boldsymbol{0}\iff\boldsymbol{a}/\!/\boldsymbol{b}\iff\boldsymbol{b}=c\boldsymbol{a}$）

（今回は $\boldsymbol{b}$ にあたる $\boldsymbol{a}'$ が t の関数なので，定数 c ではなく，スカラー値関数 $g(t)$ を用いた。）

ここで，$\boldsymbol{a}(t)=[a_1(t),\ a_2(t),\ a_3(t)]$ とおくと，①は

$[a_1'(t),\ a_2'(t),\ a_3'(t)]$

$=g(t)[a_1(t),\ a_2(t),\ a_3(t)]$

$=[g(t)a_1(t),\ g(t)a_2(t),\ g(t)a_3(t)]$ となる。

よって，これは次の 3 つの微分方程式を表している。

$a_1'(t)=g(t)a_1(t)$，　$a_2'(t)=g(t)a_2(t)$，　$a_3'(t)=g(t)a_3(t)$

しかし，これらはまったく同形の微分方程式なので，

$a_i'=g(t)a_i$ ……② $(i=1,\ 2,\ 3)$ とおいて解けばいいんだね。

②より，$\frac{da_i}{dt}=g(t)a_i$

これは“**変数分離形の微分方程式**”なので，

$$\int\frac{1}{a_i}da_i=\int g(t)dt$$

$$\log|a_i|=G(t)+k_i$$

(ただし，$G(t)$：$g(t)$ の原始関数の 1 つ，k_i：任意定数)

$$|a_i|=e^{G(t)+k_i}=e^{k_i}e^{G(t)}$$

$\therefore\ a_i(t)=\pm e^{k_i}e^{G(t)}$ となる。

ここで，$\pm e^{k_i}=c_i$（新たな定数）　$e^{G(t)}=f(t)$ とおくと，

$a_i(t)=c_if(t)\ (i=1,\ 2,\ 3)$ となる。

よって，$\boldsymbol{a}(t)=[a_1(t),\ a_2(t),\ a_3(t)]=[c_1f(t),\ c_2f(t),\ c_3f(t)]$
$=f(t)[c_1,\ c_2,\ c_3]$ となる。

ここで，さらに，$[c_1,\ c_2,\ c_3]=\boldsymbol{c}$（定ベクトル）とおくと，

$\boldsymbol{a}(t)=f(t)\boldsymbol{c}$ となって，“$\boldsymbol{a}\times\boldsymbol{a}'=\boldsymbol{0}\Longrightarrow\boldsymbol{a}=f(t)\boldsymbol{c}$”も示せた。

以上(ⅰ)(ⅱ)より $(*2)$ の証明も出来たんだね。納得いった？

“変数分離形の微分方程式”の解法について御存知ない方は
「常微分方程式キャンパス・ゼミ」（マセマ）で学習されることを勧める。

これで，(Ⅰ) $\|\boldsymbol{a}(t)\|=c \iff \boldsymbol{a}(t)\cdot\boldsymbol{a}'(t)=0$ ……$(*1)$

(Ⅱ) $\boldsymbol{a}(t)=f(t)\boldsymbol{c} \iff \boldsymbol{a}(t)\times\boldsymbol{a}'(t)=\boldsymbol{0}$ ……$(*2)$

の証明もできた。役に立つ公式だからシッカリ覚えておこう。

今回は例題で十分に計算練習をやったので，特に演習問題や実践問題は設けなかった。

§2. 曲線を表すベクトル値関数

これから，座標空間における曲線について解説しよう。曲線を表すベクトル値関数として，原点 O に関する "**位置ベクトル**" $\boldsymbol{p}(t)$ (t：パラメータ) を利用することは，前回の講義でも簡単に紹介した。ここでは，この位置ベクトル $\boldsymbol{p}(t)$ について，さらに詳しく解説しよう。

"**単位接線ベクトル**" や "**単位主法線ベクトル**" や "**単位従法線ベクトル**"，それに "**曲率**" や "**捩率**" など，曲線を特徴づける様々な要素についても教えるつもりだ。今回もまた盛り沢山の内容になるけれど，ヴィジュアルに分かりやすく解説するから，すべてマスターできるはずだ。

● 曲線は，位置ベクトルで表せる！

座標空間における曲線を表す "**位置ベクトル**" と，その曲線の "**単位接線ベクトル**" について，基本事項を下に示しておこう。

座標空間内の曲線

右図に示すように，座標空間内の曲線 C は，パラメータ (媒介変数) t を用いて，曲線上の動点 P の原点 O に関する位置ベクトル

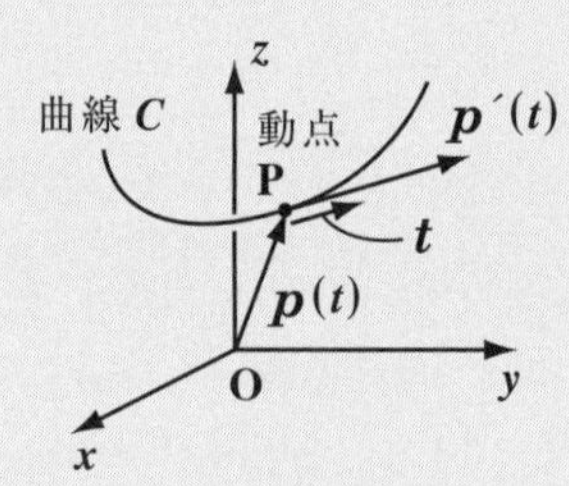

$$\boldsymbol{p}(t) = [x(t),\ y(t),\ z(t)]$$

で表すことができる。ここで，

$\Delta\boldsymbol{p}(t) = \boldsymbol{p}(t+\Delta t) - \boldsymbol{p}(t)$ とおくとき，

$$\lim_{\Delta t \to 0} \frac{\Delta\boldsymbol{p}(t)}{\Delta t} = \lim_{\Delta t \to 0} \frac{\boldsymbol{p}(t+\Delta t) - \boldsymbol{p}(t)}{\Delta t} = \frac{d\boldsymbol{p}(t)}{dt} \quad \text{すなわち，}$$

$\underline{\boldsymbol{p}'(t) = [x'(t),\ y'(t),\ z'(t)]}$ が，曲線 C 上の点 P における "**接線**(せっせん)**ベクトル**" である。
($\boldsymbol{p}(t)$ を t で微分した導関数)

これを，自分自身のノルム $\|\boldsymbol{p}'(t)\|$ で割ったものが "**単位接線**(たんいせっせん)**ベクトル**" であり，これを $\boldsymbol{t}$ とおくと，

単位接線ベクトル $\boldsymbol{t} = \dfrac{\boldsymbol{p}'(t)}{\|\boldsymbol{p}'(t)\|}$ である。 ← $\boldsymbol{t}$ は $\boldsymbol{p}'(t)$ と同じ向きで，大きさ(ノルム) 1 のベクトルだ。

参考

パラメータ t に時刻という物理的な意味を持たせると，接線ベクトル $\boldsymbol{p}'(t)$ とは，動点 P のその点における速度ベクトル $\boldsymbol{v}(t)$ のことであり，また，そのノルム $\|\boldsymbol{p}'(t)\|$ は速さ $v(t)$ を表すんだね。つまり，

速度ベクトル $\boldsymbol{v}(t)=\boldsymbol{p}'(t)$ ，速さ $v(t)=\|\boldsymbol{p}'(t)\|$ となる。

ここで，$\boldsymbol{t}$ は単位ベクトルで，$\|\boldsymbol{t}\|=1$（一定）だから，$\boldsymbol{t}\cdot\boldsymbol{t}'=0$，すなわち $\boldsymbol{t}\perp\boldsymbol{t}'$ となることも大丈夫だね。これについては，後でさらに詳述しよう。

P67 公式（＊1）参照

これは，“弧の長さ”または“弧長”とも呼ぶ。

それでは，パラメータ t が，$t_1\leqq t\leqq t_2$ の範囲で変化するとき，動点 P の描く“**曲線の長さ**” s を求める公式も下に示そう。

曲線の長さ

パラメータ t が，$t_1\leqq t\leqq t_2$ の範囲で変化するとき，動点 P の描く“**曲線の長さ**” s は，

$$s=\int_{t_1}^{t_2}\|\boldsymbol{p}'(t)\|dt=\int_{t_1}^{t_2}\sqrt{x'(t)^2+y'(t)^2+z'(t)^2}\,dt \quad \cdots\cdots ①$$ で求められる。

公式①の意味を概説しておこう。曲線の長さ s を，まず，

$$s=\int_{s_1}^{s_2}ds \quad \left[=[s]_{s_1}^{s_2}=s_2-s_1\right] \cdots\cdots ②$$

とおくと，図1に示すように，微小な曲線の長さ ds は，dx，dy，dz を使って，

$$ds=\sqrt{dx^2+dy^2+dz^2} \quad \cdots\cdots ③$$

と表せる。ここで，$x=x(t)$，$y=y(t)$，$z=z(t)$ より，③式を変形すると，

$$ds=\sqrt{\left(\frac{dx}{dt}\right)^2+\left(\frac{dy}{dt}\right)^2+\left(\frac{dz}{dt}\right)^2}\,dt \quad \cdots\cdots ③'$$

となる。ここで，$s : s_1\to s_2$ のとき，$t : t_1\to t_2$ が対応するものとして，③′を②に代入して，積分変数を s から t に変換すると，

図1　曲線の長さ s

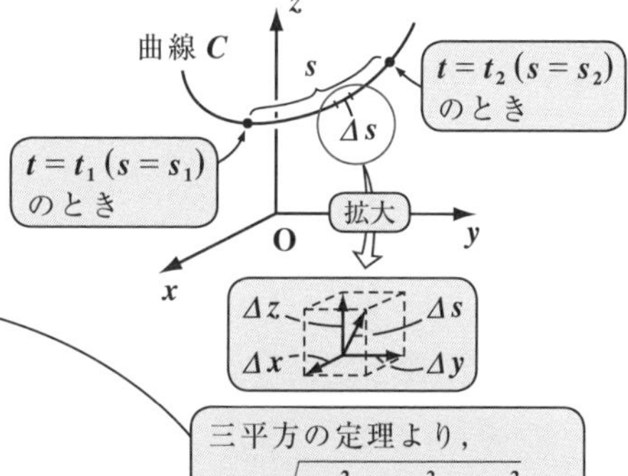

$$s=\int_{t_1}^{t_2}\sqrt{\left(\frac{dx}{dt}\right)^2+\left(\frac{dy}{dt}\right)^2+\left(\frac{dz}{dt}\right)^2}\,dt=\int_{t_1}^{t_2}\sqrt{x'(t)^2+y'(t)^2+z'(t)^2}\,dt \cdots\cdots ①$$

が導けるんだね。ここで，$\|\boldsymbol{p}'(t)\|^2 = x'(t)^2 + y'(t)^2 + z'(t)^2$ だから，①は当然，$s = \int_{t_1}^{t_2} \|\boldsymbol{p}'(t)\| dt$ と表してもいいんだね。納得いった？

それでは，以上のことを，次の例題で実際に練習してみよう。

> 例題 16　次の問いに答えよう。　(ただし，$t \geqq 0$ とする)
>
> (1) 曲線 $\boldsymbol{p}(t) = [3t^2,\ 8t\sqrt{t},\ 12t]$ について，$t = 1$ のときの単位接線ベクトル $\boldsymbol{t}$ を求め，$0 \leqq t \leqq 2$ における曲線の長さ s を求めよう。
>
> (2) 曲線 $\boldsymbol{p}(t) = [\cos t,\ \sin t,\ t]$ について，t の関数として単位接線ベクトル $\boldsymbol{t}$ を求め，$[0,\ t]$ における曲線の長さ s を求めよう。

(1) $\boldsymbol{p}(t) = [3t^2,\ 8t^{\frac{3}{2}},\ 12t]$ を t で微分すると，

接線ベクトル $\boldsymbol{p}'(t) = [6t,\ 12t^{\frac{1}{2}},\ 12]$

$= 6[t,\ 2\sqrt{t},\ 2]$　となる。

$\boldsymbol{p}(t) = [x(t),\ y(t),\ z(t)]$ のとき，接線ベクトルは，$\boldsymbol{p}'(t) = [x'(t),\ y'(t),\ z'(t)]$ だね。

よって，$\boldsymbol{p}'(t)$ のノルム $\|\boldsymbol{p}'(t)\|$ は，

$$\|\boldsymbol{p}'(t)\| = 6\sqrt{t^2 + (2\sqrt{t})^2 + 2^2} = 6\sqrt{t^2 + 4t + 4}$$

$$= 6\sqrt{(t+2)^2} = 6(t+2) \quad (\because t \geqq 0) \quad となる。$$

$\therefore$ $t = 1$ のときの単位接線ベクトル $\boldsymbol{t}$ は，

$$\boldsymbol{t} = \frac{\boldsymbol{p}'(1)}{\|\boldsymbol{p}'(1)\|} = \frac{1}{\cancel{6}(1+2)} \cdot \cancel{6}[1,\ 2\sqrt{1},\ 2] = \frac{1}{3}[1,\ 2,\ 2] \quad である。$$

公式通りだ！

次に，$0 \leqq t \leqq 2$ における，この曲線の長さ s は，

$$s = \int_0^2 \|\boldsymbol{p}'(t)\| dt = \int_0^2 6(t+2)\,dt = 6\left[\frac{1}{2}t^2 + 2t\right]_0^2$$

公式通りだ。

$= 6(2+4) = 36$　となる。

(2) $\boldsymbol{p}(t) = [\cos t,\ \sin t,\ t]$ で表される曲線は，"**円柱らせん**"と呼ばれる曲線だ。たとえば，$0 \leqq t \leqq 2\pi$ のとき，$x = \cos t$，$y = \sin t$ によって半径 1 の円を描きながら，$z = t$ によって，z 軸の正の向きに $z = 2\pi$ まで巻き上がっていく様子が，右図から分かると思う。

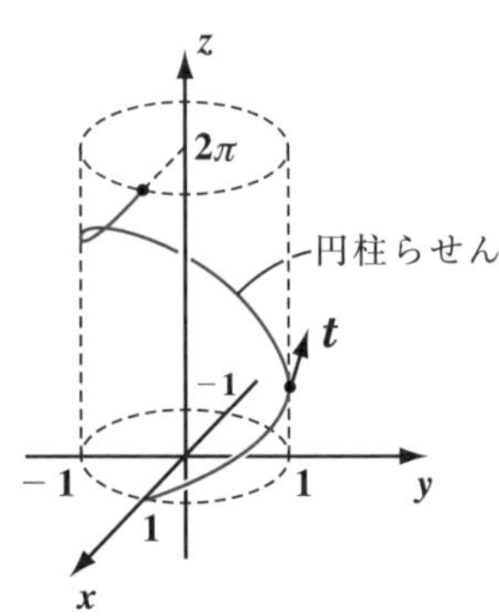

$\boldsymbol{p}(t)$ を t で微分して，接線ベクトル $\boldsymbol{p}'(t)$ を求めると，

$$\boldsymbol{p}'(t)=\left[(\cos t)',\ (\sin t)',\ t'\right]=\left[-\sin t,\ \cos t,\ 1\right]$$ となる。

このノルムは，

$$\|\boldsymbol{p}'(t)\|=\sqrt{(-\sin t)^2+(\cos t)^2+1^2}=\sqrt{2}$$

∴今回は t の関数として，単位接線ベクトル $\boldsymbol{t}$ は，

$$\boldsymbol{t}=\frac{\boldsymbol{p}'(t)}{\|\boldsymbol{p}'(t)\|}=\frac{1}{\sqrt{2}}\left[-\sin t,\ \cos t,\ 1\right]$$ となるんだね。

次に，区間 $[0,\ t]$ における，この円柱らせんの長さ s は，

$$s=\int_0^t\|\boldsymbol{p}'(u)\|du=\int_0^t\sqrt{2}\,du=\sqrt{2}\,[u]_0^t=\sqrt{2}\,t$$ となって，答えだ。

（積分区間に使われた変数 t と区別するため，積分変数には u を用いた。）

● 位置ベクトルを s の関数で表してみよう！

区間 $[t_1,\ t]$ の間に動点 P が移動する曲線の長さ s は，①の公式より，

（t_1：定数）（t：変数）

$$s=\int_{t_1}^t\|\boldsymbol{p}'(u)\|du \quad \cdots\cdots(a)$$ となる。

（変数 t と区別するため，積分変数に u を用いた。）

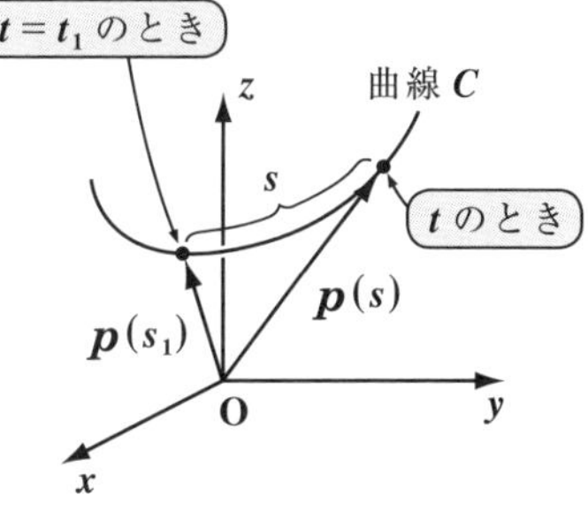

図 2　s による位置ベクトル $\boldsymbol{p}(s)$

ここで，(a)の両辺を t で微分すると，

$$\frac{ds}{dt}=\|\boldsymbol{p}'(t)\| \quad \cdots\cdots(b)$$ となるんだね。

（一般に，$\int_a^t f(u)\,du$ を t で微分すると，$\left\{\int_a^t f(u)\,du\right\}'=f(t)$ となるからね。）

(b)より，$\dfrac{ds}{dt}=\|\boldsymbol{p}'(t)\|>0$ だね。よって，s は t の単調増加関数であるので，s と t は 1 対 1 に対応する。(a)の右辺は最終的には t の関数となるので，これを $f(t)$ とおくと，$s=f(t)$ ……(a)′ となる。s と t は 1 対 1 に対応するので，(a)′ はさらに，$t=f^{-1}(s)=g(s)$ ……(a)″ とも表せる。

（$f^{-1}(s)$：逆関数）

よって，位置ベクトル $\boldsymbol{p}(t)$ は s のベクトル値関数 $\boldsymbol{p}(s)$ としても表すことができるので，これらをまとめて，位置ベクトルを次のように自由度を持たせて表現することにしよう。すなわち，

$\boldsymbol{p}(t)=\boldsymbol{p}(g(s))$ だから，本当なら $\boldsymbol{p}(g(s))=\boldsymbol{r}(s)$ などのように表すのが本当だ。しかし，ベクトル解析では慣例的に同じ $\boldsymbol{p}$ を用いて $\boldsymbol{p}(t)=\boldsymbol{p}(s)$ と表す。慣れよう！

$$\boldsymbol{p}=\boldsymbol{p}(t)=\boldsymbol{p}(s) \quad (t=g(s))$$ とおく。

t または s による位置ベクトルの総称

t と s は1対1対応

そして，$\boldsymbol{p}'(t)=\dfrac{d\boldsymbol{p}(t)}{dt}$，$\boldsymbol{p}'(s)=\dfrac{d\boldsymbol{p}(s)}{ds}$ の表現法にも気を付けよう。

t の関数 $\boldsymbol{p}(t)$ の t による微分

s の関数 $\boldsymbol{p}(s)$ の s による微分

このとき，単位接線ベクトル $\boldsymbol{t}$ について，次の重要公式が成り立つ。

$\boldsymbol{p}'(s)=\boldsymbol{t}$ ……(c)　　種明かしをしておこう。

$\dfrac{ds}{dt}=\|\boldsymbol{p}'(t)\|$ ……(b) より，$\dfrac{dt}{ds}=\dfrac{1}{\|\boldsymbol{p}'(t)\|}$ ……(b)′ となる。よって，

$\oplus$

合成関数の微分

t による位置ベクトルに書き変える。

$$((c)\text{の左辺})=\boldsymbol{p}'(s)=\frac{d\boldsymbol{p}(s)}{ds}=\frac{dt}{ds}\cdot\frac{d\boldsymbol{p}}{dt}=\frac{dt}{ds}\cdot\frac{d\boldsymbol{p}(t)}{dt}$$

$\dfrac{1}{\|\boldsymbol{p}'(t)\|}$ ((b)′ より)　　$\boldsymbol{p}'(t)$

$$=\frac{\boldsymbol{p}'(t)}{\|\boldsymbol{p}'(t)\|}=\boldsymbol{t}\ (\text{単位接線ベクトル})=((c)\text{の右辺})$$ となる。

$\boldsymbol{p}(t)$ と $\boldsymbol{p}(s)$ で，頭が少し混乱してきているかも知れないね。

例題 **16(2)** の $\boldsymbol{p}(t)=[\cos t,\ \sin t,\ t]$ ……①を例として，具体的に解説しよう。これは，$\boldsymbol{p}'(t)=[-\sin t,\ \cos t,\ 1]$，$\|\boldsymbol{p}'(t)\|=\sqrt{2}$ より，

単位接線ベクトル $\boldsymbol{t}=\dfrac{\boldsymbol{p}'(t)}{\|\boldsymbol{p}'(t)\|}=\dfrac{1}{\sqrt{2}}[-\sin t,\ \cos t,\ 1]$ となるんだった。

これに対して，$t_1=0$ とおいて，$[0,\ t]$ におけるこの曲線の長さ s は，

$$s=\int_0^t\|\boldsymbol{p}'(u)\|du=\sqrt{2}[u]_0^t=\sqrt{2}t \qquad \therefore t=\frac{s}{\sqrt{2}} \ \cdots\cdots ②$$

$\sqrt{2}$

t と s は1対1対応だ。

この②を①に代入したものが，$\boldsymbol{p}(s)$ だね。

よって，$\boldsymbol{p}(s)=\left[\cos\dfrac{s}{\sqrt{2}},\ \sin\dfrac{s}{\sqrt{2}},\ \dfrac{s}{\sqrt{2}}\right]$ となる。そして，これを s で微分した $\boldsymbol{p}'(s)$ が，単位接線ベクトル $\boldsymbol{t}$ になるんだね。

$$\boldsymbol{p}'(s)=\left[\left(\cos\frac{s}{\sqrt{2}}\right)',\ \left(\sin\frac{s}{\sqrt{2}}\right)',\ \left(\frac{s}{\sqrt{2}}\right)'\right]$$
$$=\left[-\frac{1}{\sqrt{2}}\sin\frac{s}{\sqrt{2}},\ \frac{1}{\sqrt{2}}\cos\frac{s}{\sqrt{2}},\ \frac{1}{\sqrt{2}}\right]=\frac{1}{\sqrt{2}}\left[-\sin\underbrace{\frac{s}{\sqrt{2}}}_{t},\ \cos\underbrace{\frac{s}{\sqrt{2}}}_{t},\ 1\right]$$

となる。ここで，②より s の式を t の式に書き変えると，

$$\boldsymbol{p}'(s)=\frac{1}{\sqrt{2}}[-\sin t,\ \cos t,\ 1]=\boldsymbol{t}$$

となっていることが確認できた！ 大丈夫？

それでは，次の例題で，$\boldsymbol{p}(t)$ から $\boldsymbol{p}(s)$ の書き変え練習をやっておこう。

> 例題 17　次の各位置ベクトル $\boldsymbol{p}(t)$ で表される曲線の $[0,\ t]$ における曲線の長さを s とおく。このとき，$\boldsymbol{p}(t)$ を $\boldsymbol{p}(s)$ に書き変えよう。
> (1) $\boldsymbol{p}(t)=\left[2t-1,\ \sqrt{3}(1-t),\ 3t+1\right]$
> (2) $\boldsymbol{p}(t)=\left[t+\sin t,\ \cos t,\ 4\cos\frac{t}{2}\right]$

(1) $\boldsymbol{p}(t)=\left[2t-1,\ \sqrt{3}(1-t),\ 3t+1\right]$ ……(a)を t で微分して，そのノルムを求めると，$\boldsymbol{p}'(t)=\left[2,\ -\sqrt{3},\ 3\right]$ より，

$$\|\boldsymbol{p}'(t)\|=\sqrt{2^2+(-\sqrt{3})^2+3^2}=\sqrt{16}=4 \quad \text{となる。}$$

よって，区間 $[0,\ t]$ におけるこの曲線の長さ s は，

$$s=\int_0^t\underbrace{\|\boldsymbol{p}'(u)\|}_{4}du=4[u]_0^t=4t \qquad \therefore\ t=\frac{s}{4}\ \cdots\cdots\text{(b)}$$

(b)を(a)に代入して，求める位置ベクトル $\boldsymbol{p}(s)$ は，

$$\boldsymbol{p}(s)=\left[\frac{s}{2}-1,\ \sqrt{3}\left(1-\frac{s}{4}\right),\ \frac{3}{4}s+1\right] \quad \text{である。}$$

(2) $\boldsymbol{p}(t)=\left[t+\sin t,\ \cos t,\ 4\cos\frac{t}{2}\right]$ ……(c)を t で微分して，そのノルムを求めると，$\boldsymbol{p}'(t)=\left[1+\cos t,\ -\sin t,\ -2\sin\frac{t}{2}\right]$ より，

$$\|\boldsymbol{p}'(t)\|=\sqrt{\underbrace{(1+\cos t)^2}_{1+2\cos t+\cos^2 t}+\sin^2 t+\underbrace{4\sin^2\frac{t}{2}}_{4\cdot\frac{1}{2}(1-\cos t)}}=\sqrt{4}=2 \quad \text{となる。}$$

よって，区間 $[0,\ t]$ におけるこの曲線の長さ s は，

$$s=\int_0^t\underbrace{\|\boldsymbol{p}'(u)\|}_{2}du=2[u]_0^t=2t \qquad \therefore\ t=\frac{s}{2}\ \cdots\cdots\text{(d)}$$

$t=\frac{s}{2}$ …(d)を，$\boldsymbol{p}(t)=\left[t+\sin t,\ \cos t,\ 4\cos\frac{t}{2}\right]$ …(c)に代入すると，求める位置ベクトル $\boldsymbol{p}(s)$ は，$\boldsymbol{p}(s)=\left[\frac{s}{2}+\sin\frac{s}{2},\ \cos\frac{s}{2},\ 4\cos\frac{s}{4}\right]$ である。

● 曲率と捩率を押さえよう！

それでは次，"**単位接線ベクトル**" $\boldsymbol{t}$ を基にして，"**単位主法線ベクトル**"(たんいしゅほうせん) $\boldsymbol{n}$ や "**単位従法線ベクトル**"(たんいじゅうほうせん) $\boldsymbol{b}$，それに "**曲率**"(きょくりつ) κ (カッパ) と "**曲率半径**"(きょくりつはんけい) ρ (ロー) や "**捩率**"(れいりつ) τ (タウ) が導かれる。いずれも，曲線を特徴づける重要な要素なので，順に解説していこう。

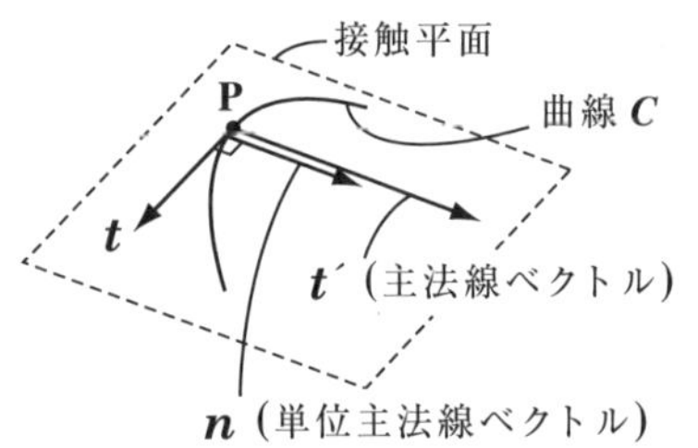

図 3　単位主法線ベクトル $\boldsymbol{n}$

まず，位置ベクトル $\boldsymbol{p}$ (これは，$\boldsymbol{p}(t)$ または $\boldsymbol{p}(s)$ いずれも表す。) で与えられる曲線 C の単位接線ベクトル $\boldsymbol{t}$ の大きさは，当然 1 で一定なので，$\|\boldsymbol{t}\|=1$ より，$\|\boldsymbol{t}\|^2=1$

$\boldsymbol{t}\cdot\boldsymbol{t}=1$　　この両辺を s で微分して，($\boldsymbol{t}=\boldsymbol{p}'(s)$ で表されるからね。)

$\boldsymbol{t}'\cdot\boldsymbol{t}+\boldsymbol{t}\cdot\boldsymbol{t}'=0$　　$2\boldsymbol{t}\cdot\boldsymbol{t}'=0$　　$\therefore\ \boldsymbol{t}\cdot\boldsymbol{t}'=0$ ← (この変形の流れは P67 で練習した！)

これから，$\boldsymbol{t}\perp\boldsymbol{t}'$ が導ける。

この $\boldsymbol{t}'\left[=\boldsymbol{p}''(s)\right]$ ($\boldsymbol{p}(s)$ を s で 2 階微分したもの) を，"**主法線ベクトル**"(しゅほうせん) と呼ぶ。図 3 に示すように，点 P を始点として，$\boldsymbol{t}$ と $\boldsymbol{t}'$ の張る平面が得られる。これを曲線 C の P における "**接触平面**"(せっしょくへいめん) という。ここで，$\boldsymbol{t}'$ と同じ向きの単位ベクトル $\boldsymbol{n}$ をとると，これが "**単位主法線ベクトル**"(たんいしゅほうせん) と呼ばれるものなんだ。つまり，

$\boldsymbol{n}=\frac{\boldsymbol{t}'}{\|\boldsymbol{t}'\|}$ ……①　と表され，ここで $\|\boldsymbol{t}'\|=\kappa$ (カッパ) とおくと，この κ (曲率 κ (カッパ)) が "**曲率**"(きょくりつ) (*curvature*) と呼ばれるもので，曲線の曲がり方の度合いを表す。

よって，①より，$\boldsymbol{t}'=\kappa\boldsymbol{n}$ ……② $(\kappa=\|\boldsymbol{t}'\|)$ となる。さらに，曲率の逆数を "**曲率半径**"(きょくりつはんけい) (*radius of curvature*) ρ (ロー) ということも覚えておこう。

つまり，曲率半径 $\rho=\frac{1}{\kappa}$ ……③だ。

曲率半径 ρ とは，右図に示すように曲線 C 上の各点を円の一部とみなしたとき，その円の半径のことなんだ。したがって，右図の点 P_1 における比較的大きな曲率半径 ρ_1（小さな曲率 κ_1）の場合には，曲線は緩やかなカーブを描き，点 P_2 における小さな曲率半径 ρ_2（大きな曲率 κ_2）の場合，曲線は急カーブを描くことが分かるね。

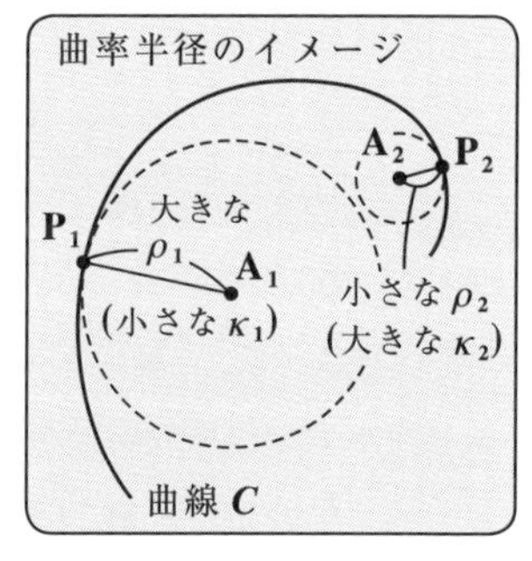

ここで，曲率 κ と曲率半径 ρ とは，逆比例の関係なので，

$$\begin{cases} \kappa：㊅ \longleftrightarrow ㊉ \\ \rho：㊉ \longleftrightarrow ㊅ \end{cases}$$

となることに気を付けよう。

この円のことを“曲率円（きょくりつえん）”という。

また，曲線 C 上の点 P における曲率半径 ρ の円の中心を A とおくと，

$\overrightarrow{OA} = \overrightarrow{OP} + \rho\boldsymbol{n} = \boldsymbol{p} + \rho\boldsymbol{n}$　となることも容易に分かると思う。

それでは次，“**単位従法線（たんいじゅうほうせん）ベクトル**” $\boldsymbol{b}$ についても解説しよう。この $\boldsymbol{b}$ は，次のように $\boldsymbol{t}$ と $\boldsymbol{n}$ の外積で定義される単位ベクトルだ。

$\boldsymbol{b} = \boldsymbol{t} \times \boldsymbol{n}$ ……④

曲線 C 上の点 P における 3 つの直交する単位ベクトル $\boldsymbol{t}$，$\boldsymbol{n}$，$\boldsymbol{b}$ を図 4 に示す。P を始点として，

- ・$\boldsymbol{t}$ と $\boldsymbol{n}$ の張る平面を“**接触平面**”と呼び，
- ・$\boldsymbol{n}$ と $\boldsymbol{b}$ の張る平面を“**法平面（ほうへいめん）**”と呼び，
- ・$\boldsymbol{b}$ と $\boldsymbol{t}$ の張る平面を“**展直面（てんちょくめん）**”と呼ぶ。これらもまとめて覚えておこう。

図 4　単位従法線ベクトル $\boldsymbol{b}$

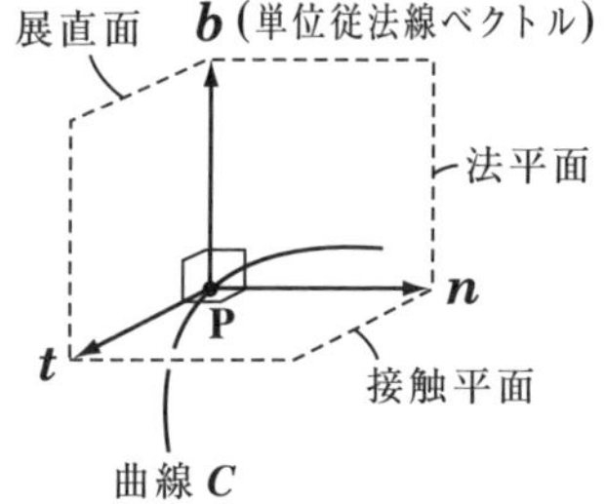

ここで，④式は，$\boldsymbol{b}$，$\boldsymbol{t}$，$\boldsymbol{n}$ の順に“ボ，タ，ン”とでも覚えておけば忘れないはずだ。そして，④を基にして外積の定義から，右図のメリー・ゴーラウンドのように巡回して，次の 2 式が得られることも分かるはずだ。

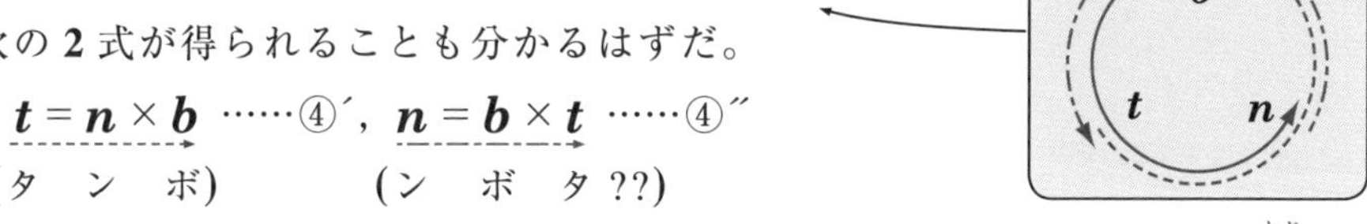

$\boldsymbol{t} = \boldsymbol{n} \times \boldsymbol{b}$ ……④′，$\boldsymbol{n} = \boldsymbol{b} \times \boldsymbol{t}$ ……④″
（タ　ン　ボ）　　　（ン　ボ　タ ??）

覚えることが多くて大変だって？ でも，後もう少しだ！ 曲線 C の捩（ねじ）れ具合を表す“**捩率（れいりつ）**”（*torsion*）τ（タウ），および，“**フレネ・セレーの公式**”（***Frenet-Serret formula***）まで，まとめて解説しようと思う。

単位従法線ベクトル $\boldsymbol{b} = \boldsymbol{t} \times \boldsymbol{n}$ ……④について，

(Ⅰ) $\boldsymbol{b}$ のノルムは当然 **1** (一定) より，

$\|\boldsymbol{b}\| = 1,\ \|\boldsymbol{b}\|^2 = 1,\ \boldsymbol{b} \cdot \boldsymbol{b} = 1$ 　この両辺を s で微分して，

$\boldsymbol{b}' \cdot \boldsymbol{b} + \boldsymbol{b} \cdot \boldsymbol{b}' = 0,\ 2\boldsymbol{b} \cdot \boldsymbol{b}' = 0$

$\boldsymbol{b} \cdot \boldsymbol{b}' = 0$ 　$\therefore$ $\boldsymbol{b}' \perp \boldsymbol{b}$

(Ⅱ) 次，④の両辺を s で微分すると，

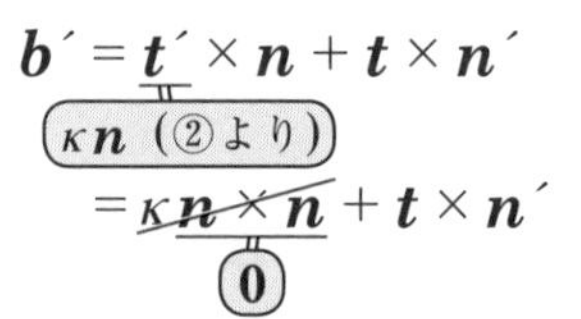

$\boldsymbol{b}' = \boldsymbol{t}' \times \boldsymbol{n} + \boldsymbol{t} \times \boldsymbol{n}'$　（$\boldsymbol{t}' = \kappa\boldsymbol{n}$ (②より)）

$= \kappa\boldsymbol{n} \times \boldsymbol{n} + \boldsymbol{t} \times \boldsymbol{n}'$　（$\boldsymbol{n} \times \boldsymbol{n} = \boldsymbol{0}$）

よって，$\boldsymbol{b}' = \boldsymbol{t} \times \boldsymbol{n}'$ 　$\therefore$ $\boldsymbol{b}' \perp \boldsymbol{t}$

図 5　捩率 τ

以上(Ⅰ)，(Ⅱ)より，$\boldsymbol{b}'$ は，$\boldsymbol{b}$ と $\boldsymbol{t}$ の両方に直交することが分かったので，図 **5** に示すように，$\boldsymbol{b}'$ は次式で表すことができる。

$\boldsymbol{b}' = -\tau\boldsymbol{n}$ ……⑤

($\boldsymbol{b}'$ は $\boldsymbol{n}$ と同方向，つまり，$\boldsymbol{n}$ と同じ向きか，または逆向きだ！)

⑤の τ (タウ) を点 **P** における曲線 C の"**捩率**(れいりつ)"または"**ねじれ率**(りつ)"という。

τ は，曲線の長さ s に対する $\boldsymbol{b}$ の変化率を表し，図 **5** に示すように，

(ⅰ) $\tau > 0$ のとき，

$\boldsymbol{b}'$ は $\boldsymbol{n}$ と逆向きになるので，進行方向に対して $\boldsymbol{b}$，すなわち接触平面が右に傾くように，曲線がねじれる。また，

(ⅱ) $\tau < 0$ のとき，

$\boldsymbol{b}'$ は $\boldsymbol{n}$ と同じ向きになるので，進行方向に対して $\boldsymbol{b}$，すなわち接触平面が左に傾くように，曲線がねじれるんだね。納得いった？

これまで，$\boldsymbol{t}$，$\boldsymbol{n}$，$\boldsymbol{b}$ の内，$\boldsymbol{t}$ と $\boldsymbol{b}$ の s による導関数は

$\boldsymbol{t}' = \kappa\boldsymbol{n}$ ……②　$\boldsymbol{b}' = -\tau\boldsymbol{n}$ ……⑤　となることを知っている。

それでは，$\boldsymbol{n}$ の s による導関数 $\boldsymbol{n}'$ がどうなるか？調べてみよう。

$\boldsymbol{n} = \boldsymbol{b} \times \boldsymbol{t}$ ……④″ (ン，ボ，タ) の両辺を s で微分すると，

$$\boldsymbol{n}' = \boldsymbol{b}' \times \boldsymbol{t} + \boldsymbol{b} \times \boldsymbol{t}' = -\tau\boldsymbol{n} \times \boldsymbol{t} + \kappa\boldsymbol{b} \times \boldsymbol{n} = \tau\boldsymbol{t} \times \boldsymbol{n} - \kappa\boldsymbol{n} \times \boldsymbol{b}$$

（$\boldsymbol{b}' = -\tau\boldsymbol{n}$ (⑤より)，$\boldsymbol{t}' = \kappa\boldsymbol{n}$ (②より)，$\boldsymbol{t} \times \boldsymbol{n} = \boldsymbol{b}$ (ボ，タ，ン)，$\boldsymbol{n} \times \boldsymbol{b} = \boldsymbol{t}$ (タ，ン，ボ)）

$\therefore$ $\boldsymbol{n}' = -\kappa\boldsymbol{t} + \tau\boldsymbol{b}$ ……⑥　となる。

②，⑤，⑥をまとめて，"**フレネ・セレーの公式**"と言うんだよ。

フレネ・セレーの公式

(1) $\boldsymbol{t}' = \kappa\boldsymbol{n}$　　(2) $\boldsymbol{b}' = -\tau\boldsymbol{n}$　　(3) $\boldsymbol{n}' = -\kappa\boldsymbol{t} + \tau\boldsymbol{b}$

（$\boldsymbol{t}$：単位接線ベクトル，$\boldsymbol{n}$：単位主法線ベクトル
$\boldsymbol{b}$：単位従法線ベクトル，κ：曲率，τ：捩率）

それでは，次の例題で，$\boldsymbol{t}$，$\boldsymbol{n}$，$\boldsymbol{b}$ と関連して曲率 κ と捩率 τ を求めてみよう。

例題 18　半径 2 の円 $\boldsymbol{p}(t) = [2\cos t,\ 2\sin t,\ 0]$ の曲率 κ と捩率 τ を求めよう。

$\boldsymbol{p}(t) = [2\cos t,\ 2\sin t,\ 0]$ を t で微分して，$\boldsymbol{p}'(t) = [-2\sin t,\ 2\cos t,\ 0]$

よって，$\|\boldsymbol{p}'(t)\| = \sqrt{(-2\sin t)^2 + (2\cos t)^2 + 0^2} = \sqrt{4} = 2$ より，区間 $[0,\ t]$ における曲線の長さを s とおくと，

$$\frac{ds}{dt} = \|\boldsymbol{p}'(t)\| = 2 \qquad \therefore \frac{dt}{ds} = \frac{1}{2} \cdots\cdots ① \quad \left(\because \frac{ds}{dt} = 2\right)$$

ここで，

$$\boldsymbol{t} = \boldsymbol{p}'(s) = \frac{d\boldsymbol{p}}{ds} = \frac{dt}{ds}\cdot\frac{d\boldsymbol{p}(t)}{dt} = \frac{1}{2}\cdot[-2\sin t,\ 2\cos t,\ 0]$$

$\therefore \boldsymbol{t} = [-\sin t,\ \cos t,\ 0]$　　これを s で微分すると，

$$\boldsymbol{t}' = \kappa\boldsymbol{n} = \frac{d\boldsymbol{t}}{ds} = \frac{dt}{ds}\cdot\frac{d\boldsymbol{t}}{dt} = \frac{1}{2}[-\cos t,\ -\sin t,\ 0]$$

$$\therefore \kappa = \|\boldsymbol{t}'\| = \frac{1}{2}\sqrt{(-\cos t)^2 + (-\sin t)^2 + 0^2} = \frac{1}{2} \quad \text{より，}$$

$\boldsymbol{n} = [-\cos t,\ -\sin t,\ 0]$　となる。次に，

$\boldsymbol{b} = \boldsymbol{t} \times \boldsymbol{n} = [0,\ 0,\ 1]$ ←

$-\sin t$　$\cos t$　0　$-\sin t$
$-\cos t$　$-\sin t$　0　$-\cos t$
$,\ 1\ ]$　$[0,\ 0,$

よって，$\boldsymbol{b}$ を s で微分すると，

$$\boldsymbol{b}' = -\tau\boldsymbol{n} = \frac{d\boldsymbol{b}}{ds} = \frac{dt}{ds}\cdot\frac{d\boldsymbol{b}}{dt} = \frac{1}{2}[0,\ 0,\ 0] = [0,\ 0,\ 0]$$

$\therefore -\tau\boldsymbol{n} = -0[-\cos t,\ -\sin t,\ 0]$ より，$\tau = 0$

以上より，曲率 $\kappa = \frac{1}{2}$，捩率 $\tau = 0$ となる。

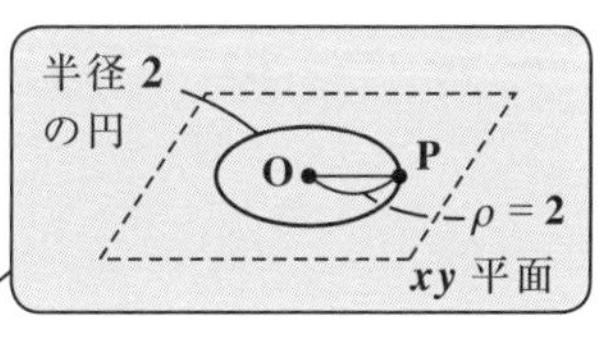

これは，xy 平面上の半径 2 の円だから，当然，曲率半径 $\rho = \frac{1}{\kappa} = 2$，捩率 $\tau = 0$ となって当たり前の結果だ！

位置ベクトル $\boldsymbol{p}$ は，その導関数も含めて，$\boldsymbol{p}(t)$ と $\boldsymbol{p}'(t)$，$\boldsymbol{p}(s)$ と $\boldsymbol{p}'(s)$ を上手く使い分けながら解いていくことがポイントなんだね。

それではさらに，曲率 κ と捩率 τ についての重要な公式を紹介しておこう。

曲率 κ と捩率 τ の公式

位置ベクトル $\boldsymbol{p}(s)$ で与えられる曲線 C 上の点 $\mathbf{P}$ における曲率 κ と捩率 τ について，次の公式が成り立つ。

(1) $\kappa = \|\boldsymbol{p}''(s)\| = \|\boldsymbol{p}'(s) \times \boldsymbol{p}''(s)\|$ ……(∗1)

(2) $\kappa^2\tau = \left(\boldsymbol{p}'(s),\ \boldsymbol{p}''(s),\ \boldsymbol{p}'''(s)\right)$ ……(∗2) ← スカラー 3 重積

(1) の (∗1) から証明しておこう。

$\boldsymbol{p}'(s) = \boldsymbol{t}$ より，$\boldsymbol{p}''(s) = \boldsymbol{t}' = \kappa\boldsymbol{n}$ となる。（フレネ・セレーの公式）

よって，$\|\boldsymbol{p}''(s)\| = \|\kappa\boldsymbol{n}\| = \kappa\|\boldsymbol{n}\| = \kappa$ となる。（κ：$\|\boldsymbol{t}'\|$（⊕のスカラー），$\|\boldsymbol{n}\|$：1）

また，$\boldsymbol{p}'(s) \times \boldsymbol{p}''(s) = \boldsymbol{t} \times \kappa\boldsymbol{n} = \kappa\,\boldsymbol{t} \times \boldsymbol{n} = \kappa\boldsymbol{b}$ （$\boldsymbol{t}\times\boldsymbol{n} = \boldsymbol{b}$：ボ，タ，ン）

$\therefore \|\boldsymbol{p}'(s) \times \boldsymbol{p}''(s)\| = \|\kappa\boldsymbol{b}\| = \kappa\|\boldsymbol{b}\| = \kappa$ （∵ $\boldsymbol{b}$ は単位ベクトル）（κ：$\|\boldsymbol{t}'\|$（⊕のスカラー），$\|\boldsymbol{b}\|$：1）

よって，(∗1) は成り立つんだね。

次，(2) の (∗2) も証明しておこう。

$\boldsymbol{p}'(s) = \boldsymbol{t}$ より，$\boldsymbol{p}''(s) = \boldsymbol{t}' = \kappa\boldsymbol{n}$，$\boldsymbol{p}'''(s) = \kappa'\boldsymbol{n} + \kappa\boldsymbol{n}'$

以上より，

$$\left((*2)\text{ の右辺}\right) = \left(\boldsymbol{p}'(s),\ \boldsymbol{p}''(s),\ \boldsymbol{p}'''(s)\right)$$
$$= \left(\boldsymbol{t},\ \kappa\boldsymbol{n},\ \kappa'\boldsymbol{n} + \kappa\boldsymbol{n}'\right)$$
$$= \left(\boldsymbol{t},\ \kappa\boldsymbol{n},\ \kappa'\boldsymbol{n}\right) + \left(\boldsymbol{t},\ \kappa\boldsymbol{n},\ \kappa\boldsymbol{n}'\right)$$

（第1項：$\kappa\boldsymbol{n}$ と $\kappa'\boldsymbol{n}$ は平行より 0，フレネ・セレー：$\boldsymbol{n}' = -\kappa\boldsymbol{t} + \tau\boldsymbol{b}$）

$$= \left(\boldsymbol{t},\ \kappa\boldsymbol{n},\ -\kappa^2\boldsymbol{t} + \kappa\tau\boldsymbol{b}\right)$$
$$= \left(\boldsymbol{t},\ \kappa\boldsymbol{n},\ -\kappa^2\boldsymbol{t}\right) + \left(\boldsymbol{t},\ \kappa\boldsymbol{n},\ \kappa\tau\boldsymbol{b}\right)$$

（第1項：$\boldsymbol{t}$ と $-\kappa^2\boldsymbol{t}$ は平行より 0）

$$= \kappa^2\tau\left(\boldsymbol{t},\ \boldsymbol{n},\ \boldsymbol{b}\right) = \kappa^2\tau = \left((*2)\text{ の左辺}\right)$$

（係数 κ と $\kappa\tau$ をくくり出した。$(\boldsymbol{t},\ \boldsymbol{n},\ \boldsymbol{b}) = 1^3$）

$$(\boldsymbol{a},\ \boldsymbol{b},\ \boldsymbol{c}+\boldsymbol{d}) = \begin{vmatrix} a_1 & a_2 & a_3 \\ b_1 & b_2 & b_3 \\ c_1+d_1 & c_2+d_2 & c_3+d_3 \end{vmatrix} = \begin{vmatrix} a_1 & a_2 & a_3 \\ b_1 & b_2 & b_3 \\ c_1 & c_2 & c_3 \end{vmatrix} + \begin{vmatrix} a_1 & a_2 & a_3 \\ b_1 & b_2 & b_3 \\ d_1 & d_2 & d_3 \end{vmatrix} = (\boldsymbol{a},\ \boldsymbol{b},\ \boldsymbol{c}) + (\boldsymbol{a},\ \boldsymbol{b},\ \boldsymbol{d})$$

1 辺の長さ 1 の立方体の体積

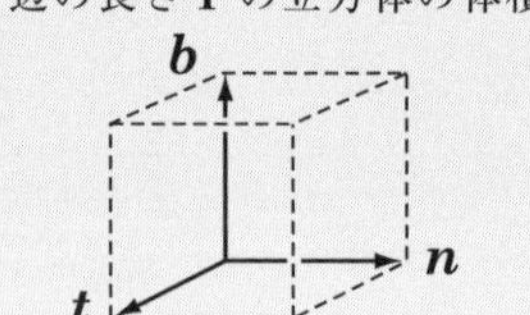

よって，(∗2) も成り立つ。大丈夫？

それでは，この“**曲率 κ と捩率 τ の公式**”を使って，例題 **18** と同じ問題をもう一度解いてみよう。ここでは，$\boldsymbol{p}'(s)$，$\boldsymbol{p}''(s)$，$\boldsymbol{p}'''(s)$ をすべて t の式で表して解いていくことにしよう。(s の式) と (t の式) を自由に使い分けられるようになってくれ。

例題 19　半径 2 の円 $\boldsymbol{p}(t)=[2\cos t,\ 2\sin t,\ 0]$ の曲率 κ と捩率 τ を，公式：$\kappa=\|\boldsymbol{p}''(s)\|$ ……(＊1) と $\kappa^2\tau=\left(\boldsymbol{p}'(s),\ \boldsymbol{p}''(s),\ \boldsymbol{p}'''(s)\right)$ ……(＊2) を用いて求めよう。

$\boldsymbol{p}(t)=[2\cos t,\ 2\sin t,\ 0]$，$\boldsymbol{p}'(t)=[-2\sin t,\ 2\cos t,\ 0]$ ← t で微分

$\|\boldsymbol{p}'(t)\|=2$ より，区間 $[0,\ t]$ における曲線の長さを s とおくと，

$$\frac{ds}{dt}=\|\boldsymbol{p}'(t)\|=2 \qquad \therefore\ \frac{dt}{ds}=\frac{1}{2}$$ ← ここまでは例題 18 の解法とまったく同じだ！

ここで，

$$\boldsymbol{p}'(s)=\frac{d\boldsymbol{p}}{ds}=\frac{dt}{ds}\cdot\frac{d\boldsymbol{p}(t)}{dt}=\frac{1}{2}\cdot[-2\sin t,\ 2\cos t,\ 0]$$

$$=[-\sin t,\ \cos t,\ 0]$$ ← すべて t の式で表した！

$$\boldsymbol{p}''(s)=\frac{d}{ds}\boldsymbol{p}'(s)=\frac{dt}{ds}\cdot\frac{d\boldsymbol{p}'(s)}{dt}=\frac{1}{2}[-\cos t,\ -\sin t,\ 0]$$

$$\boldsymbol{p}'''(s)=\frac{d}{ds}\boldsymbol{p}''(s)=\frac{dt}{ds}\cdot\frac{d\boldsymbol{p}''(s)}{dt}=\frac{1}{4}[\sin t,\ -\cos t,\ 0]$$

(i) (＊1) より，

$$\kappa=\|\boldsymbol{p}''(s)\|=\sqrt{\left(-\frac{\cos t}{2}\right)^2+\left(-\frac{\sin t}{2}\right)^2+0^2}=\sqrt{\frac{1}{4}}=\frac{1}{2}$$ となる。

(ii) (＊2) より，

$$\kappa^2\tau=\frac{1}{4}\tau=\left(\boldsymbol{p}'(s),\ \boldsymbol{p}''(s),\ \boldsymbol{p}'''(s)\right)$$

$\left(\kappa^2=\left(\frac{1}{2}\right)^2=\frac{1}{4}\right)$

$$=\begin{vmatrix}-\sin t & \cos t & 0\\ -\frac{\cos t}{2} & -\frac{\sin t}{2} & 0\\ \frac{\sin t}{4} & -\frac{\cos t}{4} & 0\end{vmatrix}=0$$ ($\because$ 行列式の第 3 列がすべて 0 だからね。)

以上より，$\kappa=\frac{1}{2}$，$\tau=0$ となって，例題 18 と同じ結果が導けた！

演習問題 4	● 曲率 κ と捩率 τ ●

円柱らせん $\boldsymbol{p}(t)=[2\cos t,\ 2\sin t,\ \sqrt{5}t]$ $(t \geqq 0)$ の単位接線ベクトル $\boldsymbol{t}$，単位主法線ベクトル $\boldsymbol{n}$，単位従法線ベクトル $\boldsymbol{b}$，曲率 κ，捩率 τ を求めよ。

ヒント！ 区間 $[0,\ t]$ における曲線の長さを s とおくと，$\dfrac{ds}{dt}=\|\boldsymbol{p}'(t)\|$ を基にして，一連の公式を連続的に使って解いていけばいいんだね。

解答＆解説

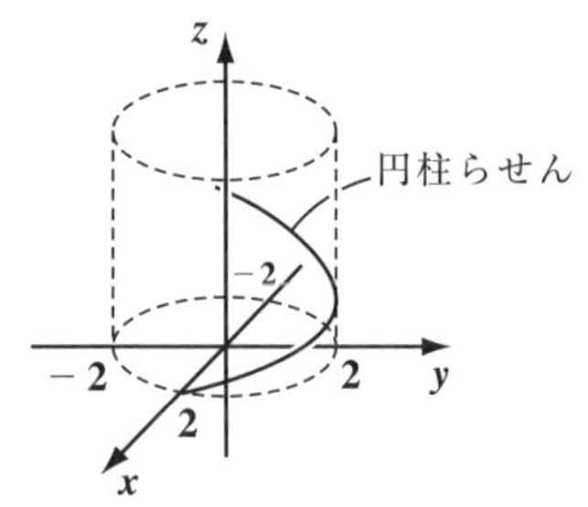

$$\boldsymbol{p}(t)=[2\cos t,\ 2\sin t,\ \sqrt{5}t]$$

これを t で微分して，そのノルムをとると，

$$\boldsymbol{p}'(t)=[-2\sin t,\ 2\cos t,\ \sqrt{5}]$$

$$\|\boldsymbol{p}'(t)\|=\sqrt{(-2\sin t)^2+(2\cos t)^2+(\sqrt{5})^2}$$

$$=\sqrt{9}=3$$

よって，区間 $[0,\ t]$ における曲線の長さを s とおくと，

$$\frac{ds}{dt}=\|\boldsymbol{p}'(t)\|=3 \qquad \therefore \frac{dt}{ds}=\frac{1}{3} \ \cdots\cdots ①$$ となる。

ここで，

$$\boldsymbol{t}=\boldsymbol{p}'(s)=\frac{dt}{ds}\cdot\frac{d\boldsymbol{p}(t)}{dt}=\frac{1}{3}[-2\sin t,\ 2\cos t,\ \sqrt{5}]$$

これをさらに s で微分すると，フレネ・セレーの公式より，

$$\boldsymbol{t}'=\kappa\boldsymbol{n}=\boldsymbol{p}''(s)=\frac{dt}{ds}\cdot\frac{d\boldsymbol{p}'(s)}{dt}=\frac{1}{3}\cdot\frac{1}{3}[-2\cos t,\ -2\sin t,\ 0]$$

（κ：$\|\boldsymbol{t}'\|$（⊕のスカラー））

$$=\frac{2}{9}[-\cos t,\ -\sin t,\ 0]$$

$$\therefore \kappa=\|\boldsymbol{t}'\|=\frac{2}{9}\sqrt{(-\cos t)^2+(-\sin t)^2+0^2}=\frac{2}{9}$$

よって，$\boldsymbol{n}=[-\cos t,\ -\sin t,\ 0]$

次に，$\boldsymbol{b}=\boldsymbol{t}\times\boldsymbol{n}=\dfrac{1}{3}[\sqrt{5}\sin t,\ -\sqrt{5}\cos t,\ 2]$ （ボ，タ，ン）

$\dfrac{2\sin t}{3}$ $\dfrac{2\cos t}{3}$ $\dfrac{\sqrt{5}}{3}$ $-\dfrac{2\sin t}{3}$

$-\cos t$ $-\sin t$ 0 $-\cos t$

$\left[\dfrac{\sqrt{5}\sin t}{3},\ -\dfrac{\sqrt{5}\cos t}{3},\ \dfrac{2}{3}\right]$

$\boldsymbol{b}$ を s で微分すると，フレネ・セレーの公式より，

$$\boldsymbol{b}' = -\tau\boldsymbol{n} = \frac{d\boldsymbol{b}}{ds} = \frac{dt}{ds}\cdot\frac{d\boldsymbol{b}}{dt} = \frac{1}{3}\cdot\frac{1}{3}\left[\sqrt{5}\cos t,\ \sqrt{5}\sin t,\ 0\right]$$

$$= \frac{\sqrt{5}}{9}\left[\cos t,\ \sin t,\ 0\right] = -\underbrace{\frac{\sqrt{5}}{9}}_{\tau}\underbrace{\left[-\cos t,\ -\sin t,\ 0\right]}_{\boldsymbol{n}}$$

$\therefore \tau = \dfrac{\sqrt{5}}{9}$ となる。以上をまとめて示す。

単位接線ベクトル $\boldsymbol{t} = \dfrac{1}{3}[-2\sin t,\ 2\cos t,\ \sqrt{5}]$

単位主法線ベクトル $\boldsymbol{n} = [-\cos t,\ -\sin t,\ 0]$

単位従法線ベクトル $\boldsymbol{b} = \dfrac{1}{3}\left[\sqrt{5}\sin t,\ -\sqrt{5}\cos t,\ 2\right]$

曲率 $\kappa = \dfrac{2}{9}$，捩率 $\tau = \dfrac{\sqrt{5}}{9}$

参考

曲率 κ と捩率 τ を求めるだけなら，曲率と捩率の公式を利用して，

$$\begin{cases} \boldsymbol{p}'(s) = \boldsymbol{t} = \dfrac{1}{3}[-2\sin t,\ 2\cos t,\ \sqrt{5}] \\ \boldsymbol{p}''(s) = \dfrac{d}{ds}\boldsymbol{p}'(s) = \dfrac{dt}{ds}\cdot\dfrac{d\boldsymbol{p}'(s)}{dt} = \dfrac{1}{9}[-2\cos t,\ -2\sin t,\ 0] \\ \boldsymbol{p}'''(s) = \dfrac{d}{ds}\boldsymbol{p}''(s) = \dfrac{dt}{ds}\cdot\dfrac{d\boldsymbol{p}''(s)}{dt} = \dfrac{1}{27}[2\sin t,\ -2\cos t,\ 0] \end{cases}$$ から，

・$\kappa = \|\boldsymbol{p}''(s)\| = \dfrac{1}{9}\sqrt{(-2\cos t)^2 + (-2\sin t)^2} = \dfrac{1}{9}\cdot\sqrt{4} = \dfrac{2}{9}$ であり，また，

$$\cdot\ \kappa^2\tau = \begin{vmatrix} -\dfrac{2\sin t}{3} & \dfrac{2\cos t}{3} & \dfrac{\sqrt{5}}{3} \\ -\dfrac{2\cos t}{9} & -\dfrac{2\sin t}{9} & 0 \\ \dfrac{2\sin t}{27} & -\dfrac{2\cos t}{27} & 0 \end{vmatrix} = \frac{4\sqrt{5}\cos^2 t}{3\cdot 9\cdot 27} + \frac{4\sqrt{5}\sin^2 t}{3\cdot 9\cdot 27} = \underbrace{\frac{4}{81}}_{\kappa^2}\cdot\underbrace{\frac{\sqrt{5}}{9}}_{\tau}$$

より，$\tau = \dfrac{\sqrt{5}}{9}$ も求められる。

§3. 点の運動を表すベクトル値関数

位置ベクトル $\boldsymbol{p}(t)$ のパラメータ t に時刻という物理的な意味を持たせると，$\boldsymbol{p}'(t)$ は**速度ベクトル** $\boldsymbol{v}(t)$ を，そして $\boldsymbol{p}''(t)$ は**加速度ベクトル** $\boldsymbol{a}(t)$ になることは，大丈夫だね。今回の講義ではこのように，t を時刻として点の運動について詳しく解説しよう。"**運動量**" や "**角運動量**" それに "**面積速度**" についても教えるつもりだ。さらに，面積速度と関連させて "**ケプラーの第2法則**" の証明もする。きわめて物理的な内容を解説することになるけれど，ベクトル解析そのものが物理と密接に関連しているので当然のことなんだよ。

● まず，速度ベクトル・加速度ベクトルを押さえよう！

位置ベクトル $\boldsymbol{p}(t)$ のパラメータ t を時刻だとすると，$\boldsymbol{p}(t)$ は時刻 t の経過により時々刻々変化する点の運動を表すベクトル値関数になるんだね。そして，$\boldsymbol{p}(t)$ を t で1階微分したものが**速度ベクトル** $\boldsymbol{v}(t)$ であり，これをさらに t で微分すると**加速度ベクトル** $\boldsymbol{a}(t)$ になる。

この速度ベクトル $\boldsymbol{v}(t)$ と加速度ベクトル $\boldsymbol{a}(t)$ について，その基本事項を

("速度ベクトル"，"加速度ベクトル" はそれぞれ "**速度**"，"**加速度**" と簡単に表現してもいいよ。)

まとめて下に示そう。

速度ベクトルと加速度ベクトル

位置ベクトル $\boldsymbol{p}(t)=[x(t),\ y(t),\ z(t)]$ について，

速度ベクトル $\boldsymbol{v}(t)=\boldsymbol{p}'(t)=[x'(t),\ y'(t),\ z'(t)]$

加速度ベクトル $\boldsymbol{a}(t)=\boldsymbol{p}''(t)=[x''(t),\ y''(t),\ z''(t)]$ となる。

さらに $\boldsymbol{v}(t)$ と $\boldsymbol{a}(t)$ は次のように表される。

$$\begin{cases} \text{(i) 速度ベクトル } \boldsymbol{v}(t)=v(t)\boldsymbol{t} & \cdots\cdots(*1) \\ \text{(ii) 加速度ベクトル } \boldsymbol{a}(t)=a(t)\boldsymbol{t}+v^2(t)\kappa\boldsymbol{n} & \cdots\cdots(*2) \end{cases}$$

(⊖もあり得る。)

(ここで，$v(t)=\|\boldsymbol{v}(t)\|$：速さ，$a(t)$：加速度の接線方向成分，
$\boldsymbol{t}$：単位接線ベクトル，$\boldsymbol{n}$：単位主法線ベクトル，κ：曲率)

前半はよく分かるけれど，後半の，特に $(*2)$ の公式の意味が分からないって？ 当然だね。これから詳しく解説していこう。前回学習した知識ですべて導くことができる。

まず，$[0,\ t]$ の間に動点 P が描く曲線の長さを s とすると，

$$s=\int_0^t \|\boldsymbol{p}'(t)\|dt \quad \text{より，} \quad \frac{ds}{dt}=\|\boldsymbol{p}'(t)\| \quad \cdots\cdots ①$$ が導ける。

（もう慣れてきたと思うので，積分区間の変数 t と積分変数 t を区別せずに用いた。）

①より，$\dfrac{ds}{dt}$ は速度ベクトル $\boldsymbol{v}(t)=\boldsymbol{p}'(t)$ のノルム（大きさ）になるので，これが速さ $v(t)$ を表す。

つまり，$\dfrac{ds}{dt}=\|\boldsymbol{v}(t)\|=\underline{v(t)}$（速さ）……②　なんだね。そして，これをさらに t で微分すると，（スカラー値関数）

$\dfrac{d^2s}{dt^2}=\dfrac{dv}{dt}=\underline{a(t)}$（加速度の接線方向の成分）……③　になる。ここまではいいね。

それでは，$(*1)$ から始めよう。これは次のように簡単に示せる。

$$\boldsymbol{v}(t)=\boldsymbol{p}'(t)=\frac{d\boldsymbol{p}}{dt}=\underbrace{\frac{ds}{dt}}_{v(t)\ (②より)}\cdot\underbrace{\frac{d\boldsymbol{p}(s)}{ds}}_{\boldsymbol{p}'(s)=\boldsymbol{t}\ (単位接線ベクトル)}=v(t)\boldsymbol{t} \quad \cdots(*1)$$ が導ける。

$\boldsymbol{v}(t)$，$\boldsymbol{t}$，P，曲線 C

つまり，$(*1)$ は，曲線上の動点 P における単位接線ベクトル $\boldsymbol{t}$ に速さ（スカラー）$v(t)$ をかけたものが速度ベクトル $\boldsymbol{v}(t)$ になる，と言っているんだね。

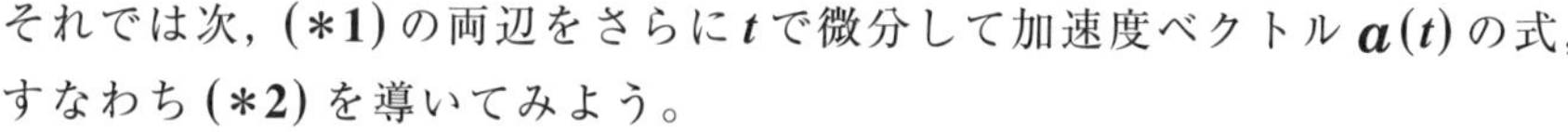

それでは次，$(*1)$ の両辺をさらに t で微分して加速度ベクトル $\boldsymbol{a}(t)$ の式，すなわち $(*2)$ を導いてみよう。

$$\boldsymbol{a}(t)=\boldsymbol{v}'(t)=\frac{d}{dt}(v(t)\boldsymbol{t})=\underbrace{\frac{dv}{dt}}_{a(t)}\boldsymbol{t}+v(t)\underbrace{\frac{ds}{dt}}_{v(t)}\cdot\underbrace{\frac{d\boldsymbol{t}}{ds}}_{\boldsymbol{t}'=\kappa\boldsymbol{n}}$$

（$(v\boldsymbol{t})'=v'\boldsymbol{t}+v\boldsymbol{t}'$ だからね。）（フレネ・セレー）（κ：曲率）

$$\therefore\ \boldsymbol{a}(t)=a(t)\boldsymbol{t}+v^2(t)\kappa\boldsymbol{n} \quad \cdots\cdots(*2)$$

も導けた。この $(*2)$ から，動点 P が曲線 C を描きながら移動するとき，その加速度ベクトル $\boldsymbol{a}(t)$ は右図に示すように，(i) 接線方向のもの $a(t)\boldsymbol{t}$ と，(ii) 主法線方向のもの $v^2(t)\kappa\boldsymbol{n}$ に分解されることが分かったんだね。

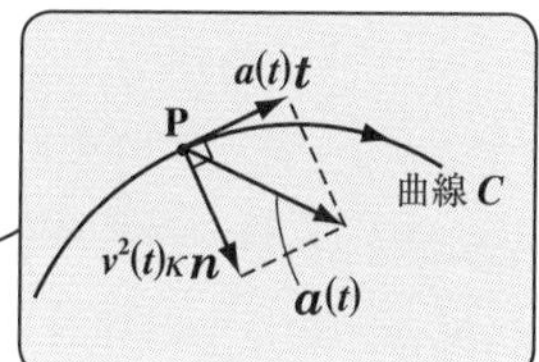

それでは速度，加速度について，次の例題で練習しておこう。

> 例題 **20**　動点 **P** の時刻 t における位置ベクトル $\boldsymbol{p}(t)$ が，次のそれぞれの場合，速度 $\boldsymbol{v}(t)$ と加速度 $\boldsymbol{a}(t)$ を，$\boldsymbol{t}$（単位接線ベクトル）と $\boldsymbol{n}$（単位主法線ベクトル）で表してみよう。
>
> (1) $\boldsymbol{p}(t)=[2\cos t,\ 2\sin t,\ 0]$
>
> (2) $\boldsymbol{p}(t)=[2\cos t,\ 2\sin t,\ \sqrt{5}t]$

速度 $\boldsymbol{v}(t)$ と加速度 $\boldsymbol{a}(t)$ を求めるだけなら $\boldsymbol{v}(t)=\boldsymbol{p}'(t)$，$\boldsymbol{a}(t)=\boldsymbol{p}''(t)$ からすぐ求まるけれど，今回は $\boldsymbol{t}$ や $\boldsymbol{n}$ を使って表さないといけないんだね。よって，公式：速度 $\boldsymbol{v}(t)=v\boldsymbol{t}$，加速度 $\boldsymbol{a}(t)=a\boldsymbol{t}+v^2\kappa\boldsymbol{n}$ を利用しよう。ここで必要な v や a や κ を求める公式をもう **1** 度下にまとめて整理しておく。

$$v=\|\boldsymbol{p}'(t)\|=\|\boldsymbol{v}(t)\|=\frac{ds}{dt},\quad a=\frac{d^2s}{dt^2}=\frac{dv}{dt}$$

$$\boldsymbol{t}=\boldsymbol{p}'(s)=\frac{d\boldsymbol{p}(s)}{ds}=\frac{dt}{ds}\frac{d\boldsymbol{p}(t)}{dt}=\frac{1}{v}\boldsymbol{p}'(t)$$

$$\boldsymbol{t}'=\kappa\boldsymbol{n}=\frac{d\boldsymbol{t}}{ds}=\frac{dt}{ds}\frac{d\boldsymbol{t}}{dt}=\frac{1}{v}\frac{d\boldsymbol{t}}{dt}$$ より，$\kappa=\|\boldsymbol{t}'\|$ だね。（$\|\kappa\boldsymbol{n}\|=\kappa\|\boldsymbol{n}\|$）

(1) それでは実際に解いていってみよう。

位置ベクトル $\boldsymbol{p}(t)=[2\cos t,\ 2\sin t,\ 0]$ を t で微分して，

$$\boldsymbol{p}'(t)=[-2\sin t,\ 2\cos t,\ 0]=2[-\sin t,\ \cos t,\ 0]$$

よって，$v=\|\boldsymbol{p}'(t)\|=2\sqrt{(-\sin t)^2+\cos^2 t}=2\ \left[=\frac{ds}{dt}\right]$

$$a=\frac{d^2s}{dt^2}=\frac{dv}{dt}=0$$

次に，$\boldsymbol{t}=\boldsymbol{p}'(s)=\dfrac{d\boldsymbol{p}(s)}{ds}=\dfrac{dt}{ds}\cdot\dfrac{d\boldsymbol{p}(t)}{dt}=\dfrac{1}{v}\boldsymbol{p}'(t)$

$$=\frac{1}{2}\cdot 2[-\sin t,\ \cos t,\ 0]=[-\sin t,\ \cos t,\ 0]$$

$$\boldsymbol{t}'=\kappa\boldsymbol{n}=\frac{d\boldsymbol{t}}{ds}=\frac{dt}{ds}\cdot\frac{d\boldsymbol{t}}{dt}=\frac{1}{v}\frac{d\boldsymbol{t}}{dt}$$

（フレネ・セレー）

$$=\frac{1}{2}[-\cos t,\ -\sin t,\ 0]$$

よって，曲率 $\kappa > 0$ より，$\kappa = \| \boldsymbol{t}' \| = \frac{1}{2}\sqrt{(-\cos t)^2 + (-\sin t)^2} = \frac{1}{2}$ となる。

以上より，$v = 2$，$a = 0$，$\kappa = \frac{1}{2}$ が分かったので，速度 $\boldsymbol{v}(t)$ と加速度 $\boldsymbol{a}(t)$ は，$\boldsymbol{v}(t) = 2\boldsymbol{t}$，$\boldsymbol{a}(t) = 0\boldsymbol{t} + 2^2 \cdot \frac{1}{2}\boldsymbol{n} = 2\boldsymbol{n}$ と表される。

(2) も同様に解いていこう。

円柱らせんだ。

位置ベクトル $\boldsymbol{p}(t) = [2\cos t, 2\sin t, \sqrt{5}t]$ を t で微分して，

$\boldsymbol{p}'(t) = [-2\sin t, 2\cos t, \sqrt{5}]$

よって，$v = \| \boldsymbol{p}'(t) \| = \sqrt{(-2\sin t)^2 + (2\cos t)^2 + (\sqrt{5})^2}$

$$= \sqrt{4(\underbrace{\sin^2 t + \cos^2 t}_{1}) + 5} = \sqrt{9} = 3 \quad \left[= \frac{ds}{dt} \right]$$

$$a = \frac{d^2 s}{dt^2} = \frac{dv}{dt} = 0$$

次に，$\boldsymbol{t} = \boldsymbol{p}'(s) = \frac{d\boldsymbol{p}(s)}{ds} = \frac{dt}{ds}\frac{d\boldsymbol{p}(t)}{dt} = \frac{1}{v}\boldsymbol{p}'(t)$

$$= \frac{1}{3}[-2\sin t, 2\cos t, \sqrt{5}]$$

$$\boldsymbol{t}' = \kappa\boldsymbol{n} = \frac{d\boldsymbol{t}}{ds} = \frac{dt}{ds}\frac{d\boldsymbol{t}}{dt} = \frac{1}{v}\frac{d\boldsymbol{t}}{dt}$$

$$= \frac{1}{3} \cdot \frac{1}{3}[-2\cos t, -2\sin t, 0] = \frac{2}{9}[-\cos t, -\sin t, 0]$$

よって，曲率 $\kappa > 0$ より，$\kappa = \| \boldsymbol{t}' \| = \frac{2}{9}\sqrt{(-\cos t)^2 + (-\sin t)^2} = \frac{2}{9}$

以上より，$v = 3$，$a = 0$，$\kappa = \frac{2}{9}$ が分かったので，速度 $\boldsymbol{v}(t)$ と加速度 $\boldsymbol{a}(t)$ は，$\boldsymbol{v}(t) = 3\boldsymbol{t}$，$\boldsymbol{a}(t) = 0\boldsymbol{t} + 3^2 \cdot \frac{2}{9}\boldsymbol{n} = 2\boldsymbol{n}$ と表せる。大丈夫だった？

これで，$\boldsymbol{v}(t)$ や $\boldsymbol{a}(t)$ を，$\boldsymbol{t}$ と $\boldsymbol{n}$ を使って表現する方法にも慣れたはずだ。それでは，これからもっと物理的なテーマになるけれど，“**モーメント**”や“**運動量**”や“**角運動量**”，それに“**面積速度**”についても詳しく解説していこう。

● まず，束縛ベクトルとモーメントを押さえよう！

動点Pの速度ベクトル $\boldsymbol{v}(t)$ や加速度ベクトル $\boldsymbol{a}(t)$，それに点Pに作用する力など，点Pを始点として考えなければならない場合が出てくる。このように特定の点に作用するベクトルのことを“**束縛**（そくばく）**ベクトル**”という。これに対して作用点を特に考えず，自由に始点を取れるベクトルを，“**自由**（じゆう）**ベクトル**”という。

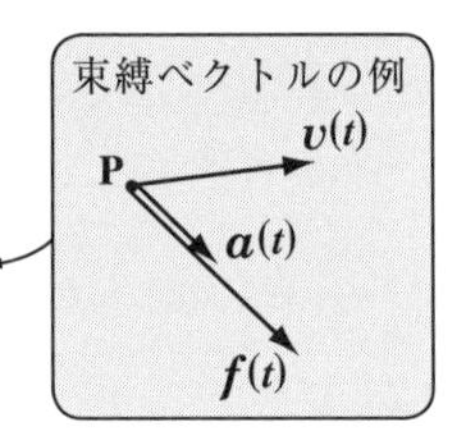

図1に示すように，点PのOに関する位置ベクトルを $\boldsymbol{p}$，また点Pに作用する束縛ベクトル $\boldsymbol{a}$ が与えられたとき，外積 $\boldsymbol{p}\times\boldsymbol{a}$ を“**$\boldsymbol{a}$ の原点Oに関するモーメント**”と呼び，これを $\boldsymbol{M}$ で表す。すなわち $\boldsymbol{M}=\boldsymbol{p}\times\boldsymbol{a}$ となる。このモーメント $\boldsymbol{M}$ は $\boldsymbol{p}$ と $\boldsymbol{a}$ の両方に直交し，そのノルム(大きさ) $\|\boldsymbol{M}\|$ は $\boldsymbol{p}$ と $\boldsymbol{a}$ を2辺とする平行四辺形の面積に等しいんだね。

図1 $\boldsymbol{a}$ のモーメント $\boldsymbol{M}$

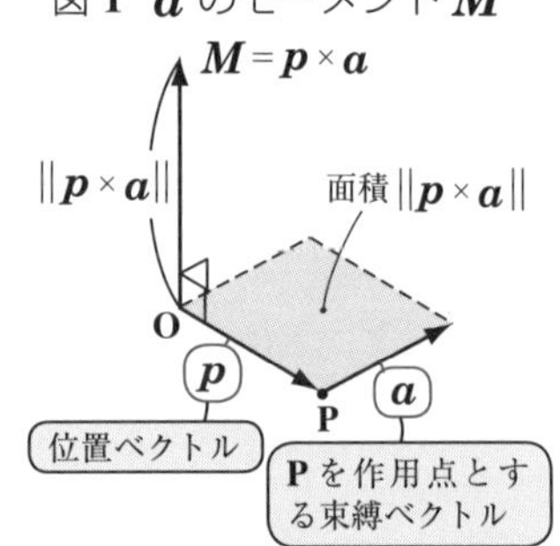

(i) $\boldsymbol{a}$ が点Pに作用する力 $\boldsymbol{f}$ である場合，外積 $\boldsymbol{p}\times\boldsymbol{f}$ は“**力のモーメント**”と呼ばれ，原点Oを通る $\boldsymbol{p}\times\boldsymbol{f}$ と同じ方向を軸としたとき，その軸のまわりに回転させようとする働きを表すんだよ。

(ii) $\boldsymbol{a}$ が動点Pの速度 $\boldsymbol{v}$ である場合，外積 $\boldsymbol{p}\times\boldsymbol{v}$ は“**速度のモーメント**”と呼ばれ，これに $\frac{1}{2}$ をかけたものが，この後で解説する“**面積速度**”になる。

● 運動量，角運動量，それに面積速度も押さえよう！

今回，動点Pを，質量 m をもった質点（しつてん）と考え，この速度ベクトルを $\boldsymbol{v}(t)$ とおくと，$m\boldsymbol{v}$（スカラー倍のベクトルだね。）は“**運動量**（うんどうりょう）”と呼ばれるベクトルになる。ニュートンの第2法則:「質点の運動量 $m\boldsymbol{v}$ の変化率（時刻 t による微分を表す。）は，それに作用する力 $\boldsymbol{f}$ に等しい」によると，$\frac{d}{dt}(m\boldsymbol{v})=\boldsymbol{f}$ となる。ここで，質点 m を一定とおくと，$m\frac{d\boldsymbol{v}}{dt}=\boldsymbol{f}$（$\frac{d\boldsymbol{v}}{dt}$ は加速度 $\boldsymbol{a}$）となって，有名な“**運動方程式**” $\boldsymbol{f}=m\boldsymbol{a}$ が導けるんだね。

次に，質量 $\boldsymbol{m}$ をもつ質点Pの位置ベクトルを $\boldsymbol{p}$，速度ベクトルを $\boldsymbol{v}$ とおくと，運動量 $m\boldsymbol{v}$ のOに関するモーメント $\boldsymbol{p}\times m\boldsymbol{v}$ のことを，原点Oのまわりの“**角運動量**(かくうんどうりょう)”と呼ぶ。そして，この角運動量の変化率（t による微分）は“**力のモーメント**”になる。

$$\frac{d}{dt}(\boldsymbol{p}\times m\boldsymbol{v}) = \underbrace{\boldsymbol{p}'}_{\boldsymbol{p}'(t)=\boldsymbol{v}(t)=\boldsymbol{v}}\times m\boldsymbol{v} + \boldsymbol{p}\times\underbrace{(m\boldsymbol{v})'}_{m\boldsymbol{v}'(t)=m\boldsymbol{a}(t)=m\boldsymbol{a}}$$

公式：$(\boldsymbol{a}\times\boldsymbol{b})' = \boldsymbol{a}'\times\boldsymbol{b}+\boldsymbol{a}\times\boldsymbol{b}'$ を使った。

$$= \underbrace{m\boldsymbol{v}\times\boldsymbol{v}}_{0} + \boldsymbol{p}\times\underbrace{m\boldsymbol{a}}_{\boldsymbol{f}(\text{運動方程式より})} = \boldsymbol{p}\times\boldsymbol{f}$$

（力のモーメント）となる。大丈夫？

以上で準備が整ったので，“**面積速度**(めんせきそくど)” $\boldsymbol{A}(t)$（これはベクトル）の解説に入ろう。まず，その定義を下に示しておくよ。

面積速度

面積速度 $\boldsymbol{A}(t)$ は，動点Pの原点Oに関する位置ベクトル $\boldsymbol{p}(t)$ と速度ベクトル $\boldsymbol{v}(t)$ を用いて，次のように定義される。

$$\boldsymbol{A}(t) = \frac{1}{2}\boldsymbol{p}(t)\times\boldsymbol{v}(t)$$

面積速度 $\boldsymbol{A}$ は，速度のモーメント $\boldsymbol{p}\times\boldsymbol{v}$ を $\frac{1}{2}$ 倍したもので，そのノルム $\|\boldsymbol{A}\|$ は右図の△OPQの面積に等しい。

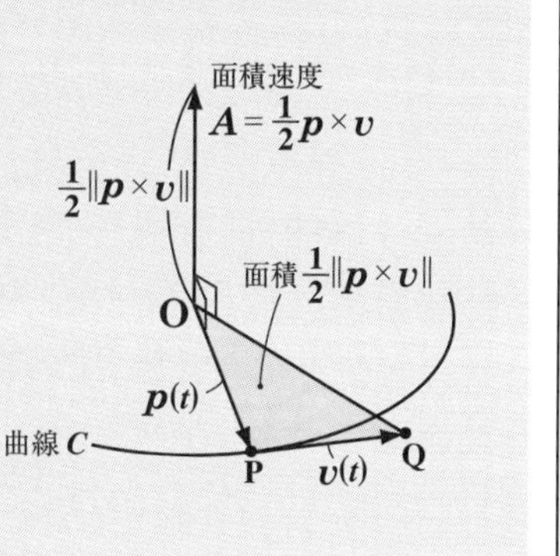

時刻 $[t,\ t+\Delta t]$ の間の Δt 秒間に，動径OPが通過する微小な面積は，図2に示すように，近似的に $\frac{1}{2}\|\boldsymbol{p}\times\Delta t\boldsymbol{v}\| = \frac{\Delta t}{2}\|\boldsymbol{p}\times\boldsymbol{v}\|$ となり，（Δt は⊕のスカラー）

これに対応する $\frac{\Delta t}{2}\boldsymbol{v}$ のOに関する微小なモーメントは，$\boldsymbol{p}\times\frac{\Delta t}{2}\boldsymbol{v} = \frac{\Delta t}{2}\boldsymbol{p}\times\boldsymbol{v}$ …①となる。

図2 面積速度 $\boldsymbol{A}(t)$

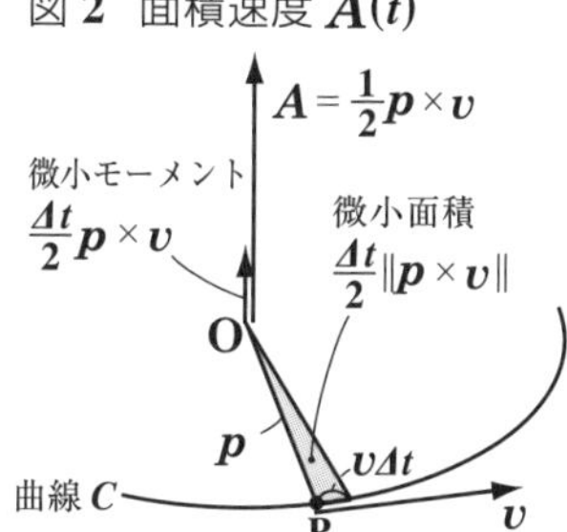

よって，この①を微小時間 $\varDelta t$ で割ったものが，面積速度 $\boldsymbol{A} = \frac{1}{2}\boldsymbol{p} \times \boldsymbol{v}$ になるんだね。

（これで，単位時間当たりに，OP が通過する面積に対応する面積速度 (ベクトル) になる。）

それでは，次の例題で実際に面積速度 $\boldsymbol{A}(t)$ を求めてみよう。

例題 21　次の各位置ベクトル $\boldsymbol{p}(t)$ で表される動点 P の面積速度 $\boldsymbol{A}(t)$ を求めてみよう。

(1) $\boldsymbol{p}(t) = [2\cos t,\ 2\sin t,\ 0]$ ← 例題 20(1)(P86)

(2) $\boldsymbol{p}(t) = \left[2\cos t,\ 2\sin t,\ \sqrt{5}t\right]$ ← 例題 20(2)(P86)

(1) $\boldsymbol{p}(t) = [2\cos t,\ 2\sin t,\ 0]$ を t で微分して，

$\boldsymbol{v}(t) = \boldsymbol{p}'(t) = [-2\sin t,\ 2\cos t,\ 0]$

よって，求める面積速度 $\boldsymbol{A}(t)$ は，

$$\boldsymbol{A}(t) = \frac{1}{2}\boldsymbol{p} \times \boldsymbol{v} = \frac{1}{2}[0,\ 0,\ 4]$$

$= [0,\ 0,\ 2]$ となる。

$$\begin{array}{cccc} 2\cos t & 2\sin t & 0 & 2\cos t \\ -2\sin t & 2\cos t & 0 & -2\sin t \end{array}$$
$,4]\quad[0,\ 0,$

(2) $\boldsymbol{p}(t) = \left[2\cos t,\ 2\sin t,\ \sqrt{5}t\right]$ を t で微分して，

$\boldsymbol{v}(t) = \boldsymbol{p}'(t) = \left[-2\sin t,\ 2\cos t,\ \sqrt{5}\ \right]$

よって，求める面積速度 $\boldsymbol{A}(t)$ は，

$$\boldsymbol{A}(t) = \frac{1}{2}\boldsymbol{p} \times \boldsymbol{v}$$

$$\begin{array}{cccc} 2\cos t & 2\sin t & \sqrt{5}t & 2\cos t \\ -2\sin t & 2\cos t & \sqrt{5} & -2\sin t \end{array}$$
$,4][2\sqrt{5}(\sin t - t\cos t),\ -2\sqrt{5}(t\sin t + \cos t)$

$= \left[\sqrt{5}(\sin t - t\cos t),\ -\sqrt{5}(t\sin t + \cos t),\ 2\right]$

となる。

太陽系の惑星の運動について，次のケプラーの第 2 法則がある。

「惑星 P と太陽 O を結ぶ線分が，同一時間に通過してできる図形の面積は一定である。」

これをより一般化して表現すると，

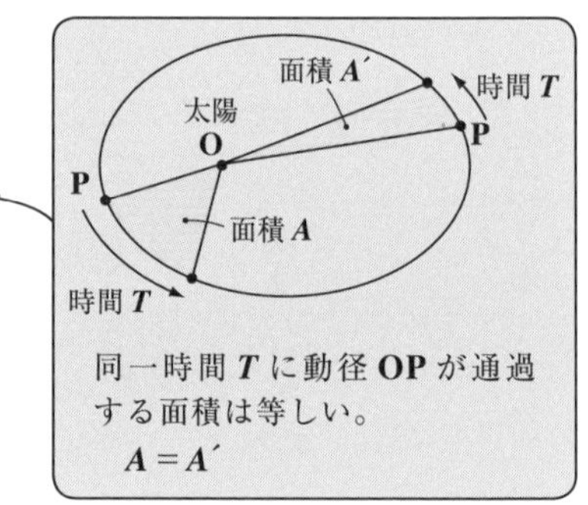

「定質量 $\boldsymbol{m}$ の質点 $\mathbf{P}$ が原点 $\mathbf{O}$ に向かう力 $\boldsymbol{f}$ を受けて運動するとき，面積速度 $\boldsymbol{A} = \frac{1}{2}\boldsymbol{p} \times \boldsymbol{v}$ は一定である。」となるんだよ。実際に，このことが成り立つか否か，数学的に確かめてみることができる。

例えば，"万有引力"

$(\boldsymbol{a} \times \boldsymbol{b})' = \boldsymbol{a}' \times \boldsymbol{b} + \boldsymbol{a} \times \boldsymbol{b}'$

$$\frac{d\boldsymbol{A}}{dt} = \frac{d}{dt}\left(\frac{1}{2}\boldsymbol{p} \times \boldsymbol{v}\right) = \frac{1}{2}\{\underbrace{\boldsymbol{p}'(t)}_{\boldsymbol{v}(t)\ (速度)} \times \boldsymbol{v}(t) + \boldsymbol{p}(t) \times \underbrace{\boldsymbol{v}'(t)}_{\boldsymbol{a}(t)\ (加速度)}\}$$

$$= \frac{1}{2}\{\underbrace{\boldsymbol{v}(t) \times \boldsymbol{v}(t)}_{\boldsymbol{0}} + \boldsymbol{p}(t) \times \boldsymbol{a}(t)\} = \frac{1}{2}\boldsymbol{p}(t) \times \boldsymbol{a}(t) \quad \cdots\cdots ①$$

となる。

ここで，ニュートンの運動方程式より，質点 $\mathbf{P}$ に働く力 $\boldsymbol{f}$ は

$$\boldsymbol{f} = m\boldsymbol{a} \quad \cdots\cdots ②$$

また，今回，この力 $\boldsymbol{f}$ は原点 $\mathbf{O}$ に向かう力となるので，

$$\boldsymbol{f} = -k\boldsymbol{p} \quad \cdots\cdots ③ \quad (k：正の定数（スカラー）)$$

②，③より，$m\boldsymbol{a} = -k\boldsymbol{p}$ $\quad \therefore \boldsymbol{a} = -\frac{k}{m}\boldsymbol{p}$ ……④

④を①に代入すると，

$$\frac{d\boldsymbol{A}}{dt} = \frac{d}{dt}\left(\frac{1}{2}\boldsymbol{p} \times \boldsymbol{v}\right) = \frac{1}{2}\boldsymbol{p}(t) \times \left(-\frac{k}{m}\boldsymbol{p}(t)\right) = -\frac{k}{2m}\underbrace{\boldsymbol{p}(t) \times \boldsymbol{p}(t)}_{\boldsymbol{0}} = \boldsymbol{0}$$

となる。

よって，質点（惑星）$\mathbf{P}$ が（太陽）$\mathbf{O}$ に向かう力（万有引力）$\boldsymbol{f}$ を受けて運動するとき，その面積速度 $\boldsymbol{A} = \frac{1}{2}\boldsymbol{P} \times \boldsymbol{v}$ は時刻 t によらず常に一定に保たれることが分かったんだ。納得いった？

今回の講義では，物理の力学的な内容が中心だったけれど，ベクトル解析により，さまざまな物理法則が数学的にキチンと説明されて面白かったと思う。それでは，次の演習問題と実践問題で，速度ベクトル $\boldsymbol{v}(t)$ と加速度ベクトル $\boldsymbol{a}(t)$ を求めてみよう。これで，本当に速度・加速度の計算にも慣れるはずだ。

演習問題 5 ● 速度と加速度 ●

動点 $\mathbf{P}$ の時刻 $t\ (\geqq 0)$ における位置ベクトル $\boldsymbol{p}(t)$ が

$\boldsymbol{p}(t)=\left[\frac{1}{2}t^2,\ \frac{2\sqrt{2}}{3}t\sqrt{t},\ t\right]$ で与えられるとき，速度 $\boldsymbol{v}(t)$ と加速度 $\boldsymbol{a}(t)$

を $\boldsymbol{t}$(単位接線ベクトル) と $\boldsymbol{n}$(単位主法線ベクトル) を用いて表せ。

ヒント！ 公式：$\boldsymbol{v}(t)=v\boldsymbol{t}$，$\boldsymbol{a}(t)=a\boldsymbol{t}+v^2\kappa\boldsymbol{n}$ を使って求める。そのために，v，a，κ を求めればいいんだね。頑張ろう！

解答＆解説

位置ベクトル $\boldsymbol{p}(t)=\left[\frac{1}{2}t^2,\ \frac{2\sqrt{2}}{3}t^{\frac{3}{2}},\ t\right]$ を t で微分して，

$$\boldsymbol{p}'(t)=\left[t,\ \sqrt{2t},\ 1\right]$$

よって，$v=\|\boldsymbol{p}'(t)\|=\sqrt{t^2+2t+1}=\sqrt{(t+1)^2}=\underset{\frac{ds}{dt}}{\underline{t+1}}$ ……①

$$a=\frac{dv}{dt}=\frac{d^2s}{dt^2}=(t+1)'=1 \quad \cdots\cdots ②$$

次に，$\boldsymbol{t}=\boldsymbol{p}'(s)=\frac{dt}{ds}\frac{d\boldsymbol{p}(t)}{dt}=\frac{1}{v}\boldsymbol{p}'(t)=\frac{1}{t+1}\left[t,\ \sqrt{2t},\ 1\right]$

$$=\left[\frac{t}{t+1},\ \frac{\sqrt{2t}}{t+1},\ \frac{1}{t+1}\right]$$

$$\boldsymbol{t}'=\kappa\boldsymbol{n}=\frac{d\boldsymbol{t}}{ds}=\frac{dt}{ds}\frac{d\boldsymbol{t}}{dt}=\frac{1}{v}\left[\left(\frac{t}{t+1}\right)',\ \left(\frac{\sqrt{2}t^{\frac{1}{2}}}{t+1}\right)',\ \left(\frac{1}{t+1}\right)'\right]$$

$\left(\frac{t}{t+1}\right)'=\frac{t+1-t}{(t+1)^2}$，　$\{(t+1)^{-1}\}'=-(t+1)^{-2}$

$\left(\frac{\sqrt{2}t^{\frac{1}{2}}}{t+1}\right)'=\sqrt{2}\cdot\frac{\frac{1}{2}t^{-\frac{1}{2}}(t+1)-t^{\frac{1}{2}}}{(t+1)^2}=\frac{\sqrt{2}}{2}\frac{t^{-\frac{1}{2}}-t^{\frac{1}{2}}}{(t+1)^2}$

$$=\frac{1}{t+1}\left[\frac{1}{(t+1)^2},\ \frac{t^{-\frac{1}{2}}-t^{\frac{1}{2}}}{\sqrt{2}(t+1)^2},\ -\frac{1}{(t+1)^2}\right]=\frac{1}{(t+1)^3}\left[1,\ \frac{1}{\sqrt{2}}\left(\frac{1}{\sqrt{t}}-\sqrt{t}\right),\ -1\right]$$

$$\therefore\ \kappa=\|\boldsymbol{t}'\|=\frac{1}{(t+1)^3}\sqrt{1+\frac{1}{2}\left(\frac{1}{\sqrt{t}}-\sqrt{t}\right)^2+1}=\frac{1}{(t+1)^3}\sqrt{\frac{1+t^2+2t}{2t}}$$

$\frac{1}{2}\left(\frac{1}{\sqrt{t}}-\sqrt{t}\right)^2=\frac{1}{2}\left(\frac{1}{t}-2+t\right)$

$$=\frac{1}{\sqrt{2t}(t+1)^2} \quad \cdots\cdots ③$$

以上①，②，③より，速度 $\boldsymbol{v}(t)$ と加速度 $\boldsymbol{a}(t)$ を $\boldsymbol{t}$ と $\boldsymbol{n}$ で表すと，

$\boldsymbol{v}(t)=(t+1)\boldsymbol{t}$，　$\boldsymbol{a}(t)=1\cdot\boldsymbol{t}+(t+1)^2\cdot\frac{1}{\sqrt{2t}(t+1)^2}\boldsymbol{n}=\boldsymbol{t}+\frac{1}{\sqrt{2t}}\boldsymbol{n}$ となる。

実践問題 5	● 速度と加速度 ●

動点 P の時刻 $t\ (\geqq 0)$ における位置ベクトル $\boldsymbol{p}(t)$ が
$\boldsymbol{p}(t)=\left[3t^2,\ 8t^{\frac{3}{2}},\ 12t\right]$ で与えられるとき，速度 $\boldsymbol{v}(t)$ と加速度 $\boldsymbol{a}(t)$ を
$\boldsymbol{t}$(単位接線ベクトル)と $\boldsymbol{n}$(単位主法線ベクトル)を用いて表せ。

ヒント！ v と a と κ を求めれば，$\boldsymbol{v}(t)$ と $\boldsymbol{a}(t)$ を $\boldsymbol{t}$ と $\boldsymbol{n}$ で表せる！

解答＆解説

位置ベクトル $\boldsymbol{p}(t)=\left[3t^2,\ 8t^{\frac{3}{2}},\ 12t\right]$ を t で微分して，

$$\boldsymbol{p}'(t)=[6t,\ 12\sqrt{t},\ 12]=\boxed{(ア)\qquad}$$

よって，$v=\|\boldsymbol{p}'(t)\|=6\sqrt{t^2+4t+4}=6\sqrt{(t+2)^2}=\boxed{(イ)\qquad}$ ……①（$=\dfrac{ds}{dt}$）

$$a=\frac{dv}{dt}=\frac{d^2s}{dt^2}=\boxed{(ウ)}\quad\cdots\cdots②$$

次に，$\boldsymbol{t}=\boldsymbol{p}'(s)=\dfrac{dt}{ds}\dfrac{d\boldsymbol{p}(t)}{dt}=\dfrac{1}{v}\boldsymbol{p}'(t)=\dfrac{1}{\cancel{6}(t+2)}\cancel{6}[t,\ 2\sqrt{t},\ 2]$

$$=\left[\frac{t}{t+2},\ \frac{2\sqrt{t}}{t+2},\ \frac{2}{t+2}\right]$$

$$\boldsymbol{t}'=\kappa\boldsymbol{n}=\frac{d\boldsymbol{t}}{ds}=\frac{dt}{ds}\frac{d\boldsymbol{t}}{dt}=\frac{1}{v}\left[\left(\frac{t}{t+2}\right)',\ \left(\frac{2t^{\frac{1}{2}}}{t+2}\right)',\ \left(\frac{2}{t+2}\right)'\right]$$

（$\left(\dfrac{t}{t+2}\right)'=\dfrac{t+2-t}{(t+2)^2}$，$\left(\dfrac{2t^{\frac{1}{2}}}{t+2}\right)'=2\cdot\dfrac{\frac{1}{2}t^{-\frac{1}{2}}(t+2)-t^{\frac{1}{2}}}{(t+2)^2}=\dfrac{2t^{-\frac{1}{2}}-t^{\frac{1}{2}}}{(t+2)^2}$，$\{2(t+2)^{-1}\}'=-2(t+2)^{-2}$）

$$=\frac{1}{6(t+2)}\left[\frac{2}{(t+2)^2},\ \frac{2t^{-\frac{1}{2}}-t^{\frac{1}{2}}}{(t+2)^2},\ -\frac{2}{(t+2)^2}\right]=\frac{1}{6(t+2)^3}\left[2,\ \frac{2}{\sqrt{t}}-\sqrt{t},\ -2\right]$$

$$\therefore\ \kappa=\|\boldsymbol{t}'\|=\frac{1}{6(t+2)^3}\sqrt{\cancel{4}+\left(\frac{2}{\sqrt{t}}-\sqrt{t}\right)^2+4}=\frac{1}{6(t+2)^3}\sqrt{\frac{4+t^2+4t}{t}}$$

（$\left(\dfrac{2}{\sqrt{t}}-\sqrt{t}\right)^2=\left(\dfrac{4}{t}-\cancel{4}+t\right)$）

$$=\boxed{(エ)\qquad}\quad\cdots\cdots③$$

以上①，②，③より，速度 $\boldsymbol{v}(t)$ と加速度 $\boldsymbol{a}(t)$ を $\boldsymbol{t}$ と $\boldsymbol{n}$ で表すと，

$$\boldsymbol{v}(t)=\boxed{(イ)\qquad}\boldsymbol{t},\quad \boldsymbol{a}(t)=\boxed{(ウ)}\boldsymbol{t}+36(t+2)^2\boxed{(エ)\qquad}\boldsymbol{n}=6\boldsymbol{t}+\boxed{(オ)}\boldsymbol{n}$$

解答 (ア) $6[t,\ 2\sqrt{t},\ 2]$　(イ) $6(t+2)$　(ウ) 6　(エ) $\dfrac{1}{6\sqrt{t}(t+2)^2}$　(オ) $\dfrac{6}{\sqrt{t}}$

§4. 1変数ベクトル値関数の積分と微分方程式

これから，“**1変数ベクトル値関数の積分**”について解説しよう。ベクトル値関数の積分においても，不定積分と定積分の**2**種類があるんだけれど，いずれも成分毎の積分であることに注意しよう。でも，微分のときと同様に，導かれる積分公式は**2**つのベクトル値関数の内積や外積の積分公式まで含めて，スカラー値関数のものと同じ形をしているので覚えやすいと思う。

さらに，ここでは**1**変数ベクトル値関数の“**微分方程式**”についても簡単な例を使って，解説するつもりだ。

● 1変数ベクトル値関数の不定積分から定義しよう！

1変数ベクトル値関数 $\boldsymbol{a}(t)$ がベクトル値関数 $\boldsymbol{A}(t)$ の導関数，すなわち $\dfrac{d\boldsymbol{A}(t)}{dt}=\boldsymbol{a}(t)$ のとき，$\boldsymbol{A}(t)$ を $\boldsymbol{a}(t)$ の“**原始関数**”と呼ぶ。スカラー値関数のときと同様に，原始関数 $\boldsymbol{A}(t)$ は一意には定まらない。ここでは原始関数の**1**つを $\boldsymbol{A}(t)$ と表すことにし，これに定ベクトル $\boldsymbol{C}$ を加えたものを $\boldsymbol{a}(t)$ の不定積分 $\boldsymbol{A}(t)+\boldsymbol{C}$ と定義することにする。

1変数ベクトル値関数の不定積分

ベクトル値関数 $\boldsymbol{a}(t)$ の原始関数の**1**つを $\boldsymbol{A}(t)$ とおくとき，$\boldsymbol{a}(t)$ の不定積分を $\int\boldsymbol{a}(t)dt$ と表し，これを次のように定義する。

$$\int\boldsymbol{a}(t)dt=\boldsymbol{A}(t)+\boldsymbol{C}$$

($\boldsymbol{a}(t)$：被積分関数，$\boldsymbol{A}(t)$：原始関数の**1**つ，$\boldsymbol{C}$：任意の定ベクトル)

ここで，$\boldsymbol{a}(t)=[a_1(t),\ a_2(t),\ a_3(t)]$，$\boldsymbol{A}(t)=[A_1(t),\ A_2(t),\ A_3(t)]$

$\boldsymbol{C}=[C_1,\ C_2,\ C_3]$ とおいて，上の公式を具体的に示すと，

$$\int\boldsymbol{a}(t)dt=\left[\int a_1(t)dt,\ \int a_2(t)dt,\ \int a_3(t)dt\right]$$ ←成分毎に積分！

$$=[A_1(t)+C_1,\ A_2(t)+C_2,\ A_3(t)+C_3]$$

$$=[A_1(t),\ A_2(t),\ A_3(t)]+[C_1,\ C_2,\ C_3]$$

$$=\underline{\boldsymbol{A}(t)}+\boldsymbol{C}$$ となるんだね。

（これは一般には，積分定数をもたない各成分の原始関数を用いることが多い。）

それでは，次の例題で実際にベクトル値関数の積分計算をやってみよう。

例題 22　次のベクトル値関数の不定積分を求めてみよう。

(1) $\boldsymbol{a}(t) = [\cos t,\ \sin t,\ 2t]$　　(2) $\boldsymbol{b}(t) = [e^{2t},\ e^{-t},\ te^t]$

(1) $\int \boldsymbol{a}(t)dt = \int [\cos t,\ \sin t,\ 2t]dt = \left[\int \cos t dt,\ \int \sin t dt,\ \int 2t dt\right]$

$\int \cos t dt = \sin t + C_1$, $\int \sin t dt = -\cos t + C_2$, $\int 2t dt = t^2 + C_3$

$= [\sin t,\ -\cos t,\ t^2] + \boldsymbol{C}$　（ただし，$\boldsymbol{C} = [C_1,\ C_2,\ C_3]$）

(2) $\int \boldsymbol{b}(t)dt = \left[\int e^{2t}dt,\ \int e^{-t}dt,\ \int te^t dt\right]$

$\int e^{2t}dt = \frac{1}{2}e^{2t} + C_1$, $\int e^{-t}dt = -e^{-t} + C_2$

部分積分：$\int te^t dt = \int t(e^t)' dt = te^t - \int 1 \cdot e^t dt = te^t - e^t + C_3$

$= \left[\frac{1}{2}e^{2t},\ -e^{-t},\ e^t(t-1)\right] + \boldsymbol{C}$　（ただし，$\boldsymbol{C}$：定ベクトル）

となる。

どう？ 簡単でしょう。それでは，これからベクトル値関数の積分公式を紹介しよう。これも，形式的にはスカラー値関数と同様だから，覚えやすいはずだ。

ベクトル値関数の積分公式（Ⅰ）

$\boldsymbol{a}(t)$，$\boldsymbol{b}(t)$ をベクトル値関数，k を定数，$\boldsymbol{k}$ を定ベクトルとすると，次の積分公式が成り立つ。

(1) $\int k\boldsymbol{a}(t)dt = k\int \boldsymbol{a}(t)dt$　　(2) $\int \{\boldsymbol{a}(t) + \boldsymbol{b}(t)\}dt = \int \boldsymbol{a}(t)dt + \int \boldsymbol{b}(t)dt$

(3) $\int \boldsymbol{k} \cdot \boldsymbol{a}(t)dt = \boldsymbol{k} \cdot \left\{\int \boldsymbol{a}(t)dt\right\}$　　(4) $\int \boldsymbol{k} \times \boldsymbol{a}(t)dt = \boldsymbol{k} \times \left\{\int \boldsymbol{a}(t)dt\right\}$

$\boldsymbol{a}(t) = [a_1(t),\ a_2(t),\ a_3(t)]$，$\boldsymbol{b}(t) = [b_1(t),\ b_2(t),\ b_3(t)]$，$\boldsymbol{k} = [k_1,\ k_2,\ k_3]$

（これらは，$[a_1,\ a_2,\ a_3]$ や $[b_1,\ b_2,\ b_3]$ と略記したりもする。）

とおいて，公式を証明してみよう。

(1)，(2) は，不定積分の定義から明らかだね。(3) の証明は次の通りだ。

(3) $\int \boldsymbol{k} \cdot \boldsymbol{a}(t)dt = \int (k_1a_1 + k_2a_2 + k_3a_3)dt = k_1\int a_1dt + k_2\int a_2dt + k_3\int a_3dt$

（$\boldsymbol{k} \cdot \boldsymbol{a}(t)$：スカラー値関数）

$= [k_1,\ k_2,\ k_3] \cdot \left[\int a_1dt,\ \int a_2dt,\ \int a_3dt\right] = \boldsymbol{k} \cdot \left\{\int \boldsymbol{a}(t)dt\right\}$ となる。

(4) $\int \boldsymbol{k}\times\boldsymbol{a}(t)dt = \boldsymbol{k}\times\left\{\int \boldsymbol{a}(t)dt\right\}$ も証明しておこう。

$$\int \boldsymbol{k}\times\boldsymbol{a}(t)dt = \int [k_1,\ k_2,\ k_3]\times[a_1,\ a_2,\ a_3]dt$$

$$= \int [k_2a_3 - k_3a_2,\ k_3a_1 - k_1a_3,\ k_1a_2 - k_2a_1]dt$$

$$= \left[\int (k_2a_3 - k_3a_2)dt,\ \int (k_3a_1 - k_1a_3)dt,\ \int (k_1a_2 - k_2a_1)dt\right]$$

$$= \left[k_2\int a_3dt - k_3\int a_2dt,\ k_3\int a_1dt - k_1\int a_3dt,\ k_1\int a_2dt - k_2\int a_1dt\right]$$

$$= [k_1,\ k_2,\ k_3]\times\left[\int a_1dt,\ \int a_2dt,\ \int a_3dt\right] = \boldsymbol{k}\times\left\{\int \boldsymbol{a}(t)dt\right\}$$ となる。

$k_1 \quad k_2 \quad k_3 \quad k_1$
$a_1 \quad a_2 \quad a_3 \quad a_1$
$[k_2a_3 - k_3a_2,\ k_3a_1 - k_1a_3,\ k_1a_2 - k_2a_1]$

それでは，さらにベクトル値関数の積分公式を示しておこう。

ベクトル値関数の積分公式（Ⅱ）

$\boldsymbol{a}(t)$，$\boldsymbol{b}(t)$ をベクトル値関数，$f(t)$ をスカラー値関数とし，いずれも t で微分可能な関数とすると，次の積分公式が成り立つ。

(5) $\int f(t)\boldsymbol{a}'(t)dt = f(t)\boldsymbol{a}(t) - \int f'(t)\boldsymbol{a}(t)dt$

(6) $\int f'(t)\boldsymbol{a}(t)dt = f(t)\boldsymbol{a}(t) - \int f(t)\boldsymbol{a}'(t)dt$

(7) $\int \boldsymbol{a}(t)\cdot\boldsymbol{b}'(t)dt = \boldsymbol{a}(t)\cdot\boldsymbol{b}(t) - \int \boldsymbol{a}'(t)\cdot\boldsymbol{b}(t)dt$

(8) $\int \boldsymbol{a}(t)\times\boldsymbol{b}'(t)dt = \boldsymbol{a}(t)\times\boldsymbol{b}(t) - \int \boldsymbol{a}'(t)\times\boldsymbol{b}(t)dt$

(5)～(7) のいずれの式も形式的には，スカラー値関数の“部分積分の公式”と同じだからすぐ頭に入ると思う。

$\int f'g\,dx = fg - \int fg'dx$

それでは (5) から証明してみよう。

(5) $\int f(t)\boldsymbol{a}'(t)dt = \int f[a_1',\ a_2',\ a_3']dt = \int [fa_1',\ fa_2',\ fa_3']dt$

スカラー倍のベクトル

$f(t) = f$ と略記した！

$$= \left[\int fa_1'dt,\ \int fa_2'dt,\ \int fa_3'dt\right]$$

$fa_1 - \int f'a_1dt$ 　 $fa_2 - \int f'a_2dt$ 　 $fa_3 - \int f'a_3dt$ ← スカラー値関数の部分積分

$$\therefore \int f(t)\boldsymbol{a}'(t)dt = [fa_1,\ fa_2,\ fa_3] - \left[\int f'a_1dt,\ \int f'a_2dt,\ \int f'a_3dt\right]$$

$$= f[a_1,\ a_2,\ a_3] - \int \underbrace{[f'a_1,\ f'a_2,\ f'a_3]}_{f'[a_1,\ a_2,\ a_3]}dt = f(t)\boldsymbol{a}(t) - \int f'(t)\boldsymbol{a}(t)dt$$

となって成り立つ。(6) も同様だから，自分で証明してみるといいよ。

では，次 (7) だ。

(7) $\displaystyle\int \underbrace{\boldsymbol{a}(t)\cdot\boldsymbol{b}'(t)}_{[a_1,\ a_2,\ a_3]\cdot[b_1',\ b_2',\ b_3'] = a_1b_1'+a_2b_2'+a_3b_3'}dt = \int (a_1b_1' + a_2b_2' + a_3b_3')dt$ ← スカラー値関数

$$= \underbrace{\int a_1b_1'dt}_{a_1b_1 - \int a_1'b_1dt} + \underbrace{\int a_2b_2'dt}_{a_2b_2 - \int a_2'b_2dt} + \underbrace{\int a_3b_3'dt}_{a_3b_3 - \int a_3'b_3dt}$$ ← スカラー値関数の部分積分

$$= \underbrace{(a_1b_1 + a_2b_2 + a_3b_3)}_{\boldsymbol{a}(t)\cdot\boldsymbol{b}(t)} - \int \underbrace{(a_1'b_1 + a_2'b_2 + a_3'b_3)}_{\boldsymbol{a}'(t)\cdot\boldsymbol{b}(t)}dt$$

$= \boldsymbol{a}(t)\cdot\boldsymbol{b}(t) - \displaystyle\int \boldsymbol{a}'(t)\cdot\boldsymbol{b}(t)dt$ となって，(7) も証明終了だ。

(8) $\displaystyle\int \boldsymbol{a}(t)\times\boldsymbol{b}'(t)dt = \int [a_1,\ a_2,\ a_3]\times[b_1',\ b_2',\ b_3']dt$

$$= \int [a_2b_3' - a_3b_2',\ a_3b_1' - a_1b_3',\ a_1b_2' - a_2b_1']dt$$

$$\begin{matrix} a_1 & & a_2 & & a_3 & & a_1 \\ & \times & & \times & & \times & \\ b_1' & & b_2' & & b_3' & & b_1' \\ & \downarrow & & \downarrow & & \downarrow & \end{matrix}$$
$[a_1b_2' - a_2b_1'$][$a_2b_3' - a_3b_2',\ a_3b_1' - a_1b_3'$]

$$= \left[\underbrace{\int (a_2b_3' - a_3b_2')dt}_{(*)},\ \underbrace{\int (a_3b_1' - a_1b_3')dt}_{(**)},\ \underbrace{\int (a_1b_2' - a_2b_1')dt}_{(***)}\right]$$

(*) $\displaystyle\int a_2b_3'dt - \int a_3b_2'dt = a_2b_3 - \int a_2'b_3dt - a_3b_2 + \int a_3'b_2dt$

(**) $\displaystyle\int a_3b_1'dt - \int a_1b_3'dt = a_3b_1 - \int a_3'b_1dt - a_1b_3 + \int a_1'b_3dt$

(***) $\displaystyle\int a_1b_2'dt - \int a_2b_1'dt = a_1b_2 - \int a_1'b_2dt - a_2b_1 + \int a_2'b_1dt$

$$= [a_2b_3 - a_3b_2,\ \ a_3b_1 - a_1b_3,\ \ a_1b_2 - a_2b_1]$$

$$- \int [a_2'b_3 - a_3'b_2,\ \ a_3'b_1 - a_1'b_3,\ \ a_1'b_2 - a_2'b_1]dt$$

$= \boldsymbol{a}(t)\times\boldsymbol{b}(t) - \displaystyle\int \boldsymbol{a}'(t)\times\boldsymbol{b}(t)dt$ となって，(8) も証明できた。

(7) の公式：$\int \boldsymbol{a}'(t)\cdot\boldsymbol{b}(t)dt = \boldsymbol{a}(t)\cdot\boldsymbol{b}(t) - \int \boldsymbol{a}(t)\cdot\boldsymbol{b}'(t)dt$ の特殊な場合として，$\boldsymbol{b}(t)=\boldsymbol{a}(t)$ の場合を考えてみよう。

$$\int \boldsymbol{a}'(t)\cdot\boldsymbol{a}(t)dt = \underbrace{\boldsymbol{a}(t)\cdot\boldsymbol{a}(t)}_{\|\boldsymbol{a}(t)\|^2} - \int \underbrace{\boldsymbol{a}(t)\cdot\boldsymbol{a}'(t)}_{\boldsymbol{a}'(t)\cdot\boldsymbol{a}(t)}dt$$ となるので，

交換の法則

$2\int \boldsymbol{a}'(t)\cdot\boldsymbol{a}(t)dt = \|\boldsymbol{a}(t)\|^2$　　よって，定ベクトル $\boldsymbol{C}$ を考慮に入れると，

新たな不定積分の公式：$\int \boldsymbol{a}'(t)\cdot\boldsymbol{a}(t)dt = \frac{1}{2}\|\boldsymbol{a}(t)\|^2 + \boldsymbol{C}$

が導かれる。（ただし，これは $\boldsymbol{a}(t)$ の成分に $\boldsymbol{0}$ 以外の定数がある場合は成り立たない。）

● 1 変数ベクトル値関数の定積分も定義しよう！

1 変数ベクトル値関数の定積分は，次のように定義する。

1 変数ベクトル値関数の定積分

ベクトル値関数 $\boldsymbol{a}(t)=[a_1(t),\ a_2(t),\ a_3(t)]$ の原始関数が $\boldsymbol{A}(t)=[A_1(t),\ A_2(t),\ A_3(t)]$ であるとき，積分区間 $[t_1,\ t_2]$ における $\boldsymbol{a}(t)$ の定積分 $\int_{t_1}^{t_2}\boldsymbol{a}(t)dt$ は次のように定義される。

$$\int_{t_1}^{t_2}\boldsymbol{a}(t)dt = \left[\int_{t_1}^{t_2}a_1(t)dt,\ \int_{t_1}^{t_2}a_2(t)dt,\ \int_{t_1}^{t_2}a_3(t)dt\right]$$

（成分毎に定積分するだけだ。）

これを $\boldsymbol{A}(t)$ で表すと，

$$\int_{t_1}^{t_2}\boldsymbol{a}(t)dt = \boldsymbol{A}(t_2) - \boldsymbol{A}(t_1)$$ となる。

それでは，次の例題で，ベクトル値関数の定積分の練習もしておこう。

例題 **23**　$\boldsymbol{a}(t)=[t,\ 1-t,\ t^2]$，$\boldsymbol{b}(t)=[2t^2,\ t+1,\ -t]$ のとき，次の定積分を求めよう。

(1) $\int_0^2 \boldsymbol{a}(t)dt$　　(2) $\int_0^1 \boldsymbol{a}(t)\times\boldsymbol{b}(t)dt$　　(3) $\int_0^2 \boldsymbol{a}'(t)\cdot\boldsymbol{a}(t)dt$

(1) $\int_0^2 \boldsymbol{a}(t)dt = \left[\int_0^2 t\,dt,\ \int_0^2 (1-t)dt,\ \int_0^2 t^2 dt\right] = \left[2,\ 0,\ \frac{8}{3}\right]$ となる。

$\left[\frac{1}{2}t^2\right]_0^2 = 2$　$\left[t - \frac{1}{2}t^2\right]_0^2 = 0$　$\left[\frac{1}{3}t^3\right]_0^2 = \frac{8}{3}$

(2) $\boldsymbol{a}(t) \times \boldsymbol{b}(t) = [t,\ 1-t,\ t^2] \times [2t^2,\ t+1,\ -t]$

$= [-(t^3+t),\ 2t^4+t^2,\ 2t^3-t^2+t]$

t　$1-t$　t^2　t
$2t^2$　$t+1$　$-t$　$2t^2$
$,\ 2t^3-t^2+t][-t^3-t,\ 2t^4+t^2$

よって，

$\int_0^1 \boldsymbol{a}(t) \times \boldsymbol{b}(t)dt = \left[-\int_0^1 (t^3+t)dt,\ \int_0^1 (2t^4+t^2)dt,\ \int_0^1 (2t^3-t^2+t)dt\right]$

$\left[\frac{1}{4}t^4 + \frac{1}{2}t^2\right]_0^1 = \frac{3}{4}$　$\left[\frac{2}{5}t^5 + \frac{1}{3}t^3\right]_0^1 = \frac{11}{15}$　$\left[\frac{1}{2}t^4 - \frac{1}{3}t^3 + \frac{1}{2}t^2\right]_0^1 = \frac{2}{3}$

$= \left[-\frac{3}{4},\ \frac{11}{15},\ \frac{2}{3}\right]$ となるね。

(3) $\boldsymbol{a}'(t) = [1,\ -1,\ 2t]$ より，

$\boldsymbol{a}'(t) \cdot \boldsymbol{a}(t) = [1,\ -1,\ 2t] \cdot [t,\ 1-t,\ t^2] = t-(1-t)+2t^3 = 2t^3+2t-1$

よって，

$\int_0^2 \boldsymbol{a}'(t) \cdot \boldsymbol{a}(t)dt = \int_0^2 (2t^3+2t-1)dt = \left[\frac{1}{2}t^4 + t^2 - t\right]_0^2 = 8+4-2 = 10$

スカラー値関数

別解として，公式：$\int_0^2 \boldsymbol{a}'(t) \cdot \boldsymbol{a}(t)dt = \frac{1}{2}\left[\|\boldsymbol{a}(t)\|^2\right]_0^2$ を用いても，

$\int_0^2 \boldsymbol{a}'(t) \cdot \boldsymbol{a}(t)dt = \frac{1}{2}\left[t^2 + (1-t)^2 + t^4\right]_0^2 = \frac{1}{2}(4 + \cancel{1} + 16 - \cancel{1}) = 10$

となって，同じ結果が導けるんだね。

ただし，この公式はたとえば $\boldsymbol{a}(t) = [t,\ \underline{-2},\ t^2]$ のように，成分に 0

0 以外の定数の成分

以外の定数が入っている場合は成り立たない。自分で確かめてみるといいよ。

それでは，ベクトル値関数の定積分と関連させて，また物理的なテーマ，**"仕事と運動エネルギーの変化"**，**"力積と運動量の変化"** についても解説しておこう。

● ベクトル値関数の積分を物理に応用しよう！

定質量 m の質点 P が外力 $\boldsymbol{f}(t)$ を受けながら速度 $\boldsymbol{v}(t)$ の運動をしているとき，時間 $[t_1,\ t_2]$ の間に外力がなす仕事 W は，

$$W=\int_{t_1}^{t_2}\underbrace{\boldsymbol{f}(t)\cdot\boldsymbol{v}(t)}_{\text{スカラー値関数}}dt\ \cdots\cdots①$$

となる。

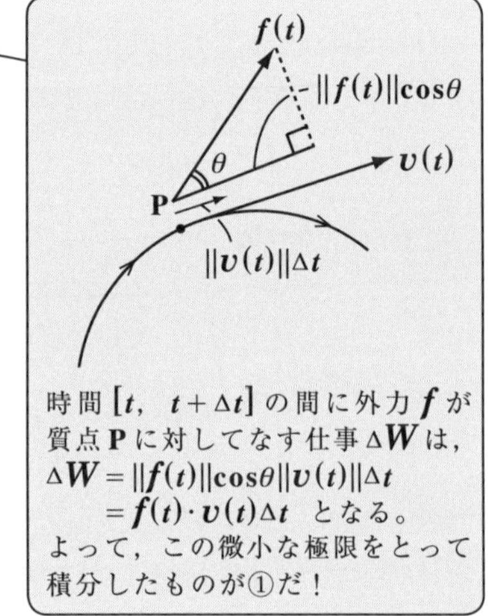

時間 $[t,\ t+\Delta t]$ の間に外力 $\boldsymbol{f}$ が質点 P に対してなす仕事 ΔW は，
$\Delta W=\|\boldsymbol{f}(t)\|\cos\theta\|\boldsymbol{v}(t)\|\Delta t$
$=\boldsymbol{f}(t)\cdot\boldsymbol{v}(t)\Delta t$ となる。
よって，この微小な極限をとって積分したものが①だ！

また，時間 $[t_1,\ t_2]$ の間に外力 $\boldsymbol{f}$ が質点 P に加える力積 $\boldsymbol{I}$ は，

$$\boldsymbol{I}=\int_{t_1}^{t_2}\underbrace{\boldsymbol{f}(t)}_{\text{ベクトル値関数}}dt\ \cdots\cdots②$$

で定義される。

ここで，速度 $\boldsymbol{v}(t)$ で運動する質点 P の運動エネルギー K は，

$$K=\underbrace{\frac{1}{2}mv^2}_{\text{スカラー}}\ \cdots\cdots③\ \left(\text{ただし，}v=\|\boldsymbol{v}(t)\|\right)$$ であり，また，運動量 $\boldsymbol{M}$ は

$$\boldsymbol{M}=\underbrace{m\boldsymbol{v}(t)}_{\text{ベクトル}}\ \cdots\cdots④$$ であることも知っているね。

ここでさらに，時刻 t_1，t_2 における運動エネルギーをそれぞれ $K_1=\frac{1}{2}m\underbrace{v_1{}^2}_{\|\boldsymbol{v}(t_1)\|^2\text{のこと}}$，$K_2=\frac{1}{2}m\underbrace{v_2{}^2}_{\|\boldsymbol{v}(t_2)\|^2\text{のこと}}$ とし，また運動量をそれぞれ $\boldsymbol{M}_1=m\boldsymbol{v}(t_1)=m\boldsymbol{v}_1$，

$\boldsymbol{M}_2=m\boldsymbol{v}(t_2)=m\boldsymbol{v}_2$ とおくことにする。

このとき，

(Ⅰ)「時間 $[t_1,\ t_2]$ の間に $\boldsymbol{f}$ のなす仕事 W が運動エネルギーの変化 K_2-K_1 を表す」ことと，

(Ⅱ)「時間 $[t_1,\ t_2]$ の間に $\boldsymbol{f}$ による力積 $\boldsymbol{I}$ が運動量の変化 $\boldsymbol{M}_2-\boldsymbol{M}_1$ を表す」ことを，それぞれ示しておこう。

これらも，物理の力学で重要な法則なんだ。それでは，まず，

(Ⅰ) $W = \int_{t_1}^{t_2} \underline{f(t)} \cdot v(t)dt$

$f(t) = ma(t) = mv'(t)$ ←ニュートンの運動方程式

$= m\int_{t_1}^{t_2} v'(t) \cdot v(t)dt = m \cdot \frac{1}{2}\left[\|v(t)\|^2\right]_{t_1}^{t_2}$ ← 積分公式：$\int a' \cdot a dt = \frac{1}{2}\|a\|^2 + C$ を使った！

$= \frac{1}{2}m(\underline{\|v(t_2)\|^2} - \underline{\|v(t_1)\|^2}) = \frac{1}{2}mv_2{}^2 - \frac{1}{2}mv_1{}^2 = K_2 - K_1$ となって，

（$\|v(t_2)\|^2 = v_2{}^2$，$\|v(t_1)\|^2 = v_1{}^2$）

$W = K_2 - K_1$ が示せた！ 次，

(Ⅱ) $I = \int_{t_1}^{t_2} \underline{f(t)}dt = m\int_{t_1}^{t_2} v'(t)dt = m[v(t)]_{t_1}^{t_2} = m\underline{v(t_2)} - m\underline{v(t_1)}$

（$f(t) = ma(t) = mv'(t)$，$v(t_2) = v_2$，$v(t_1) = v_1$）

$= mv_2 - mv_1 = M_2 - M_1$ となって，$I = M_2 - M_1$ も成り立つことが分かった！

ベクトル解析って，数学と物理の魅力的なコラボなんだね。面白かった？

● ベクトル値関数の微分方程式にも挑戦しよう！

スカラー値関数（一般の関数 $y = y(x)$ のこと）の微分方程式の解法の知識のある方は，これから解説するベクトル値関数の微分方程式の解法により，さらに大きく視野が広がると思う。でも，これについて知識のない方は，様々な微分方程式の解法について詳しく解説している**「常微分方程式キャンパス・ゼミ」(マセマ)**で学習されることを勧める。

ここではまず，比較的簡単なスカラー値関数の **1** 階線形微分方程式の解法について解説した後，それをベクトル値関数の **1** 階線形微分方程式の解法に応用してみようと思う。

スカラー値関数 $y = y(x)$ の **1** 階線形微分方程式を下にまず示すよ。

スカラー値関数の線形微分方程式

1 階線形微分方程式：

$y' + P(x)y = Q(x)$ ……① （非同次方程式：$Q(x) \neq 0$）

の同伴方程式は，

$y' + P(x)y = 0$ …………② （同次方程式）である。

（ここで，y，$P(x)$，$Q(x)$：スカラー値関数）

非同次方程式：$y' + P(x)y = Q(x)$ ……① を解くために，まず，
同次方程式：$y' + P(x)y = 0$ ……………② を解いてみよう。

$$\frac{dy}{dx} = -P(x)y, \quad \int \frac{1}{y}dy = -\int P(x)dx, \quad \log|y| = -\int P(x)dx + C_1$$

(yの式)・dy　　(xの式)・dx ← 変数分離形

$$|y| = e^{-\int P(x)dx + C_1}, \quad y = Ce^{-\int P(x)dx} \text{……③} \quad (\text{ただし，} C = \pm e^{C_1})$$ ← これが②の解だ

ここで，C を x の関数 $u(x)$ と考えて①の非同次方程式の解と考えると，（これを"定数変化法"という。）

$y = u(x)e^{-\int P(x)dx}$ ……③′　　③′を①に代入して，

$$\left(u \cdot e^{-\int Pdx}\right)' + Pue^{-\int Pdx} = Q$$ ← $u(x)$，$P(x)$，$Q(x)$ を u，P，Q と略記した。

$$u' \cdot e^{-\int Pdx} + u \cdot (-P)e^{-\int Pdx} + Pue^{-\int Pdx} = Q$$

直接積分形

$$u' = Qe^{\int Pdx}, \quad \frac{du}{dx} = Qe^{\int Pdx}, \quad \int du = \int Qe^{\int Pdx}dx$$

$\therefore u(x) = \int Q(x)e^{\int P(x)dx}dx + C$ ……④ となって，$u(x)$ が求まった。

④を③′に代入して，非同次1階線形微分方程式①の解は，

$$y = e^{-\int P(x)dx}\left\{\int Q(x)e^{\int P(x)dx}dx + C\right\} \text{……}(*)$$ となる。この結果は覚えよう！

では，これをベクトル値関数の微分方程式に拡張してみるよ。

ベクトル値関数 $\boldsymbol{x}(t) = [x_1(t), x_2(t), x_3(t)]$ の非同次1階線形微分方程式は，

$\boldsymbol{x}'(t) + P(t)\boldsymbol{x}(t) = \boldsymbol{Q}(t)$ ……(a) となる。

(ただし，スカラー値関数 $P(t)$，ベクトル値関数 $\boldsymbol{Q}(t) = [Q_1(t), Q_2(t), Q_3(t)]$)

これを見て，ヒェ～！ って思ってる？ 大丈夫だよ。(a)の $\boldsymbol{x}(t)$ や $\boldsymbol{Q}(t)$ を成分表示で表してみよう。すると，

$$[x_1'(t), x_2'(t), x_3'(t)] + P(t)[x_1(t), x_2(t), x_3(t)] = [Q_1(t), Q_2(t), Q_3(t)]$$

となる。ここで，$x_1(t)$，$x_2(t)$，$x_3(t)$，$P(t)$，$Q_1(t)$，$Q_2(t)$，$Q_3(t)$ を，x_1，x_2，x_3，P，Q_1，Q_2，Q_3 と略記して表すと，これは，

$[\boldsymbol{x_1}' + \boldsymbol{P}\boldsymbol{x_1},\ \boldsymbol{x_2}' + \boldsymbol{P}\boldsymbol{x_2},\ \boldsymbol{x_3}' + \boldsymbol{P}\boldsymbol{x_3}] = [\boldsymbol{Q_1},\ \boldsymbol{Q_2},\ \boldsymbol{Q_3}]$ ……(a)′

となる。さらに，この(a)′を x 成分，y 成分，z 成分別に列記すると，

$$\begin{cases} x_1' + P(t)x_1 = Q_1(t) & \cdots\cdots(\mathrm{b}) \\ x_2' + P(t)x_2 = Q_2(t) & \cdots\cdots(\mathrm{c}) \\ x_3' + P(t)x_3 = Q_3(t) & \cdots\cdots(\mathrm{d}) \end{cases}$$

となって，

3 つのスカラー値関数 $x_1(t)$，$x_2(t)$，$x_3(t)$ の非同次 **1** 階線形微分方程式が現れてくるんだね。つまり，(a)のベクトル値関数の微分方程式とは，具体的には(b)，(c)，(d)の **3** つのスカラー値関数の微分方程式を表しているに過ぎなかったんだ。

もちろん，(b)，(c)，(d)の解は，(＊)の解の公式から，それぞれ，

$$\begin{cases} x_1(t) = e^{-\int P(t)dt}\left\{\int Q_1(t)^{\int P(t)dt}\,dt + C_1\right\} \\ x_2(t) = e^{-\int P(t)dt}\left\{\int Q_2(t)^{\int P(t)dt}\,dt + C_2\right\} \\ x_3(t) = e^{-\int P(t)dt}\left\{\int Q_3(t)^{\int P(t)dt}\,dt + C_3\right\} \end{cases}$$

となるのも大丈夫だね。

今回は，**1** 階線形微分方程式にのみ焦点を当てて解説してきたけれど，この考え方は同様に **2** 階線形微分方程式や高階線形微分方程式においても，スカラー値関数の微分方程式からベクトル値関数の微分方程式に容易に拡張することができるんだ。微分方程式の解法の視野が急に大きく開けてしまったので，驚いたかも知れないね。

さァ，それでは今回解説したベクトル値関数の **1** 階線形微分方程式を，次の演習問題で実際に解いてみることにしよう。

演習問題 6 ●ベクトル値関数の微分方程式●

ベクトル値関数 $\boldsymbol{x}(t)$ の次の 1 階線形微分方程式を解け。

$$\boldsymbol{x}'(t)-(\tan t)\boldsymbol{x}(t)=\left[2\sin t,\ 3\sin^2 t,\ \frac{1}{\sin t}\right]\cdots\cdots①$$

$$\left(\text{ただし，} 0<t<\frac{\pi}{2} \text{ とする。}\right)$$

ヒント！ ベクトル値関数 $\boldsymbol{x}(t)$ の 1 階線形微分方程式は，3 つのスカラー値関数の 1 階線形微分方程式：$x_k'(t)+P(t)x_k(t)=Q_k(t)$ $(k=1,\ 2,\ 3)$ に帰着するので，この解の公式：$x_k(t)=e^{-\int Pdt}\left(\int Q_k e^{\int Pdt}dt+C_k\right)$ を利用して，それぞれの解を求めればいいんだね。頑張ろう！

解答＆解説

ベクトル値関数 $\boldsymbol{x}(t)=[x_1(t),\ x_2(t),\ x_3(t)]$ とおくと，①は次のように変形できる。

$$[x_1',\ x_2',\ x_3']-(\tan t)[x_1,\ x_2,\ x_3]=\left[2\sin t,\ 3\sin^2 t,\ \frac{1}{\sin t}\right]$$

$$[x_1'-(\tan t)x_1,\ x_2'-(\tan t)x_2,\ x_3'-(\tan t)x_3]=\left[2\sin t,\ 3\sin^2 t,\ \frac{1}{\sin t}\right]$$

よって，各成分毎に，次の 3 つのスカラー値関数の微分方程式になる。

$$\begin{cases} x_1'-(\tan t)x_1=2\sin t & \cdots\cdots② \\ x_2'-(\tan t)x_2=3\sin^2 t & \cdots\cdots③ \\ x_3'-(\tan t)x_3=\dfrac{1}{\sin t} & \cdots\cdots④ \end{cases}$$

ここで，一般に，スカラー値関数 $\boldsymbol{x}_k(t)$ $(k=1,\ 2,\ 3)$ の 1 階線形微分方程式：$x_k'(t)+P(t)x_k(t)=Q_k(t)$ の解は，

$$x_k(t)=e^{-\int P(t)dt}\left\{\int Q_k(t)e^{\int P(t)dt}dt+C_k\right\}\quad (C_k\text{：任意定数})$$

となる。（②，③，④の $P(t)$ は，$-\tan t$ だね。）

よって，この解の公式を用いて②，③，④の解をそれぞれ求めてみると，

(ⅰ) ②の解は，$P(t) = -\tan t$，$Q_1(t) = 2\sin t$ より，

$$x_1(t) = \underline{e^{-\int(-\tan t)dt}}\left\{\int 2\sin t\, \underline{e^{\int(-\tan t)dt}}\,dt + C_1\right\}$$

$e^{-\int\frac{-\sin t}{\cos t}dt} = e^{-\log(\cos t)} = \dfrac{1}{\cos t}$　　$e^{\int\frac{-\sin t}{\cos t}dt} = e^{\log(\cos t)} = \cos t \left(\because 0 < t < \dfrac{\pi}{2}\right)$

$$= \frac{1}{\cos t}\left(\underline{\int 2\sin t\cos t\,dt} + C_1\right) = \frac{1}{\cos t}(\sin^2 t + C_1)$$

$\sin^2 t$ ← 公式：$\int 2f\cdot f'dt = f^2 + C$

(ⅱ) ③の解は，$P(t) = -\tan t$，$Q_2(t) = 3\sin^2 t$ より，

$$x_2(t) = \underline{e^{-\int(-\tan t)dt}}\left\{\int 3\sin^2 t\, \underline{e^{\int(-\tan t)dt}}\,dt + C_2\right\}$$

$\dfrac{1}{\cos t}$　　$\cos t$

$$= \frac{1}{\cos t}\left(\underline{\int 3\sin^2 t\cos t\,dt} + C_2\right) = \frac{1}{\cos t}(\sin^3 t + C_2)$$

$\sin^3 t$ ← 公式：$\int 3f^2\cdot f'dt = f^3 + C$

(ⅲ) ④の解は，$P(t) = -\tan t$，$Q_3(t) = \dfrac{1}{\sin t}$ より，

$$x_3(t) = \underline{e^{-\int(-\tan t)dt}}\left\{\int \frac{1}{\sin t}\cdot \underline{e^{\int(-\tan t)dt}}\,dt + C_3\right\}$$

$\dfrac{1}{\cos t}$　　$\cos t$

$$= \frac{1}{\cos t}\left(\underline{\int\frac{\cos t}{\sin t}dt} + C_3\right) = \frac{1}{\cos t}\{\log(\sin t) + C_3\}$$

$\log(\sin t) \left(\because 0 < t < \dfrac{\pi}{2}\right)$ ← 公式：$\int\dfrac{f'}{f}dt = \log|f| + C$

以上 (ⅰ)(ⅱ)(ⅲ) より，求めるベクトル値関数の解 $\boldsymbol{x}(t)$ は，

$$\boldsymbol{x}(t) = \frac{1}{\cos t}[\sin^2 t + C_1,\ \sin^3 t + C_2,\ \log(\sin t) + C_3]$$

$$= \frac{1}{\cos t}\left\{[\sin^2 t,\ \sin^3 t,\ \log(\sin t)] + \boldsymbol{C}\right\}$$ となる。

(ただし，$\boldsymbol{C} = [C_1,\ C_2,\ C_3]$ は任意の定ベクトルを表す。)

§ 5. 2 変数ベクトル値関数とその微分・積分

それでは，これから“**2 変数ベクトル値関数**”の講義に入ろう。前回までは，たとえば $\boldsymbol{a}(t)=(t,\ 2-t,\ t^2)$ のような，1 つのパラメータ t のみの“1 変数ベクトル値関数” $\boldsymbol{a}(t)$ について詳しく解説してきたんだね。これに対して今回は，たとえば $\boldsymbol{a}(u,\ v)=[uv,\ u^2-1,\ 2v^2]$ のような，2 つのパラメータ u，v による“**2 変数ベクトル値関数**” $\boldsymbol{a}(u,\ v)$ について，その偏微分や曲面の面積（積分）まで含めて，詳しく教えるつもりだ。

● 2 変数ベクトル値関数の偏微分を定義しよう！

2 つの実数変数 u，v をパラメータにもつベクトル $\boldsymbol{a}$ を“**2 変数ベクトル値関数**”と呼び，$\boldsymbol{a}(u,\ v)$ と表す。これを成分表示で表すと，

$\boldsymbol{a}(u,\ v)=[a_1(u,\ v),\ a_2(u,\ v),\ a_3(u,\ v)]$ となるのも大丈夫だね。

ここで，$\boldsymbol{a}(u,\ v)$ の 2 変数 u，v が uv 平面の領域 D で定義されているとき，特に $\boldsymbol{a}(u,\ v)$ を“**領域 D 上のベクトル値関数**”ということも覚えておこう。

ここで，領域 D 上の 2 変数ベクトル値関数 $\boldsymbol{a}(u,\ v)$ の**偏導関数（偏微分係数）**を次のように定義する。

2 変数ベクトル値関数の偏導関数

領域 D 上の 2 変数ベクトル値関数 $\boldsymbol{a}(u,\ v)=[a_1(u,\ v),\ a_2(u,\ v),\ a_3(u,\ v)]$ の各成分について，

(Ⅰ) u に関する偏導関数 $\dfrac{\partial a_1}{\partial u}$，$\dfrac{\partial a_2}{\partial u}$，$\dfrac{\partial a_3}{\partial u}$ が存在するとき，

（ていねいに書くと，$\dfrac{\partial a_1(u,\ v)}{\partial u}$ だけど，以下同様に略記する。）

$\boldsymbol{a}(u,\ v)$ は“**u に関して偏微分可能である**”といい，

u に関する $\boldsymbol{a}(u,\ v)$ の“**偏導関数**”を $\dfrac{\partial \boldsymbol{a}}{\partial u}$ などと表す。

(Ⅱ) v に関する偏導関数 $\dfrac{\partial a_1}{\partial v}$，$\dfrac{\partial a_2}{\partial v}$，$\dfrac{\partial a_3}{\partial v}$ が存在するとき，

$\boldsymbol{a}(u,\ v)$ は“**v に関して偏微分可能である**”といい，

v に関する $\boldsymbol{a}(u,\ v)$ の“**偏導関数**”を $\dfrac{\partial \boldsymbol{a}}{\partial v}$ などと表す。

u, v に関する $\boldsymbol{a}(u,\ v)$ の偏導関数は，それぞれ $\dfrac{\partial \boldsymbol{a}(u,\ v)}{\partial u}$, $\dfrac{\partial \boldsymbol{a}(u,\ v)}{\partial v}$ とも表す。

ここで，u に関する偏導関数 $\dfrac{\partial \boldsymbol{a}}{\partial u}$ は，次のように極限の式で具体的に表現できる。すなわち，

$$\frac{\partial \boldsymbol{a}}{\partial u}=\lim_{\Delta u\to 0}\frac{\boldsymbol{a}(u+\Delta u, v)-\boldsymbol{a}(u, v)}{\Delta u}$$

$$=\lim_{\Delta u\to 0}\frac{1}{\Delta u}\{[a_1(u+\Delta u,\ v),\ a_2(u+\Delta u,\ v),\ a_3(u+\Delta u,\ v)]-[a_1(u,\ v),\ a_2(u,\ v),\ a_3(u,\ v)]\}$$

$$=\lim_{\Delta u\to 0}\frac{1}{\Delta u}[a_1(u+\Delta u,\ v)-a_1(u,\ v),\ a_2(u+\Delta u,\ v)-a_2(u,\ v),\ a_3(u+\Delta u,\ v)-a_3(u,\ v)]$$

$$=\lim_{\Delta u\to 0}\left[\frac{a_1(u+\Delta u, v)-a_1(u, v)}{\Delta u},\ \frac{a_2(u+\Delta u, v)-a_2(u, v)}{\Delta u},\ \frac{a_3(u+\Delta u, v)-a_3(u, v)}{\Delta u}\right]$$

$\dfrac{\partial a_1}{\partial u}$　$\dfrac{\partial a_2}{\partial u}$　$\dfrac{\partial a_3}{\partial u}$

$$=\left[\frac{\partial a_1}{\partial u},\ \frac{\partial a_2}{\partial u},\ \frac{\partial a_3}{\partial u}\right]$$ となるんだね。

同様に，$\dfrac{\partial \boldsymbol{a}}{\partial v}=\left[\dfrac{\partial a_1}{\partial v},\ \dfrac{\partial a_2}{\partial v},\ \dfrac{\partial a_3}{\partial v}\right]$ となる。

さらに，$\boldsymbol{a}(u,\ v)$ の各成分が必要な回数だけ微分可能であるとすると，この **2** 階，**3** 階，… などの "**高階導関数**（こうかいどうかんすう）" も，スカラー値関数のときと同様に定義できる。たとえば，

$$\frac{\partial^2 \boldsymbol{a}}{\partial u^2}=\frac{\partial}{\partial u}\left(\frac{\partial \boldsymbol{a}}{\partial u}\right),\quad \frac{\partial^2 \boldsymbol{a}}{\partial v^2}=\frac{\partial}{\partial v}\left(\frac{\partial \boldsymbol{a}}{\partial v}\right),\quad \frac{\partial^3 \boldsymbol{a}}{\partial u^3}=\frac{\partial}{\partial u}\left(\frac{\partial^2 \boldsymbol{a}}{\partial u^2}\right),\ \cdots$$

$$\frac{\partial^2 \boldsymbol{a}}{\partial u\partial v}=\frac{\partial}{\partial u}\left(\frac{\partial \boldsymbol{a}}{\partial v}\right),\quad \frac{\partial^2 \boldsymbol{a}}{\partial v\partial u}=\frac{\partial}{\partial v}\left(\frac{\partial \boldsymbol{a}}{\partial u}\right),\quad \frac{\partial^3 \boldsymbol{a}}{\partial u\partial v^2}=\frac{\partial}{\partial u}\left(\frac{\partial^2 \boldsymbol{a}}{\partial v^2}\right),\ \cdots$$

などとなる。

ここで，$\dfrac{\partial^2 \boldsymbol{a}}{\partial u\partial v}$ と $\dfrac{\partial^2 \boldsymbol{a}}{\partial v\partial u}$ が共に連続ならば，$\dfrac{\partial^2 \boldsymbol{a}}{\partial u\partial v}=\dfrac{\partial^2 \boldsymbol{a}}{\partial v\partial u}$ が成り立つ。

これも，スカラー値関数の"シュワルツの定理"と同様だね。

さらに，$\boldsymbol{a}(u,\ v)$ が点 $(u,\ v)$ において全微分可能であるとき，$\boldsymbol{a}(u,\ v)$ の "**全微分**（ぜんびぶん）" $d\boldsymbol{a}$ もスカラー値関数のときと同様に，次のように表される。

全微分　$d\boldsymbol{a}=d\boldsymbol{a}(u,\ v)=\dfrac{\partial \boldsymbol{a}}{\partial u}du+\dfrac{\partial \boldsymbol{a}}{\partial v}dv$　……①

この全微分 $\boldsymbol{da}$ を，具体的に成分表示で表すと，

$$\boldsymbol{da}=\left[\frac{\partial \boldsymbol{a_1}}{\partial \boldsymbol{u}}\boldsymbol{du}+\frac{\partial \boldsymbol{a_1}}{\partial \boldsymbol{v}}\boldsymbol{dv},\ \frac{\partial \boldsymbol{a_2}}{\partial \boldsymbol{u}}\boldsymbol{du}+\frac{\partial \boldsymbol{a_2}}{\partial \boldsymbol{v}}\boldsymbol{dv},\ \frac{\partial \boldsymbol{a_3}}{\partial \boldsymbol{u}}\boldsymbol{du}+\frac{\partial \boldsymbol{a_3}}{\partial \boldsymbol{v}}\boldsymbol{dv}\right]$$

となる。これが，ベクトル値関数の全微分の正体なんだね。

次，**2** 変数ベクトル値関数 $\boldsymbol{a}(\boldsymbol{u},\ \boldsymbol{v})$ の $\boldsymbol{u}$ と $\boldsymbol{v}$ がさらに $\boldsymbol{s}$ と $\boldsymbol{t}$ の関数，すなわち，$\boldsymbol{u}=\boldsymbol{u}(\boldsymbol{s},\ \boldsymbol{t})$，$\boldsymbol{v}=\boldsymbol{v}(\boldsymbol{s},\ \boldsymbol{t})$ であるとき，
$\boldsymbol{a}(\boldsymbol{u},\ \boldsymbol{v})=\boldsymbol{a}(\boldsymbol{u}(\boldsymbol{s},\ \boldsymbol{t}),\ \boldsymbol{v}(\boldsymbol{s},\ \boldsymbol{t}))$ の $\boldsymbol{s}$ と $\boldsymbol{t}$ に関する偏微分は，それぞれ次のようになる。

$$\begin{cases}\dfrac{\partial \boldsymbol{a}}{\partial \boldsymbol{s}}=\dfrac{\partial \boldsymbol{a}}{\partial \boldsymbol{u}}\cdot\dfrac{\partial \boldsymbol{u}}{\partial \boldsymbol{s}}+\dfrac{\partial \boldsymbol{a}}{\partial \boldsymbol{v}}\cdot\dfrac{\partial \boldsymbol{v}}{\partial \boldsymbol{s}} \\ \dfrac{\partial \boldsymbol{a}}{\partial \boldsymbol{t}}=\dfrac{\partial \boldsymbol{a}}{\partial \boldsymbol{u}}\cdot\dfrac{\partial \boldsymbol{u}}{\partial \boldsymbol{t}}+\dfrac{\partial \boldsymbol{a}}{\partial \boldsymbol{v}}\cdot\dfrac{\partial \boldsymbol{v}}{\partial \boldsymbol{t}}\end{cases}$$

← 全微分 $\boldsymbol{da}=\dfrac{\partial \boldsymbol{a}}{\partial \boldsymbol{u}}\boldsymbol{du}+\dfrac{\partial \boldsymbol{a}}{\partial \boldsymbol{v}}\boldsymbol{dv}$ ……① の両辺を，形式的に $\partial \boldsymbol{s}$ で割ったもの

← 形式的に $\partial \boldsymbol{t}$ で割ったもの

それでは，次の例題で，**2** 変数ベクトル値関数の偏微分の練習をしておこう。

> 例題 **24**　次の **2** 変数ベクトル値関数の **1** 階，および **2** 階の偏導関数を求めよう。
> **(1)** $\boldsymbol{a}(\boldsymbol{u},\ \boldsymbol{v})=[\boldsymbol{uv},\ \boldsymbol{u}^2-\boldsymbol{1},\ \boldsymbol{2v}^2]$
> **(2)** $\boldsymbol{a}(\theta,\ \varphi)=[\boldsymbol{r}\sin\theta\cos\varphi,\ \boldsymbol{r}\sin\theta\sin\varphi,\ \boldsymbol{r}\cos\theta]$

(1) $\boldsymbol{a}(\boldsymbol{u},\ \boldsymbol{v})=[\boldsymbol{uv},\ \boldsymbol{u}^2-\boldsymbol{1},\ \boldsymbol{2v}^2]$ の **1** 階偏導関数 $\dfrac{\partial \boldsymbol{a}}{\partial \boldsymbol{u}}$，$\dfrac{\partial \boldsymbol{a}}{\partial \boldsymbol{v}}$，および **2** 階偏導関数 $\dfrac{\partial^2 \boldsymbol{a}}{\partial \boldsymbol{u}^2}$，$\dfrac{\partial^2 \boldsymbol{a}}{\partial \boldsymbol{v}^2}$，$\dfrac{\partial^2 \boldsymbol{a}}{\partial \boldsymbol{u}\partial \boldsymbol{v}}\left[=\dfrac{\partial^2 \boldsymbol{a}}{\partial \boldsymbol{v}\partial \boldsymbol{u}}\right]$ を求めてみよう。

- $\dfrac{\partial \boldsymbol{a}}{\partial \boldsymbol{u}}=\left[\dfrac{\partial(\boldsymbol{uv})}{\partial \boldsymbol{u}},\ \dfrac{\partial(\boldsymbol{u}^2-\boldsymbol{1})}{\partial \boldsymbol{u}},\ \dfrac{\partial(\boldsymbol{2v}^2)}{\partial \boldsymbol{u}}\right]=[\boldsymbol{v},\ \boldsymbol{2u},\ \boldsymbol{0}]$ ← $\boldsymbol{2v}^2$ は，$\boldsymbol{u}$ からみて定数扱いだ。
- $\dfrac{\partial \boldsymbol{a}}{\partial \boldsymbol{v}}=\left[\dfrac{\partial(\boldsymbol{uv})}{\partial \boldsymbol{v}},\ \dfrac{\partial(\boldsymbol{u}^2-\boldsymbol{1})}{\partial \boldsymbol{v}},\ \dfrac{\partial(\boldsymbol{2v}^2)}{\partial \boldsymbol{v}}\right]=[\boldsymbol{u},\ \boldsymbol{0},\ \boldsymbol{4v}]$ ← $\boldsymbol{u}^2-\boldsymbol{1}$ は，$\boldsymbol{v}$ からみて定数扱いだ。
- $\dfrac{\partial^2 \boldsymbol{a}}{\partial \boldsymbol{u}^2}=\left[\dfrac{\partial \boldsymbol{v}}{\partial \boldsymbol{u}},\ \dfrac{\partial(\boldsymbol{2u})}{\partial \boldsymbol{u}},\ \dfrac{\partial(\boldsymbol{0})}{\partial \boldsymbol{u}}\right]=[\boldsymbol{0},\ \boldsymbol{2},\ \boldsymbol{0}]$
- $\dfrac{\partial^2 \boldsymbol{a}}{\partial \boldsymbol{v}^2}=\left[\dfrac{\partial \boldsymbol{u}}{\partial \boldsymbol{v}},\ \dfrac{\partial(\boldsymbol{0})}{\partial \boldsymbol{v}},\ \dfrac{\partial(\boldsymbol{4v})}{\partial \boldsymbol{v}}\right]=[\boldsymbol{0},\ \boldsymbol{0},\ \boldsymbol{4}]$
- $\dfrac{\partial^2 \boldsymbol{a}}{\partial \boldsymbol{u}\partial \boldsymbol{v}}=\dfrac{\partial}{\partial \boldsymbol{u}}\left(\dfrac{\partial \boldsymbol{a}}{\partial \boldsymbol{v}}\right)=\dfrac{\partial}{\partial \boldsymbol{u}}[\boldsymbol{u},\ \boldsymbol{0},\ \boldsymbol{4v}]=\left[\dfrac{\partial \boldsymbol{u}}{\partial \boldsymbol{u}},\ \dfrac{\partial(\boldsymbol{0})}{\partial \boldsymbol{u}},\ \dfrac{\partial(\boldsymbol{4v})}{\partial \boldsymbol{u}}\right]$

$$=[\boldsymbol{1},\ \boldsymbol{0},\ \boldsymbol{0}]$$

← これは，$\dfrac{\partial^2 \boldsymbol{a}}{\partial \boldsymbol{v}\partial \boldsymbol{u}}=\dfrac{\partial}{\partial \boldsymbol{v}}\left(\dfrac{\partial \boldsymbol{a}}{\partial \boldsymbol{u}}\right)$ と一致する。

(2) $\boldsymbol{a}(\theta,\ \varphi) = [r\sin\theta\cos\varphi,\ r\sin\theta\sin\varphi,\ r\cos\theta]$ は，右図に示すように，xyz 座標空間上の点 $\mathrm{P}(x,\ y,\ z)$ を球座標に書き変えたものなんだ。右図(ⅰ)の動径 OP の大きさを r とおく。$(r = \sqrt{x^2 + y^2 + z^2})$ そして，OP と z 軸の正の向きとのなす角を θ とおくと，$z = r\cos\theta$ となるね。次，OP の xy 平面への正射影を OH とおく。そして右図(ⅱ)の真上から見た図に示すように，OH と x 軸の正の向きとのなす角を φ とおくと，

$$x = \mathrm{OH}\cos\varphi = r\sin\theta\cos\varphi$$
$$y = \mathrm{OH}\sin\varphi = r\sin\theta\sin\varphi \quad \text{となる。}$$

よって，$\overrightarrow{\mathrm{OP}} = [x,\ y,\ z]$ は，球座標では 3 つの変数 $r,\ \theta,\ \varphi$ を用いて，

$$\overrightarrow{\mathrm{OP}} = [r\sin\theta\cos\varphi,\ r\sin\theta\sin\varphi,\ r\cos\theta]$$

と表すことができる。この球座標の表し方もシッカリ頭に入れておこう。今回の 2 変数ベクトル値関数 $\boldsymbol{a}(\theta,\ \varphi)$ の場合，半径 r は一定(定数)の球面上の点と考えている。よって，変数(パラメータ)は θ と φ の 2 つなんだね。

それでは，θ と φ による $\boldsymbol{a}(\theta,\ \varphi)$ の 1 階と 2 階の偏導関数を求めてみよう。

- $\dfrac{\partial \boldsymbol{a}}{\partial \theta} = [r\cos\theta\cos\varphi,\ r\cos\theta\sin\varphi,\ -r\sin\theta]$ （定数扱い）
- $\dfrac{\partial \boldsymbol{a}}{\partial \varphi} = [-r\sin\theta\sin\varphi,\ r\sin\theta\cos\varphi,\ 0]$ （定数扱い）（$r\cos\theta$ は，φ からみて定数扱いだ。）
- $\dfrac{\partial^2 \boldsymbol{a}}{\partial \theta^2} = [-r\sin\theta\cos\varphi,\ -r\sin\theta\sin\varphi,\ -r\cos\theta]$
- $\dfrac{\partial^2 \boldsymbol{a}}{\partial \varphi^2} = [-r\sin\theta\cos\varphi,\ -r\sin\theta\sin\varphi,\ 0]$
- $\dfrac{\partial^2 \boldsymbol{a}}{\partial \theta \partial \varphi} = \dfrac{\partial}{\partial \theta}\left(\dfrac{\partial \boldsymbol{a}}{\partial \varphi}\right) = \dfrac{\partial}{\partial \theta}[-r\sin\theta\sin\varphi,\ r\sin\theta\cos\varphi,\ 0]$

$$= [-r\cos\theta\sin\varphi,\ r\cos\theta\cos\varphi,\ 0]$$

（これは，$\dfrac{\partial^2 \boldsymbol{a}}{\partial \varphi \partial \theta} = \dfrac{\partial}{\partial \varphi}\left(\dfrac{\partial \boldsymbol{a}}{\partial \theta}\right)$ と一致する。）（自分で確認してみよう！）

● 2変数ベクトル値関数で，曲面が表せる！

xyz 座標空間内の位置ベクトル $\boldsymbol{p}$ が 2 変数 u，v のベクトル値関数であるとき，すなわち $\boldsymbol{p}(u, v)=[x(u, v), y(u, v), z(u, v)]$ であるとき，これで xyz 座標空間内の曲面を表すことができるんだ。

(1変数ベクトル値関数 $\boldsymbol{p}(t)$ で曲線が表されたことと，対比して覚えよう！)

座標空間内の曲面

xyz 座標空間内の動点 P の原点 O に関する位置ベクトル $\boldsymbol{p}$ が，2 つのパラメータ (媒介変数) u，v で表されるものとする。

$\boldsymbol{p}(u, v)=[x(u, v), y(u, v), z(u, v)]$

ここで，右図 (ⅱ) のように，(u, v) が uv 座標平面上の領域 D を動くとき，右図 (ⅰ) に示すように，$\boldsymbol{p}=\boldsymbol{p}(u, v)$ は，xyz 座標空間内のある曲面 α を描く。ここで，図 (ⅱ) に示すように，

・v を一定にして，u だけ変化させると，図 (ⅰ) の曲面 α 上にある曲線が描ける。これを "**u 曲線**" という。

同様に，

・u を一定にして，v だけ変化させると，図 (ⅰ) の曲面 α 上にある曲線が描ける。これを "**v 曲線**" という。

(ⅰ) 曲面 α

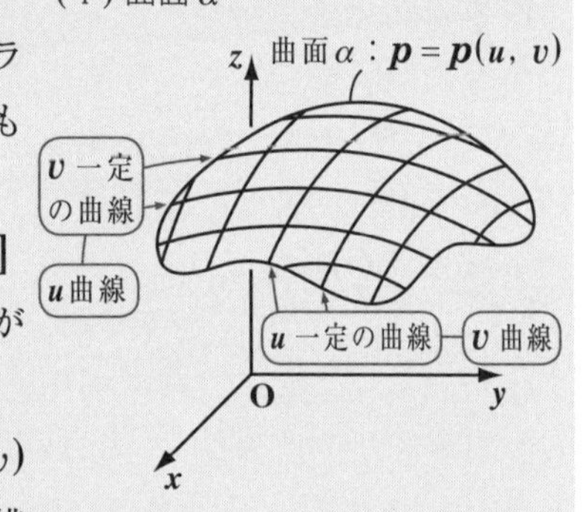

(ⅱ) 領域 D

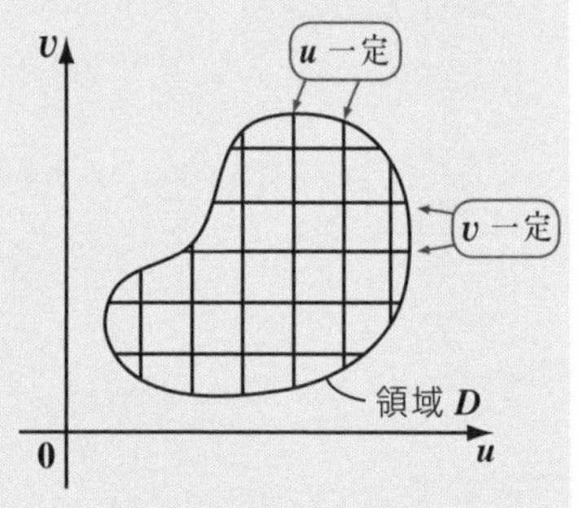

例題 24(2) で，$r=a$ 一定としたときの $\boldsymbol{a}(\theta, \varphi)$ を位置ベクトル $\boldsymbol{p}(\theta, \varphi)$ とおこう。そして，図 1(ⅱ) に示すように，$0 \leqq \theta \leqq \pi$，$0 \leqq \varphi \leqq 2\pi$ の領域 D を，2 つの変数 (パラメータ) θ と φ が動くとき，

(2 つのパラメータは u，v でも，θ，φ でも何でもかまわない。)

$\boldsymbol{p} = \boldsymbol{p}(\theta, \varphi) = [a\sin\theta\cos\varphi,\ a\sin\theta\sin\varphi,\ a\cos\theta]$ は，図1(ⅰ)に示すように，原点Oを中心とする半径 a の球面を表すんだね。ここではさらに，

・$\varphi = \varphi_0$（一定）のときの θ 曲線と，

・$\theta = \theta_0$（一定）のときの φ 曲線についても，

図1(ⅰ)に示しておいた。

$0 \leqq \theta \leqq \pi$ より，$\varphi = \varphi_0$（一定）のときの θ 曲線は円ではなくて，半円になることも気を付けよう。

このように，具体例で考えることにより，一般論としても，$\boldsymbol{p} = \boldsymbol{p}(u, v)$ がある曲面を表すことが理解できたと思う。

図1(ⅰ)　球面 S

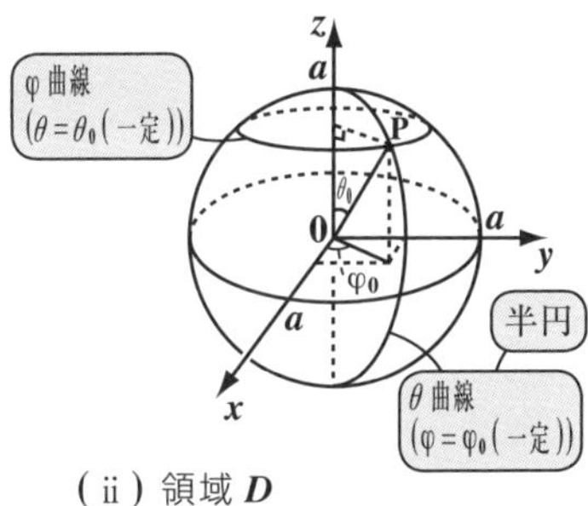

(ⅱ)領域 D

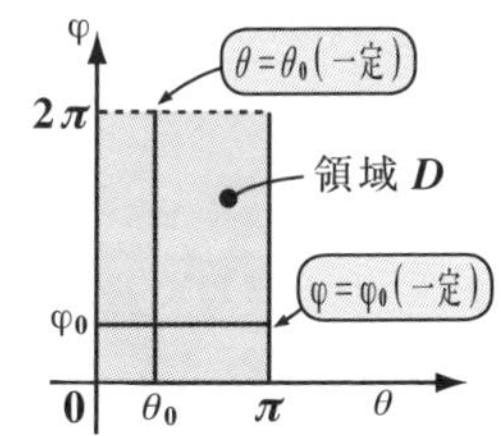

● 曲面の接平面と法線を求めよう！

次，曲面 α：$\boldsymbol{p} = \boldsymbol{p}(u, v)$ 上の点 $\mathrm{P_0}$ における接平面 π について解説しよう。

（$u = u_0$，$v = v_0$ のときの曲面上の点 $\mathrm{P_0}(x_0, y_0, z_0)$ のこと。）

図2に示すように，

(ⅰ) $v = v_0$（一定）の u 曲線上の点 $\mathrm{P_0}$ におけるこの曲線の接線ベクトルは，

$\dfrac{\partial \boldsymbol{p}(u_0, v_0)}{\partial u}$ となる。

（$\dfrac{\partial \boldsymbol{p}(u, v)}{\partial u}$ を計算した後，u，v に u_0，v_0 を代入したもの。以後，これを $\dfrac{\partial \boldsymbol{p}}{\partial u}$ と略記する。）

図2　接平面(Ⅰ)

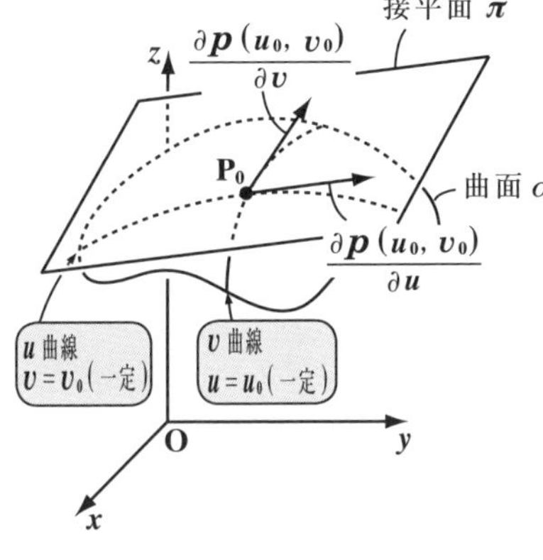

(ⅱ) $u = u_0$（一定）の v 曲線上の点 $\mathrm{P_0}$ におけるこの曲線の接線ベクトルは，

$\dfrac{\partial \boldsymbol{p}(u_0, v_0)}{\partial v}$ となる。

（$\dfrac{\partial \boldsymbol{p}(u, v)}{\partial v}$ を計算した後，u，v に u_0，v_0 を代入したもの。以後，これを $\dfrac{\partial \boldsymbol{p}}{\partial v}$ と略記する。）

(ⅰ)(ⅱ)より，求める接平面 π は，点 $\mathbf{P_0}$ を始点とする **2** つの接線ベクトル $\dfrac{\partial \boldsymbol{p}}{\partial u}$ と $\dfrac{\partial \boldsymbol{p}}{\partial v}$ が張る平面に他ならない。

図 **3**　接平面(Ⅱ)

(ⅰ)

よって，図 **3**(ⅰ)に示すように，接平面 π の法線ベクトルを $\boldsymbol{h}$ とおくと，$\boldsymbol{h}$ は，

$$\boldsymbol{h}=\frac{\partial \boldsymbol{p}}{\partial u}\times\frac{\partial \boldsymbol{p}}{\partial v}$$

← $\dfrac{\partial \boldsymbol{p}}{\partial u}$ と $\dfrac{\partial \boldsymbol{p}}{\partial v}$ の外積

と表される。

そして，図 **3**(ⅱ)に示すように，接平面 π 上を自由に動く動点を $\mathbf{P}$ とおき，$\boldsymbol{p}=\overrightarrow{\mathbf{OP}}$，$\boldsymbol{p}_0=\overrightarrow{\mathbf{OP_0}}$ とおくと，常に $\boldsymbol{h}\perp(\boldsymbol{p}-\boldsymbol{p}_0)$（垂直）となる。よって，これから接平面 π の方程式：

$$\boldsymbol{h}\cdot(\boldsymbol{p}-\boldsymbol{p}_0)=\mathbf{0} \quad \cdots\cdots①$$

← $\boldsymbol{h}$ と $(\boldsymbol{p}-\boldsymbol{p}_0)$ の内積

または，

$$\left(\frac{\partial \boldsymbol{p}}{\partial u}\times\frac{\partial \boldsymbol{p}}{\partial v}\right)\cdot(\boldsymbol{p}-\boldsymbol{p}_0)=\mathbf{0} \quad \cdots\cdots①'$$

が導かれるんだね。

(ⅱ)

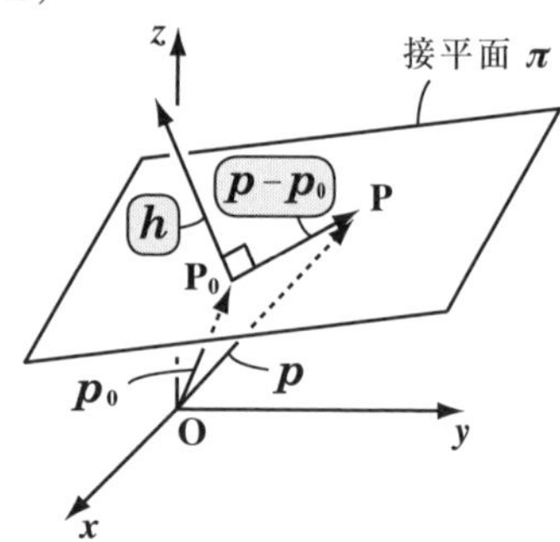

ここで，$\boldsymbol{h}$ を具体的に書くと，

$$\boldsymbol{h}=\frac{\partial \boldsymbol{p}}{\partial u}\times\frac{\partial \boldsymbol{p}}{\partial v}$$

$$=\left[\frac{\partial x}{\partial u},\ \frac{\partial y}{\partial u},\ \frac{\partial z}{\partial u}\right]\times\left[\frac{\partial x}{\partial v},\ \frac{\partial y}{\partial v},\ \frac{\partial z}{\partial v}\right]$$

ていねいに書くと，$\dfrac{\partial x(u_0,\ v_0)}{\partial u}$ $\left(\dfrac{\partial x(u,\ v)}{\partial u}\right.$ を計算した後に，u，v に u_0，v_0 を代入したもの$\left.\right)$ のこと。これはさらに，x_u と略記できる。他も同様だ。

$x_u \quad y_u \quad z_u \quad x_u$
$x_v \quad y_v \quad z_v \quad x_v$
$[y_u z_v - z_u y_v,\ z_u x_v - x_u z_v,\ x_u y_v - y_u x_v]$

$$=\Bigg[\underbrace{\frac{\partial y}{\partial u}\cdot\frac{\partial z}{\partial v}-\frac{\partial z}{\partial u}\cdot\frac{\partial y}{\partial v}}_{(\text{i})},\ \underbrace{\frac{\partial z}{\partial u}\cdot\frac{\partial x}{\partial v}-\frac{\partial x}{\partial u}\cdot\frac{\partial z}{\partial v}}_{(\text{ii})},\ \underbrace{\frac{\partial x}{\partial u}\cdot\frac{\partial y}{\partial v}-\frac{\partial y}{\partial u}\cdot\frac{\partial x}{\partial v}}_{(\text{iii})}\Bigg]$$ となる。

さらに，この法線ベクトル $\boldsymbol{h} = \dfrac{\partial \boldsymbol{p}}{\partial u} \times \dfrac{\partial \boldsymbol{p}}{\partial v}$ の各成分は，ヤコビアン(ヤコビの行列式)の形で，次のように表せる。(ヤコビアンについて知識のない方は**「微分積分キャンパス・ゼミ」(マセマ)**で学習されることを勧める。)

(i) $\dfrac{\partial y}{\partial u}\cdot\dfrac{\partial z}{\partial v} - \dfrac{\partial z}{\partial u}\cdot\dfrac{\partial y}{\partial v} = \begin{vmatrix} \dfrac{\partial y}{\partial u} & \dfrac{\partial y}{\partial v} \\ \dfrac{\partial z}{\partial u} & \dfrac{\partial z}{\partial v} \end{vmatrix} = \dfrac{\partial(y,\ z)}{\partial(u,\ v)}$

(ii) $\dfrac{\partial z}{\partial u}\cdot\dfrac{\partial x}{\partial v} - \dfrac{\partial x}{\partial u}\cdot\dfrac{\partial z}{\partial v} = \begin{vmatrix} \dfrac{\partial z}{\partial u} & \dfrac{\partial z}{\partial v} \\ \dfrac{\partial x}{\partial u} & \dfrac{\partial x}{\partial v} \end{vmatrix} = \dfrac{\partial(z,\ x)}{\partial(u,\ v)}$

(iii) $\dfrac{\partial x}{\partial u}\cdot\dfrac{\partial y}{\partial v} - \dfrac{\partial y}{\partial u}\cdot\dfrac{\partial x}{\partial v} = \begin{vmatrix} \dfrac{\partial x}{\partial u} & \dfrac{\partial x}{\partial v} \\ \dfrac{\partial y}{\partial u} & \dfrac{\partial y}{\partial v} \end{vmatrix} = \dfrac{\partial(x,\ y)}{\partial(u,\ v)}$

これら3つのヤコビアンの内少なくとも1つが0でないとき，すなわち $\boldsymbol{h} \neq \boldsymbol{0}$ のとき，点 P_0 は“**正則点**(せいそくてん)”であるという。そして，点 P_0 が正則点であれば，$\boldsymbol{0}$ でない法線ベクトル $\boldsymbol{h}$ が存在し，①(または①′)により，接平面の方程式を求めることができる。

$\boldsymbol{p} - \boldsymbol{p}_0 = [x - x_0,\ y - y_0,\ z - z_0]$ より，①(または①′)の接平面 π の方程式を具体的に書くと，

$$\underbrace{\frac{\partial(y,\ z)}{\partial(u,\ v)}}_{p}(x - x_0) + \underbrace{\frac{\partial(z,\ x)}{\partial(u,\ v)}}_{q}(y - y_0) + \underbrace{\frac{\partial(x,\ y)}{\partial(u,\ v)}}_{r}(z - z_0) = 0 \quad \cdots\cdots ①''$$

となるんだね。ヒェ〜って，思ってるって？　でも，$x - x_0,\ y - y_0,\ z - z_0$ の各係数を $p,\ q,\ r$ とおけば，見慣れた，点 $P_0(x_0,\ y_0,\ z_0)$ を通り，法線ベクトル $\boldsymbol{h} = [p,\ q,\ r]$ をもつ平面の方程式：

$p(x - x_0) + q(y - y_0) + r(z - z_0) = 0$ にすぎないことが分かると思う。

そして，この法線ベクトル $\boldsymbol{h} = \dfrac{\partial \boldsymbol{p}}{\partial u} \times \dfrac{\partial \boldsymbol{p}}{\partial v}$ を正規化して，ノルム(大きさ)を1にしたものを“**単位法線ベクトル**”と呼び，一般にはこれを $\boldsymbol{n}$ で表す。すなわち，

単位法線ベクトル $\boldsymbol{n} = \dfrac{1}{\left\| \dfrac{\partial \boldsymbol{p}}{\partial u} \times \dfrac{\partial \boldsymbol{p}}{\partial v} \right\|} \dfrac{\partial \boldsymbol{p}}{\partial u} \times \dfrac{\partial \boldsymbol{p}}{\partial v}$ だね。

$\boldsymbol{a}$ の正規化は，
$\boldsymbol{e} = \dfrac{1}{\|\boldsymbol{a}\|}\boldsymbol{a}$
で，できるからね。

ここで，法線ベクトル $\boldsymbol{h}$ に対して $k\boldsymbol{h}$ (k：実数(スカラー)) も同じく，接平面 π の法線ベクトルと言ってかまわない。同様に単位法線ベクトル $\boldsymbol{n}$ についても，$-\boldsymbol{n}$ も単位法線ベクトルになるんだね。このように，単位法線ベクトル $\boldsymbol{n}$ は曲面 S 上の各点で2通り存在することになるけれど，一般には $\boldsymbol{n}$ が S 上で連続となるように選べばいいんだよ。つまり，曲面 S 上の各点にはり山のように存在する $\boldsymbol{n}$ は S 上の片面にすべて分布するように取ればいいんだね。

そして，この単位法線ベクトル $\boldsymbol{n}$ を用いて，曲面 α 上の点 P_0 を通る，この曲面の法線 L の方程式が導ける。図4に示すように，L 上を自由に動く動点を P とおき，$\boldsymbol{p}=\overrightarrow{OP}$，$\boldsymbol{p}_0=\overrightarrow{OP_0}$ とおくと，

図4　法線 L

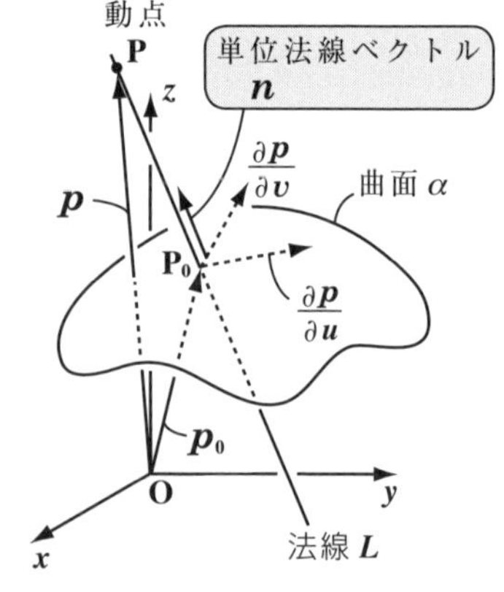

$(\boldsymbol{p}-\boldsymbol{p}_0)/\!/\boldsymbol{n}$ (平行)となるので，

$\boldsymbol{p}-\boldsymbol{p}_0=t\boldsymbol{n}$　(t：パラメータ)

よって，点 P_0 を通るこの曲面の法線 L の方程式は，

$\boldsymbol{p}=\boldsymbol{p}_0+t\boldsymbol{n}$ ……②　(t：パラメータ)となる。納得いった？

②の単位法線ベクトル $\boldsymbol{n}$ の代わりに，当然法線ベクトル $\boldsymbol{h}$ を用いてもかまわない。よって，

$\boldsymbol{p}=\boldsymbol{p}_0+t\boldsymbol{h}$ ……②′　(t：パラメータ)としてもいい。

ここで，$\boldsymbol{p}=[x,\ y,\ z]$，$\boldsymbol{p}_0=[x_0,\ y_0,\ z_0]$，$\boldsymbol{h}=[p,\ q,\ r]$ とおき，$p\neq 0$，$q\neq 0$，$r\neq 0$ とすると，②′から t を消去して，法線 L の方程式を，

$\dfrac{x-x_0}{p}=\dfrac{y-y_0}{q}=\dfrac{z-z_0}{r}$ ……②″と表すこともできる。これもいいね。

最後に単位法線ベクトル $\boldsymbol{n}$ は，P49で解説したように，“方向余弦”を用いて，$\boldsymbol{n}=[\cos\alpha,\ \cos\beta,\ \cos\gamma]$ と，成分表示で表すこともできる。

以上で，曲面上における接平面，法線の基本の解説は終わったので，次の例題で実際にこれらの方程式を導いてみよう。

例題 **25** 次の曲面上に指定された点における接平面 $\boldsymbol{\pi}$ と法線 $\boldsymbol{L}$ の方程式を求めてみよう。

(1) 放物面 $\boldsymbol{p}(u, v) = [u, v, u^2 + v^2]$ 上の $(u, v) = (1, 2)$ の点

(2) 球面 $\boldsymbol{p}(\theta, \varphi) = [a\sin\theta\cos\varphi, a\sin\theta\sin\varphi, a\cos\theta]$ 上の $(\theta, \varphi) = \left(\frac{\pi}{4}, \frac{\pi}{4}\right)$ の点

(1) $\boldsymbol{p}(u, v) = [x, y, z]$ とおくと，

$x = u$，$y = v$，$z = \underset{x^2}{u^2} + \underset{y^2}{v^2}$ より，

これは，$z = x^2 + y^2$ となって，右図に示すような放物面となることが分かる。

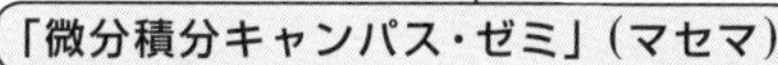

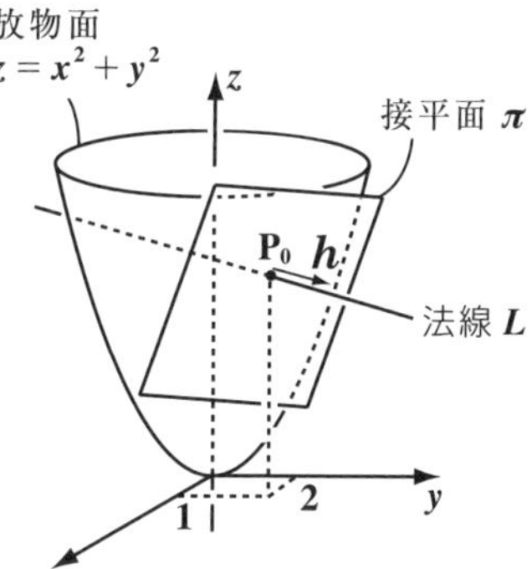

$u = 1$，$v = 2$ のとき，$z = 1^2 + 2^2 = 5$ より，この放物面上の点 $P_0(1, 2, 5)$ における（i）接平面 $\boldsymbol{\pi}$ と（ii）法線 $\boldsymbol{L}$ を求めよう。

（i）まず，接平面 $\boldsymbol{\pi}$ を求めよう。

$$\frac{\partial \boldsymbol{p}}{\partial u} = \frac{\partial}{\partial u}[u, v, u^2 + v^2] = [1, 0, 2u]$$

$$\frac{\partial \boldsymbol{p}}{\partial v} = \frac{\partial}{\partial v}[u, v, u^2 + v^2] = [0, 1, 2v]$$

これらに，$u = 1$，$v = 2$ を代入して，

$$\frac{\partial \boldsymbol{p}}{\partial u} = [1, 0, 2], \quad \frac{\partial \boldsymbol{p}}{\partial v} = [0, 1, 4]$$

よって，法線ベクトル $\boldsymbol{h}$ は，

符号を変えてもいい!

$$\boldsymbol{h} = -\frac{\partial \boldsymbol{p}}{\partial u} \times \frac{\partial \boldsymbol{p}}{\partial v} = [2, 4, -1]$$

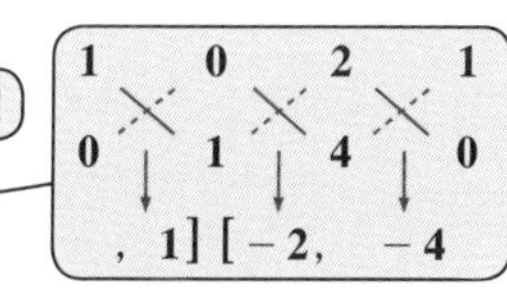

以上より，求める接平面は，点 $P_0(1, 2, 5)$ を通り，法線ベクトル $\boldsymbol{h} = [2, 4, -1]$ をもつ平面より，$2(x-1) + 4(y-2) - 1(z-5) = 0$

$\therefore 2x + 4y - z - 5 = 0$ となる。

（ii）法線 $\boldsymbol{L}$ は，点 P_0 を通り，方向ベクトル $\boldsymbol{h} = [2, 4, -1]$ をもつ直線より，

$$\frac{x-1}{2} = \frac{y-2}{4} = \frac{z-5}{-1}$$ となる。大丈夫？

(2) 原点 **O** を中心とする半径 a(一定) の球面 S：

$\boldsymbol{p}(\theta,\ \varphi)=[a\sin\theta\cos\varphi,\ a\sin\theta\sin\varphi,\ a\cos\theta]$ 上の

$\theta=\dfrac{\pi}{4}$, $\varphi=\dfrac{\pi}{4}$ となる点 $\mathrm{P_0}$ は，

$\mathrm{P_0}\left(a\dfrac{1}{\sqrt{2}}\cdot\dfrac{1}{\sqrt{2}},\ a\dfrac{1}{\sqrt{2}}\cdot\dfrac{1}{\sqrt{2}},\ a\dfrac{1}{\sqrt{2}}\right)=\left(\dfrac{a}{2},\ \dfrac{a}{2},\ \dfrac{a}{\sqrt{2}}\right)$ となる。

球面 S 上の点 $\mathrm{P_0}$ における (i) 接平面 π と (ii) 法線 L の方程式を求めよう。

(i) まず，接平面 π を求めよう。

$$\frac{\partial\boldsymbol{p}}{\partial\theta}=[a\cos\theta\cos\varphi,\ a\cos\theta\sin\varphi,\ -a\sin\theta]$$

$$\frac{\partial\boldsymbol{p}}{\partial\varphi}=[-a\sin\theta\sin\varphi,\ a\sin\theta\cos\varphi,\ 0]$$

これらに，$\theta=\dfrac{\pi}{4}$, $\varphi=\dfrac{\pi}{4}$ を代入して，

$$\frac{\partial\boldsymbol{p}}{\partial\theta}=\left[a\frac{1}{\sqrt{2}}\cdot\frac{1}{\sqrt{2}},\ a\frac{1}{\sqrt{2}}\cdot\frac{1}{\sqrt{2}},\ -a\frac{1}{\sqrt{2}}\right]=\left[\frac{a}{2},\ \frac{a}{2},\ -\frac{a}{\sqrt{2}}\right]$$

$$\frac{\partial\boldsymbol{p}}{\partial\varphi}=\left[-a\frac{1}{\sqrt{2}}\cdot\frac{1}{\sqrt{2}},\ a\frac{1}{\sqrt{2}}\cdot\frac{1}{\sqrt{2}},\ 0\right]=\left[-\frac{a}{2},\ \frac{a}{2},\ 0\right]$$

よって，法線ベクトル $\widetilde{\boldsymbol{h}}$ は，

$$\widetilde{\boldsymbol{h}}=\frac{\partial\boldsymbol{p}}{\partial u}\times\frac{\partial\boldsymbol{p}}{\partial v}$$

$$=\left[\frac{a^2}{2\sqrt{2}},\ \frac{a^2}{2\sqrt{2}},\ \frac{a^2}{2}\right]$$

$$\begin{array}{cccc} \frac{a}{2} & \frac{a}{2} & -\frac{a}{\sqrt{2}} & \frac{a}{2} \\ -\frac{a}{2} & \frac{a}{2} & 0 & -\frac{a}{2} \end{array}$$

$$,\ \frac{a^2}{2}\Big]\Big[\frac{a^2}{2\sqrt{2}},\quad \frac{a^2}{2\sqrt{2}}$$

よって，$\dfrac{2\sqrt{2}}{a^2}\widetilde{\boldsymbol{h}}$ を新たな法線

係数倍しても，法線ベクトルに変わりはないからね。

ベクトル $\boldsymbol{h}$ とおくと，$\boldsymbol{h}=[1,\ 1,\ \sqrt{2}]$

以上より，求める接平面 π は，点 $\mathrm{P_0}\left(\dfrac{a}{2},\ \dfrac{a}{2},\ \dfrac{a}{\sqrt{2}}\right)$ を通り，法線ベクトル $\boldsymbol{h}=[1,\ 1,\ \sqrt{2}]$ をもつ平面より，

$$1\cdot\left(x-\frac{a}{2}\right)+1\cdot\left(y-\frac{a}{2}\right)+\sqrt{2}\cdot\left(z-\frac{a}{\sqrt{2}}\right)=0$$

$\therefore\ x+y+\sqrt{2}z-2a=0$ となる。

(ⅱ) 法線 L は，点 P_0 を通り，方向ベクトル $\boldsymbol{h}=[1,\ 1,\ \sqrt{2}]$ をもつ直線より，

$$\frac{x-\frac{a}{2}}{1}=\frac{y-\frac{a}{2}}{1}=\frac{z-\frac{a}{\sqrt{2}}}{\sqrt{2}} \qquad \therefore x-\frac{a}{2}=y-\frac{a}{2}=\frac{z}{\sqrt{2}}-\frac{a}{2}$$ となる。

どう？ 思ったより，簡単に求まるだろう？

● 曲面の面積を求めてみよう！

それでは次，曲面 α の面積を求めてみよう。図 5 に示すように，曲面 α : $\boldsymbol{p}=\boldsymbol{p}(u,\ v)$ 上において，

- v = 一定，$v+\Delta v$ 一定の 2 本の u 曲線と
- u = 一定，$u+\Delta u$ 一定の 2 本の v 曲線とで

囲まれる曲面 α の微小面積を ΔS とおく。

図 5 曲面 α の微小面積 ΔS

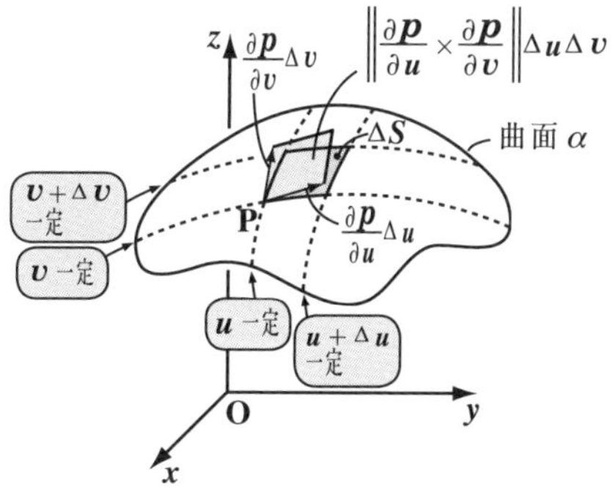

次に，v 一定の曲線と，u 一定の曲線の交点を P とおき，この点 P を始点とするそれぞれの曲線の接線ベクトルは，$\frac{\partial \boldsymbol{p}}{\partial u}$, $\frac{\partial \boldsymbol{p}}{\partial v}$ で表されるんだった。

この 2 つの接線ベクトルに，それぞれ微小区間 Δu と Δv をかけてできる 2 つのベクトル $\frac{\partial \boldsymbol{p}}{\partial u}\Delta u$ と $\frac{\partial \boldsymbol{p}}{\partial v}\Delta v$ を 2 辺とする平行四辺形の面積 $\left\|\frac{\partial \boldsymbol{p}}{\partial u}\Delta u\times\frac{\partial \boldsymbol{p}}{\partial v}\Delta v\right\|$ は，図 5 に示すように，微小面積 ΔS を近似的に表すことになる。よって，

$$\Delta S \fallingdotseq \left\|\frac{\partial \boldsymbol{p}}{\partial u}\Delta u\times\frac{\partial \boldsymbol{p}}{\partial v}\Delta v\right\| = \left\|\frac{\partial \boldsymbol{p}}{\partial u}\times\frac{\partial \boldsymbol{p}}{\partial v}\right\|\Delta u\Delta v$$

ここで，$\Delta u \to +0$，$\Delta v \to +0$ の極限をとると，

微小面積 $dS=\left\|\frac{\partial \boldsymbol{p}}{\partial u}\times\frac{\partial \boldsymbol{p}}{\partial v}\right\|dudv$ が導ける。よって，これから，

> この dS のことを“面要素(めんようそ)”または“面積要素(めんせきようそ)”と呼ぶことも覚えよう。

$\boldsymbol{p}(u,\ v)$ が uv 平面上の領域 D を動いてできる曲面 α の面積 S は，

$$S=\iint_D \left\|\frac{\partial \boldsymbol{p}}{\partial u}\times\frac{\partial \boldsymbol{p}}{\partial v}\right\|dudv \quad \cdots\cdots(*)$$ で求めることができる。納得いった？

それでは次の例題で，曲面の面積公式 $S=\iint_D \left\|\frac{\partial \boldsymbol{p}}{\partial u}\times\frac{\partial \boldsymbol{p}}{\partial v}\right\| dudv$ ……(＊)
を実際に利用してみよう。

例題 26　球面 $\boldsymbol{p}(\theta,\ \varphi)=[a\sin\theta\cos\varphi,\ a\sin\theta\sin\varphi,\ a\cos\theta]$
$(0\leqq\theta\leqq\pi,\ 0\leqq\varphi\leqq 2\pi)$ の面積を求めてみよう。

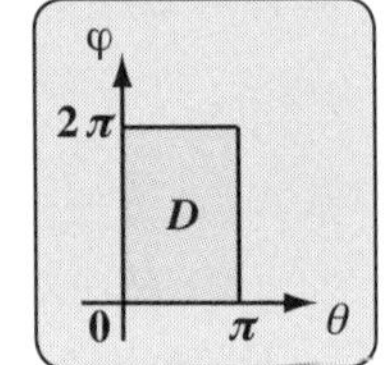

半径 a の球面 $\boldsymbol{p}(\theta,\ \varphi)$ は，u，v の代わりに θ，φ が用いられているので，$(\theta,\ \varphi)$ が領域 $D：0\leqq\theta\leqq\pi$，$0\leqq\varphi\leqq 2\pi$ を動いてできる球面の面積 S は，公式：

$$S=\iint_D \left\|\frac{\partial \boldsymbol{p}}{\partial \theta}\times\frac{\partial \boldsymbol{p}}{\partial \varphi}\right\| d\theta d\varphi \quad\cdots\cdots①$$

から求めることができる。もちろん，半径 a の球面の面積 S は，$S=4\pi a^2$ となることは，みんな知っていると思う。だから今回は，①の公式を使う練習問題だと思ってくれたらいいんだよ。

$$\frac{\partial \boldsymbol{p}}{\partial \theta}=[a\cos\theta\cos\varphi,\ a\cos\theta\sin\varphi,\ -a\sin\theta]$$

$$\frac{\partial \boldsymbol{p}}{\partial \varphi}=[-a\sin\theta\sin\varphi,\ a\sin\theta\cos\varphi,\ 0]$$ より，

$$\frac{\partial \boldsymbol{p}}{\partial \theta}\times\frac{\partial \boldsymbol{p}}{\partial \varphi}=[a^2\sin^2\theta\cos\varphi,\ a^2\sin^2\theta\sin\varphi,\ a^2\sin\theta\cos\theta]$$

$a\cos\theta\cos\varphi$		$a\cos\theta\sin\varphi$		$-a\sin\theta$		$a\cos\theta\cos\varphi$
$-a\sin\theta\sin\varphi$	✕	$a\sin\theta\cos\varphi$	✕	0	✕	$-a\sin\theta\sin\varphi$

$$,\ a^2\sin\theta\cos\theta(\underbrace{\cos^2\varphi+\sin^2\varphi}_{1})]\ [a^2\sin^2\theta\cos\varphi,\ \ a^2\sin^2\theta\sin\varphi$$

よって，このノルムは，

$$\left\|\frac{\partial \boldsymbol{p}}{\partial \theta}\times\frac{\partial \boldsymbol{p}}{\partial \varphi}\right\|=\sqrt{a^4\sin^4\theta\cos^2\varphi+a^4\sin^4\theta\sin^2\varphi+a^4\sin^2\theta\cos^2\theta}$$

$$=\sqrt{a^4\sin^4\theta+a^4\sin^2\theta\cos^2\theta}=\sqrt{a^4\sin^2\theta(\underbrace{\sin^2\theta+\cos^2\theta}_{1})}$$

$$=a^2\underbrace{|\sin\theta|}_{\sin\theta\ (\because\ 0\leqq\theta\leqq\pi\text{ より，}\sin\theta\geqq 0)}=a^2\sin\theta\quad\cdots\cdots②$$ となる。

②を①に代入すると，求める球面の面積 S は，

$$S = \iint_D a^2 \sin\theta \, d\theta d\varphi = a^2 \int_0^{\pi} \sin\theta d\theta \int_0^{2\pi} 1 \cdot d\varphi = a^2 \cdot 2 \cdot 2\pi$$

定数

$[-\cos\theta]_0^{\pi} = -\cos\pi + \cos 0 = 1+1$

$[\varphi]_0^{2\pi} = 2\pi$

$\therefore S = 4\pi a^2$ が導けた！ 納得いった？

それでは，さらに曲面の面積について深めていこう。xyz 座標空間で，曲面は $z = f(x, y)$ の形で表されることも多い。(x, y) が xy 座標平面上の領域 D を動くときにできるこの曲面の面積 S を求める公式を導いてみよう。

この場合，曲面を表す位置ベクトル $\boldsymbol{p}$ は，

$\boldsymbol{p} = \boldsymbol{p}(x, y) = [x, y, f(x, y)]$ となるので，2 変数 u, v の代わりに x, y

($f(x, y)$ は z)

を 2 つのパラメータにもつ位置ベクトルだと考えればいいんだね。すると，$(*)$ の面積公式がそのまま使えて，

$$S = \iint_D \left\| \frac{\partial \boldsymbol{p}}{\partial x} \times \frac{\partial \boldsymbol{p}}{\partial y} \right\| dxdy \quad \cdots\cdots (*)'$$ となる。

ここで，$\dfrac{\partial \boldsymbol{p}}{\partial x} = \dfrac{\partial}{\partial x}[x, y, f] = \left[1, 0, \dfrac{\partial f}{\partial x}\right]$ （これは，f_x と略記できる。）

$\dfrac{\partial \boldsymbol{p}}{\partial y} = \dfrac{\partial}{\partial y}[x, y, f] = \left[0, 1, \dfrac{\partial f}{\partial y}\right]$ （これは，f_y と略記できる。） となる。よって，

$$\frac{\partial \boldsymbol{p}}{\partial x} \times \frac{\partial \boldsymbol{p}}{\partial y} = \left[-\frac{\partial f}{\partial x}, -\frac{\partial f}{\partial y}, 1 \right]$$

$$\begin{array}{cccc} 1 & 0 & f_x & 1 \\ 0 & 1 & f_y & 0 \end{array} \quad \to \quad [-f_x, -f_y, 1]$$

$$\therefore \left\| \frac{\partial \boldsymbol{p}}{\partial x} \times \frac{\partial \boldsymbol{p}}{\partial y} \right\| = \sqrt{\left(\frac{\partial f}{\partial x}\right)^2 + \left(\frac{\partial f}{\partial y}\right)^2 + 1} \quad \cdots\cdots \text{(a)}$$

(a)を $(*)'$ に代入すると，曲面が $z = f(x, y)$ で表された場合の面積公式：

$$S = \iint_D \sqrt{\left(\frac{\partial f}{\partial x}\right)^2 + \left(\frac{\partial f}{\partial y}\right)^2 + 1} \, dxdy \quad \cdots\cdots (**)$$ が導かれる。

早速，この公式も次の例題で使ってみることにしよう。

例題 27　次の曲面の面積を求めてみよう。

(1) $z = f(x, y) = 4 - 2x - y$　　$(x \geqq 0,\ y \geqq 0,\ 4 - 2x - y \geqq 0)$

(2) $z = f(x, y) = \sqrt{a^2 - x^2 - y^2}$　　$(z \geqq 0)$ (a：正の定数)

(1), (2) 共に，$z = f(x, y)$ の形で表された曲面の面積の問題なので，

面積公式：$S = \iint_D \sqrt{(f_x)^2 + (f_y)^2 + 1}\, dxdy$ ……(＊＊) を利用するんだね。

(1) $z = f(x, y) = 4 - 2x - y$

$(x \geqq 0,\ y \geqq 0,\ 4 - 2x - y \geqq 0)$

は右図に示すように，3 点

P(2, 0, 0)，Q(0, 4, 0)，R(0, 0, 4)

を頂点とする△PQR を表す。

これは，三角形の平面を表す。

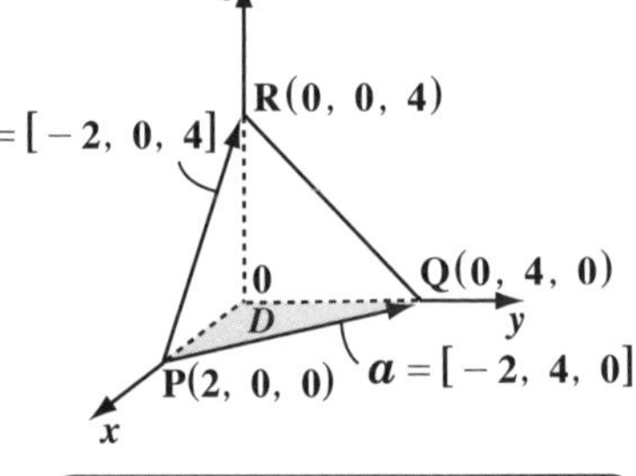

$a = \overrightarrow{PQ} = [-2,\ 4,\ 0]$
$b = \overrightarrow{PR} = [-2,\ 0,\ 4]$ とおくと，
$a \times b = 8[2,\ 1,\ 1]$ となるので，
△PQR の面積 S は，
$S = \frac{1}{2}\|a \times b\|$
$= \frac{1}{2} \times 8\sqrt{2^2 + 1^2 + 1^2}$
$= 4\sqrt{6}$　と求められる。

この面積 S を，公式(＊＊)を使って求めてみよう。

$$f_x = \frac{\partial f}{\partial x} = -2,\quad f_y = \frac{\partial f}{\partial y} = -1$$

よって，(＊＊)より，

$$S = \iint_D \sqrt{(-2)^2 + (-1)^2 + 1}\, dxdy$$

$$= \iint_D \sqrt{6}\, dxdy$$

$$= \int_0^2 \underbrace{\left(\int_0^{4-2x} \sqrt{6}\, dy\right)}_{(\text{i})} dx \quad (\text{ii})$$

← 累次積分

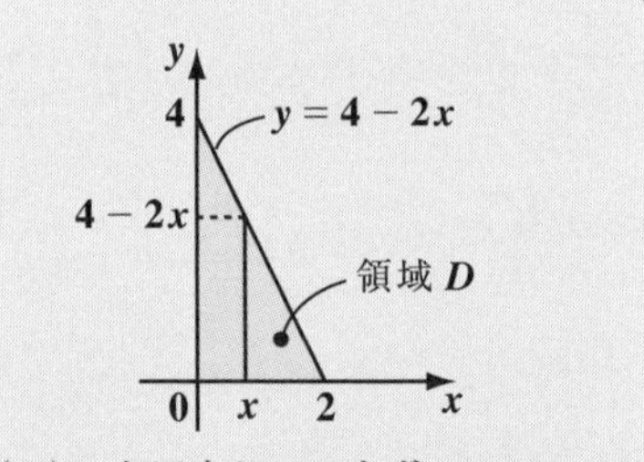

(i) x を固定して，まず y について区間 $[0,\ 4-2x]$ で積分する。

(ii) 次に，x について区間 $[0,\ 2]$ で積分する。

「微分積分キャンパス・ゼミ」(マセマ)

$$= \int_0^2 \sqrt{6}\,[y]_0^{4-2x} dx$$

$$= \sqrt{6}\int_0^2 (4 - 2x)dx$$

$$= \sqrt{6}\,[4x - x^2]_0^2$$

$$= \sqrt{6}\,(8 - 4)$$

∴ $S = 4\sqrt{6}$　となって，答えだ。← これは，$S = \frac{1}{2}\|a \times b\|$ の結果と一致する！

(2) $z = f(x,\ y) = (a^2 - x^2 - y^2)^{\frac{1}{2}} \quad (z \geqq 0)$ は，右図に示すように，半径 a の半球面を表す。よって，この面積 S は，$S = 2\pi a^2$ となることは，予め分かっているんだね。ここでは，$(**)$ の公式からこの結果を導いてみよう。

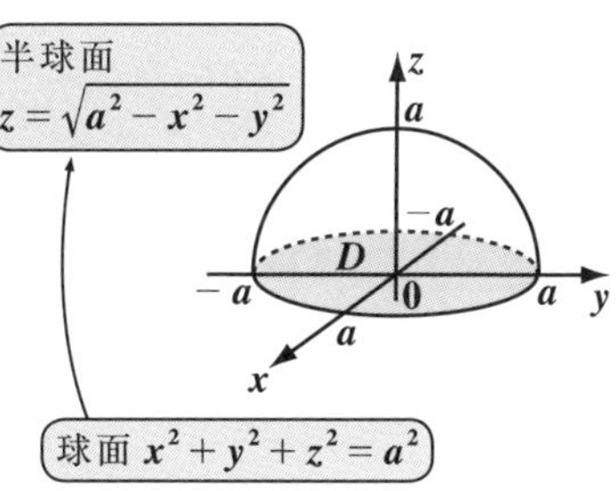

$$f_x = \frac{1}{2}(a^2 - x^2 - y^2)^{-\frac{1}{2}} \cdot (-2x) = -\frac{x}{\sqrt{a^2 - x^2 - y^2}}$$

$$f_y = \frac{1}{2}(a^2 - x^2 - y^2)^{-\frac{1}{2}} \cdot (-2y) = -\frac{y}{\sqrt{a^2 - x^2 - y^2}}$$

合成関数の微分

よって，$(**)$ より，求める面積 S は，

$$S = \iint_D \sqrt{\frac{x^2}{a^2 - x^2 - y^2} + \frac{y^2}{a^2 - x^2 - y^2} + 1}\, dxdy = \iint_D \sqrt{\frac{a^2}{a^2 - x^2 - y^2}}\, dxdy$$

$$= \iint_D a\{a^2 - (x^2 + y^2)\}^{-\frac{1}{2}} dxdy$$

ここで，$x = r\cos\theta,\ y = r\sin\theta$ により，$(x,\ y)$ から $(r,\ \theta)$ に変数を変換すると，$(x,\ y)$ の領域 D：$x^2 + y^2 \leqq a^2$ は $(r,\ \theta)$ の領域 D'：$0 \leqq r \leqq a,\ 0 \leqq \theta \leqq 2\pi$ に変換される。また，

$$x^2 + y^2 = r^2,\quad dxdy = |J|drd\theta = rdrd\theta$$

となるので，

$$S = \iint_{D'} a(a^2 - r^2)^{-\frac{1}{2}} rdrd\theta$$

$$= a\underbrace{\int_0^{2\pi} d\theta}_{2\pi} \underbrace{\int_0^a r(a^2 - r^2)^{-\frac{1}{2}} dr}_{\left[-(a^2 - r^2)^{\frac{1}{2}}\right]_0^a}$$

合成関数の微分 $\left\{(a^2 - r^2)^{\frac{1}{2}}\right\}' = \frac{1}{2}(a^2 - r^2)^{-\frac{1}{2}} \cdot (-2r)$ より

$$= a \cdot 2\pi \cdot \left[-\sqrt{a^2 - r^2}\right]_0^a$$

$$= 2\pi a(-0 + \sqrt{a^2}) = 2\pi a^2 \text{ が導けた！}$$

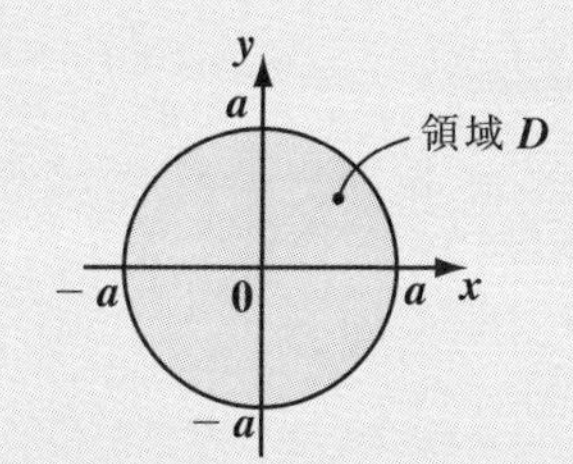

$x = r\cos\theta,\quad y = r\sin\theta$ により，$(x,\ y) \longrightarrow (r,\ \theta)$ に極座標変換すると，ヤコビアン J は，

$$J = \begin{vmatrix} x_r & x_\theta \\ y_r & y_\theta \end{vmatrix} = \begin{vmatrix} \cos\theta & -r\sin\theta \\ \sin\theta & r\cos\theta \end{vmatrix}$$

$$= r(\cos^2\theta + \sin^2\theta) = r$$

となる。

「微分積分キャンパス・ゼミ」（マセマ）

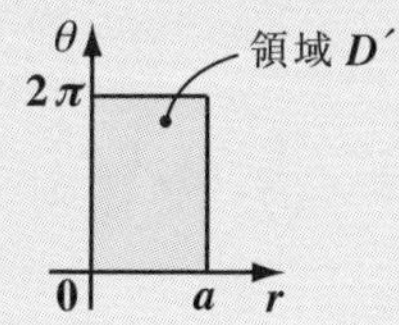

演習問題 7　● 曲面の面積 ●

曲面 $z = x^2 + y^2 \quad (x^2 + y^2 \leqq 1)$ の面積 S を求めよ。

ヒント！ $z = f(x, y)$ の形なので，曲面の面積公式：
$S = \iint_D \sqrt{(f_x)^2 + (f_y)^2 + 1}\,dxdy$ を用いて解く。積分の際は，極座標に変換して解くのがコツだね。

解答＆解説

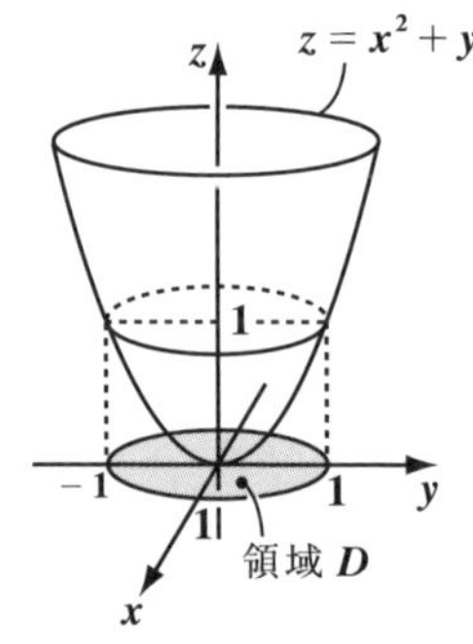

放物面 $z = f(x, y) = x^2 + y^2$ の

領域 D：$x^2 + y^2 \leqq 1$ における面積 S を求める。

$f_x = \dfrac{\partial f}{\partial x} = 2x$，$f_y = \dfrac{\partial f}{\partial y} = 2y$　より，

$$S = \iint_D \sqrt{(f_x)^2 + (f_y)^2 + 1}\,dxdy$$

$$= \iint_D \sqrt{4(x^2 + y^2) + 1}\,dxdy$$

ここで，$x = r\cos\theta$，$y = r\sin\theta$ により，

極座標に変数変換すると，

(x, y) の領域 D：$x^2 + y^2 \leqq 1$ は，

(r, θ) の領域 D'：$0 \leqq r \leqq 1$，$0 \leqq \theta \leqq 2\pi$

に変換される。また，

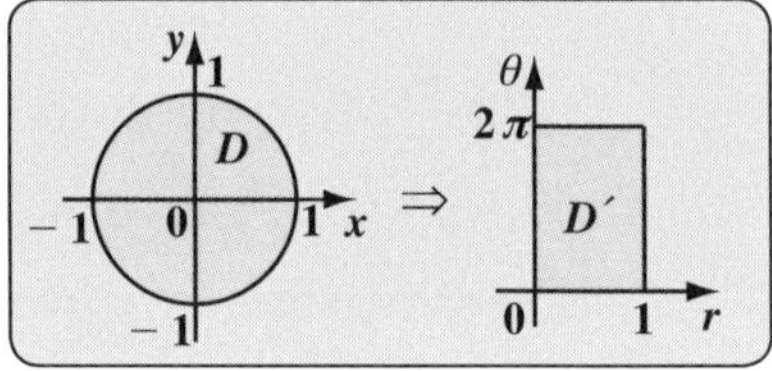

$x^2 + y^2 = r^2$，$dxdy = |J|drd\theta = rdrd\theta$　$\left(J = \begin{vmatrix} x_r & x_\theta \\ y_r & y_\theta \end{vmatrix}：\text{ヤコビアン}\right)$ より，

$$S = \iint_{D'} \sqrt{4r^2 + 1}\,rdrd\theta = \int_0^{2\pi} d\theta \int_0^1 r(4r^2 + 1)^{\frac{1}{2}}\,dr$$

（$\int_0^1 r(4r^2 + 1)^{\frac{1}{2}}\,dr = \left[\dfrac{1}{12}(4r^2 + 1)^{\frac{3}{2}}\right]_0^1$）

合成関数の微分 $\left\{(4r^2 + 1)^{\frac{3}{2}}\right\}' = \dfrac{3}{2}(4r^2 + 1)^{\frac{1}{2}} \cdot 8r = 12r(4r^2 + 1)^{\frac{1}{2}}$ を利用した。

$$= [\theta]_0^{2\pi} \cdot \frac{1}{12}\left[(4r^2 + 1)^{\frac{3}{2}}\right]_0^1 = 2\pi \cdot \frac{1}{12}(5\sqrt{5} - 1) = \frac{\pi}{6}(5\sqrt{5} - 1)$$

実践問題 7 ● 曲面の面積 ●

曲面 $z=\sqrt{4-x^2-y^2}$ $(x^2+y^2\leqq 3)$ の面積 S を求めよ。

ヒント！ これも，$z=f(x,\ y)$ の形なので，面積公式：
$S=\iint_D \sqrt{(f_x)^2+(f_y)^2+1}\,dxdy$ を用いればいいんだね。

解答＆解説

半径 2 の半球面 $z=f(x,\ y)=(4-x^2-y^2)^{\frac{1}{2}}$ の
領域 D：$x^2+y^2\leqq 3$ における面積 S を求める。

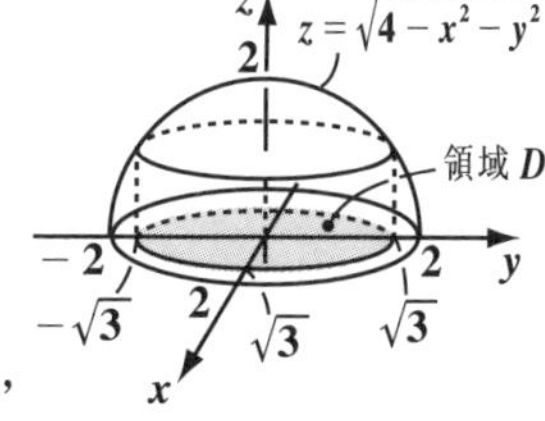

$f_x=\dfrac{\partial f}{\partial x}=\dfrac{1}{2}(4-x^2-y^2)^{-\frac{1}{2}}\cdot(-2x)=$ (ア)

$f_y=\dfrac{\partial f}{\partial y}=\dfrac{1}{2}(4-x^2-y^2)^{-\frac{1}{2}}\cdot(-2y)=$ (イ) より，

$$S=\iint_D \sqrt{(f_x)^2+(f_y)^2+1}\,dxdy=\iint_D \sqrt{\frac{x^2}{4-x^2-y^2}+\frac{y^2}{4-x^2-y^2}+1}\,dxdy$$

$$=\iint_D \frac{2}{\sqrt{4-(\boxed{(ウ)})}}\,dxdy$$

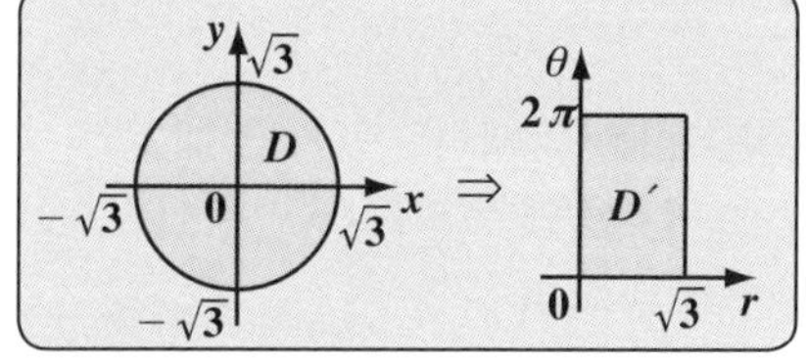

ここで，$x=r\cos\theta$，$y=r\sin\theta$ により，
極座標に変数変換すると，
$(x,\ y)$ の領域 D：$x^2+y^2\leqq 3$ は，
$(r,\ \theta)$ の領域 D'：$0\leqq r\leqq\sqrt{3}$，(エ) に変換される。また，

$x^2+y^2=r^2$，$dxdy=|J|drd\theta=rdrd\theta$ $\left(J=\begin{vmatrix} x_r & x_\theta \\ y_r & y_\theta \end{vmatrix}：ヤコビアン\right)$ より，

$$S=\iint_{D'} \frac{2}{\sqrt{4-r^2}}\,rdrd\theta=2\int_0^{2\pi}d\theta\underbrace{\int_0^{\sqrt{3}} r(4-r^2)^{-\frac{1}{2}}dr}_{=\left[-(4-r^2)^{\frac{1}{2}}\right]_0^{\sqrt{3}}}$$

合成関数の微分 $\left\{(4-r^2)^{\frac{1}{2}}\right\}'=\dfrac{1}{2}(4-r^2)^{-\frac{1}{2}}\cdot(-2r)=-r(4-r^2)^{-\frac{1}{2}}$ を利用した。

$$=2\cdot[\theta]_0^{2\pi}\cdot\left[-\sqrt{4-r^2}\right]_0^{\sqrt{3}}=2\cdot 2\pi\cdot(-\sqrt{1}+\sqrt{4})=\boxed{(オ)}$$

解答 (ア) $-\dfrac{x}{\sqrt{4-x^2-y^2}}$ (イ) $-\dfrac{y}{\sqrt{4-x^2-y^2}}$ (ウ) x^2+y^2 (エ) $0\leqq\theta\leqq 2\pi$ (オ) 4π

講義2 ● ベクトル値関数　公式エッセンス

1. 1変数ベクトル値関数の微分公式

(1) $\{\boldsymbol{k}\cdot\boldsymbol{a}(t)\}'=\boldsymbol{k}\cdot\boldsymbol{a}'(t)$　(2) $\{\boldsymbol{k}\times\boldsymbol{a}(t)\}'=\boldsymbol{k}\times\boldsymbol{a}'(t)$ など。($\boldsymbol{k}$：定ベクトル)

2. ベクトル値関数の“大きさ”と“向き”の条件

(Ⅰ) $\|\boldsymbol{a}(t)\|=c \iff \boldsymbol{a}(t)\cdot\boldsymbol{a}'(t)=0$　(Ⅱ) $\boldsymbol{a}(t)=f(t)\boldsymbol{c} \iff \boldsymbol{a}(t)\times\boldsymbol{a}'(t)=\boldsymbol{0}$

(c：定数，$f(t)$：正のスカラー値関数，$\boldsymbol{c}$：定ベクトル)

3. 曲線の長さ

パラメータ t が $t_1\leqq t\leqq t_2$ の範囲で変化するとき，動点Pの描く曲線の長さ s は，

$$s=\int_{t_1}^{t_2}\|\boldsymbol{p}'(t)\|dt=\int_{t_1}^{t_2}\sqrt{x'(t)^2+y'(t)^2+z'(t)^2}\,dt$$

4. フレネ・セレーの公式

(1) $\boldsymbol{t}'=\kappa\boldsymbol{n}$　(2) $\boldsymbol{b}'=-\tau\boldsymbol{n}$　(3) $\boldsymbol{n}'=-\kappa\boldsymbol{t}+\tau\boldsymbol{b}$

($\boldsymbol{t}$：単位接線ベクトル，$\boldsymbol{n}$：単位主法線ベクトル
$\boldsymbol{b}$：単位従法線ベクトル，κ：曲率，τ：捩率)

5. 曲線上の点Pにおける曲率 κ と捩率 τ　スカラー3重積

(1) $\kappa=\|\boldsymbol{p}''(s)\|=\|\boldsymbol{p}'(s)\times\boldsymbol{p}''(s)\|$　(2) $\kappa^2\tau=\left(\boldsymbol{p}'(s),\ \boldsymbol{p}''(s),\ \boldsymbol{p}'''(s)\right)$

6. 速度ベクトル $\boldsymbol{v}(t)$ と加速度ベクトル $\boldsymbol{a}(t)$

(1) $\boldsymbol{v}(t)=v(t)\boldsymbol{t}$　(2) $\boldsymbol{a}(t)=a(t)\boldsymbol{t}+v^2(t)\kappa\boldsymbol{n}$ ← $a(t)$：加速度の接線方向成分

7. 1変数ベクトル値関数の積分公式

(1) $\displaystyle\int\boldsymbol{k}\cdot\boldsymbol{a}(t)dt=\boldsymbol{k}\cdot\left\{\int\boldsymbol{a}(t)dt\right\}$

(2) $\displaystyle\int\boldsymbol{k}\times\boldsymbol{a}(t)dt=\boldsymbol{k}\times\left\{\int\boldsymbol{a}(t)dt\right\}$ など。　($\boldsymbol{k}$：定ベクトル)

8. 曲面 α：$\boldsymbol{p}=\boldsymbol{p}(u,\ v)$ の面積

$(u,\ v)$ が uv 平面上の領域 D を動いてできる曲面 α の面積 S は，

$$S=\iint_D\underbrace{\left\|\frac{\partial\boldsymbol{p}}{\partial u}\times\frac{\partial\boldsymbol{p}}{\partial v}\right\|dudv}_{\text{面(積)要素 }dS}$$

9. 曲面 $z=f(x,\ y)$ の面積

$(x,\ y)$ が xy 座標平面上の領域 D を動いてできる曲面 $z=f(x,\ y)$ の面積 S は，

$$S=\iint_D\sqrt{\left(\frac{\partial f}{\partial x}\right)^2+\left(\frac{\partial f}{\partial y}\right)^2+1}\,dxdy$$

スカラー場とベクトル場

▶ スカラー場とベクトル場
（等位曲線・等位曲面，流線）

▶ スカラー場の勾配ベクトル
（grad f，ハミルトン演算子，スカラーポテンシャル）

▶ ベクトル場の発散
（div f，ラプラスの演算子）

▶ ベクトル場の回転
（rot f，ベクトルポテンシャル）

▶ 各演算子の公式

§1. スカラー場とベクトル場

さァ，これから“**スカラー場**”と“**ベクトル場**”の解説に入ろう。この講義では**grad**(グラディエント)や**div**(ダイヴァージェンス)や**rot**(ローテイション)など，ベクトル解析のメインテーマが登場することになるんだよ。これらの記号の意味を知り，計算に熟達すれば，ベクトル解析の奥義を習得することができる。でも，ここでつまづく方も多いので，気を引きしめて頑張ろう！もちろん，また分かりやすく解説するから，心配は無用だ。

それではまず，“スカラー場”と“ベクトル場”について“**等位曲線**(とういきょくせん)(**曲面**(きょくめん))”や“**流線**(りゅうせん)”まで含めて，その基本を解説しよう。

● スカラー場とベクトル場を例で説明しよう！

平面または空間領域 D 内の各点 P に，スカラー $f(\mathrm{P})$ が対応づけられているとき，この領域 D のことを“**スカラー場**”(*scalar field*)と呼ぶ。これに対して，領域 D 内の各点 P に，ベクトル $\boldsymbol{f}(\mathrm{P})$ が対応づけられているとき，この領域 D のことを“**ベクトル場**”(*vector field*)と呼ぶんだよ。そして，これら2つの関数 $f(\mathrm{P})$ と $\boldsymbol{f}(\mathrm{P})$ は，x や y などの関数で，全微分可能であるものとする。

これだけではピンとこないだろうから，(i)スカラー場と(ii)ベクトル場，それぞれ例を使って解説することにしよう。

(i) スカラー場の例

たとえば，xy 平面上の各点に温度(スカラー)f が，

$$f = f(x, y) = \frac{10}{x^2+y^2+1} \quad \cdots ①$$

で与えられているとき，xy 平面全体が，スカラー場 D と言えるんだね。なぜなら，温度 f を z 軸にとれば，①より，図1に示すような温度分布 $f(x, y)$ のグラフが得られ，そして，たとえば，$(x, y) = (1, 0)$ のように点 P の座標が与えられれば，①よりそれに対応する温度 f が，$f = f(1, 0) = \frac{10}{1^2+0^2+1} = 5(\mathrm{C}^\circ)$ と，算出できるからだ。

図1 スカラー場の例(温度分布)

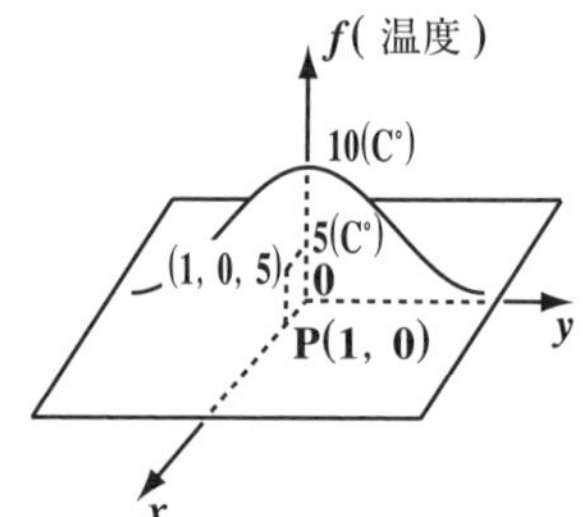

このように，2次元平面上の領域 D におけるスカラー場を"**平面スカラー場**"と呼ぶ。これは，$f(x,\ y)$ などのように，2変数スカラー値関数として表され，図1のようにその f の分布をグラフとして表現することもできる。これに対して，3次元空間上の領域 D におけるスカラー場を"**空間スカラー場**"と呼び，たとえば $f(x,\ y,\ z)=xy^2z^3$ などのように，3変数スカラー値関数として表されるが，図1のようにこの f の分布を表現することは難しい。でも，空間スカラー場では，空間領域 D 内の各点にそれぞれスカラー(実数値)が貼り付いていると考えてくれたらいいんだよ。

(ii) ベクトル場の例

次，ベクトル場も例で紹介しておこう。xy 平面上の各点 $\mathrm{P}(x,\ y)$ における水の速度ベクトル $\boldsymbol{f}$ が，

図2 ベクトル場の例(水の流れ)

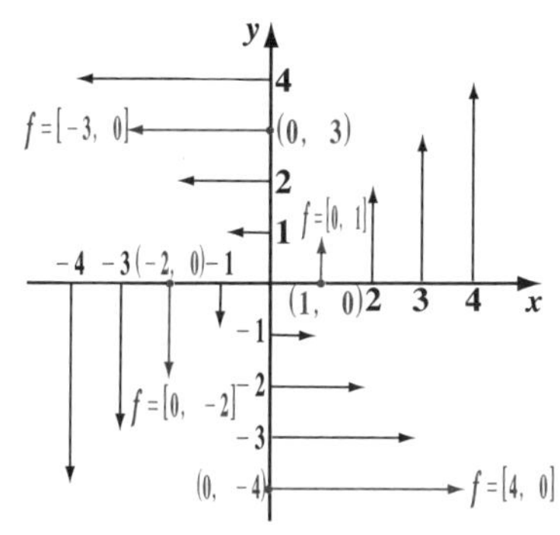

平面ベクトル場

$$\boldsymbol{f}=\boldsymbol{f}(x,\ y)=[-y,\ x] \quad \cdots\cdots ②$$

で与えられている場合を考えると，図2に示すように，

- 点 $\mathrm{P}(1,\ 0)$ に対応する速度は，$\boldsymbol{f}=[0,\ 1]$ であり，
- 点 $\mathrm{P}(0,\ 3)$ に対応する速度は，$\boldsymbol{f}=[-3,\ 0]$ であり，
- 点 $\mathrm{P}(-2,\ 0)$ に対応する速度は，$\boldsymbol{f}=[0,\ -2]$ であり，そして，
- 点 $\mathrm{P}(0,\ -4)$ に対応する速度は，$\boldsymbol{f}=[4,\ 0]$ である。

この要領で，xy 平面上のすべての点 $\mathrm{P}(x,\ y)$ に対して，②の速度ベクトル $\boldsymbol{f}(x,\ y)$ が対応しているので，xy 平面全体がベクトル場 D と言えるんだね。

このように，2次元平面上の領域 D におけるベクトル場を"**平面ベクトル場**"と呼び，図2のように矢線を描くことにより，流れの様子を比較的容易にとらえることができる。でも，3次元空間上の領域 D のベクトル場，すなわち"**空間ベクトル場**"になると，これを図形的にとらえることは難しくなる。しかし，この場合でも，空間領域 D 内の各点にそれぞれベクトル(矢印)が貼り付いていると考えてくれたらいいんだよ。納得いった？

● スカラー場の等位曲線と等位曲面を求めてみよう！

一般に(i)平面スカラー場には“**等位曲線**(とういきょくせん)”が存在し，(ii)空間スカラー場には“**等位曲面**(とういきょくめん)”が存在する。

等位曲線と等位曲面

(i) **等位曲線**

平面スカラー場 D に対応するスカラー値関数を $f(x, y)$ とおく。ここで，D 内に1点 $P_0(x_0, y_0)$ をとるとき，

（これは，あるスカラー（実数））

$$f(x, y) = \underline{f(x_0, y_0)} \quad \cdots\cdots(*)$$

をみたす点 $P(x, y)$ は一般に1つの曲線を表す。この曲線を P_0 を含む“**等位曲線**”と呼ぶ。

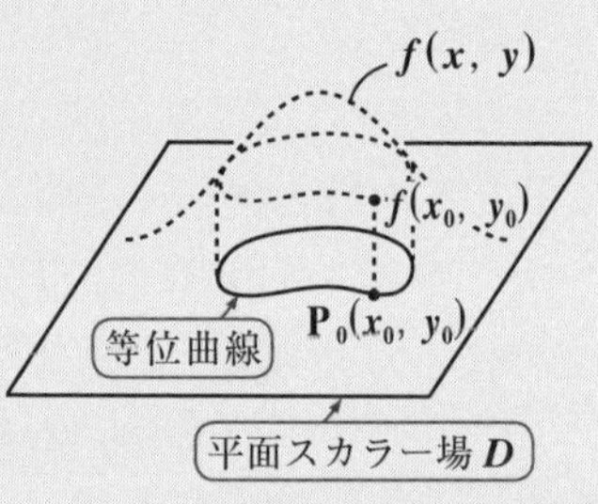

(ii) **等位曲面**

空間スカラー場 D に対応するスカラー値関数を $f(x, y, z)$ とおく。ここで，D 内に1点 $P_0(x_0, y_0, z_0)$ をとるとき，

（これは，あるスカラー（実数））

$$f(x, y, z) = \underline{f(x_0, y_0, z_0)} \quad \cdots\cdots(**)$$

をみたす点 $P(x, y, z)$ は一般に1つの曲面を表す。この曲面を P_0 を含む“**等位曲面**”と呼ぶ。

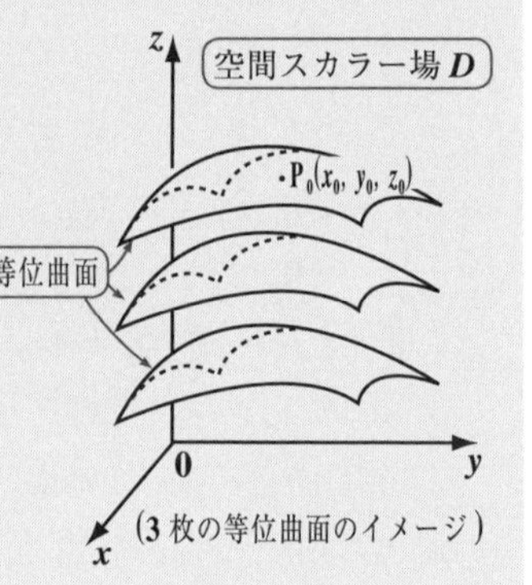

平面スカラー場 $f(x, y)$ の点 P_0 を含む等位曲線は，地図の等高線と同じようなものだと考えてくれていいよ。これに対して，空間スカラー場 $f(x, y, z)$ の点 P_0 を含む等位曲面は球面やだ円面など，閉曲面になる場合もある。

それでは，次の例題で実際に“等位曲線”と“等位曲面”を求めてみよう。ここで，スカラー値関数 $f(x, y)$ や $f(x, y, z)$ によって，平面スカラー場や空間スカラー場が与えられるので，次の例題のように，簡単に“平面スカラー場 $f(x, y)$”や“空間スカラー場 $f(x, y, z)$”のように表現してもいいんだよ。同様にベクトル場においても“平面ベクトル場 $\boldsymbol{f}(x, y)$”や“空間ベクトル場 $\boldsymbol{f}(x, y, z)$”と表現してもかまわない。このように表現した方が簡潔で便利だからね。

例題 28 (1) 平面スカラー場 $f(x,\ y)=\dfrac{10}{x^2+y^2+1}$ と点 $\mathbf{P_0}(1,\ 0)$，点 $\mathbf{P_1}(0,\ -2)$ が与えられているとき，点 $\mathbf{P_0}$ を含む等位曲線と，点 $\mathbf{P_1}$ を含む等位曲線を求めよう。

(2) 空間スカラー場 $f(x,\ y,\ z)=\dfrac{3x^2+2y^2+z^2}{2x^2+y^2+1}$ と点 $\mathbf{Q_0}(0,\ 0,\ 1)$ が与えられているとき，点 $\mathbf{Q_0}$ を含む等位曲面を求めよう。

(1) $f(x,\ y)=\dfrac{10}{x^2+y^2+1}$ ……① について，

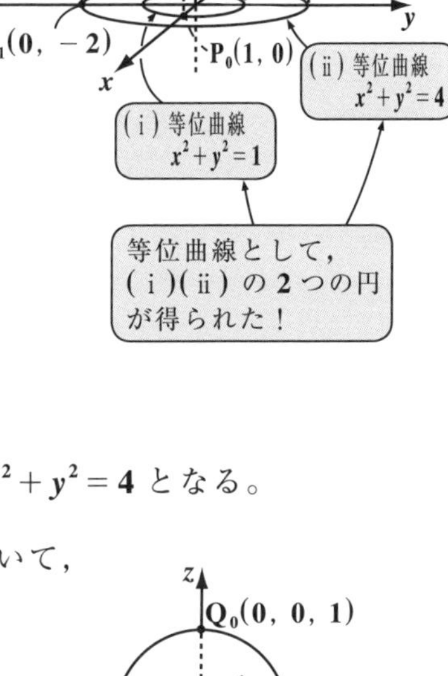

(ⅰ) 点 $\mathbf{P_0}(1,\ 0)$ のとき，①より，

$$f(1,\ 0)=\frac{10}{1^2+0^2+1}=5$$

よって，$\boxed{f(x,\ y)=\dfrac{10}{x^2+y^2+1}=5}$

$$x^2+y^2+1=2$$

ゆえに，点 $\mathbf{P_0}$ を含む等位曲線は，

$x^2+y^2=1$ となるね。

(ⅱ) 点 $\mathbf{P_1}(0,\ -2)$ のとき，①より，

$$f(0,\ -2)=\frac{10}{0^2+(-2)^2+1}=2$$

よって，$\boxed{f(x,\ y)=\dfrac{10}{x^2+y^2+1}=2}$

$$x^2+y^2+1=5$$

ゆえに，点 $\mathbf{P_1}$ を含む等位曲線は，$x^2+y^2=4$ となる。

(2) $f(x,\ y,\ z)=\dfrac{3x^2+2y^2+z^2}{2x^2+y^2+1}$ ……② について，

$\mathbf{Q_0}(0,\ 0,\ 1)$ のとき，②より，

$$f(0,\ 0,\ 1)=\frac{3\cdot 0^2+2\cdot 0^2+1^2}{2\cdot 0^2+0^2+1}=1$$

よって，$\boxed{f(x,\ y,\ z)=\dfrac{3x^2+2y^2+z^2}{2x^2+y^2+1}=1}$

$$3x^2+2y^2+z^2=2x^2+y^2+1$$

ゆえに，点 $\mathbf{Q_0}$ を含む等位曲面は

$x^2+y^2+z^2=1$ となるんだね。

等位曲面として，球面 $x^2+y^2+z^2=1$ が得られた！

● ベクトル場における流線を求めてみよう！

それでは次，ベクトル場 D における“流線（りゅうせん）”についても解説しよう。

流線

ベクトル場 D に対応するベクトル値関数を $\boldsymbol{f}(\mathrm{P})$ とおく。ここで，領域 D 内に曲線 C があり，曲線 C 上の各点に対応する $\boldsymbol{f}(\mathrm{P})$ がその点で曲線 C に接するとき，この曲線 C を“**流線**”と呼ぶ。

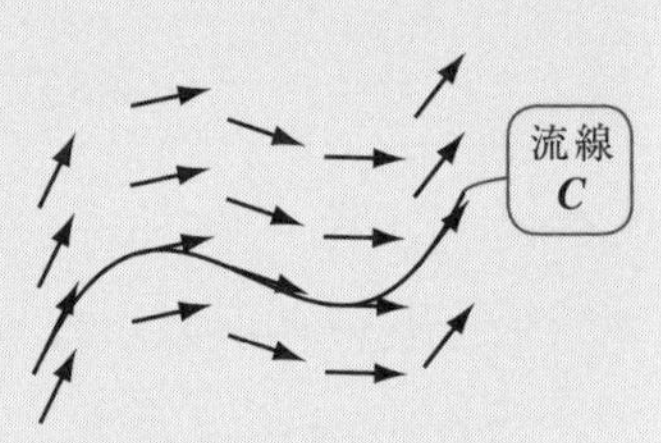

ここで，$\boldsymbol{f}(\mathrm{P}) = [f, g, h]$ とおくと，流線 C は，微分方程式：

$$\frac{dx}{f} = \frac{dy}{g} = \frac{dz}{h} \quad \cdots\cdots(*) \quad (\text{ただし，} f \neq 0,\ g \neq 0,\ h \neq 0)$$

を解くことにより得られる。

空間ベクトル場 D，すなわち $\boldsymbol{f}(\mathrm{P})$ を，

$\boldsymbol{f}(\mathrm{P}) = [f(x, y, z),\ g(x, y, z),\ h(x, y, z)]$ ……① とおく。

また，点 $\mathrm{P}(x, y, z)$ を通る流線 C は，パラメータ t により，

流線 C：$\boldsymbol{p}(t) = [x(t),\ y(t),\ z(t)]$ ……② と表されるものとする。

すると，この流線 C の接線ベクトルは $\dfrac{d\boldsymbol{p}(t)}{dt}$ だから，②より，

$$\frac{d\boldsymbol{p}(t)}{dt} = \left[\frac{dx}{dt}, \frac{dy}{dt}, \frac{dz}{dt}\right] \cdots\cdots③$$ となるんだね。

ここで，$\boldsymbol{f}(\mathrm{P}) /\!/ \dfrac{d\boldsymbol{p}(t)}{dt}$（平行）となる条件は，①，③より，

$$[f, g, h] = k\left[\frac{dx}{dt}, \frac{dy}{dt}, \frac{dz}{dt}\right] \quad (k：\text{実数定数})$$ だね。

ここで，$f \neq 0$，$g \neq 0$，$h \neq 0$ とすると，

（これは，f, g, h が恒等的に 0 ではないという意味だ！）

$$\frac{\frac{dx}{dt}}{f} = \frac{\frac{dy}{dt}}{g} = \frac{\frac{dz}{dt}}{h}$$ と表せる。これから，

微分方程式：$\frac{dx}{f}=\frac{dy}{g}=\frac{dz}{h}$ ……(＊) が導かれるんだね。

以上は，空間ベクトル場についての解説で，平面ベクトル場の流線 C を求めるための微分方程式は，(＊) の dz の項を除いた $\frac{dx}{f}=\frac{dy}{g}$ ……(＊)′ となるのも大丈夫だね。

それでは，次の例題で実際に流線 C を求めてみよう。

例題 29　平面ベクトル場 $f(P)=f(x,\ y)=[-y,\ x]$ において，点 $P_0(-2,\ 0)$ を通る流線 C を求めてみよう。

平面ベクトル場 $f(P)=[-y,\ x]$ の流線を求める微分方程式は，

$\frac{dx}{-y}=\frac{dy}{x}$ より，これを解くと，

公式：$\frac{dx}{f}=\frac{dy}{g}$

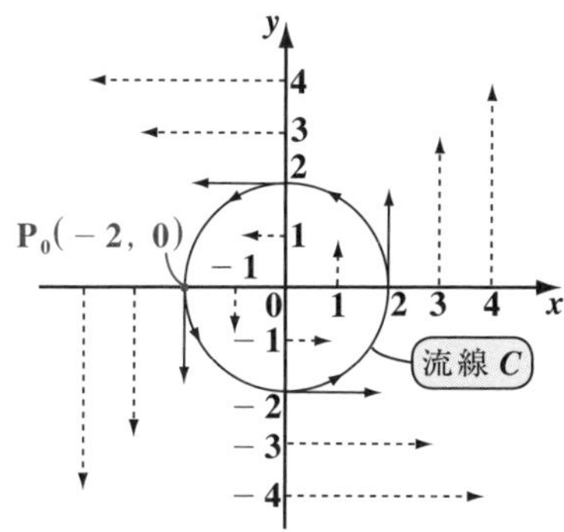

$\int xdx=-\int ydy$

変数分離形：$\int(x\text{の式})dx=\int(y\text{の式})dy$

$\frac{1}{2}x^2=-\frac{1}{2}y^2+C'$

$\therefore\ x^2+y^2=C$ ……(a)　($C=2C'$：任意定数)

となる。

ここで，点 $P_0(-2,\ 0)$ の座標を(a)に代入すると，

$(-2)^2+0^2=C$ より，$C=4$

よって，平面ベクトル場 $f(P)$ において，点 $P_0(-2,\ 0)$ を通る流線 C の方程式は，$x^2+y^2=4$ となって，答えだ！

それでは，次の演習問題で，さらにこの流線 C を求める練習をしておこう。

演習問題 8 ● 空間ベクトル場における流線 ●

ベクトル値関数 $\boldsymbol{f}(\mathbf{P}) = [-x^2,\ xy,\ 1]$ で与えられる空間ベクトル場 D $(x>0,\ y>0)$ において，点 $\mathbf{P}_0(1,\ 1,\ 1)$ を通る流線 C を求め，その概形を図示せよ。

ヒント！ 流線がみたす微分方程式：$\frac{dx}{-x^2} = \frac{dy}{xy} = \frac{dz}{1}$ を解けばいい。その際，(i) $\frac{dx}{-x^2} = \frac{dy}{xy}$ と (ii) $\frac{dy}{xy} = \frac{dz}{1}$ の 2 つに分けて解いていくのがコツだ。流線のグラフは，曲面と平面の交線の形で描ける。頑張ろう！

解答＆解説

$\boldsymbol{f}(\mathbf{P}) = [-x^2,\ xy,\ 1]$ で与えられた空間ベクトル場 $D(x>0,\ y>0)$ における流線がみたす微分方程式は，

$$\underbrace{\frac{dx}{-x^2} = \frac{dy}{xy}}_{\text{(i)}},\quad \underbrace{\frac{dy}{xy} = \frac{dz}{1}}_{\text{(ii)}} \quad \cdots\cdots①$$ である。

($\boldsymbol{f}(\mathbf{P}) = [f,\ g,\ h]$ における流線の微分方程式：$\frac{dx}{f} = \frac{dy}{g} = \frac{dz}{h}$)

①を 2 つの微分方程式に分解して解く。

(i) $\frac{dx}{-x^2} = \frac{dy}{xy}$ ……② $(x>0,\ y>0)$ ②の両辺に $-x$ をかけて，

$$\int \frac{1}{x}dx = -\int \frac{1}{y}dy$$

(変数分離形：$\int(x\text{の式})dx = \int(y\text{の式})dy$)

(これを御存知ない方は，**「常微分方程式キャンパス・ゼミ」（マセマ）**で学習されることを勧める。)

$$\log x = -\log y + C_1' \quad (C_1' = \log C_1)$$

$$\log x = \log\frac{C_1}{y} \quad (C_1 = e^{C_1'}\text{：正の任意定数})$$

$\therefore\ x = \frac{C_1}{y}$ より，$xy = C_1$ ……③ となる。

ここで，点 $\mathbf{P}_0(1,\ 1,\ 1)$ を通る流線 C を求めるので，③に $x=1$，$y=1$ を代入して，

$1 \cdot 1 = C_1$，　$C_1 = 1$　　よって，③は，

$xy = 1$ ……③′ $(x>0,\ y>0)$ となる。

(これは，z は任意なので，xyz 座標空間内で，双曲面柱を表す！)

スバラシク面白いと評判の
初めから始める
数学Ⅰ
新課程
馬場敬之
高杉 豊

スバラシク面白いと評判の
初めから始める
数学A
新課程
馬場敬之

スバラシク実力がつくと評判の
微分積分
キャンパス・ゼミ
大学の数学がこんなに分かる！単位なんて楽に取れる！
馬場敬之

スバラシク実力がつくと評判の
線形代数
キャンパス・ゼミ
大学の数学がこんなに分かる！単位なんて楽に取れる！
馬場敬之

スバラシク分かる
楽しく始める
中1数学
数学を楽しみながら強くなろう！！
馬場敬之

スバラシク面白いと評判の
初めから始める
数学Ⅱ

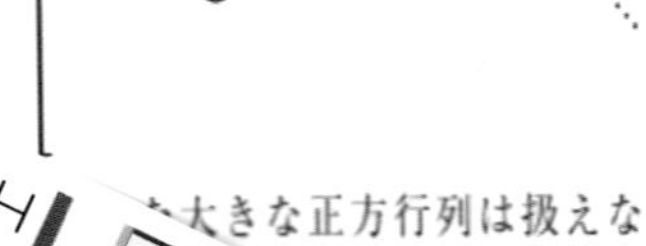

(ⅱ) $\dfrac{dy}{xy} = \dfrac{dz}{1}$ ……④ $(x>0,\ y>0)$ について，

$xy = 1$……③′ を④に代入すると，$\int dy = \int dz$ ← これも，単純だけど変数分離形だね。

よって，$y = z + C_2$ ……⑤ $(C_2：任意定数)$ となる。

ここで，点 $P_0(1,\ 1,\ 1)$ を通る流線 C を求めるので，⑤に $y=1$，$z=1$ を代入すると，

$1 = 1 + C_2$，　$C_2 = 0$　よって，⑤は，

$z = y$ ……⑤′ $(x>0,\ y>0)$ となる。

これは，x は任意なので，xyz 座標空間内で x 軸を通る平面を表す！

以上(ⅰ)，(ⅱ)より，この空間ベクトル場 D において，点 $P_0(1,\ 1,\ 1)$ を通る流線 C は，

$\begin{cases} 双曲面柱：xy = 1 ……③′ と \\ 平面　　：z = y ……⑤′ との \end{cases}$

交線になる。(ただし，$x>0$，$y>0$)

この流線 C の概形を右図に示す。

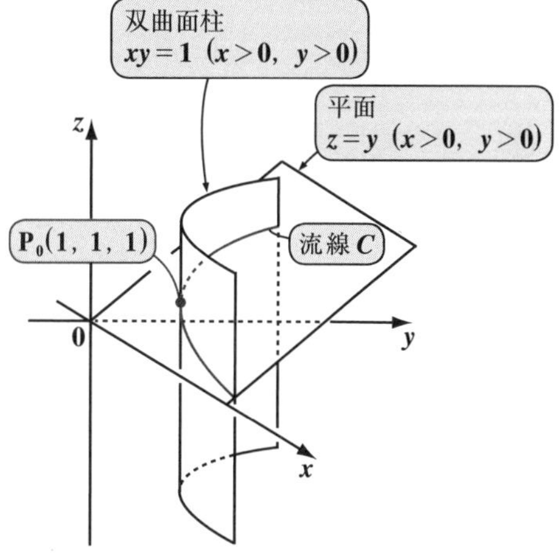

§2. スカラー場の勾配ベクトル (grad f)

さァ，これから，スカラー値関数 $f(\mathrm{P})$ で与えられるスカラー場の "**勾配**(こうばい)**ベクトル(グラディエント)**" **grad** f について解説しよう。これから，ベクトル解析の **3** つのメインテーマ (**grad** f, **div** f, **rot** f) について順に解説していくんだけれど,そのトップバッターが,この勾配ベクトル **grad** f なんだね。

これは，まず平面スカラー場で考えると，図形的な意味が分かって面白いはずだ。ここで，曲面 (スカラー値関数) $f(\mathrm{P})$ 上のある点 **P** における **grad** f が，**P** における接平面の最大勾配の向きを示すことも証明してみせよう。そしてこれをさらに空間スカラー場にまで応用すると，$f(x, y, z) = 0$ の形で与えられる様々な曲面の接平面の方程式を，簡単に求められるようになるんだよ。

今回も分かりやすく解説するから，シッカリついてらっしゃい。

● 勾配ベクトル(グラディエント)を定義しよう！

まず，(Ⅰ) 平面スカラー場と (Ⅱ) 空間スカラー場における "**勾配**(こうばい)**ベクトル**" (または "**グラディエント**") **grad** f の定義を下に示そう。

勾配ベクトル(グラディエント)

(Ⅰ) 平面スカラー場における**勾配ベクトル grad** f

平面スカラー場 $f(\mathrm{P}) = f(x, y)$ の "**勾配ベクトル**" (または "**グラディエント**") を **grad** f と表記し，次のように定義する。

(これは "グラディエント・エフ" と読む。**grad** は "***gradient***" (勾配) の略だ。)

$$\mathbf{grad}\, f = \left[\frac{\partial f}{\partial x},\ \frac{\partial f}{\partial y}\right] \cdots\cdots\cdots\cdots\cdots (*1)$$

(Ⅱ) 空間スカラー場における**勾配ベクトル grad** f

空間スカラー場 $f(\mathrm{P}) = f(x, y, z)$ の "**勾配ベクトル**" (または "**グラディエント**") を **grad** f と表記し，次のように定義する。

$$\mathbf{grad}\, f = \left[\frac{\partial f}{\partial x},\ \frac{\partial f}{\partial y},\ \frac{\partial f}{\partial z}\right] \cdots\cdots (*2)$$

ここで，ベクトル解析独特の重要な記号法について解説しよう。

(Ⅰ) まず，平面スカラー場において，次のような演算子(えんざんし)を定義する。

$$\nabla = \left[\frac{\partial}{\partial x},\ \frac{\partial}{\partial y}\right] \quad \text{または} \quad \nabla = \frac{\partial}{\partial x}\boldsymbol{i} + \frac{\partial}{\partial y}\boldsymbol{j}$$

これは“**ナブラ**”または“**ハミルトン演算子**”と呼ばれるもので，形式的には **2** 次元ベクトルの形をしているけれど，これだけでは意味をなさない。これは，スカラー値関数 $f(x,\ y)$ に作用して，初めて $\mathbf{grad}\,f$ を表す。つまり，

$$\mathbf{grad}\,f = \nabla f = \left[\frac{\partial}{\partial x},\ \frac{\partial}{\partial y}\right]f = \left[\frac{\partial f}{\partial x},\ \frac{\partial f}{\partial y}\right]$$ となるんだね。

∇(ナブラ)が f に作用して，$\mathbf{grad}\,f$ (勾配ベクトル)になる。

(Ⅱ) 同様に空間スカラー場においても“**ナブラ**”(または，“**ハミルトン演算子**”) ∇ を次のように定義する。

$$\nabla = \left[\frac{\partial}{\partial x},\ \frac{\partial}{\partial y},\ \frac{\partial}{\partial z}\right] \quad \text{または} \quad \nabla = \frac{\partial}{\partial x}\boldsymbol{i} + \frac{\partial}{\partial y}\boldsymbol{j} + \frac{\partial}{\partial z}\boldsymbol{k}$$

これをスカラー値関数 $f(x,\ y,\ z)$ に作用させることにより $\mathbf{grad}\,f$ ができる。つまり，

$$\mathbf{grad}\,f = \nabla f = \left[\frac{\partial}{\partial x},\ \frac{\partial}{\partial y},\ \frac{\partial}{\partial z}\right]f = \left[\frac{\partial f}{\partial x},\ \frac{\partial f}{\partial y},\ \frac{\partial f}{\partial z}\right]$$ となる。

これは“ナブラ・エフ”とでも読もう！

これで，$\mathbf{grad}\,f$ の定義と，ナブラ ∇ の使い方も分かったと思う。エッ，でも何故 ∇(ナブラ) なんてベクトルもどきの変な(?)演算子を導入する必要があるのかって？ 当然の質問だね！ 実は，勾配ベクトル $\mathbf{grad}\,f$ だけでなく，この後に登場する $\mathbf{div}\,\boldsymbol{f}$ や $\mathbf{rot}\,\boldsymbol{f}$ についても演算子 ∇ (ナブラ)を利用すれば統一的に簡潔に表記することが出来るからなんだ。

これは，ベクトル場の“**発散**”を

これは，ベクトル場の“**回転**”を表す。

それでは次の例題で，勾配ベクトル $\mathbf{grad}\,f$ を実際に求めてみよう。

例題 **30** 次の各スカラー値関数 f の勾配ベクトル $\mathbf{grad}\,f = \nabla f$ を求めてみよう。

(1) $f(x,\ y) = x^2 + y^2$ (2) $f(x,\ y) = \dfrac{10}{x^2 + y^2 + 1}$

(3) $f(x,\ y,\ z) = x^2 + y^2 + z^2$ (4) $f(x,\ y,\ z) = xy^2z^3$

(1) 2 変数関数 $f(x, y) = x^2 + y^2$ の勾配ベクトル $\mathbf{grad}\, f$ は，

定数扱い　定数扱い

$$\mathbf{grad}\, f = \nabla f = \left[\frac{\partial(x^2 + y^2)}{\partial x},\ \frac{\partial(x^2 + y^2)}{\partial y}\right] = [2x,\ 2y]$$ となる。

(2) 2 変数関数 $f(x, y) = 10(x^2 + y^2 + 1)^{-1}$ の勾配ベクトル $\mathbf{grad}\, f$ は，

定数扱い　定数扱い　合成関数の微分

$$\mathbf{grad}\, f = \nabla f = \left[\underbrace{\frac{\partial}{\partial x} 10(x^2 + y^2 + 1)^{-1}}_{-10(x^2+y^2+1)^{-2}\cdot 2x},\ \underbrace{\frac{\partial}{\partial y} 10(x^2 + y^2 + 1)^{-1}}_{-10(x^2+y^2+1)^{-2}\cdot 2y}\right]$$

$$= \left[-\frac{20x}{(x^2 + y^2 + 1)^2},\ -\frac{20y}{(x^2 + y^2 + 1)^2}\right]$$ となる。

どう？ 思ったより簡単に $\mathbf{grad}\, f$ が計算できるだろう。

(3) 3 変数関数 $f(x, y, z) = x^2 + y^2 + z^2$ の勾配ベクトル $\mathbf{grad}\, f$ も求めてみよう。

定数扱い　定数扱い　定数扱い

$$\mathbf{grad}\, f = \nabla f = \left[\frac{\partial}{\partial x}(x^2 + y^2 + z^2),\ \frac{\partial}{\partial y}(x^2 + y^2 + z^2),\ \frac{\partial}{\partial z}(x^2 + y^2 + z^2)\right]$$

$$= [2x,\ 2y,\ 2z]$$ となって，答えだ！

(4) 3 変数関数 $f(x, y, z) = xy^2z^3$ の勾配ベクトル $\mathbf{grad}\, f$ は，

定数扱い　定数扱い　定数扱い

$$\mathbf{grad}\, f = \nabla f = \left[\underbrace{\frac{\partial(xy^2z^3)}{\partial x}}_{1\cdot y^2\cdot z^3},\ \underbrace{\frac{\partial(xy^2z^3)}{\partial y}}_{x\cdot 2y\cdot z^3},\ \underbrace{\frac{\partial(xy^2z^3)}{\partial z}}_{xy^2\cdot 3z^2}\right]$$

$$= [y^2z^3,\ 2xyz^3,\ 3xy^2z^2]$$ となる。大丈夫だった？

このように実際に計算してみることにより，$\mathbf{grad}\, f$ の構造が

grad (スカラー値関数) = (ベクトル値関数) の形になることも分かったと思う。

それでは次，(ⅰ) xy 平面上の位置ベクトル $\boldsymbol{p} = [x, y]$ のノルムを $p = \|\boldsymbol{p}\| = \sqrt{x^2 + y^2}$ とおくと，これは 2 変数スカラー値関数なので，そのグラディエント $\mathbf{grad}\, p$ を計算できる。同様に (ⅱ) xyz 座標空間上の位置ベクトル $\boldsymbol{p} = [x, y, z]$ のノルム $p = \|\boldsymbol{p}\| = \sqrt{x^2 + y^2 + z^2}$ も，3 変数スカラー値関数なので，そのグラディエント $\mathbf{grad}\, p$ を求めることができる。

実は下に示すように，平面位置ベクトル $\boldsymbol{p}=[x,\ y]$，空間位置ベクトル $\boldsymbol{p}=[x,\ y,\ z]$ に関わらず，そのノルム $p=\|\boldsymbol{p}\|$ のグラディエント $\mathbf{grad}\,p=\nabla p$ は同じ結果になるんだよ。

∇p の基本公式

位置ベクトル $\boldsymbol{p}=[x,\ y,\ z]$ のノルム $p=\|\boldsymbol{p}\|=\sqrt{x^2+y^2+z^2}$ のグラディエントは，$\mathbf{grad}\,p=\nabla p=\dfrac{\boldsymbol{p}}{p}$ ……① となる。

（位置ベクトル $\boldsymbol{p}=[x,\ y]$ のノルム $p=\|\boldsymbol{p}\|=\sqrt{x^2+y^2}$ のグラディエント $\mathbf{grad}\,p$ も，①と同じ結果になる。）

ここでは，空間位置ベクトル $\boldsymbol{p}=[x,\ y,\ z]$ についてのみ，証明する。

$p=(x^2+y^2+z^2)^{\frac{1}{2}}$ より，

$$\begin{cases} \dfrac{\partial p}{\partial x}=\dfrac{1}{2}(x^2+y^2+z^2)^{-\frac{1}{2}}\cdot 2x=\dfrac{x}{\sqrt{x^2+y^2+z^2}}=\dfrac{x}{p} \\ \dfrac{\partial p}{\partial y}=\dfrac{1}{2}(x^2+y^2+z^2)^{-\frac{1}{2}}\cdot 2y=\dfrac{y}{\sqrt{x^2+y^2+z^2}}=\dfrac{y}{p} \\ \dfrac{\partial p}{\partial z}=\dfrac{1}{2}(x^2+y^2+z^2)^{-\frac{1}{2}}\cdot 2z=\dfrac{z}{\sqrt{x^2+y^2+z^2}}=\dfrac{z}{p} \end{cases}$$

（合成関数の微分だ！）

よって，$\mathbf{grad}\,p=\nabla p=\left[\dfrac{\partial p}{\partial x},\ \dfrac{\partial p}{\partial y},\ \dfrac{\partial p}{\partial z}\right]=\left[\dfrac{x}{p},\ \dfrac{y}{p},\ \dfrac{z}{p}\right]$

$$=\frac{1}{p}[x,\ y,\ z]=\frac{1}{p}\boldsymbol{p}=\frac{\boldsymbol{p}}{p}$$ となって，①が導けた！

平面位置ベクトル $\boldsymbol{p}=[x,\ y]$ についても同様だから自分で確かめてごらん。

● ∇ の基本公式を押さえよう！

それでは次，2つのスカラー値関数 f と g の ∇ の基本公式，すなわち

（これは，2変数，3変数いずれの関数においても共通の公式だよ。）

(Ⅰ) $\nabla(C_1f+C_2g)$，(Ⅱ) $\nabla(fg)$，(Ⅲ) $\nabla\left(\dfrac{f}{g}\right)$ $(g\neq 0)$，(Ⅳ) $\nabla g(f)$ の公式を次にまとめて示そう。

∇ の基本公式

f, g を 3 変数 (または 2 変数) のスカラー値関数とする。このとき，演算子 ∇ (ナブラ) について次の公式が成り立つ。

(Ⅰ) $\nabla(C_1f+C_2g)=C_1\nabla f+C_2\nabla g$ 　(C_1, C_2：実数定数)

(Ⅱ) $\nabla(fg)=(\nabla f)g+f(\nabla g)$

(Ⅲ) $\nabla\left(\dfrac{f}{g}\right)=\dfrac{(\nabla f)g-f(\nabla g)}{g^2}$ 　(ただし，$g\neq 0$)

(Ⅳ) $\nabla(g(f))=g'(f)\nabla f$

形式的には，実数関数 (スカラー値関数) の微分公式と同様だから，覚えやすいと思う。それでは，(Ⅰ)～(Ⅳ) の公式を順に証明していこう。

(Ⅰ) $\nabla(C_1f+C_2g)=\left[\dfrac{\partial}{\partial x}(C_1f+C_2g),\ \dfrac{\partial}{\partial y}(C_1f+C_2g),\ \dfrac{\partial}{\partial z}(C_1f+C_2g)\right]$

$$=\left[C_1\frac{\partial f}{\partial x}+C_2\frac{\partial g}{\partial x},\ C_1\frac{\partial f}{\partial y}+C_2\frac{\partial g}{\partial y},\ C_1\frac{\partial f}{\partial z}+C_2\frac{\partial g}{\partial z}\right]$$

$$=C_1\left[\frac{\partial f}{\partial x},\ \frac{\partial f}{\partial y},\ \frac{\partial f}{\partial z}\right]+C_2\left[\frac{\partial g}{\partial x},\ \frac{\partial g}{\partial y},\ \frac{\partial g}{\partial z}\right]$$

$=C_1\nabla f+C_2\nabla g$ となって，証明できた！ この公式は

$\mathbf{grad}\,(C_1f+C_2g)=C_1\mathbf{grad}\,f+C_2\mathbf{grad}\,g$ と表しても同じことだね。

(Ⅱ) $\nabla(fg)=\left[\dfrac{\partial(fg)}{\partial x},\ \dfrac{\partial(fg)}{\partial y},\ \dfrac{\partial(fg)}{\partial z}\right]$

$$=\left[\frac{\partial f}{\partial x}g+f\frac{\partial g}{\partial x},\ \frac{\partial f}{\partial y}g+f\frac{\partial g}{\partial y},\ \frac{\partial f}{\partial z}g+f\frac{\partial g}{\partial z}\right]$$

$$=\left[\frac{\partial f}{\partial x},\ \frac{\partial f}{\partial y},\ \frac{\partial f}{\partial z}\right]g+f\left[\frac{\partial g}{\partial x},\ \frac{\partial g}{\partial y},\ \frac{\partial g}{\partial z}\right]$$

$=(\nabla f)g+f(\nabla g)$ となって，(Ⅱ) の証明も終わった！

これも，$\mathbf{grad}\,(fg)=(\mathbf{grad}\,f)g+f(\mathbf{grad}\,g)$ と表記してもいい。

(Ⅲ) $\nabla\left(\dfrac{f}{g}\right)=\left[\dfrac{\partial}{\partial x}\left(\dfrac{f}{g}\right),\ \dfrac{\partial}{\partial y}\left(\dfrac{f}{g}\right),\ \dfrac{\partial}{\partial z}\left(\dfrac{f}{g}\right)\right]$

各成分に，$\left(\dfrac{分子}{分母}\right)'=\dfrac{(分子)'分母-分子(分母)'}{(分母)^2}$ の公式を使う！

$$=\left[\frac{1}{g^2}\left(\frac{\partial f}{\partial x}g-f\frac{\partial g}{\partial x}\right),\ \frac{1}{g^2}\left(\frac{\partial f}{\partial y}g-f\frac{\partial g}{\partial y}\right),\ \frac{1}{g^2}\left(\frac{\partial f}{\partial z}g-f\frac{\partial g}{\partial z}\right)\right]$$

$$=\frac{1}{g^2}\left\{\left[\frac{\partial f}{\partial x}g,\ \frac{\partial f}{\partial y}g,\ \frac{\partial f}{\partial z}g\right]-\left[f\frac{\partial g}{\partial x},\ f\frac{\partial g}{\partial y},\ f\frac{\partial g}{\partial z}\right]\right\}$$

$$=\frac{1}{g^2}\left\{\left[\frac{\partial f}{\partial x},\ \frac{\partial f}{\partial y},\ \frac{\partial f}{\partial z}\right]g-f\left[\frac{\partial g}{\partial x},\ \frac{\partial g}{\partial y},\ \frac{\partial g}{\partial z}\right]\right\}$$

$=\dfrac{(\nabla f)g-f(\nabla g)}{g^2}$ となって，(Ⅲ)の証明もできた。大丈夫だった？

これも，$\mathbf{grad}\left(\dfrac{f}{g}\right)=\dfrac{(\mathbf{grad}\,f)g-f(\mathbf{grad}\,g)}{g^2}$ と書いても構わない。

(Ⅳ) $\nabla(g(f))=\left[\dfrac{\partial g(f)}{\partial x},\ \dfrac{\partial g(f)}{\partial y},\ \dfrac{\partial g(f)}{\partial z}\right]$

$$=\left[\frac{\partial f}{\partial x}\cdot\underbrace{\frac{\partial g(f)}{\partial f}}_{g'(f)},\ \frac{\partial f}{\partial y}\cdot\underbrace{\frac{\partial g(f)}{\partial f}}_{g'(f)},\ \frac{\partial f}{\partial z}\cdot\underbrace{\frac{\partial g(f)}{\partial f}}_{g'(f)}\right]$$

← 各成分に合成関数の微分公式を用いる！

← $g(f)$ を f で微分したもの

$=g'(f)\left[\dfrac{\partial f}{\partial x},\ \dfrac{\partial f}{\partial y},\ \dfrac{\partial f}{\partial z}\right]=g'(f)\nabla f$ となって，(Ⅳ)も導けた。

これは，合成関数の微分の ∇(ナブラ)ヴァージョンだったんだね。

当然これも，

$\mathbf{grad}\,g(f)=g'(f)\mathbf{grad}\,f$ と表記してもいいんだよ。同じことだからね。

(Ⅳ)の公式を使えば，位置ベクトルのノルム $p=\sqrt{x^2+y^2+z^2}$ (または，$p=\sqrt{x^2+y^2}$)の基本公式 $\nabla p=\dfrac{\boldsymbol{p}}{p}$ を基に，さらに次の応用公式も導ける。

∇p の応用公式

$\boldsymbol{p}$ のノルム $p=\sqrt{x^2+y^2+z^2}$ (または $p=\sqrt{x^2+y^2}$)について，次の公式が成り立つ。

(ⅰ) $\nabla p^n=np^{n-2}\boldsymbol{p}$ (n：実数)　　(ⅱ) $\nabla\log p=\dfrac{\boldsymbol{p}}{p^2}$

証明しておこう。(ⅰ)(ⅱ)共に(Ⅳ)の公式を使うよ。

(ⅰ) $\nabla p^n=\underbrace{(p^n)'}_{np^{n-1}}\cdot\underbrace{\nabla p}_{\frac{\boldsymbol{p}}{p}}=np^{n-1}\dfrac{\boldsymbol{p}}{p}=np^{n-2}\boldsymbol{p}$ となる。

← 公式 $\nabla p=\dfrac{\boldsymbol{p}}{p}$

(ⅱ) $\nabla \log p = \underbrace{(\log p)'}_{\frac{1}{p}} \underbrace{\nabla p}_{\frac{\boldsymbol{p}}{p}} = \frac{1}{p}\frac{\boldsymbol{p}}{p} = \frac{\boldsymbol{p}}{p^2}$ も導ける。

公式 $\nabla P = \frac{\boldsymbol{p}}{p}$

● 平面スカラー場での grad f の意味を押さえよう！

それでは，$f(x, y)$ で与えられる平面スカラー場 D でのグラディエント grad f の図形的な意味を考えてみよう。ここで，2 変数スカラー値関数 $f(x, y)$ はすべての点 (x, y) に対して，全微分可能，すなわち各点 (x, y) において接平面をもつものとするよ。

全微分 $df = \frac{\partial f}{\partial x}dx + \frac{\partial f}{\partial y}dy$

このとき，点 $P_0(x_0, y_0)$ を通る等位曲線 C を，パラメータ t を使って

等位曲線 $C: x = x(t),\ y = y(t)$　とおくことにする。

(ここで，$x_0 = x(t_0),\ y_0 = y(t_0)$ とする。)

この等位曲線 C は，方程式

$f(x(t), y(t)) = \underbrace{f(x_0, y_0)}_{定数}$ ……①　をみたす。

①の両辺を t で微分すると，

$$\frac{\partial f}{\partial x}\cdot\frac{dx}{dt} + \frac{\partial f}{\partial y}\cdot\frac{dy}{dt} = 0 \quad \cdots\cdots②$$ となる。

②の左辺は，全微分：$df = \frac{\partial f}{\partial x}dx + \frac{\partial f}{\partial y}dy$ を形式的に dt で割った形になっている！

この②の左辺は，2 つのベクトル $\left[\frac{\partial f}{\partial x}, \frac{\partial f}{\partial y}\right]$ と $\left[\frac{dx}{dt}, \frac{dy}{dt}\right]$ の内積の形になっているので，

$$\left[\frac{\partial f}{\partial x}, \frac{\partial f}{\partial y}\right]\cdot\left[\frac{dx}{dt}, \frac{dy}{dt}\right] = 0$$

grad $f = \nabla f$ のこと

これは，$\boldsymbol{p}(t) = [x, y]$ を t で微分した $\boldsymbol{p}'(t)$ のこと。つまり等位曲線 C の点 P における接線ベクトルのことだ。

$\nabla f \cdot \boldsymbol{p}'(t) = 0$ より，$\nabla f \perp \boldsymbol{p}'(t)$ (直交) が導ける。

これから，図 1 に示すように，平面スカラー場 D 上で，点 P_0 における勾配ベクトル grad f と，等位曲線 C の接線ベクトル $\boldsymbol{p}'(t)$ とは互いに直交することが分かるので，grad f は等位曲線 C 上の点 P_0 における法線ベクトルになっているんだね。

ここで，等位曲線 C とその曲線上の点 $\mathbf{P_0}$ を共に，z 軸方向に $f(x_0,\ y_0)$ だけ平行移動させたものをそれぞれ曲線 C'，点 $\mathbf{P_0}'$ とおくことにしよう。そして，2 つのベクトル $\mathbf{grad}\,f$ と $\boldsymbol{p}'(t)$ も，$\mathbf{P_0}'$ を始点とするように平行移動してみよう。

図 1　$\mathbf{grad}\,f$ の図形的意味

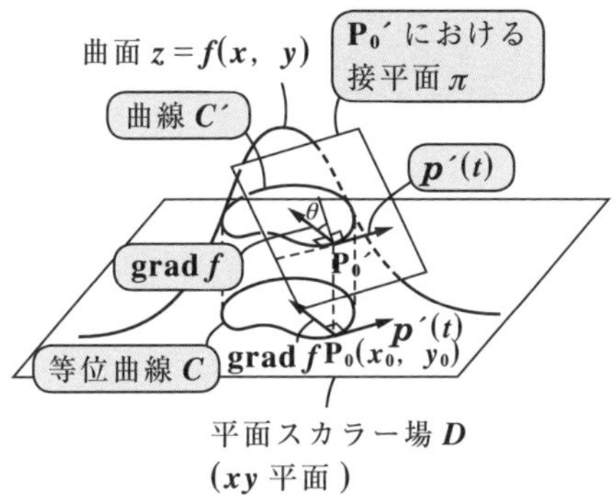

すると，図 1 に示すように，曲面：$z=f(x,\ y)$ 上の点 $\mathbf{P_0}'$ における接平面 π は，接線ベクトル $\boldsymbol{p}'(t)$ を通ることが分かると思う。よって，$\boldsymbol{p}'(t)$ と直交する $\mathbf{grad}\,f$ は接平面と最大傾斜角 θ をもつ方向のベクトルであることが，図形的に理解できると思う。

エッ！ 図 1 から直感的には，$\mathbf{grad}\,f$ が接平面の最大傾斜角の方向を示すベクトルだって分かるけれど，何かムズムズするって？ 了解！ それでは，少し回り道になるけれど，数学的に重要なところだから，これから参考で詳しく解説してあげよう。

参考

x 軸方向の勾配が l，y 軸方向の勾配が m，

（x 軸方向に 1 行って，l 上がる傾きのこと。）（y 軸方向に 1 行って，m 上がる傾きのこと。）

図 (i)

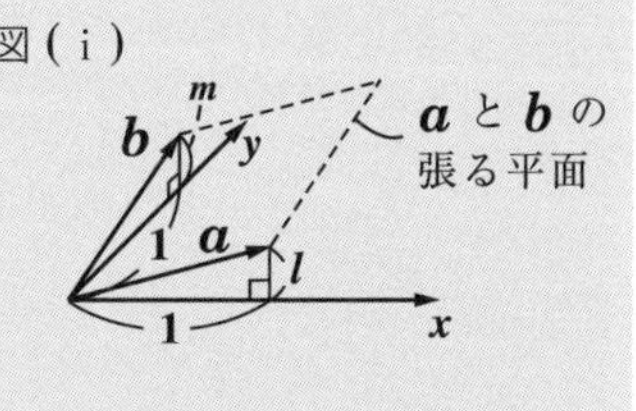

すなわち図 (i) に示すような，2 つのベクトル $\boldsymbol{a}=[1,\ 0,\ l]$ と $\boldsymbol{b}=[0,\ 1,\ m]$ の張る平面が与えられたとき，この平面の最大傾斜角の向きを示す平面ベクトル $\boldsymbol{c}=[x, y]$ を求めればいいんだね。ここで，$\boldsymbol{c}$ の 2 つの成分 x と y は比が分かればいいので，図 (ii) に示すように $x=1$ と固定し，y のみを変数として動かし，傾き $\dfrac{my+l}{\|\boldsymbol{c}\|}$ が最大となるような y の値を求めればいいんだね。

図 (ii)

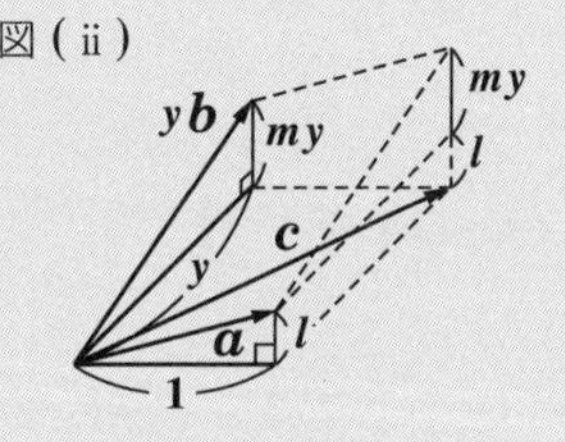

よって，$\boldsymbol{c}=[1, y]$ として，この向きでの斜平面のなす傾きを $g(y)$ とおくと，

$$g(y)=\frac{my+l}{\|\boldsymbol{c}\|}=\frac{my+l}{\sqrt{1^2+y^2}}=\frac{my+l}{\sqrt{y^2+1}} \cdots\cdots(a)\ (l,\ m：正の定数，y>0)$$

となる。よって(a)を y で微分すると，

$$\left(\frac{分子}{分母}\right)'=\frac{(分子)'分母-分子(分母)'}{(分母)^2}$$

$$g'(y)=\frac{m\cdot\sqrt{y^2+1}-(my+l)\cdot\frac{1}{2}(y^2+1)^{-\frac{1}{2}}\cdot 2y}{y^2+1}$$

$$=\frac{m(y^2+1)-y(my+l)}{(y^2+1)\sqrt{y^2+1}}$$

分子・分母に $\sqrt{y^2+1}$ をかけた。

$$=\frac{-ly+m}{(y^2+1)\sqrt{y^2+1}}$$

$\widetilde{g'(y)}$ ← $g'(y)$ の⊕，⊖を決定する本質的な部分

分母：⊕

ここで，$(y^2+1)\sqrt{y^2+1}>0$ より，$g'(y)$ の符号に関する本質的な部分を $\widetilde{g'(y)}$ とおくと

$\widetilde{g'(y)}=-ly+m$ となる。（下り勾配の直線）

よって，$\widetilde{g'(y)}=0$ のとき，$-ly+m=0$

$y=\frac{m}{l}$ となる。よって，右図より，

$y=\frac{m}{l}$ のとき，傾き $g(y)$ は最大となる。

$\boldsymbol{c}=\left[1,\ \frac{m}{l}\right]$ より，これを l 倍したベクトルを新たに $\boldsymbol{c}$ とおく。すると，$\boldsymbol{c}=[l,\ m]$ の向きのとき，斜平面は最大の傾斜角をとるんだね。ここで，x 軸方向の勾配 l を $l=\frac{\partial f}{\partial x}$，$y$ 軸方向の勾配 m を $m=\frac{\partial f}{\partial y}$ とおくと，

$\boldsymbol{a}=\left[1, 0, \frac{\partial f}{\partial x}\right]$，$\boldsymbol{b}=\left[0, 1, \frac{\partial f}{\partial y}\right]$ の張る斜平面の最大傾斜角をとる向きは，$\boldsymbol{c}=\mathbf{grad}\,f=\left[\frac{\partial f}{\partial x}, \frac{\partial f}{\partial y}\right]$ となることが証明できたんだね。どう？面白かっただろう。

● 空間スカラー場の grad f から接平面が求まる！

平面スカラー場の $\mathbf{grad}\,f = \nabla f$ が，等位曲線の接線ベクトル $\boldsymbol{p}'(t)$ と直交することが分かったので，今度はこの考え方を空間スカラー場に同様に適用してみると，図 2 に示すように，空間スカラー場の

$\mathbf{grad}\,f = \nabla f = \left[\dfrac{\partial f}{\partial x},\ \dfrac{\partial f}{\partial y},\ \dfrac{\partial f}{\partial z}\right]$ は，等位曲面上の点 $\mathrm{P_0}$ における接平面と直交することが分かるはずだ。

図 2　空間スカラー場における grad f

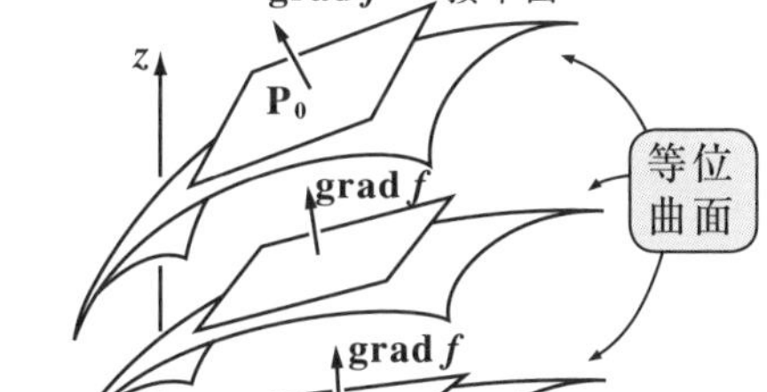

これから，等位曲面上の定点 $\mathrm{P_0}$ と，$\mathrm{P_0}$ における接平面上の動点 P の位置ベクトルを，図 3 に示すように，それぞれ $\boldsymbol{p}_0$ と $\boldsymbol{p}$ とおくと，

$\mathbf{grad}\,f \perp (\boldsymbol{p} - \boldsymbol{p}_0)$ （直交）が常に成り立つので，接平面の方程式が

$$\mathbf{grad}\,f \cdot (\boldsymbol{p} - \boldsymbol{p}_0) = 0 \quad \cdots\cdots(*)$$

で与えられることが分かるはずだ。

図 3　grad f は接平面の法線ベクトル

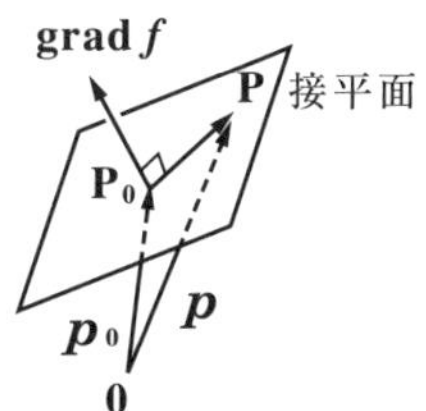

この $(*)$ の公式は一般の曲面 $z = g(x,\ y)$ …① 上の点における接平面の方程式を求めるのにも役に立つ。

①より，$g(x,\ y) - z = 0$ （または，$z - g(x,\ y) = 0$）とし，

$f(x,\ y,\ z) = g(x,\ y) - z$ とおくと，これは $f(x,\ y,\ z)$ で与えられる空間スカラー場における $f(x,\ y,\ z) = 0$ という 1 つの等位曲面と考えられるので，$(*)$ の公式を使って，接平面の方程式が求められるんだね。

また，$\mathbf{grad}\,f = \nabla f$ は接平面の法線ベクトルなので，単位法線ベクトル $\boldsymbol{n}$ は当然 $\boldsymbol{n} = \dfrac{\nabla f}{\|\nabla f\|}$ となるのも大丈夫だね。

それでは，$(*)$ の公式を使って，座標空間上にある曲面の接平面を，次の例題で実際に求めてみよう。

例題 31 放物面 $z = x^2 + y^2$ ……① 上の点 $P_0(1, 2, 5)$ における接平面の方程式を求めてみよう。

この問題は，例題 **25 (1)** (**P115**) と本質的に同じ問題だよ。ただし，今回はグラディエントを使って，接平面の法線ベクトルを求めることになる。

①より，$x^2 + y^2 - z = 0$ ……①′ とおく。

ここで，$f(x, y, z) = x^2 + y^2 - z$ ……②

とおき，②により空間スカラー場が与えられていると考えると，①′ はその等位曲面の **1** つとなる。よって，②のグラディエントを求めると，

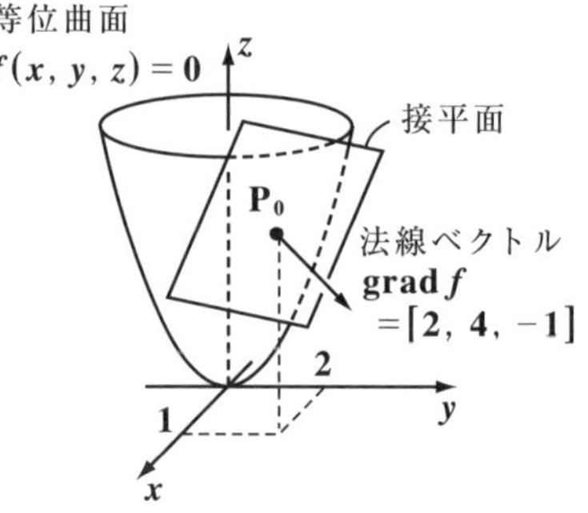

$$\mathrm{grad}\, f = \nabla f = \left[\frac{\partial f}{\partial x}, \frac{\partial f}{\partial y}, \frac{\partial f}{\partial z}\right]$$

$$= [2x, 2y, -1]$$ となる。

よって，等位曲面上の点 $P_0(\underline{1}, \underline{\underline{2}}, 5)$ における接平面の法線ベクトルは

（x）（y）

$\mathrm{grad}\, f = [2 \cdot \underline{1}, 2 \cdot \underline{\underline{2}}, -1] = [2, 4, -1]$ となることが分かる。

よって，求める接平面は点 $P_0(1, 2, 5)$ を通り，法線ベクトル $\mathrm{grad}\, f = [2, 4, -1]$ の平面より，

$2(x-1) + 4(y-2) - 1 \cdot (z-5) = 0$ ←（これが，$\mathrm{grad}\, f \cdot (\boldsymbol{p} - \boldsymbol{p}_0) = 0$ …(*) の公式を具体的に書いたものだ。）

$\therefore 2x + 4y - z - 5 = 0$ となって，例題 **25 (1)** と同じ結果が導けた。

● スカラーポテンシャルも押さえておこう！

最後に，“**スカラーポテンシャル**”についても説明しておこう。

空間ベクトル場 $\boldsymbol{f}(x, y, z)$ に対して，

$$\underbrace{\boldsymbol{f}(x, y, z)}_{\text{ベクトル値関数}} = -\nabla \underbrace{\varphi(x, y, z)}_{\text{スカラー値関数}} \quad \cdots\cdots(*)$$

をみたす空間スカラー場 $\varphi(x, y, z)$ が存在するとき，「$\boldsymbol{f}$ は“**スカラーポテンシャル**” φ をもつ」という。エッ！ これだけでは，ピンとこないって？

（これは単に“**ポテンシャル**”ともいう。）

当然だ！ 例を使って解説しよう。

スカラー値関数(空間スカラー場) φ として,

$$\varphi = -\frac{k}{p} \quad \cdots\cdots \text{(a)} \quad \left(k:\text{正の定数},\ \underbrace{p = \|\boldsymbol{p}\| = \sqrt{x^2+y^2+z^2}}_{\text{位置ベクトルのノルム}}\right)$$

を採用してみよう。すると,(＊)からベクトル値関数(空間ベクトル場) $\boldsymbol{f}$ は,

$$\boldsymbol{f} = -\nabla\varphi = -\nabla\left(-\frac{k}{p}\right) = k\nabla p^{-1} = k\underbrace{(p^{-1})'}_{-p^{-2}}\underbrace{\nabla p}_{\frac{\boldsymbol{p}}{p}} = -k\frac{\boldsymbol{p}}{p^3} \quad \text{となる。}$$

ここで, $\boldsymbol{f} = -\dfrac{k}{p^2}\underbrace{\dfrac{\boldsymbol{p}}{p}}_{\text{単位ベクトル } \boldsymbol{e}}$ ……(b) の定数 k を

$k = GMm$ ……(c) (G：重力定数, M：太陽の質量, m：地球の質量)

とおき,(c)を(b)に代入してみよう。
すると,

$$\boldsymbol{f} = -G\frac{Mm}{p^2}\boldsymbol{e} \quad \cdots\cdots \text{(d)}$$

$\left(\text{ただし, } \boldsymbol{e} = \dfrac{\boldsymbol{p}}{p}\right)$

となって,図 **4** に示すように,(d)は
ニュートンの“万有引力”を表す方程
式になってしまうんだね。

図 **4** 万有引力のスカラーポテンシャル

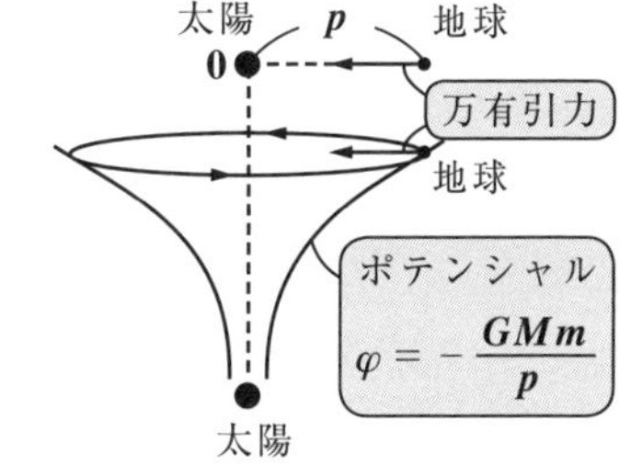

このように,物理では,万有引力などの力(ベクトル場) $\boldsymbol{f}$ の背後に,ポテンシャル(スカラー場) $\varphi = -\dfrac{k}{p} = -\dfrac{GMm}{p}$ があると考えて,これを重要視する。

つまり,このポテンシャルの勾配(グラディエント)に従って,力 $\boldsymbol{f}$ が生じると考えているんだ。だから,図 **4** に示すように,太陽からの距離 p によるポテンシャル $\varphi = -\dfrac{GMm}{p}$ の勾配に従って万有引力を受けながら,地球はパチンコ玉のように,ポテンシャルでできたラッパ状の容器の中で太陽に向かって落下することなく,円(厳密には,だ円)を描きながら回転(公転)していると考えるといいんだよ。面白かった?

演習問題 9　●曲面の接平面●

曲面 $z=\dfrac{10}{x^2+y^2+1}$ …①上の点 $P_0(\sqrt{2},\ \sqrt{2},\ 2)$ における接平面の方程式を求めよ。

ヒント！ 曲面 $z=g(x,\ y)$ を，スカラー場 $f(x,\ y,\ z)=z-g(x,\ y)$ の1つの等位曲面 $f(x,\ y,\ z)=0$ と考えて，$\mathrm{grad}\,f$ から接平面の法線ベクトルを求めればいいんだね。

解答＆解説

①の曲面は，スカラー場 $f(x, y, z)=z-10(x^2+y^2+1)^{-1}$ の1つの等位曲面 $f(x, y, z)=0$ であると考えられる。

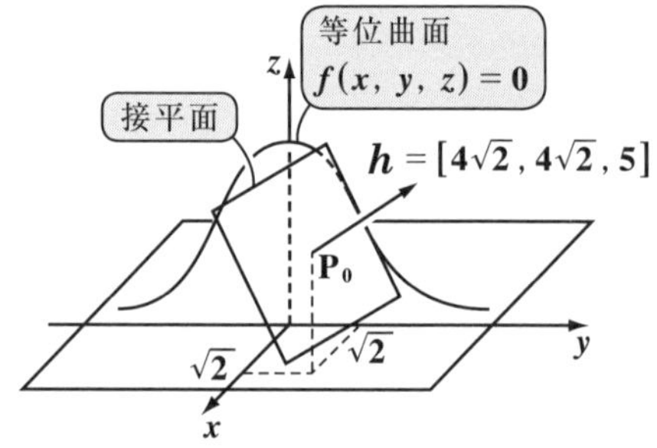

よって，スカラー値関数 f のグラディエントを求めると，

$$\mathrm{grad}\,f=[10(x^2+y^2+1)^{-2}\cdot 2x,\ 10(x^2+y^2+1)^{-2}\cdot 2y,\ 1]$$

$$=\left[\frac{20x}{(x^2+y^2+1)^2},\ \frac{20y}{(x^2+y^2+1)^2},\ 1\right]$$

よって，等位曲面上の点 $P_0(\sqrt{2},\ \sqrt{2},\ 2)$ における法線ベクトルは，（$\sqrt{2}$ は x，$\sqrt{2}$ は y）

$$\mathrm{grad}\,f=\left[\frac{20\sqrt{2}}{(2+2+1)^2},\ \frac{20\sqrt{2}}{(2+2+1)^2},\ 1\right]=\left[\frac{4\sqrt{2}}{5},\ \frac{4\sqrt{2}}{5},\ 1\right]$$

これを5倍したものを新たな法線ベクトル $\boldsymbol{h}$ とおくと，

$\boldsymbol{h}=[4\sqrt{2},\ 4\sqrt{2},\ 5]$ となる。

よって，①の曲面上の点 $P_0(\sqrt{2},\ \sqrt{2},\ 2)$ における接平面の法線ベクトル $\boldsymbol{h}$ は，$\boldsymbol{h}=[4\sqrt{2},\ 4\sqrt{2},\ 5]$ より，求める接平面の方程式は，

$$4\sqrt{2}(x-\sqrt{2})+4\sqrt{2}(y-\sqrt{2})+5(z-2)=0$$

$\therefore\ 4\sqrt{2}x+4\sqrt{2}y+5z-26=0$ である。

実践問題 9	● 曲面の接平面 ●

曲面 $z = e^{2-x^2-y^2}$ ……① 上の点 $\mathbf{P_0}(1,\ 1,\ 1)$ における接平面の方程式を求めよ。

ヒント！ $f(x,\ y,\ z) = z - e^{2-x^2-y^2}$ とおいて，$\mathbf{grad}\,f$ から接平面の法線ベクトルを求めればいいんだね。頑張ろう！

解答＆解説

①の曲面は，スカラー場 $f(x,\ y,\ z) = z - e^{2-x^2-y^2}$ の 1 つの (ア)＿＿＿＿ $f(x,\ y,\ z) = 0$ であると考えられる。

よって，スカラー値関数 f の (イ)＿＿＿＿ を求めると，

$\mathbf{grad}\,f = [$ (ウ)＿＿＿＿ $,\ 2ye^{2-x^2-y^2},\ 1]$

よって，等位曲面上の点 $\mathbf{P_0}(1,\ 1,\ 1)$（x, y）における法線ベクトルは，

$\mathbf{grad}\,f =$ (エ)＿＿＿＿ となる。

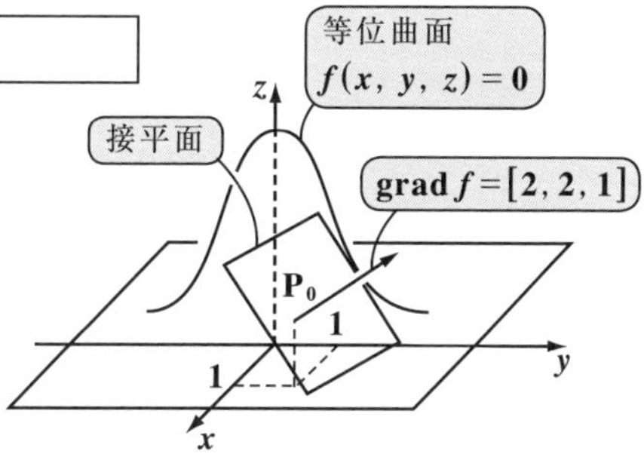

よって，①の曲面上の点 $\mathbf{P_0}(1,\ 1,\ 1)$ における接平面の法線ベクトル $\mathbf{grad}\,f$ は，$\mathbf{grad}\,f =$ (エ)＿＿＿＿ より，求める接平面の方程式は，

$2(x-1) + 2(y-1) + 1(z-1) = 0$

$\therefore\ 2x + 2y + z -$ (オ)＿＿ $= 0$ である。

解答 (ア) 等位曲面　(イ) グラディエント（または，勾配ベクトル）
(ウ) $2xe^{2-x^2-y^2}$　(エ) $[2,\ 2,\ 1]$　(オ) 5

§3. ベクトル場の発散 (div $\boldsymbol{f}$)

それではこれから，ベクトル値関数 $\boldsymbol{f}(\mathrm{P})$ で与えられるベクトル場の"**発散**(はっさん)(**ダイヴァージェンス**)" div $\boldsymbol{f}$ について解説しよう。

この発散 div $\boldsymbol{f}$ は，物理的には，ベクトル場 $\boldsymbol{f}(\mathrm{P})$ における"**湧**(わ)**き出し**"や"**吸い込み**"を表すものなんだ。これについてもまた，図を使って分かりやすく教えるから，すべてマスターできるはずだ。

それでは，早速講義を始めよう。

● 発散(ダイヴァージェンス)を定義しよう！

まず，(Ⅰ)平面ベクトル場と(Ⅱ)空間ベクトル場における"**発散**(はっさん)"(または，"**ダイヴァージェンス**")div $\boldsymbol{f}$ を定義しよう。

発散(ダイヴァージェンス)

(Ⅰ)平面ベクトル場における**発散 div $\boldsymbol{f}$**

平面ベクトル場 $\boldsymbol{f}(\mathrm{P}) = \boldsymbol{f}(x, y) = [f(x, y),\ g(x, y)]$ の"**発散**"(または，"**ダイヴァージェンス**")を div $\boldsymbol{f}$ と表記し，次のように定義する。

$$\mathrm{div}\,\boldsymbol{f} = \frac{\partial f}{\partial x} + \frac{\partial g}{\partial y} \quad \cdots\cdots(*1)$$

これは，"ダイヴァージェンス・エフ"と読む。div は"*divergence*"(発散)の略だ。

(Ⅱ)空間ベクトル場における**発散 div $\boldsymbol{f}$**

空間ベクトル場

$\boldsymbol{f}(\mathrm{P}) = \boldsymbol{f}(x, y, z) = [f(x, y, z),\ g(x, y, z),\ h(x, y, z)]$ の"**発散**(はっさん)"(または，"**ダイヴァージェンス**")を div $\boldsymbol{f}$ と表記し，次のように定義する。

$$\mathrm{div}\,\boldsymbol{f} = \frac{\partial f}{\partial x} + \frac{\partial g}{\partial y} + \frac{\partial h}{\partial z} \quad \cdots\cdots(*2)$$

この発散 div $\boldsymbol{f}$ も，ベクトルもどきの演算子ナブラ $\nabla = \left[\frac{\partial}{\partial x},\ \frac{\partial}{\partial y},\ \frac{\partial}{\partial z}\right]$ を使って表すことができる。空間ベクトル場の発散公式(*2)で説明しよう。すなわち，

$$\mathrm{div}\,\boldsymbol{f} = \frac{\partial}{\partial x}f + \frac{\partial}{\partial y}g + \frac{\partial}{\partial z}h = \underbrace{\left[\frac{\partial}{\partial x},\ \frac{\partial}{\partial y},\ \frac{\partial}{\partial z}\right]}_{\nabla\text{(ナブラ)}} \cdot \underbrace{[f,\ g,\ h]}_{\boldsymbol{f}} = \nabla \cdot \boldsymbol{f}$$

となるので，発散 $\mathrm{div}\,\boldsymbol{f}$ は ∇ と $\boldsymbol{f}$ の内積，つまり，$\mathrm{div}\,\boldsymbol{f} = \nabla \cdot \boldsymbol{f}$ と表せるんだね。もちろん，本当の内積は「各成分同士の積の和」のことだけど，今回のものは「各成分に作用したものの和」のことなので，形式的な内積と考えてくれ。平面ベクトル場の発散も

$\mathrm{div}\,\boldsymbol{f} = \frac{\partial}{\partial x}f + \frac{\partial}{\partial y}g = \left[\frac{\partial}{\partial x},\ \frac{\partial}{\partial y}\right] \cdot [f,\ g] = \nabla \cdot \boldsymbol{f}$ と，同様に表せる。

そして，$\boldsymbol{f}$ の発散をとることによりスカラー値関数が得られること，すなわち，$\mathrm{div}(\underbrace{\text{ベクトル値関数}}_{\text{ベクトル場}}) = (\underbrace{\text{スカラー値関数}}_{\text{スカラー場}})$ の関係になることにも気を付けよう。

それでは，次の例題で実際に発散 $\mathrm{div}\,\boldsymbol{f}$ を求めてみよう。

例題 32　次の各ベクトル場 $\boldsymbol{f}$ の発散 $\mathrm{div}\,\boldsymbol{f} = \nabla \cdot \boldsymbol{f}$ を求めてみよう。

(1) $\boldsymbol{f} = [x^2 + y^2,\ x^2 - y^2]$　　(2) $\boldsymbol{f} = [\sin xy,\ \cos 2xy]$

(3) $\boldsymbol{f} = [x^2y,\ -2yz - xy^2,\ z^2]$

(1) $\underbrace{\mathrm{div}\,\boldsymbol{f}}_{\text{ベクトル値関数}} = \nabla \cdot \boldsymbol{f} = \frac{\partial(x^2 + \overset{\text{定数扱い}}{y^2})}{\partial x} + \frac{\partial(\overset{\text{定数扱い}}{x^2} - y^2)}{\partial y} = \underbrace{2x - 2y}_{\text{スカラー値関数}}$　となる。

(2) $\underbrace{\mathrm{div}\,\boldsymbol{f}}_{\text{ベクトル値関数}} = \nabla \cdot \boldsymbol{f} = \frac{\partial(\sin x\overset{\text{定数扱い}}{y})}{\partial x} + \frac{\partial(\cos \overset{\text{定数扱い}}{2x}y)}{\partial y} = \underbrace{y\cos xy - 2x\sin 2xy}_{\text{スカラー値関数}}$ だね。

(3) $\underbrace{\mathrm{div}\,\boldsymbol{f}}_{\text{ベクトル値関数}} = \nabla \cdot \boldsymbol{f} = \frac{\partial(x^2\overset{\text{定数扱い}}{y})}{\partial x} + \frac{\partial(\overset{\text{定数扱い}}{-2}y\overset{\text{定数扱い}}{z} - \overset{\text{定数扱い}}{x}y^2)}{\partial y} + \frac{\partial(z^2)}{\partial z}$

$= 2xy - 2z - 2xy + 2z = \underbrace{0}_{\text{スカラー値関数}}$　アリャ！ 0 になってしまった！

実は，$\mathrm{div}\,\boldsymbol{f} = 0$ というのは，「ベクトル場 $\boldsymbol{f}$ に湧き出しがない！」ということなんだ。このことについては後で，$\mathrm{div}\,\boldsymbol{f}$ の物理的な意味のところで詳しく解説する。

● div の基本公式も押さえておこう！

それでは，発散(div)の基本公式を下にまとめて示そう。

div の基本公式

$\boldsymbol{f}$, $\boldsymbol{f}_1$, $\boldsymbol{f}_2$ をベクトル値関数，φ をスカラー値関数とする。このとき次の公式が成り立つ。

(Ⅰ) $\mathrm{div}(C_1\boldsymbol{f}_1+C_2\boldsymbol{f}_2)=C_1\mathrm{div}\,\boldsymbol{f}_1+C_2\mathrm{div}\,\boldsymbol{f}_2$ (C_1, C_2：実数定数)

(Ⅱ) $\mathrm{div}(\varphi\boldsymbol{f})=(\nabla\varphi)\cdot\boldsymbol{f}+\varphi(\mathrm{div}\boldsymbol{f})$

(Ⅰ)は，$\nabla\cdot(C_1\boldsymbol{f}_1+C_2\boldsymbol{f}_2)=C_1\nabla\cdot\boldsymbol{f}_1+C_2\nabla\cdot\boldsymbol{f}_2$ と表してもいいし，

(Ⅱ)は，$\nabla\cdot(\varphi\boldsymbol{f})=(\nabla\varphi)\cdot\boldsymbol{f}+\varphi(\nabla\cdot\boldsymbol{f})$ と表しても同じことだね。

(これはまた，$\mathbf{grad}\varphi$ と表現してもいいね。)

(Ⅰ)(Ⅱ)は共に，空間ベクトル場，平面ベクトル場のいずれにおいても成り立つ公式だ。ここでは $\boldsymbol{f}$, $\boldsymbol{f}_1$, $\boldsymbol{f}_2$ が空間ベクトル場で，φ が 3 変数スカラー値関数として，証明しておこう。

(Ⅰ)は，$\boldsymbol{f}_1=[f_1,\ g_1,\ h_1]$　$\boldsymbol{f}_2=[f_2,\ g_2,\ h_2]$ とおいて証明する。

$$\mathrm{div}(C_1\boldsymbol{f}_1+C_2\boldsymbol{f}_2)=\frac{\partial}{\partial x}(C_1f_1+C_2f_2)+\frac{\partial}{\partial y}(C_1g_1+C_2g_2)+\frac{\partial}{\partial z}(C_1h_1+C_2h_2)$$

$$C_1[f_1,\ g_1,\ h_1]+C_2[f_2,\ g_2,\ h_2]=[C_1f_1+C_2f_2,\ C_1g_1+C_2g_2,\ C_1h_1+C_2h_2]$$

$$=C_1\frac{\partial f_1}{\partial x}+C_2\frac{\partial f_2}{\partial x}+C_1\frac{\partial g_1}{\partial y}+C_2\frac{\partial g_2}{\partial y}+C_1\frac{\partial h_1}{\partial z}+C_2\frac{\partial h_2}{\partial z}$$

$$=C_1\left(\frac{\partial f_1}{\partial x}+\frac{\partial g_1}{\partial y}+\frac{\partial h_1}{\partial z}\right)+C_2\left(\frac{\partial f_2}{\partial x}+\frac{\partial g_2}{\partial y}+\frac{\partial h_2}{\partial z}\right)$$

$=C_1\mathrm{div}\,\boldsymbol{f}_1+C_2\mathrm{div}\,\boldsymbol{f}_2$ となって，証明終了だ。

(Ⅱ)は，$\boldsymbol{f}=[f,\ g,\ h]$ とおいて証明しよう。

$$\mathrm{div}(\varphi\boldsymbol{f})=\frac{\partial}{\partial x}(\varphi f)+\frac{\partial}{\partial y}(\varphi g)+\frac{\partial}{\partial z}(\varphi h)$$

$$\varphi[f,\ g,\ h]=[\varphi f,\ \varphi g,\ \varphi h]$$

$$=\frac{\partial\varphi}{\partial x}f+\varphi\frac{\partial f}{\partial x}+\frac{\partial\varphi}{\partial y}g+\varphi\frac{\partial g}{\partial y}+\frac{\partial\varphi}{\partial z}h+\varphi\frac{\partial h}{\partial z}$$

$$=\left(\frac{\partial\varphi}{\partial x}f+\frac{\partial\varphi}{\partial y}g+\frac{\partial\varphi}{\partial z}h\right)+\varphi\left(\frac{\partial f}{\partial x}+\frac{\partial g}{\partial y}+\frac{\partial h}{\partial z}\right)$$

$$=\left[\frac{\partial\varphi}{\partial x},\ \frac{\partial\varphi}{\partial y},\ \frac{\partial\varphi}{\partial z}\right]\cdot[f,\ g,\ h]+\varphi(\mathrm{div}\,\boldsymbol{f})$$

($\nabla\varphi$)　($\boldsymbol{f}$)

$=(\nabla\varphi)\cdot\boldsymbol{f}+\varphi(\mathrm{div}\,\boldsymbol{f})$　となって，(Ⅱ)も証明できた！

それでは次，原点に関する位置ベクトル $\boldsymbol{p}$ と $p^n\boldsymbol{p}$ $(p=\|\boldsymbol{p}\|)$ の **div**(発散)の公式を下に示しておこう。

div $\boldsymbol{p}$ と div($p^n\boldsymbol{p}$) の公式

(1) $\boldsymbol{p}=[x,\ y]$ のとき，　← $\boldsymbol{p}$ が平面ベクトル場のとき

$p=\|\boldsymbol{p}\|=\sqrt{x^2+y^2}$ とおくと，次の公式が成り立つ。

(ⅰ) $\mathrm{div}\,\boldsymbol{p}=2$　　(ⅱ) $\mathrm{div}(p^n\boldsymbol{p})=(n+2)p^n$　(n：実数)

(2) $\boldsymbol{p}=[x,\ y,\ z]$ のとき，← $\boldsymbol{p}$ が空間ベクトル場のとき

$p=\|\boldsymbol{p}\|=\sqrt{x^2+y^2+z^2}$ とおくと，次の公式が成り立つ。

(ⅰ) $\mathrm{div}\,\boldsymbol{p}=3$　　(ⅱ) $\mathrm{div}(p^n\boldsymbol{p})=(n+3)p^n$　(n：実数)

(1) $\boldsymbol{p}=[x,\ y]$ のとき，

(ⅰ) $\mathrm{div}\,\boldsymbol{p}=\dfrac{\partial x}{\partial x}+\dfrac{\partial y}{\partial y}=1+1=2$　となるし，

公式(Ⅱ)：$\mathrm{div}(\varphi\boldsymbol{p})=(\nabla\varphi)\cdot\boldsymbol{p}+\varphi(\mathrm{div}\,\boldsymbol{p})$

(ⅱ) $\mathrm{div}(p^n\boldsymbol{p})=(\nabla p^n)\cdot\boldsymbol{p}+p^n(\mathrm{div}\,\boldsymbol{p})$

$(p^n)'\nabla p=np^{n-1}\dfrac{\boldsymbol{p}}{p}$　　(2)　　公式：$\nabla p=\dfrac{\boldsymbol{p}}{p}$

$=np^{n-2}\boldsymbol{p}\cdot\boldsymbol{p}+2p^n=np^n+2p^n=(n+2)p^n$　となる。大丈夫だね。

(p^2)

(2) $\boldsymbol{p}=[x,\ y,\ z]$ のとき，

(ⅰ) $\mathrm{div}\,\boldsymbol{p}=\dfrac{\partial x}{\partial x}+\dfrac{\partial y}{\partial y}+\dfrac{\partial z}{\partial z}=1+1+1=3$　となるし，

(ⅱ) $\mathrm{div}(p^n\boldsymbol{p})=(\nabla p^n)\cdot\boldsymbol{p}+p^n(\mathrm{div}\,\boldsymbol{p})=np^n+3p^n=(n+3)p^n$　も導ける。

($np^{n-1}\dfrac{\boldsymbol{p}}{p}$)　　(3)

したがって，$\boldsymbol{p}=[x,\ y,\ z]$ のとき，$\dfrac{\boldsymbol{p}}{p^3}$ の発散は，(2)(ⅱ)の公式より，$\mathrm{div}(p^{-3}\boldsymbol{p})=(-3+3)p^{-3}=0$ となるので，ベクトル場 $\dfrac{\boldsymbol{p}}{p^3}$ に湧き出しはないことが分かった。この意味が分かるように，これから $\mathrm{div}\,\boldsymbol{f}$ の物理的な意味についても解説しよう。

● div(発散)の物理的な意味を考えてみよう！

話を簡単にするために，まず平面ベクトル場 $\boldsymbol{f}=[f(x,\ y),\ g(x,\ y)]$ で考えてみよう。$\boldsymbol{f}$ は具体的に水の流れ場だと考えると分かりやすいと思う。

図1 divの物理的な意味(Ⅰ)

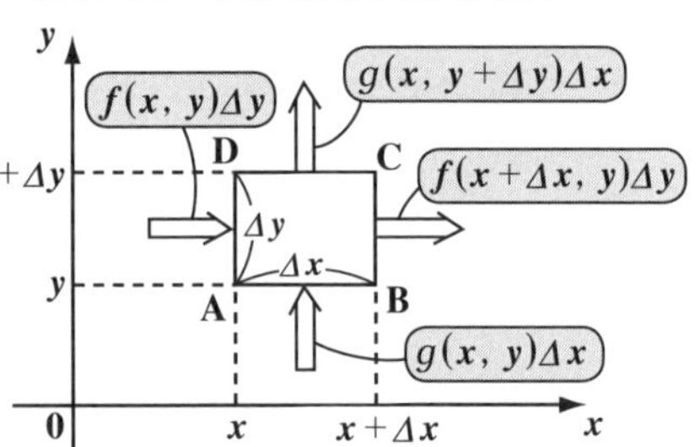

図1に示すように，この平面ベクトル場(水の流れ場)の中に，たて Δy，横 Δx の微小な長方形ABCDをとり，これを通して，流入し，流出する水の総量を調べてみよう。

(ⅰ) x 軸方向の水の正味の流出について，

辺ADを通して流入する水量は $f(x,\ y)\Delta y$ であり，辺BCを通して流出する水量は $f(x+\Delta x,\ y)\Delta y$ となる。

よって，差し引きした正味の□ABCDから流出する水量は近似的に，

$$f(x+\Delta x,\ y)\Delta y-f(x,\ y)\Delta y$$

$$=\{f(x+\Delta x,\ y)-f(x,\ y)\}\Delta y$$

$$\fallingdotseq\frac{\partial f}{\partial x}\Delta x\Delta y\ \cdots\cdots(\mathrm{a})$$ となる。

偏微分係数 $\frac{\partial f}{\partial x}$ は近似的に

$$\frac{\partial f}{\partial x}\fallingdotseq\frac{f(x+\Delta x,\ y)-f(x,\ y)}{\Delta x}$$

と表されるので，これから

$$f(x+\Delta x,\ y)-f(x,\ y)\fallingdotseq\frac{\partial f}{\partial x}\Delta x$$

となるんだね。

(ⅱ) y 軸方向の水の正味の流出についても同様に，辺ABを通して流入する水量は $g(x,\ y)\Delta x$ であり，辺DCを通して流出する水量は $g(x,\ y+\Delta y)\Delta x$ となる。よって，差し引きした正味の□ABCDから流出する水量は近似的に，

$$g(x,\ y+\Delta y)\Delta x-g(x,\ y)\Delta x=\{g(x,\ y+\Delta y)-g(x,\ y)\}\Delta x$$

$$\fallingdotseq\frac{\partial g}{\partial y}\Delta y\Delta x=\frac{\partial g}{\partial y}\Delta x\Delta y\ \cdots\cdots(\mathrm{b})$$ となるんだね。

以上(ⅰ)(ⅱ)より，平面ベクトル場の微小長方形ABCDから流出する正味の水量は(a)+(b)より，

$$\left(\frac{\partial f}{\partial x}+\frac{\partial g}{\partial y}\right)\Delta x\Delta y\ \cdots\cdots(\mathrm{c})$$ となる。したがって，

この(c)を長方形ABCDの面積 $\Delta x\Delta y$ で割って，単位面積当たりの正味の流出量を求めると，それが $\mathrm{div}\,\boldsymbol{f}=\frac{\partial f}{\partial x}+\frac{\partial g}{\partial y}$ になるんだね。納得いった？

一般に，水の流れ場で水が流れていく場合，

{ ・柿田川のように，富士山からの湧き水が生じたり，
・フロの栓を抜いて水の排水が生じたりしない限り，

発散 $\mathrm{div}\,\boldsymbol{f}=0$ となる。つまり，ベクトル場のある部分に入ってきた水量は，そのまま流出するんだね。したがって，

{ ・$\mathrm{div}\,\boldsymbol{f}>0$ の場合，ベクトル場 $\boldsymbol{f}$ に“**湧き出し**”が存在することを表し，
・$\mathrm{div}\,\boldsymbol{f}<0$ の場合，ベクトル場 $\boldsymbol{f}$ に“**吸い込み**”が存在することを表

すことになるんだね。ここでは，水の流れ場で解説したけれど，平面ベクトル場 $\boldsymbol{f}$ の例として，熱の流れなど自分の考えやすいもので考えてくれたらいいんだよ。

次，空間ベクトル場 $\boldsymbol{f}=[f,\ g,\ h]$ の発散 $\mathrm{div}\,\boldsymbol{f}$ についても，少し複雑にはなるけれど，図2に示すように空間ベクトル場の中に微小な直方体を考え，これを通過する正味の流出量を近似的に求めると，平面ベクトル場のときと同様に，

図2 div の物理的な意味（Ⅱ）

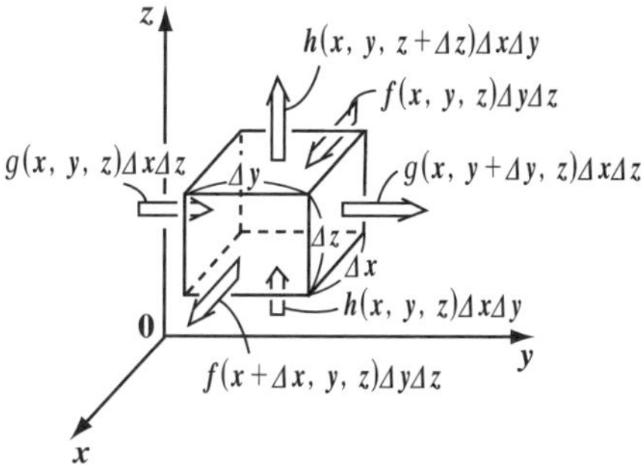

$$\underbrace{\{f(x+\Delta x,\ y,\ z)-f(x,\ y,\ z)\}}_{\fallingdotseq\ \frac{\partial f}{\partial x}\Delta x}\Delta y\Delta z+\underbrace{\{g(x,\ y+\Delta y,\ z)-g(x,\ y,\ z)\}}_{\fallingdotseq\ \frac{\partial g}{\partial y}\Delta y}\Delta x\Delta z+\underbrace{\{h(x,\ y,\ z+\Delta z)-h(x,\ y,\ z)\}}_{\fallingdotseq\ \frac{\partial h}{\partial z}\Delta z}\Delta x\Delta y$$

$$\fallingdotseq\left(\frac{\partial f}{\partial x}+\frac{\partial g}{\partial y}+\frac{\partial h}{\partial z}\right)\Delta x\Delta y\Delta z \quad \cdots\cdots(\mathrm{d})$$ となる。したがって，

この(d)を微小な直方体の体積 $\Delta x\Delta y\Delta z$ で割って，単位体積当たりの正味の流出量を求めると，それが，$\mathrm{div}\,\boldsymbol{f}=\dfrac{\partial f}{\partial x}+\dfrac{\partial g}{\partial y}+\dfrac{\partial h}{\partial z}$ になるんだね。大丈夫？

ここで，$\mathrm{div}\,\boldsymbol{f}=0$ をみたすベクトル場 $\boldsymbol{f}$ のことを“**湧き出しのない場**”または“**ソレノイド**”(*solenoid*) と呼ぶことも，覚えておこう。

具体例で示すと，平面ベクトル場 $\boldsymbol{p}=[x,\ y]$ の場合，$\mathrm{div}\,\boldsymbol{p}=2\ (>0)$ なので，xy 平面上のいたるところで湧き出しがあるんだね。これに対して，平面ベクトル場 $\boldsymbol{f}=[-y,\ x]$ の場合，$\mathrm{div}\,\boldsymbol{f}=\dfrac{\partial(-y)}{\partial x}+\dfrac{\partial x}{\partial y}=0+0=0$ となるので，湧き出しのない場，つまりソレノイドであることが分かる。

● ラプラスの演算子も押さえておこう！

平面スカラー場におけるスカラー値関数$f(x, y)$の勾配ベクトルを求めると，

$\mathbf{grad}\, f = \nabla f = \left[\dfrac{\partial f}{\partial x},\ \dfrac{\partial f}{\partial y}\right]$ ……① となる。

この①はベクトル値関数なので，この発散を求めることができる。よって，

$$\mathbf{div}(\mathbf{grad}\, f) = \nabla\cdot(\nabla f) = \left[\frac{\partial}{\partial x},\ \frac{\partial}{\partial y}\right]\cdot\left[\frac{\partial f}{\partial x},\ \frac{\partial f}{\partial y}\right]$$

（ベクトルもどき）（ベクトル）

（ベクトルもどきとベクトルの内積は，ベクトルもどきの各成分が，ベクトルの各成分に作用したものの和のことだ。）

$$= \frac{\partial}{\partial x}\left(\frac{\partial f}{\partial x}\right) + \frac{\partial}{\partial y}\left(\frac{\partial f}{\partial y}\right) = \frac{\partial^2 f}{\partial x^2} + \frac{\partial^2 f}{\partial y^2} \quad \text{……②}$$ となる。

ここで，$\nabla\cdot(\nabla f) = (\nabla\cdot\nabla)f = \nabla^2 f$ とおき，さらに

$\nabla\cdot\nabla = \nabla^2 = \Delta$ とおくと，②より，

$$\mathbf{div}(\mathbf{grad}\, f) = \nabla^2 f = \Delta f = \left(\frac{\partial^2}{\partial x^2} + \frac{\partial^2}{\partial y^2}\right)f$$ と表せるので，

（これが，“**ラプラスの演算子**”だ。）

平面スカラー場における新たな演算子Δを

（ギリシャ文字の“デルタ”）

$$\Delta = \frac{\partial^2}{\partial x^2} + \frac{\partial^2}{\partial y^2} \quad \text{……}(*1)$$ と定義できる。

このΔを“**ラプラスの演算子**”または“**ラプラシアン**”(*Laplacian*)と呼ぶ。

空間スカラー場におけるスカラー値関数$f(x,\ y,\ z)$についても同様に変形すると，

$$\mathbf{div}(\mathbf{grad}\, f) = \nabla\cdot(\nabla f) = \left[\frac{\partial}{\partial x},\ \frac{\partial}{\partial y},\ \frac{\partial}{\partial z}\right]\cdot\left[\frac{\partial f}{\partial x},\ \frac{\partial f}{\partial y},\ \frac{\partial f}{\partial z}\right]$$

（$\nabla^2 f = \Delta f$ とおく。）

$$= \frac{\partial^2 f}{\partial x^2} + \frac{\partial^2 f}{\partial y^2} + \frac{\partial^2 f}{\partial z^2} = \left(\frac{\partial^2}{\partial x^2} + \frac{\partial^2}{\partial y^2} + \frac{\partial^2}{\partial z^2}\right)f$$ となるので，

$\nabla\cdot\nabla = \nabla^2 = \Delta$ とおくと，空間スカラー場における“**ラプラスの演算子**”

として，$\Delta = \dfrac{\partial^2}{\partial x^2} + \dfrac{\partial^2}{\partial y^2} + \dfrac{\partial^2}{\partial z^2}$ ……$(*2)$ が定義できる。

ここで，偏微分方程式$\Delta f=0$，すなわち，$(*1)$と$(*2)$より，具体的には，

(i) $\dfrac{\partial^2 f}{\partial x^2}+\dfrac{\partial^2 f}{\partial y^2}=0$,　または　(ii) $\dfrac{\partial^2 f}{\partial x^2}+\dfrac{\partial^2 f}{\partial y^2}+\dfrac{\partial^2 f}{\partial z^2}=0$　のことを，

“ラプラスの偏微分方程式” と呼び，また，これをみたすスカラー値関数 f のことを **“調和関数”**（ちょうわかんすう）と呼ぶことも覚えておこう。

(i) $\dfrac{\partial^2 f}{\partial x^2}+\dfrac{\partial^2 f}{\partial y^2}=0$ の具体的な解法については，

「フーリエ解析キャンパス・ゼミ」（マセマ） で詳しく解説しているので，学習されることを勧める。

ここでは，(ii)のラプラス方程式 $\dfrac{\partial^2 f}{\partial x^2}+\dfrac{\partial^2 f}{\partial y^2}+\dfrac{\partial^2 f}{\partial z^2}=0$ をみたす1つの

$\nabla\cdot(\nabla f)=\mathrm{div}(\mathrm{grad}\,f)=0$ のこと

調和関数の例を，これまで学習した次の2つの公式：

P139

$$\begin{cases}\mathrm{grad}\,p^m=\nabla p^m=(p^m)'\nabla p=mp^{m-1}\dfrac{\boldsymbol{p}}{p}=mp^{m-2}\boldsymbol{p} & \cdots\cdots(\mathrm{a})\ \text{と}\\ \mathrm{div}(p^n\boldsymbol{p})=(\nabla p^n)\cdot\boldsymbol{p}+p^n(\mathrm{div}\,\boldsymbol{p})=np^n+3p^n=(n+3)p^n & \cdots\cdots(\mathrm{b})\end{cases}$$

$(\nabla p^n) = np^{n-2}\boldsymbol{p}$，$\mathrm{div}\,\boldsymbol{p} = 3$ ← 空間ベクトル場

P151

から導いて，紹介しておこう。

(b)より，$\mathrm{div}(p^n\boldsymbol{p})=0$ となる n は $n=-3$ より，$p^n\boldsymbol{p}=p^{-3}\boldsymbol{p}$

これが，$\mathrm{grad}\,p^m$ になればいい。← ただし，係数は除いて考える。

であればいい。これと(a)を比較して，$m=-1$ であれば，

(a)より，$\mathrm{grad}\,p^{-1}=-1\cdot p^{-3}\boldsymbol{p}$ となる。よって，この発散をとると，(b)より，

$$\mathrm{div}(\mathrm{grad}\,p^{-1})=\mathrm{div}(-1\cdot p^{-3}\boldsymbol{p})=-1\cdot\mathrm{div}(p^{-3}\boldsymbol{p})=-1\cdot 0=0$$ と

なる。

（p^{-1}：これが調和関数の1つの例だ。　$\mathrm{div}(p^{-3}\boldsymbol{p})=0$）

$\therefore f=p^{-1}=\dfrac{1}{\sqrt{x^2+y^2+z^2}}$ とおくと(ii)のラプラス方程式をみたすので，

$f(x,\ y,\ z)=\dfrac{1}{\sqrt{x^2+y^2+z^2}}$ は空間スカラー場における調和関数の1例と言えるんだね。面白かった？

今回の講義は解説が中心だったので，特に演習問題と実践問題は設けなかった。

§4. ベクトル場の回転 (rot $\boldsymbol{f}$) と各演算子の公式

これまで，スカラー場の勾配ベクトル **grad** f，ベクトル場の発散 **div**$\boldsymbol{f}$ を学んだ。そして，これらは，ベクトルもどきの演算子 ∇(ナブラ) を使うと，それぞれ **grad** $f = \nabla f$，**div**$\boldsymbol{f} = \nabla \cdot \boldsymbol{f}$ と表せることも解説した。それならば，空間ベクトル場において，$\nabla \times \boldsymbol{f}$ (ナブラとベクトルの外積) も存在していいのではないか？と思っておられる方も多いことだろう。答えは，その通り！ この $\nabla \times \boldsymbol{f}$ こそ, これから解説する"**回転(ローテイション)**" **rot** $\boldsymbol{f}$ のことなんだ。

しかし，この **rot** $\boldsymbol{f}$ は，**grad** f や **div**$\boldsymbol{f}$ と比べて，その物理的な意味をとらえることがかなり難しく，ここで "ベクトル解析" を諦めてしまう方が多いのも事実だ。でも，だからこそ，ここは特に力を入れて分かりやすく解説するから，この難所も楽に乗り越えていけると思う！ 頑張ろう！

● 回転 (ローテイション) を定義しよう！

回転は，その性格上すべて空間ベクトル場を想定している。よって，空間ベクトル場における "**回転**(かいてん)" (または "**ローテイション**") を下に定義する。

回転 (ローテイション)

空間ベクトル場 $\boldsymbol{f}(\mathrm{P}) = \boldsymbol{f}(x, y, z) = [f(x, y, z), g(x, y, z), h(x, y, z)]$

の"**回転**"(または"**ローテイション**") を **rot** $\boldsymbol{f}$ と表記し, 次のように定義する。

$$\mathbf{rot}\,\boldsymbol{f} = \left[\frac{\partial h}{\partial y} - \frac{\partial g}{\partial z},\ \frac{\partial f}{\partial z} - \frac{\partial h}{\partial x},\ \frac{\partial g}{\partial x} - \frac{\partial f}{\partial y}\right] \quad \cdots\cdots(*)$$

(これは，"ローテイション・エフ" と読む。**rot** は "***rotation***" (回転) の略だ。)

偏微分は，例えば $\frac{\partial h}{\partial y} = h_y$，$\frac{\partial g}{\partial z} = g_z$ などと表せるので，**rot** $\boldsymbol{f}$ を

$\mathbf{rot}\,\boldsymbol{f} = [h_y - g_z,\ f_z - h_x,\ g_x - f_y]$ と略記してもいい。さらに，ベクトルもどきの演算子ナブラ $\nabla = \left[\frac{\partial}{\partial x}, \frac{\partial}{\partial y}, \frac{\partial}{\partial z}\right]$ を使うと, 回転 **rot** $\boldsymbol{f}$ の公式 (*) は,

$\mathbf{rot}\,\boldsymbol{f} = \nabla \times \boldsymbol{f}$ ……①の形で表現することもできる。実際に，この①の右辺を計算してみると，

$(\text{①の右辺}) = \nabla \times \boldsymbol{f} = \left[\frac{\partial}{\partial x},\ \frac{\partial}{\partial y},\ \frac{\partial}{\partial z}\right] \times [f,\ g,\ h]$

$$= \begin{vmatrix} \boldsymbol{i} & \boldsymbol{j} & \boldsymbol{k} \\ \frac{\partial}{\partial x} & \frac{\partial}{\partial y} & \frac{\partial}{\partial z} \\ f & g & h \end{vmatrix}$$

2行目はベクトルもどきなので，行列式の計算でも，それぞれ第3行のベクトルに作用したものの和や差となるんだね。

$$= \left(\frac{\partial h}{\partial y} - \frac{\partial g}{\partial z}\right)\boldsymbol{i} + \left(\frac{\partial f}{\partial z} - \frac{\partial h}{\partial x}\right)\boldsymbol{j} + \left(\frac{\partial g}{\partial x} - \frac{\partial f}{\partial y}\right)\boldsymbol{k}$$

$$= \left[\frac{\partial h}{\partial y} - \frac{\partial g}{\partial z},\ \frac{\partial f}{\partial z} - \frac{\partial h}{\partial x},\ \frac{\partial g}{\partial x} - \frac{\partial f}{\partial y}\right]$$

となって，**rot** $\boldsymbol{f}$ が導かれるのが分かるね。

rot $\boldsymbol{f} = \nabla \times \boldsymbol{f}$ の計算は，もちろん右のように求めてもいいんだよ。こちらの方が，より実用的だね！

$$\frac{\partial}{\partial x}\quad \frac{\partial}{\partial y}\quad \frac{\partial}{\partial z}\quad \frac{\partial}{\partial x}$$
$$f\quad g\quad h\quad f$$
$$,\ \frac{\partial g}{\partial x} - \frac{\partial f}{\partial y}\Big]\ \Big[\frac{\partial h}{\partial y} - \frac{\partial g}{\partial z},\ \ \frac{\partial f}{\partial z} - \frac{\partial h}{\partial x}$$

ここで，回転の場合，空間ベクトル場の回転をとっても，空間ベクトル場になること，すなわち，**rot**(ベクトル値関数) = (ベクトル値関数) であることにも気を付けてくれ。(空間ベクトル場)　(空間ベクトル場)

それでは，次の例題で，実際に回転 **rot** $\boldsymbol{f}$ を求めてみよう。

例題 **33**　次の各ベクトル場 $\boldsymbol{f}$ の回転 **rot** $\boldsymbol{f} = \nabla \times \boldsymbol{f}$ を求めてみよう。

(1) $\boldsymbol{f} = [-y,\ x,\ 0]$　　**(2)** $\boldsymbol{f} = [\sin yz,\ \sin zx,\ \sin xy]$

(3) $\boldsymbol{f} = [z^2 + 2xy,\ x^2 + 2yz,\ y^2 + 2zx]$

(1) のベクトル場 $\boldsymbol{f}$ は，本質的には例題 **29** (**P131**) の平面ベクトル場 $\boldsymbol{f} = [-y,\ x]$ と同じだ。しかし，この回転を求めるためには，外積計算の必要性から空間ベクトル場でなければならないので，z 成分の **0** を付けて，$\boldsymbol{f} = [-y,\ x,\ 0]$ としたんだよ。この回転 **rot** $\boldsymbol{f}$ は，右の計算より，**rot** $\boldsymbol{f} = [0,\ 0,\ 2]$ となる。

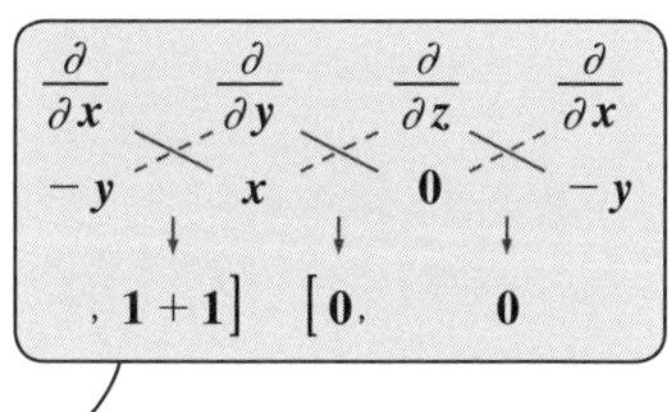

(2) 空間ベクトル場：

$\boldsymbol{f} = [\sin yz,\ \sin zx,\ \sin xy]$

の回転 $\mathbf{rot}\,\boldsymbol{f}$ は，右の計算より，

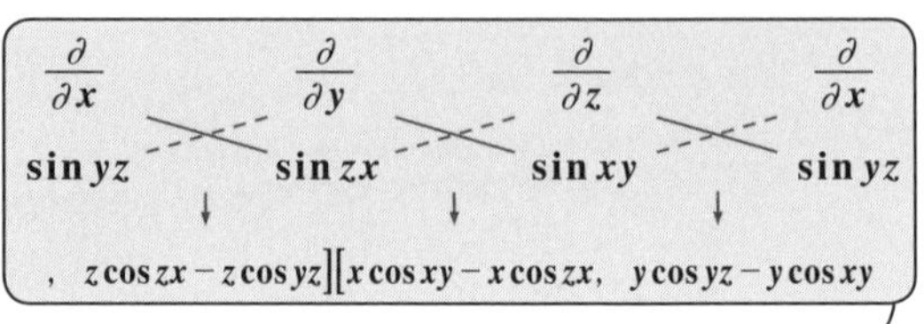

$$\mathbf{rot}\,\boldsymbol{f} = [x(\cos xy - \cos zx),\ y(\cos yz - \cos xy),\ z(\cos zx - \cos yz)]$$

となる。

(3) 空間ベクトル場：

$\boldsymbol{f} = [z^2 + 2xy,\ x^2 + 2yz,\ y^2 + 2zx]$

の回転 $\mathbf{rot}\,\boldsymbol{f}$ は，右の計算より，

$\frac{\partial}{\partial x}$　$\frac{\partial}{\partial y}$　$\frac{\partial}{\partial z}$　$\frac{\partial}{\partial x}$

z^2+2xy　x^2+2yz　y^2+2zx　z^2+2xy

$,\ 2x-2x]\ [2y-2y,\ \ 2z-2z$

$$\mathbf{rot}\,\boldsymbol{f} = [0,\ 0,\ 0] = \mathbf{0}$$

となってしまう。このように，$\mathbf{rot}\,\boldsymbol{f} = \mathbf{0}$ となった場合，「ベクトル場 $\boldsymbol{f}$ に，渦(うず)がない」ということを意味しているんだ。このことについては，後で，$\mathbf{rot}\,\boldsymbol{f}$ の物理的な意味のところで詳しく解説しよう。

● rot の基本公式も押さえておこう！

ここで，回転 (rot) の基本公式を下に示しておこう。形式的には，発散 (div) のときと同様の公式なので，覚えやすいはずだ。

rot の基本公式

$\boldsymbol{f}$, $\boldsymbol{f}_1$, $\boldsymbol{f}_2$ を空間ベクトル値関数，φ をスカラー値関数とする。
このとき，次の公式が成り立つ。

(Ⅰ) $\mathbf{rot}(C_1\boldsymbol{f}_1 + C_2\boldsymbol{f}_2) = C_1\mathbf{rot}\,\boldsymbol{f}_1 + C_2\mathbf{rot}\,\boldsymbol{f}_2$　(C_1, C_2：実数定数)

(Ⅱ) $\mathbf{rot}(\varphi\boldsymbol{f}) = (\nabla\varphi)\times\boldsymbol{f} + \varphi(\mathbf{rot}\,\boldsymbol{f})$

(Ⅰ) は，$\nabla\times(C_1\boldsymbol{f}_1 + C_2\boldsymbol{f}_2) = C_1\nabla\times\boldsymbol{f}_1 + C_2\nabla\times\boldsymbol{f}_2$ と表してもいいし，

(Ⅱ) は，$\nabla\times(\varphi\boldsymbol{f}) = (\nabla\varphi)\times\boldsymbol{f} + \varphi(\nabla\times\boldsymbol{f})$ と表現しても構わない。

（$\nabla\varphi$：これを，$\mathbf{grad}\,\varphi$ と表現してももちろんいい。）

$\boldsymbol{f}$, $\boldsymbol{f}_1$, $\boldsymbol{f}_2$ は空間スカラー場，φ は 3 変数スカラー値関数だ。

(Ⅰ) の証明では，$\boldsymbol{f}_1 = [f_1,\ g_1,\ h_1]$, $\boldsymbol{f}_2 = [f_2,\ g_2,\ h_2]$ とおくよ。

$$\mathbf{rot}(C_1\boldsymbol{f}_1 + C_2\boldsymbol{f}_2) = \mathbf{rot}[C_1f_1 + C_2f_2,\ C_1g_1 + C_2g_2,\ C_1h_1 + C_2h_2]$$

（$\boldsymbol{f}_1 = [f_1,\ g_1,\ h_1]$, $\boldsymbol{f}_2 = [f_2,\ g_2,\ h_2]$）

$$=\left[(C_1h_1+C_2h_2)_y-(C_1g_1+C_2g_2)_z,\ (C_1f_1+C_2f_2)_z-(C_1h_1+C_2h_2)_x,\ (C_1g_1+C_2g_2)_x-(C_1f_1+C_2f_2)_y\right]$$

$\frac{\partial}{\partial x}$ $\frac{\partial}{\partial y}$ $\frac{\partial}{\partial z}$ $\frac{\partial}{\partial x}$

$C_1f_1+C_2f_2$ $C_1g_1+C_2g_2$ $C_1h_1+C_2h_2$ $C_1f_1+C_2f_2$

$, (C_1g_1+C_2g_2)_x-(C_1f_1+C_2f_2)_y]\ [(C_1h_1+C_2h_2)_y-(C_1g_1+C_2g_2)_z,\ (C_1f_1+C_2f_2)_z-(C_1h_1+C_2h_2)_x$

$$=\left[C_1h_{1y}+C_2h_{2y}-C_1g_{1z}-C_2g_{2z},\ C_1f_{1z}+C_2f_{2z}-C_1h_{1x}-C_2h_{2x},\ C_1g_{1x}+C_2g_{2x}-C_1f_{1y}-C_2f_{2y}\right]$$

$$=C_1\left[h_{1y}-g_{1z},\ f_{1z}-h_{1x},\ g_{1x}-f_{1y}\right]+C_2\left[h_{2y}-g_{2z},\ f_{2z}-h_{2x},\ g_{2x}-f_{2y}\right]$$

$\mathbf{rot}[f_1,\ g_1,\ h_1]=\mathbf{rot}\,\boldsymbol{f}_1$ $\mathbf{rot}[f_2,\ g_2,\ h_2]=\mathbf{rot}\,\boldsymbol{f}_2$

$=C_1\mathbf{rot}\,\boldsymbol{f}_1+C_2\mathbf{rot}\,\boldsymbol{f}_2$ となって，公式(Ⅰ)は成り立つ。

(Ⅱ)の証明では，$\boldsymbol{f}=[f,\ g,\ h]$ とおく。

$$\mathbf{rot}(\varphi\boldsymbol{f})=\mathbf{rot}[\varphi f,\ \varphi g,\ \varphi h]$$

$[f,\ g,\ h]$

$$=\left[(\varphi h)_y-(\varphi g)_z,\ (\varphi f)_z-(\varphi h)_x,\ (\varphi g)_x-(\varphi f)_y\right]$$

$\frac{\partial}{\partial x}$ $\frac{\partial}{\partial y}$ $\frac{\partial}{\partial z}$ $\frac{\partial}{\partial x}$

φf φg φh φf

$, (\varphi g)_x-(\varphi f)_y]\ [(\varphi h)_y-(\varphi g)_z,\ (\varphi f)_z-(\varphi h)_x$

$$=\left[\varphi_y h+\varphi h_y-\varphi_z g-\varphi g_z,\ \varphi_z f+\varphi f_z-\varphi_x h-\varphi h_x,\ \varphi_x g+\varphi g_x-\varphi_y f-\varphi f_y\right]$$

$$=\left[\varphi_y h-\varphi_z g,\ \varphi_z f-\varphi_x h,\ \varphi_x g-\varphi_y f\right]+\varphi\left[h_y-g_z,\ f_z-h_x,\ g_x-f_y\right]$$

$[\varphi_x,\ \varphi_y,\ \varphi_z]\times[f,\ g,\ h]=(\mathbf{grad}\,\varphi)\times\boldsymbol{f}=(\nabla\varphi)\times\boldsymbol{f}$ $\mathbf{rot}[f,\ g,\ h]=\mathbf{rot}\,\boldsymbol{f}$

$=(\nabla\varphi)\times\boldsymbol{f}+\varphi(\mathbf{rot}\,\boldsymbol{f})$ となって，公式(Ⅱ)の証明も終了だ。

それでは次，発散(div)のときと同様に，原点に関する空間位置ベクトル $\boldsymbol{p}=[x,\ y,\ z]$ と $p^n\boldsymbol{p}$ $(p=\|\boldsymbol{p}\|=\sqrt{x^2+y^2+z^2})$ の rot(回転)の公式を示そう。さらに，$\mathbf{div\,rot}\,\boldsymbol{f}=0$ ，$\mathbf{rot\,grad}\,\varphi=\mathbf{0}$ も公式として示そう。

rot$\boldsymbol{p}$ と rot$(p^n\boldsymbol{p})$ の公式

$\boldsymbol{p}=[x,\ y,\ z]$ のとき，$p=\|\boldsymbol{p}\|=\sqrt{x^2+y^2+z^2}$ とおくと，次の公式が成り立つ。

(i) $\mathrm{rot}\,\boldsymbol{p}=\boldsymbol{0}$　　(ii) $\mathrm{rot}(p^n\boldsymbol{p})=\boldsymbol{0}$　(n：実数)

(i) $\boldsymbol{p}=[x,\ y,\ z]$ より，

$\mathrm{rot}\,\boldsymbol{p}=[0,\ 0,\ 0]=\boldsymbol{0}$　となる。

$\frac{\partial}{\partial x}$　$\frac{\partial}{\partial y}$　$\frac{\partial}{\partial z}$　$\frac{\partial}{\partial x}$
x　y　z　x
$,\ 0]$　$[0,$　0

(ii) $\mathrm{rot}(p^n\boldsymbol{p})$　スカラー値関数

$=(\nabla p^n)\times\boldsymbol{p}+p^n(\mathrm{rot}\,\boldsymbol{p})$

$(p^n)'\nabla p=np^{n-1}\frac{\boldsymbol{p}}{p}$　　$\boldsymbol{0}$ ((i)の公式より)

基本公式
$\mathrm{rot}(\varphi\boldsymbol{p})=(\nabla\varphi)\times\boldsymbol{p}+\varphi(\mathrm{rot}\,\boldsymbol{p})$

$=np^{n-2}\boldsymbol{p}\times\boldsymbol{p}=\boldsymbol{0}$　となって，(ii)も証明できた！

$\boldsymbol{0}$ ← 平行な2つのベクトルの外積は $\boldsymbol{0}$ になる！

したがって，空間における位置ベクトル $\boldsymbol{p}$ と $p^n\boldsymbol{p}$ は共に渦のないベクトル場だ。それでは，**grad**，**div**，**rot** を組み合わせた式の公式として，$\mathrm{div}\,\mathrm{rot}\,\boldsymbol{f}=0$ と $\mathrm{rot}\,\mathrm{grad}\,\varphi=\boldsymbol{0}$　($\boldsymbol{f}$：ベクトル値関数，φ：スカラー値関数) も下に示そう。

div rot$\boldsymbol{f}$ と rot gradφ の公式

$\boldsymbol{f}$ をベクトル値関数，φ をスカラー値関数とするとき，次の公式が成り立つ。

(i) $\mathrm{div}\,\mathrm{rot}\,\boldsymbol{f}=0$　　(ii) $\mathrm{rot}\,\mathrm{grad}\,\varphi=\boldsymbol{0}$

(i) は，$\boldsymbol{f}=[f,\ g,\ h]$ とおいて証明してみよう。

$\mathrm{div}\,\mathrm{rot}\,\boldsymbol{f}=\nabla\cdot(\nabla\times\boldsymbol{f})$

$=\nabla\cdot[h_y-g_z,\ f_z-h_x,\ g_x-f_y]$

$\frac{\partial}{\partial x}$　$\frac{\partial}{\partial y}$　$\frac{\partial}{\partial z}$　$\frac{\partial}{\partial x}$
f　g　h　f
$,\ g_x-f_y][h_y-g_z,\ f_z-h_x$

$=(h_y-g_z)_x+(f_z-h_x)_y+(g_x-f_y)_z$

$\frac{\partial}{\partial x}\left(\frac{\partial h}{\partial y}-\frac{\partial g}{\partial z}\right)+\frac{\partial}{\partial y}\left(\frac{\partial f}{\partial z}-\frac{\partial h}{\partial x}\right)+\frac{\partial}{\partial z}\left(\frac{\partial g}{\partial x}-\frac{\partial f}{\partial y}\right)$ のこと

$=h_{yx}-g_{zx}+f_{zy}-h_{xy}+g_{xz}-f_{yz}=0$　となる。

(ただし，シュワルツの定理：$f_{yz}=f_{zy}$，$g_{zx}=g_{xz}$，$h_{xy}=h_{yx}$ が成り立つものとした。このシュワルツの定理は，各偏導関数が連続ならば成り立つんだね。(「微分積分キャンパス・ゼミ」(マセマ)))

(ii) も証明する。

$$\mathbf{rot}\,\mathbf{grad}\,\varphi = \nabla \times (\nabla\varphi) = \nabla \times [\varphi_x,\ \varphi_y,\ \varphi_z]$$

$$= [\varphi_{zy} - \varphi_{yz},\ \varphi_{xz} - \varphi_{zx},\ \varphi_{yx} - \varphi_{xy}]$$

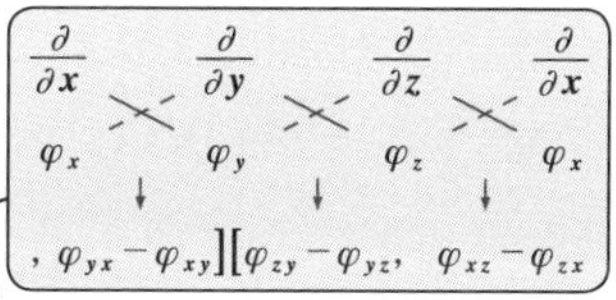

$\frac{\partial}{\partial x}$ $\frac{\partial}{\partial y}$ $\frac{\partial}{\partial z}$ $\frac{\partial}{\partial x}$
φ_x φ_y φ_z φ_x
$, \varphi_{yx} - \varphi_{xy}][\varphi_{zy} - \varphi_{yz},\ \varphi_{xz} - \varphi_{zx}$

$\left[\frac{\partial^2\varphi}{\partial y\partial z} - \frac{\partial^2\varphi}{\partial z\partial y},\ \frac{\partial^2\varphi}{\partial z\partial x} - \frac{\partial^2\varphi}{\partial x\partial z},\ \frac{\partial^2\varphi}{\partial x\partial y} - \frac{\partial^2\varphi}{\partial y\partial x}\right]$ のこと

$$= [0,\ 0,\ 0] = \mathbf{0}$$ となる。

(ただし，ここでもシュワルツの定理：$\varphi_{yz} = \varphi_{zy}$，$\varphi_{zx} = \varphi_{xz}$，$\varphi_{xy} = \varphi_{yx}$ が成り立つものとした。)

参考

rot div $\boldsymbol{f}$ や **grad rot** $\boldsymbol{f}$ は，**rot** や **grad** の定義から存在しないことが分かると思う。(div $\boldsymbol{f}$：スカラー値関数，rot $\boldsymbol{f}$：ベクトル値関数) これに対して，**div grad** $f = \nabla\cdot\nabla f = \Delta f = f_{xx} + f_{yy} + f_{zz}$ (ラプラシアン) であり，また，**grad div** $\boldsymbol{f}$ も存在する。これはどうなるか，$\boldsymbol{f} = [f,\ g,\ h]$ として，下に示そう。

$$\mathbf{grad}\,\mathbf{div}\,\boldsymbol{f} = \mathbf{grad}(f_x + g_y + h_z) = [(f_x + g_y + h_z)_x,\ (f_x + g_y + h_z)_y,\ (f_x + g_y + h_z)_z]$$

となるんだね。大丈夫だね。

以上で，**grad** (勾配ベクトル)，**div** (発散)，**rot** (回転) の **3** つの内の **2** つからなる演算子のすべて (**3! = 6** 通り) について，すべて解説したんだよ。

● rot (回転) の物理的な意味を考えてみよう！

図 **1** に示すように，空間ベクトル場 $\boldsymbol{f}$ では，空間領域内のすべての点 $\boldsymbol{p} = [x,\ y,\ z]$ に，ベクトル $\boldsymbol{f} = [f,\ g,\ h]$ が対応している。そして，発散 **div** $\boldsymbol{f}$ は，この空間ベクトル場の各点における湧き出し (または，吸い込み) を表すものだった。

図 **1** 空間ベクトル場

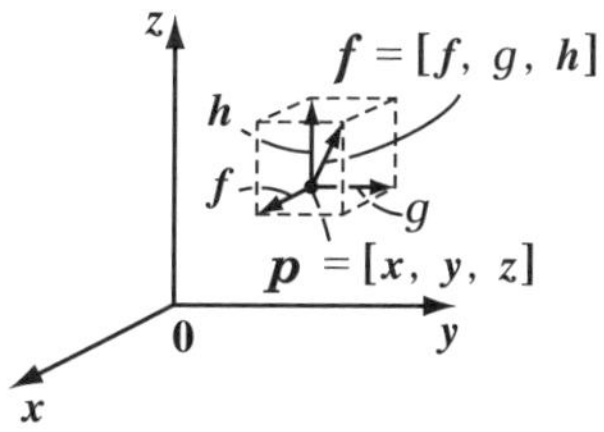

これに対して，回転 **rot** $\boldsymbol{f}$，すなわち

$\mathbf{rot}\,\boldsymbol{f} = \left[\frac{\partial h}{\partial y} - \frac{\partial g}{\partial z},\ \frac{\partial f}{\partial z} - \frac{\partial h}{\partial x},\ \frac{\partial g}{\partial x} - \frac{\partial f}{\partial y}\right]$ ……① は，文字通りこの空間ベクトル場 $\boldsymbol{f}$ の各点における回転の強さを表しているんだ。これから，どのようなメカニズムで①の回転の公式が導かれるのか，詳しく考えていくことにしよう。

図2に示すように，空間ベクトル場$\boldsymbol{f}$のxy平面上の点$\mathrm{P}(x,\ y,\ 0)$に腕の長さが$\Delta x\ (=\Delta y)$の微小な十字形の浮き**PABCD** (＋) が置かれているものとしよう。

ここで，ベクトル場$\boldsymbol{f}=[f,\ g,\ h]$を力と考えて，$xy$平面上でこの浮きに対して，$\boldsymbol{f}$の$x$成分$f$と$y$成分$g$が，どのような回転力を与えているかを考えてみよう。

図2 $\mathrm{rot}\,\boldsymbol{f}$の物理的意味

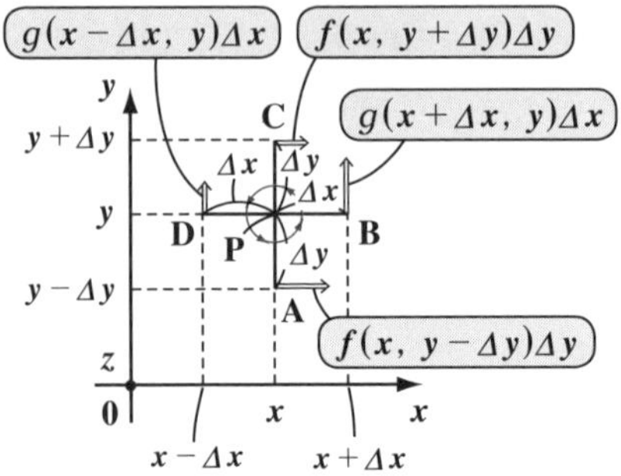

点Pのまわりに，反時計まわりに回転する向きを正として，

(ⅰ) 点Aと点Cに働く力$f(x,\ y-\Delta y)$と$f(x,\ y+\Delta y)$によって，点Pのまわりに，この浮きを回転させようとするモーメント（(力)×(腕の長さ)）は，

$$\underbrace{f(x,\ y-\Delta y)\Delta y}_{\oplus\text{の向きのモーメント}}-\underbrace{f(x,\ y+\Delta y)\Delta y}_{\ominus\text{の向きのモーメント}}\ \cdots\cdots②$$ となる。

(ⅱ) 同様に，点Bと点Dに働く力$g(x+\Delta x,\ y)$と$g(x-\Delta x,\ y)$によって，点Pのまわりにこの浮きを回転させようとするモーメントは，

$$\underbrace{g(x+\Delta x,\ y)\Delta x}_{\oplus\text{の向きのモーメント}}-\underbrace{g(x-\Delta x,\ y)\Delta x}_{\ominus\text{の向きのモーメント}}\ \cdots\cdots③$$ となる。

以上(ⅰ)(ⅱ)より，②＋③が，xy平面内で，この浮きを中心Pのまわりに反時計まわりに回転させようとする力のモーメントになるので，これを変形してまとめると，

$$②+③=f(x,\ y-\Delta y)\Delta y-f(x,\ y+\Delta y)\Delta y+g(x+\Delta x,\ y)\Delta x-g(x-\Delta x,\ y)\Delta x$$

$$=\{g(x+\Delta x,\ y)-g(x-\Delta x,\ y)\}\Delta x-\{f(x,\ y+\Delta y)-f(x,\ y-\Delta y)\}\Delta y$$

（$g(x,\ y)$を引いた分たす）

$$=\frac{\{g(x+\Delta x,\ y)-g(x,\ y)\}+\{g(x,\ y)-g(x-\Delta x,\ y)\}}{\Delta x}(\Delta x)^2$$

（$f(x,\ y)$を引いた分たす）

$$-\frac{\{f(x,\ y+\Delta y)-f(x,\ y)\}+\{f(x,\ y)-f(x,\ y-\Delta y)\}}{\Delta y}\underbrace{(\Delta y)^2}_{(\Delta x)^2}$$

ここで，$\Delta x\ (=\Delta y)\to 0$の極限をとると，②＋③は，

$$②+③=\left\{\frac{g(x+\Delta x,\ y)-g(x,\ y)}{\Delta x}+\frac{g(x,\ y)-g(x-\Delta x,\ y)}{\Delta x}\right\}(\Delta x)^2$$

（それぞれ $\frac{\partial g}{\partial x}$，$\frac{\partial g}{\partial x}$，$(dx)^2$ へ）

$$-\left\{\frac{f(x,\ y+\Delta y)-f(x,\ y)}{\Delta y}+\frac{f(x,\ y)-f(x,\ y-\Delta y)}{\Delta y}\right\}(\Delta y)^2$$

（それぞれ $\frac{\partial f}{\partial y}$，$\frac{\partial f}{\partial y}$，$(dx)^2$ へ）

より，②＋③→ $2\frac{\partial g}{\partial x}(dx)^2-2\frac{\partial f}{\partial y}(dx)^2=2\left(\frac{\partial g}{\partial x}-\frac{\partial f}{\partial y}\right)(dx)^2$ となる。

よって，この極限を $2(dx)^2$ で割って浮きの大きさの影響を消去して得られる $\frac{\partial g}{\partial x}-\frac{\partial f}{\partial y}$ ……④ を，xy 平面内で，ベクトル場 $\boldsymbol{f}$ が点 P に及ぼす回転作用と考えることができるんだね。

図 3 rot $\boldsymbol{f}$ の物理的な意味

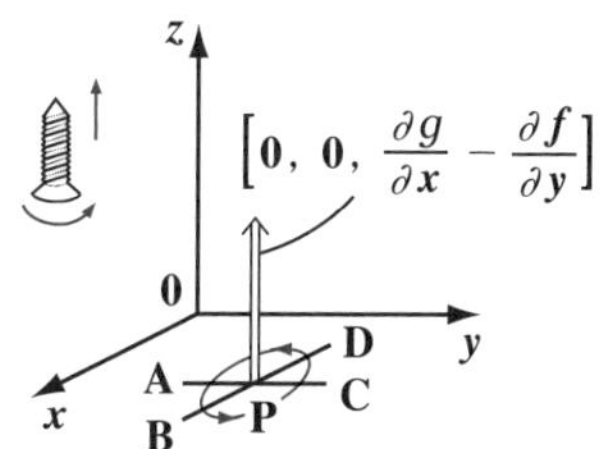

そして，さらにこの④は，図 3 に示すように，xy 平面内での反時計まわりの回転作用なので，右ねじがまわるときに進む z 軸の正の向きのベクトルと考えることができるんだね。よって，この回転作用は，$\left[0,\ 0,\ \frac{\partial g}{\partial x}-\frac{\partial f}{\partial y}\right]$ ……⑤と表すことができる。大丈夫だった？ 同様に考えて，

・yz 平面内で，ベクトル場 $\boldsymbol{f}$ が点 $\mathrm{P}(0,\ y,\ z)$ に及ぼす回転作用は，

$\left[\frac{\partial h}{\partial y}-\frac{\partial g}{\partial z},\ 0,\ 0\right]$ ……⑥ となり，

・zx 平面内で，ベクトル場 $\boldsymbol{f}$ が点 $\mathrm{P}(x,\ 0,\ z)$ に及ぼす回転作用は，

$\left[0,\ \frac{\partial f}{\partial z}-\frac{\partial h}{\partial x},\ 0\right]$ ……⑦ となる。

以上より，空間ベクトル場の中の任意の点 $\mathrm{P}(x,\ y,\ z)$ に，ベクトル場 $\boldsymbol{f}$ が及ぼす回転作用は，⑤＋⑥＋⑦であり，これが回転 rot $\boldsymbol{f}$ の正体なんだ。

よって，$\mathrm{rot}\,\boldsymbol{f}=\left[\frac{\partial h}{\partial y}-\frac{\partial g}{\partial z},\ \frac{\partial f}{\partial z}-\frac{\partial h}{\partial x},\ \frac{\partial g}{\partial x}-\frac{\partial f}{\partial y}\right]$ となる。

これで，回転 rot $\boldsymbol{f}$ の物理的な意味も分かったと思う。

したがって，$\mathrm{rot}\,\boldsymbol{f} = \boldsymbol{0}$ のとき，空間ベクトル場 $\boldsymbol{f}$ に回転作用は存在しないので，このベクトル場 $\boldsymbol{f}$ を“**渦**(うず)**のない場**”または“**ラメラー**”(***lamellar***)と呼ぶ。そして，$\mathrm{rot}\,\boldsymbol{f} = \boldsymbol{0}$ の場合，渦のない場 $\boldsymbol{f}$ には，$\boldsymbol{f} = -\nabla\varphi$ (φ：スカラー値関数) と，“**スカラーポテンシャル**” φ が存在することになる。これから，このスカラーポテンシャルだけでなく，さらに，もう **1** つのポテンシャル，“**ベクトルポテンシャル**”についても詳しく解説していこう。

● ポテンシャルには，2 種類ある！

空間ベクトル場 $\boldsymbol{f} = [f, g, h]$ には，“スカラーポテンシャル”と“ベクトルポテンシャル”の **2** 種類のポテンシャルが存在する。スカラーポテンシャルについては，**P144** でも少し解説したが，ここではもっと詳しく解説しよう。

（スカラーポテンシャル：これを単に“**ポテンシャル**”ということもある。）

スカラーポテンシャル

(Ⅰ) 空間ベクトル場 $\boldsymbol{f} = [f, g, h]$ において，

$$\boldsymbol{f} = -\nabla\varphi \quad \cdots\cdots ①$$

をみたすスカラー値関数 $\varphi = \varphi(x, y, z)$ が存在するとき，φ を $\boldsymbol{f}$ の“**スカラーポテンシャル**”(***scalar potential***) と呼び，$\boldsymbol{f}$ はスカラーポテンシャル φ をもつと言う。

(Ⅱ) 空間ベクトル場 $\boldsymbol{f}$ がスカラーポテンシャル φ をもつための必要十分条件は，$\mathrm{rot}\,\boldsymbol{f} = \boldsymbol{0}$ である。すなわち，

“$\boldsymbol{f} = -\nabla\varphi \iff \mathrm{rot}\,\boldsymbol{f} = \boldsymbol{0}$” $\cdots\cdots(*)$ が成り立つ。

(Ⅰ)の，①の右辺の $-\nabla\varphi$ の $-$ (マイナス) は，数学的にはあまり気にしなくていいよ。このスカラーポテンシャルをもつ空間ベクトル場 $\boldsymbol{f}$ の例として，既に **P145** で，万有引力の場を紹介したんだね。ここでは，このマイナスがあるために，お互いに引き合う力 (引力) を表現することが出来たんだ。これ以外に，スカラーポテンシャルをもつ場の例として，力学の重力場や，電磁気学の“**電場**(でんば)”(または“**電界**”) などが挙げられる。電位の勾配ベクトルとして，電場が与えられるんだね。

(Ⅱ)は，非常に面白いことを言っている。つまり，「空間ベクトル場 $\boldsymbol{f}$ がスカラーポテンシャル φ をもつための必要十分条件は，$\mathrm{rot}\,\boldsymbol{f} = \boldsymbol{0}$，すなわち，$\boldsymbol{f}$ が渦のない場 (ラメラー) であることだ。」と言っているんだね。

それでは，“$\underline{\boldsymbol{f} = -\nabla\varphi} \Longleftrightarrow \underline{\mathbf{rot}\,\boldsymbol{f} = \mathbf{0}}$”が成り立つことを証明してみよう。

（$\boldsymbol{f}$ がスカラーポテンシャル φ をもつ。）（$\boldsymbol{f}$ は渦のない場である。）

（ⅰ）$\boldsymbol{f} = -\nabla\varphi \Longrightarrow \mathbf{rot}\,\boldsymbol{f} = \mathbf{0}$ の証明。

これは簡単だね。$\boldsymbol{f} = -\nabla\varphi$ のとき，これを $\mathbf{rot}\,\boldsymbol{f}$ に代入すると，

$\mathbf{rot}\,\boldsymbol{f} = \mathbf{rot}(-\nabla\varphi) = -\mathbf{rot}\,\mathbf{grad}\,\varphi = -\mathbf{0} = \mathbf{0}$ となるからね。

（公式：$\mathbf{rot}\,\mathbf{grad}\,\varphi = \mathbf{0}$ （P160）を使った！）

（ⅱ）$\boldsymbol{f} = -\nabla\varphi \Longleftarrow \mathbf{rot}\,\boldsymbol{f} = \mathbf{0}$ の証明。

これは，$\mathbf{rot}\,\boldsymbol{f} = \mathbf{0}$ から，少し複雑だけれど，スカラー値関数 $-\varphi$ が，次のように導けるんだ。

$$-\varphi = \int_0^x f(x,\ y,\ z)dx + \int_0^y g(0,\ y,\ z)dy + \int_0^z h(0,\ 0,\ z)dz \quad \cdots\cdots(a)$$

(a)から $-\dfrac{\partial\varphi}{\partial x} = f$ …(b)，$-\dfrac{\partial\varphi}{\partial y} = g$ …(c)，$-\dfrac{\partial\varphi}{\partial z} = h$ …(d)となるので，

$-\nabla\varphi = \left[-\dfrac{\partial\varphi}{\partial x},\ -\dfrac{\partial\varphi}{\partial y},\ -\dfrac{\partial\varphi}{\partial z}\right] = [f,\ g,\ h] = \boldsymbol{f}$ となるからなんだ。

ン？ ピンとこないって？ いいよ，(a)から，x，y，z それぞれによる偏導関数を実際に計算して，(b)，(c)，(d)が導かれることを示そう。

$\mathbf{rot}\,\boldsymbol{f} = \mathbf{0}$ より，$[h_y - g_z,\ f_z - h_x,\ g_x - f_y] = [0,\ 0,\ 0]$

（$\left[\dfrac{\partial}{\partial x},\ \dfrac{\partial}{\partial y},\ \dfrac{\partial}{\partial z}\right] \times [f,\ g,\ h] = [h_y - g_z,\ f_z - h_x,\ g_x - f_y]$）

よって，$\dfrac{\partial h}{\partial y} = \dfrac{\partial g}{\partial z}$ …(e)，$\dfrac{\partial f}{\partial z} = \dfrac{\partial h}{\partial x}$ …(f)，$\dfrac{\partial g}{\partial x} = \dfrac{\partial f}{\partial y}$ …(g)となる。

（ア）(a)の両辺を x で偏微分すると，

$$-\frac{\partial\varphi}{\partial x} = \frac{\partial}{\partial x}\left\{\int_0^x f(x,\ y,\ z)dx + \int_0^y g(0,\ y,\ z)dy + \int_0^z h(0,\ 0,\ z)dz\right\}$$

（定数扱い）（y と z の関数）（z の関数）

$$= f(x,\ y,\ z) = f \quad \text{となる。}$$

（イ）(a)の両辺を y で偏微分すると，

$$-\frac{\partial\varphi}{\partial y} = \frac{\partial}{\partial y}\left\{\int_0^x f(x,\ y,\ z)dx + \int_0^y g(0,\ y,\ z)dy + \int_0^z h(0,\ 0,\ z)dz\right\}$$

（定数扱い）（z の関数）

$$= \int_0^x \frac{\partial f(x,\ y,\ z)}{\partial y}dx + \frac{\partial}{\partial y}\int_0^y g(0,\ y,\ z)dy$$

（微分と積分の順序を入れ替えられるものとした。）（$g(0,\ y,\ z)$）

(イ)の続き

$$\frac{\partial \boldsymbol{h}}{\partial \boldsymbol{y}}=\frac{\partial \boldsymbol{g}}{\partial \boldsymbol{z}} \cdots(e)$$
$$\frac{\partial \boldsymbol{f}}{\partial \boldsymbol{z}}=\frac{\partial \boldsymbol{h}}{\partial \boldsymbol{x}} \cdots(f)$$
$$\frac{\partial \boldsymbol{g}}{\partial \boldsymbol{x}}=\frac{\partial \boldsymbol{f}}{\partial \boldsymbol{y}} \cdots(g)$$

$$-\frac{\partial \varphi}{\partial \boldsymbol{y}}=\int_0^x \frac{\partial f(x,\ y,\ z)}{\partial y}dx+g(\mathbf{0},\ y,\ z)$$

$\frac{\partial g(x,\ y,\ z)}{\partial x}$ ((g)より)

$$=\int_0^x \frac{\partial g(x,\ y,\ z)}{\partial x}dx+g(\mathbf{0},\ y,\ z)$$

$\int_0^x dg(x,\ y,\ z)=\left[g(x,\ y,\ z)\right]_0^x=g(x,\ y,\ z)-g(\mathbf{0},\ y,\ z)$

これに，xと$\mathbf{0}$を代入して，引き算する。

$$=g(x,\ y,\ z)-\cancel{g(\mathbf{0},\ y,\ z)}+\cancel{g(\mathbf{0},\ y,\ z)}=g$$ となる。

(ウ) $$-\varphi=\int_0^x f(x,\ y,\ z)dx+\int_0^y g(\mathbf{0},\ y,\ z)dy+\int_0^z h(\mathbf{0},\ \mathbf{0},\ z)dz \cdots\cdots(a)$$

の両辺をzで偏微分すると，

$$-\frac{\partial \varphi}{\partial z}=\frac{\partial}{\partial z}\left\{\int_0^x f(x,\ y,\ z)dx+\int_0^y g(\mathbf{0},\ y,\ z)dy+\int_0^z h(\mathbf{0},\ \mathbf{0},\ z)dz\right\}$$

微分と積分の順序を入れ替えられるものとした。

$$=\int_0^x \frac{\partial f(x,\ y,\ z)}{\partial z}dx+\int_0^y \frac{\partial g(\mathbf{0},\ y,\ z)}{\partial z}dy+\frac{\partial}{\partial z}\int_0^z h(\mathbf{0},\ \mathbf{0},\ z)dz$$

$\frac{\partial h(x,\ y,\ z)}{\partial x}$ ((f)より)　　$\frac{\partial h(\mathbf{0},\ y,\ z)}{\partial y}$ ((e)より)　　$h(\mathbf{0},\ \mathbf{0},\ z)$

$$=\int_0^x \frac{\partial h(x,\ y,\ z)}{\partial x}dx+\int_0^y \frac{\partial h(\mathbf{0},\ y,\ z)}{\partial y}dy+h(\mathbf{0},\ \mathbf{0},\ z)$$

$\left[h(x,\ y,\ z)\right]_0^x=h(x,\ y,\ z)-h(\mathbf{0},\ y,\ z)$　　$\left[h(\mathbf{0},\ y,\ z)\right]_0^y=h(\mathbf{0},\ y,\ z)-h(\mathbf{0},\ \mathbf{0},\ z)$

$$=h(x,\ y,\ z)-\cancel{h(\mathbf{0},\ y,\ z)}+\cancel{h(\mathbf{0},\ y,\ z)}-\cancel{h(\mathbf{0},\ \mathbf{0},\ z)}+\cancel{h(\mathbf{0},\ \mathbf{0},\ z)}$$

$=\boldsymbol{h}$ となる。

以上(ア)(イ)(ウ)より，$-\frac{\partial \varphi}{\partial \boldsymbol{x}}=\boldsymbol{f} \cdots(b)$，$-\frac{\partial \varphi}{\partial \boldsymbol{y}}=g \cdots(c)$，$-\frac{\partial \varphi}{\partial z}=\boldsymbol{h} \cdots(d)$

が示されたので，$\boldsymbol{f}=-\nabla\varphi \Longleftarrow \mathbf{rot}\,\boldsymbol{f}=\mathbf{0}$ の証明も終了だ。

以上(ⅰ)(ⅱ)より，“$\boldsymbol{f}=-\nabla\varphi \Longleftrightarrow \mathbf{rot}\,\boldsymbol{f}=\mathbf{0}$”……(＊)は成り立つ。

ここで，$\mathbf{rot}\,\boldsymbol{f}=\mathbf{0}$ のとき，$\boldsymbol{f}=-\nabla\varphi$ ……①をみたす φ 以外に，$\boldsymbol{f}=-\nabla\varphi_1$ ……②をみたすスカラーポテンシャル φ_1 が存在するものとしよう。すると，①，②より，$-\nabla\varphi=-\nabla\varphi_1$ だね。よって，これから，

$$\nabla(\varphi_1-\varphi)=\left[\underbrace{(\varphi_1-\varphi)_x}_{y\text{ と }z\text{ のみの関数}},\ \underbrace{(\varphi_1-\varphi)_y}_{x\text{ と }z\text{ のみの関数}},\ \underbrace{(\varphi_1-\varphi)_z}_{x\text{ と }y\text{ のみの関数}}\right]=[0,\ 0,\ 0]$$

となる。これをみたす $\varphi_1-\varphi$ は，定数のみだね。

逆に言うと，$\varphi_1-\varphi$ は，x の関数でも，y の関数でも，z の関数でもないからね。

$\therefore\ \varphi_1-\varphi=\mathrm{C}$ （定数）より，$\varphi_1=\varphi+\mathrm{C}$ となる。

よって，$-\varphi=\int_0^x f(x,\ y,\ z)dx+\int_0^y g(0,\ y,\ z)dy+\int_0^z h(0,\ 0,\ z)dz$ ……(a)

の公式で求めた φ 以外にも，スカラーポテンシャルは存在するが，その差はたかだか定数の分ずれるだけなんだね。

これから，「空間ベクトル場 $\boldsymbol{f}=[f(x,\ y,\ z),\ g(x,\ y,\ z),\ h(x,\ y,\ z)]$ が，渦のない場，すなわち $\mathbf{rot}\,\boldsymbol{f}=\mathbf{0}$ ならば，$\boldsymbol{f}$ はスカラーポテンシャル φ をもち，その φ の **1** つは，

$$-\varphi=\int_0^x f(x,\ y,\ z)dx+\int_0^y g(0,\ y,\ z)dy+\int_0^z h(0,\ 0,\ z)dz \quad\cdots\cdots(\text{a})$$

で計算できる。」と覚えておけばいいんだね。納得いった？

それでは，次の例題で，スカラーポテンシャルの問題を解いてみよう。

> 例題 34　空間ベクトル場 $\boldsymbol{f}=[2xy,\ x^2,\ -2z]$ が，渦のない場であることを示して，$\boldsymbol{f}$ のスカラーポテンシャル $\varphi(x,\ y,\ z)$ を **1** つ求めよう。

空間ベクトル場 $\boldsymbol{f}=[\underbrace{2xy}_{f(x,\ y,\ z)},\ \underbrace{x^2}_{g(x,\ y,\ z)},\ \underbrace{-2z}_{h(x,\ y,\ z)}]$ の回転を求めると，

$\mathbf{rot}\,\boldsymbol{f}=[0,\ 0,\ 0]=\mathbf{0}$ より，

$$\begin{array}{cccc} \frac{\partial}{\partial x} & \frac{\partial}{\partial y} & \frac{\partial}{\partial z} & \frac{\partial}{\partial x} \\ 2xy & x^2 & -2z & 2xy \end{array}$$
$$,\ 2x-2x]\ [0-0,\quad 0-0$$

$\boldsymbol{f}$ は渦のない場だね。

よって，$\boldsymbol{f}=-\nabla\varphi$ をみたすスカラーポテンシャル $\varphi(x,\ y,\ z)$ が存在する。

$\boldsymbol{f}=-\nabla\varphi \iff \mathbf{rot}\,\boldsymbol{f}=\mathbf{0}$

ここで，

$$-\varphi=\int_0^x \underbrace{2xy}_{f(x,\ y,\ z)}dx+\int_0^y \underbrace{0^2}_{g(0,\ y,\ z)}dy+\int_0^z \underbrace{(-2z)}_{h(0,\ 0,\ z)}dz$$

（y は定数扱い）

$$=[x^2y]_0^x-[z^2]_0^z=x^2y-0^2y-(z^2-0^2)=x^2y-z^2 \quad \text{となる。}$$

$\therefore\ \boldsymbol{f}$ のスカラーポテンシャル φ は，$\varphi = -x^2y + z^2$ となって，答えだ！

実際に，$-\nabla\varphi = \nabla(x^2y - z^2) = \left[(x^2y-z^2)_x,\ (x^2y-z^2)_y,\ (x^2y-z^2)_z\right]$

$= \left[2xy,\ x^2,\ -2z\right] = \boldsymbol{f}$ となるから，間違いないね。

では次，空間ベクトル場 $\boldsymbol{f}$ の "**ベクトルポテンシャル**" $\boldsymbol{g}$ についても，これから解説しよう。

ベクトルポテンシャル

(Ⅰ) 空間ベクトル場 $\boldsymbol{f} = [f,\ g,\ h]$ において，

$\boldsymbol{f} = \mathrm{rot}\,\boldsymbol{g}$ ……①

をみたすベクトル値関数 $\boldsymbol{g}$ が存在するとき，

$\boldsymbol{g}$ を $\boldsymbol{f}$ の "**ベクトルポテンシャル**" (***vector potential***) と呼び，

$\boldsymbol{f}$ はベクトルポテンシャル $\boldsymbol{g}$ をもつと言う。

(Ⅱ) 空間ベクトル場 $\boldsymbol{f}$ がベクトルポテンシャル $\boldsymbol{g}$ をもつための必要十分条件は，$\mathrm{div}\,\boldsymbol{f} = 0$ である。すなわち，

" $\boldsymbol{f} = \mathrm{rot}\,\boldsymbol{g} \Longleftrightarrow \mathrm{div}\,\boldsymbol{f} = 0$ " ……(∗∗) が成り立つ。

(Ⅱ)では，「空間ベクトル場 $\boldsymbol{f}$ がベクトルポテンシャル $\boldsymbol{g}$ をもつための必要十分条件は，$\mathrm{div}\,\boldsymbol{f} = 0$，すなわち $\boldsymbol{f}$ が湧き出しのない場（ソレノイド）であることだ。」と言っているんだね。それでは，"$\boldsymbol{f} = \mathrm{rot}\,\boldsymbol{g} \Longleftrightarrow \mathrm{div}\,\boldsymbol{f} = 0$" …(∗∗) が成り立つことを証明してみよう。

(ⅰ) $\boldsymbol{f} = \mathrm{rot}\,\boldsymbol{g} \Longrightarrow \mathrm{div}\,\boldsymbol{f} = 0$ の証明。

これは簡単だ。$\boldsymbol{f} = \mathrm{rot}\,\boldsymbol{g}$ のとき，これを $\mathrm{div}\,\boldsymbol{f}$ に代入すると，

$\mathrm{div}\,\boldsymbol{f} = \mathrm{div}\,\mathrm{rot}\,\boldsymbol{g} = 0$ となるからね。

公式 $\mathrm{div}\,\mathrm{rot}\,\boldsymbol{f} = 0$ (P160) を使った！

(ⅱ) $\boldsymbol{f} = \mathrm{rot}\,\boldsymbol{g} \Longleftarrow \mathrm{div}\,\boldsymbol{f} = 0$ の証明。

これは，$\mathrm{div}\,\boldsymbol{f} = 0$ から，結構複雑だけど，ベクトル値関数 $\boldsymbol{g}$ が次のように導ける。

$$\boldsymbol{g} = \left[\int_0^z g(x,\ y,\ z)dz,\ -\int_0^z f(x,\ y,\ z)dz + \int_0^x h(x,\ y,\ 0)dx,\ 0\right] \quad \cdots\cdots(\mathrm{a})$$

そして，(a)の回転をとると，

$\mathrm{rot}\,\boldsymbol{g} = [f,\ g,\ h] = \boldsymbol{f}$ となることが示せるんだよ。

実際に計算して，示すことにしよう。

まず，$\mathbf{div}\,\boldsymbol{f} = f_x + g_y + h_z = 0$，すなわち

$\dfrac{\partial f}{\partial x} + \dfrac{\partial g}{\partial y} + \dfrac{\partial h}{\partial z} = 0$ より，$\dfrac{\partial f}{\partial x} + \dfrac{\partial g}{\partial y} = -\dfrac{\partial h}{\partial z}$ ……(b) だね。

それでは，(a)の回転 (rot) をとると，

$$\mathbf{rot}\,\boldsymbol{g} = \mathbf{rot}\left[\int_0^z g(x,\ y,\ z)dz,\ -\int_0^z f(x,\ y,\ z)dz + \int_0^x h(x,\ y,\ 0)dx,\ 0\right]$$

$$= \Bigg[\underbrace{\frac{\partial}{\partial z}\left\{\int_0^z f(x,\ y,\ z)dz\right.}_{f(x,\ y,\ z)} - \underbrace{\left.\int_0^x h(x,\ y,\ 0)dx\right\}}_{x\text{と}y\text{の式}},\ \underbrace{\frac{\partial}{\partial z}\int_0^z g(x,\ y,\ z)dz}_{g(x,\ y,\ z)},$$

$$\frac{\partial}{\partial x}\left\{-\int_0^z f(x,\ y,\ z)dz + \int_0^x h(x,\ y,\ 0)dx\right\} - \frac{\partial}{\partial y}\int_0^z g(x,\ y,\ z)dz\Bigg]$$

$$= \Bigg[f(x,\ y,\ z),\ g(x,\ y,\ z),$$

$$-\int_0^z \frac{\partial f(x,\ y,\ z)}{\partial x}dz + h(x,\ y,\ 0) - \int_0^z \frac{\partial g(x,\ y,\ z)}{\partial y}dz\Bigg]$$

（微分と積分の順序を入れ替えられるものとした。）

$$= \Bigg[f(x,\ y,\ z),\ g(x,\ y,\ z),$$

$$-\int_0^z \underbrace{\left(\frac{\partial f(x,\ y,\ z)}{\partial x} + \frac{\partial g(x,\ y,\ z)}{\partial y}\right)}_{-\frac{\partial h(x,\ y,\ z)}{\partial z}\ \text{((b)より)}}dz + h(x,\ y,\ 0)\Bigg]$$

$$= \Bigg[f(x,\ y,\ z),\ g(x,\ y,\ z),\ \underbrace{\int_0^z \frac{\partial h(x,\ y,\ z)}{\partial z}dz}_{[h(x,\ y,\ z)]_0^z = h(x,\ y,\ z) - h(x,\ y,\ 0)} + h(x,\ y,\ 0)\Bigg]$$

$$= [f(x,\ y,\ z),\ g(x,\ y,\ z),\ h(x,\ y,\ z) - h(x,\ y,\ 0) + h(x,\ y,\ 0)]$$

$$= [f,\ g,\ h] = \boldsymbol{f}\quad \text{となる。}$$

よって，$\boldsymbol{f} = \mathbf{rot}\,\boldsymbol{g} \Longleftarrow \mathbf{div}\,\boldsymbol{f} = 0$ も示せたんだね。

以上(i)(ii)より，“$\boldsymbol{f} = \mathbf{rot}\,\boldsymbol{g} \Longleftrightarrow \mathbf{div}\,\boldsymbol{f} = 0$” ……(**) は成り立つことが証明できた。ここで，$\mathbf{div}\,\boldsymbol{f} = 0$ のとき，$\boldsymbol{f} = \mathbf{rot}\,\boldsymbol{g}$ ……①をみたす $\boldsymbol{g}$ 以外に，$\boldsymbol{f} = \mathbf{rot}\,\boldsymbol{g}_1$ ……②をみたすベクトルポテンシャル $\boldsymbol{g}_1$ が存在するものとしよう。すると，①，②より，$\mathbf{rot}\,\boldsymbol{g} = \mathbf{rot}\,\boldsymbol{g}_1$ だね。よって，これから，

$\mathbf{rot}(\boldsymbol{g} - \boldsymbol{g}_1) = \mathbf{0}$ より，$\boldsymbol{g} - \boldsymbol{g}_1 = -\nabla\varphi \qquad \therefore \boldsymbol{g}_1 = \boldsymbol{g} + \nabla\varphi$

（$(\because)\ \mathbf{rot}\,\boldsymbol{f} = \mathbf{0} \Longleftrightarrow \boldsymbol{f} = -\nabla\varphi$ だからね。）

よって，$\boldsymbol{g}=\left[\int_0^z g(x,\ y,\ z)dz,\ -\int_0^z f(x,\ y,\ z)dz+\int_0^x h(x,\ y,\ 0)dx,\ 0\right]$ ……(a)

の公式で求めた $\boldsymbol{g}$ 以外にも，ベクトルポテンシャルは存在する。これから，「空間ベクトル場 $\boldsymbol{f}=[f(x,\ y,\ z),\ g(x,\ y,\ z),\ h(x,\ y,\ z)]$ が湧き出しのない場，すなわち，$\mathbf{div}\,\boldsymbol{f}=\mathbf{0}$ ならば，$\boldsymbol{f}$ はベクトルポテンシャル $\boldsymbol{g}$ をもち，その $\boldsymbol{g}$ の **1** つは，

$$\boldsymbol{g}=\left[\int_0^z g(x,\ y,\ z)dz,\ -\int_0^z f(x,\ y,\ z)dz+\int_0^x h(x,\ y,\ 0)dx,\ 0\right] \quad \cdots\cdots\text{(a)}$$

で計算できる。」と覚えておこう。

それでは，次の例題で実際に，ベクトルポテンシャルの問題を解いてみることにしよう。

例題 **35**　空間ベクトル場 $\boldsymbol{f}=[x^2y,\ -2yz-xy^2,\ z^2]$ が，湧き出しのない場であることを示して，$\boldsymbol{f}$ のベクトルポテンシャル $\boldsymbol{g}$ の **1** つを求めよう。

空間ベクトル場 $\boldsymbol{f}=[\underbrace{x^2y}_{f(x,\ y,\ z)},\ \underbrace{-2yz-xy^2}_{g(x,\ y,\ z)},\ \underbrace{z^2}_{h(x,\ y,\ z)}]$ の発散を求めると，

$$\mathbf{div}\,\boldsymbol{f}=\frac{\partial(x^2y)}{\partial x}+\frac{\partial(-2yz-xy^2)}{\partial y}+\frac{\partial(z^2)}{\partial z}$$

$$=2xy-2z-2xy+2z=0 \quad \text{となる。}$$

よって，$\boldsymbol{f}$ は湧き出しのない場である。ゆえに，$\boldsymbol{f}=\mathbf{rot}\,\boldsymbol{g}$ をみたすベクトルポテンシャル $\boldsymbol{g}$ が存在する。ここで，$\boldsymbol{g}$ の公式を用いると，

$$\boldsymbol{g}=\left[\int_0^z(-2yz-xy^2)\,dz,\ -\int_0^z x^2y\,dz+\int_0^x 0^2dx,\ 0\right]$$

公式 $\boldsymbol{g}=\left[\int_0^z g(x,\ y,\ z)dz,\ -\int_0^z f(x,\ y,\ z)dz+\int_0^x h(x,\ y,\ 0)dx,\ 0\right]$ を使った。

$$=\left[\left[-yz^2-xy^2z\right]_0^z,\ -\left[x^2yz\right]_0^z,\ 0\right]$$

$$=\left[-yz^2-xy^2z,\ -x^2yz,\ 0\right] \quad \text{が導けるんだね。大丈夫？}$$

このとき，実際に $\mathbf{rot}\,\boldsymbol{g}=[x^2y,\ -2yz-xy^2,\ z^2]=\boldsymbol{f}$ となることも確認できるはずだ。自分でやってみてごらん。

一般に，空間ベクトル場 $\boldsymbol{f}$ は，(ⅰ)渦のない部分と(ⅱ)湧き出しのない部分により，次のように表されることが知られている。

$$\boldsymbol{f} = \underbrace{-\nabla\varphi}_{\text{(ⅰ)渦のない部分}} + \underbrace{\mathbf{rot}\,\boldsymbol{g}}_{\text{(ⅱ)湧き出しのない部分}} \quad \cdots\cdots(*)$$

$\left(\begin{array}{ll} \varphi & ：スカラーポテンシャル \\ \boldsymbol{g} & ：ベクトルポテンシャル \end{array}\right)$

これを，"**ヘルムホルツの定理**"という。

● 各演算子の公式を紹介しよう！

最後に，各演算子の公式を下に示そう。これも頑張って，証明しよう。

各演算子の公式

空間ベクトル場 $\boldsymbol{f}=[f,\ g,\ h]$, $\boldsymbol{F}=[F,\ G,\ H]$ について，次の公式が成り立つ。

(1) $\mathbf{grad}(\boldsymbol{f}\cdot\boldsymbol{F}) = (\boldsymbol{f}\cdot\nabla)\boldsymbol{F} + (\boldsymbol{F}\cdot\nabla)\boldsymbol{f} + \boldsymbol{F}\times(\mathbf{rot}\,\boldsymbol{f}) + \boldsymbol{f}\times(\mathbf{rot}\,\boldsymbol{F})$

(2) $\mathbf{div}(\boldsymbol{f}\times\boldsymbol{F}) = (\mathbf{rot}\,\boldsymbol{f})\cdot\boldsymbol{F} - \boldsymbol{f}\cdot(\mathbf{rot}\,\boldsymbol{F})$

(3) $\mathbf{rot}(\boldsymbol{f}\times\boldsymbol{F}) = (\mathbf{div}\,\boldsymbol{F})\boldsymbol{f} - (\mathbf{div}\,\boldsymbol{f})\boldsymbol{F} + (\boldsymbol{F}\cdot\nabla)\boldsymbol{f} - (\boldsymbol{f}\cdot\nabla)\boldsymbol{F}$

(4) $\mathbf{rot}\,\mathbf{rot}\,\boldsymbol{f} = \mathbf{grad}\,\mathbf{div}\,\boldsymbol{f} - \Delta\boldsymbol{f}$

(5) $\mathbf{rot}\,\mathbf{rot}\,\mathbf{rot}\,\boldsymbol{f} = -\Delta(\mathbf{rot}\,\boldsymbol{f})$

(1) の公式は証明が大変なので，$\boldsymbol{x}$ 成分に絞って示そう。$\boldsymbol{y}$，$\boldsymbol{z}$ 成分は同様だからね。

・(左辺) $= \mathbf{grad}(\boldsymbol{f}\cdot\boldsymbol{F}) = \nabla(fF+gG+hH)$ の $\boldsymbol{x}$ 成分は，

$\nabla = \left[\dfrac{\partial}{\partial x},\ \dfrac{\partial}{\partial y},\ \dfrac{\partial}{\partial z}\right]$

$(\boldsymbol{x}$ 成分$) = (fF+gG+hH)_x$ となる。

・(右辺) $= (\boldsymbol{f}\cdot\nabla)\boldsymbol{F} + (\boldsymbol{F}\cdot\nabla)\boldsymbol{f} + \boldsymbol{F}\times(\mathbf{rot}\,\boldsymbol{f}) + \boldsymbol{f}\times(\mathbf{rot}\,\boldsymbol{F})$ の $\boldsymbol{x}$ 成分は，

$\boldsymbol{f}\cdot\nabla$ は $f\dfrac{\partial}{\partial x}+g\dfrac{\partial}{\partial y}+h\dfrac{\partial}{\partial z}$ のこと　$\boldsymbol{F}\cdot\nabla$：これも同様　$\mathbf{rot}\,\boldsymbol{f} = [h_y-g_z,\ f_z-h_x,\ g_x-f_y]$　$\mathbf{rot}\,\boldsymbol{F} = [H_y-G_z,\ F_z-H_x,\ G_x-F_y]$

$$(\boldsymbol{x}\ 成分) = \left(f\frac{\partial}{\partial x}+g\frac{\partial}{\partial y}+h\frac{\partial}{\partial z}\right)F + \left(F\frac{\partial}{\partial x}+G\frac{\partial}{\partial y}+H\frac{\partial}{\partial z}\right)f$$
$$+G(g_x-f_y)-H(f_z-h_x)+g(G_x-F_y)-h(F_z-H_x)$$
$$= \underline{fF_x}+\cancel{gF_y}+\cancel{hF_z}+\underline{Ff_x}+\cancel{Gf_y}+\cancel{Hf_z}$$
$$+Gg_x-\cancel{Gf_y}-\cancel{Hf_z}+Hh_x+gG_x-\cancel{gF_y}-\cancel{hF_z}+hH_x$$
$$= (fF_x+f_xF)+(gG_x+g_xG)+(hH_x+h_xH)$$
$$= (fF)_x+(gG)_x+(hH)_x = (fF+gG+hH)_x \text{ となり，(左辺)と等しい。}$$

∴ **(1)** の公式は成り立つ。

(2) $\mathrm{div}(\boldsymbol{f}\times\boldsymbol{F})=(\mathrm{rot}\,\boldsymbol{f})\cdot\boldsymbol{F}-\boldsymbol{f}\cdot(\mathrm{rot}\,\boldsymbol{F})$ も証明しよう。

・(左辺) $=\mathrm{div}(\boldsymbol{f}\times\boldsymbol{F})=\mathrm{div}[gH-hG,\ hF-fH,\ fG-gF]$

$=(gH-hG)_x+(hF-fH)_y+(fG-gF)_z$ となる。

・(右辺) $=(\mathrm{rot}\,\boldsymbol{f})\cdot\boldsymbol{F}-\boldsymbol{f}\cdot(\mathrm{rot}\,\boldsymbol{F})$

$=[h_y-g_z,\ f_z-h_x,\ g_x-f_y]\cdot[F,\ G,\ H]-[f,\ g,\ h]\cdot[H_y-G_z,\ F_z-H_x,\ G_x-F_y]$

$=F(h_y-g_z)+G(f_z-h_x)+H(g_x-f_y)-f(H_y-G_z)-g(F_z-H_x)-h(G_x-F_y)$

$=(g_xH+gH_x-h_xG-hG_x)+(h_yF+hF_y-f_yH-fH_y)+(f_zG+fG_z-g_zF-gF_z)$

$=(gH-hG)_x+(hF-fH)_y+(fG-gF)_z$ となって，(左辺)と等しい。

∴ (2) の公式も成り立つんだね。

(3) $\mathrm{rot}(\boldsymbol{f}\times\boldsymbol{F})=(\mathrm{div}\,\boldsymbol{F})\boldsymbol{f}-(\mathrm{div}\,\boldsymbol{f})\boldsymbol{F}+(\boldsymbol{F}\cdot\nabla)\boldsymbol{f}-(\boldsymbol{f}\cdot\nabla)\boldsymbol{F}$ の証明は

スカラー倍のベクトル　$F\frac{\partial}{\partial x}+G\frac{\partial}{\partial y}+H\frac{\partial}{\partial z}$ のこと　これも同様

かなり大変なので，x 成分に絞って示す。y，z 成分も同様に示せるからね。

・(左辺) $=\mathrm{rot}(\boldsymbol{f}\times\boldsymbol{F})=\mathrm{rot}[gH-hG,\ hF-fH,\ fG-gF]$ の x 成分は，

(x 成分) $=(fG-gF)_y-(hF-fH)_z$ となる。

・(右辺) $=(F_x+G_y+H_z)[f,\ g,\ h]-(f_x+g_y+h_z)[F,\ G,\ H]$

$+\left(F\frac{\partial}{\partial x}+G\frac{\partial}{\partial y}+H\frac{\partial}{\partial z}\right)[f,\ g,\ h]-\left(f\frac{\partial}{\partial x}+g\frac{\partial}{\partial y}+h\frac{\partial}{\partial z}\right)[F,\ G,\ H]$

の x 成分は，

(x 成分) $=(F_x+G_y+H_z)f-(f_x+g_y+h_z)F$

$+Ff_x+Gf_y+Hf_z-(fF_x+gF_y+hF_z)$

$=(f_yG+fG_y-g_yF-gF_y)-(h_zF+hF_z-f_zH-fH_z)$

$=(fG-gF)_y-(hF-fH)_z$ となって，(左辺)と同じだ。

∴ (3) の公式も成り立つ。

(4) $\mathrm{rot}\,\mathrm{rot}\,\boldsymbol{f}=\mathrm{grad}\,\mathrm{div}\,\boldsymbol{f}-\Delta\boldsymbol{f}$ の証明も，x 成分に絞ってやっておこう。

ラプラシアン $\mathrm{div}\,\mathrm{grad}=\frac{\partial^2}{\partial x^2}+\frac{\partial^2}{\partial y^2}+\frac{\partial^2}{\partial z^2}$ のことで，これは $\boldsymbol{f}$ の各成分に作用する。

・(左辺) $=\mathrm{rot}\,(\mathrm{rot}\,\boldsymbol{f})=\mathrm{rot}\,(\mathrm{rot}[f,\ g,\ h])$

$=\mathrm{rot}\,[h_y-g_z,\ f_z-h_x,\ g_x-f_y]$

$\frac{\partial}{\partial x}\ \frac{\partial}{\partial y}\ \frac{\partial}{\partial z}\ \frac{\partial}{\partial x}$ / $f\ \ g\ \ h\ \ f$ / $,\ g_x-f_y][h_y-g_z,\ f_z-h_x$

$=[(g_x-f_y)_y-(f_z-h_x)_z,\ (h_y-g_z)_z-(g_x-f_y)_x,\ (f_z-h_x)_x-(h_y-g_z)_y]$

この $\boldsymbol{x}$ 成分は,

$(\boldsymbol{x}$ 成分$) = g_{xy} - f_{yy} - f_{zz} + h_{xz}$ となる。

・(右辺) $= \mathbf{grad}(\nabla \cdot \boldsymbol{f}) - \Delta \boldsymbol{f}$

$$= \mathbf{grad}(f_x + g_y + h_z) - \left(\frac{\partial^2}{\partial x^2} + \frac{\partial^2}{\partial y^2} + \frac{\partial^2}{\partial z^2}\right)[f,\ g,\ h]$$

この $\boldsymbol{x}$ 成分は,

$$(\boldsymbol{x}\text{ 成分}) = (f_x + g_y + h_z)_x - (f_{xx} + f_{yy} + f_{zz})$$

$$= \cancel{f_{xx}} + \underbrace{g_{yx}}_{g_{xy}} + \underbrace{h_{zx}}_{h_{xz}} - \cancel{f_{xx}} - f_{yy} - f_{zz}$$

$$= g_{xy} - f_{yy} - f_{zz} + h_{xz}$$ となって, (左辺) と等しい。

(ただし, シュワルツの定理 $g_{yx} = g_{xy}$, $h_{zx} = h_{xz}$ が成り立つものとした。)

∴ (4) の公式も成り立つんだね。

(5) $\mathbf{rot\,rot\,rot}\,\boldsymbol{f} = -\Delta(\mathbf{rot}\,\boldsymbol{f})$ の証明は, (4) の公式を使えば, すぐに終わる。(4) の公式 : $\mathbf{rot\,rot}\,\boldsymbol{f} = \mathbf{grad\,div}\,\boldsymbol{f} - \Delta\boldsymbol{f}$ を利用すると,

$$(\text{左辺}) = \mathbf{rot\,rot}(\mathbf{rot}\,\boldsymbol{f}) = \cancel{\mathbf{grad\,div\,rot}\,\boldsymbol{f}} - \Delta(\mathbf{rot}\,\boldsymbol{f})$$

これを, (4) の公式の $\boldsymbol{f}$ に代入する!　　0 (P160 の (i) の公式より)

$$= -\Delta(\mathbf{rot}\,\boldsymbol{f}) = (\text{右辺})$$ となって, 証明終了だ!

フ～, 疲れたって? 確かに, 大変な証明だったからね。

● マクスウェルの方程式は, div と rot で表される!

以上で, ベクトル解析で重要な **grad**, **div**, **rot** の解説が終わった。そして, 実はマクスウェルの創始した電磁気学は, これらベクトル解析の表記法を用いて, 簡潔な 4 つの方程式にまとめることができる。"**マクスウェルの方程式**" と呼ばれるもので, 電磁気学のメインテーマは, これらの方程式を導くこと, およびこれらの方程式を用いて様々な問題を解くことなんだね。

ここでは, 厳密な解説ではなく, このマクスウェルの方程式の紹介と, これから予想される電磁波の発生メカニズムの概略について, まとめて簡単に解説しようと思う。

では，“**マクスウェルの方程式**”を下に示そう。

マクスウェルの方程式

(Ⅰ) $\mathrm{div}\,\boldsymbol{D} = \rho$ ……………(∗1)　(Ⅱ) $\mathrm{div}\,\boldsymbol{B} = 0$ ………(∗2)

(Ⅲ) $\mathrm{rot}\,\boldsymbol{H} = \boldsymbol{i} + \dfrac{\partial \boldsymbol{D}}{\partial t}$ ……(∗3)　(Ⅳ) $\mathrm{rot}\,\boldsymbol{E} = -\dfrac{\partial \boldsymbol{B}}{\partial t}$ ……(∗4)

$\boldsymbol{D}$：電束密度 $(\mathrm{C/m^2})$，ρ：電荷密度 $(\mathrm{C/m^3})$，$\boldsymbol{B}$：磁束密度 $(\mathrm{Wb/m^2})$

（C：電荷の単位“**クーロン**”）（Wb：磁束（または磁荷）の単位“**ウェーバー**”）

$\boldsymbol{H}$：磁場 $(\mathrm{A/m})$，$\boldsymbol{i}$：電流密度 $(\mathrm{A/m^2})$，$\boldsymbol{E}$：電場 $(\mathrm{N/C})$

電磁気学の主要テーマが，この **4** つの方程式に凝縮されているんだね。それでは，**1** つずつ具体的に見ていこう。

(Ⅰ) $\mathrm{div}\,\boldsymbol{D} = \rho$ ……(∗1) は，“**クーロンの法則**” $f = k\dfrac{q_1 q_2}{r^2}$ を基に

（**2** つの電荷 q_1 と q_2 とが互いに及ぼし合う力を表す公式だね。ここで，$k\dfrac{q_1}{r^2} = E$（電場）とおくと，$f = q_2 E$ の形で表すこともできる。）

導かれる公式で，電束密度 $\boldsymbol{D}$ は，$\boldsymbol{D} = \varepsilon_0 \boldsymbol{E}$ で表される。

（ε_0：真空の誘電率）（$\boldsymbol{E}$：電場（ベクトル））

(∗1) の公式より，電束密度 $\boldsymbol{D}$ の発散が ρ となっているので，図4(i)に示すように $\rho \neq 0$ の場合，微小体積 ΔV の中に何らかの電荷 $+q\,(\mathrm{C})$ が存在していることになる。何故なら，$\rho = \dfrac{q}{\Delta V}\ (\neq 0)$ だからだね。そして，これが $\boldsymbol{D}$ の“**湧き出し**”（負の電荷の場合は“**吸い込み**”）の原因になっているんだね。

図4　(i) $\rho \neq 0$ のとき

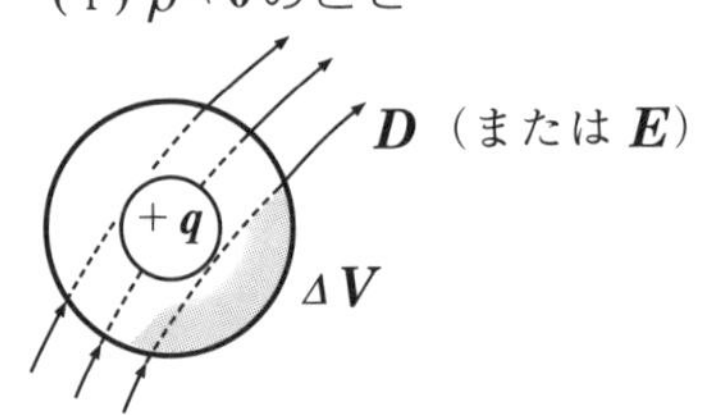

(ii) $\rho = 0$ のとき

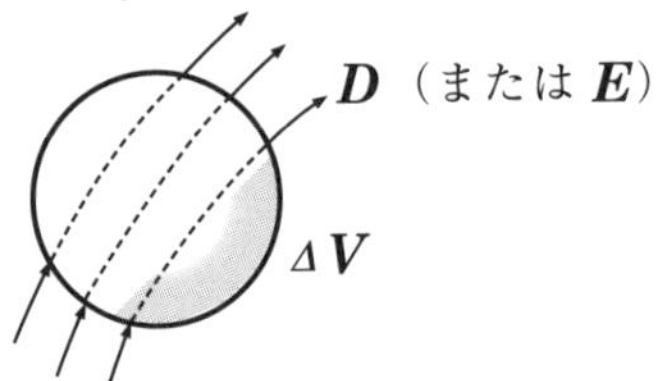

また，図 4(ⅱ) に示すように，$\rho=0$ のときは (＊1) は $\mathrm{div}\,\boldsymbol{D}=0$ となるので，この場合は，湧き出しのない場（ソレノイド）を表すことになる。

(Ⅱ) $\mathrm{div}\,\boldsymbol{B}=0$ ……(＊2) について，磁束密度 $\boldsymbol{B}$ は，$\boldsymbol{B}=\mu_0\boldsymbol{H}$ と表される。
（μ_0：真空の透磁率）（$\boldsymbol{H}$：磁場）

ちなみに，真空の誘電率 ε_0 と真空の透磁率 μ_0 の間には

$\varepsilon_0\mu_0=\dfrac{1}{c^2}$ (c：光速 $(=2.998\times10^8\mathrm{m/s})$) の関係があることも覚えておくといいと思う。

ここで，(＊2) から，磁束密度 $\boldsymbol{B}$ の発散が常に 0 であると言っているので，$\boldsymbol{B}$(または，磁場 $\boldsymbol{H}$) は湧き出しのない場 (ソレノイド) であることが分かるんだね。これは，電荷は $+q$(C) や $-q$(C) など，⊕のみのまたは⊖のみの単電荷が存在し，それらが，(＊1) で示したように "**湧き出し**" や "**吸い込み**" の基になっていたわけだ。しかし，N 極と S 極からなる磁石は，それを切断して，どんなに小さくしても，N 極だけ，または S 極だけの単磁荷をもつようにすることはできない。したがって，図 5 に示すように，磁石の内部まで考えれば，磁束密度 $\boldsymbol{B}$(または，磁場 $\boldsymbol{H}$) は，湧き出しも吸い込みもなく，ループを描くことが，理解できると思う。では次，

図 5　単磁荷は存在しない
$\mathrm{div}\,\boldsymbol{B}=0$

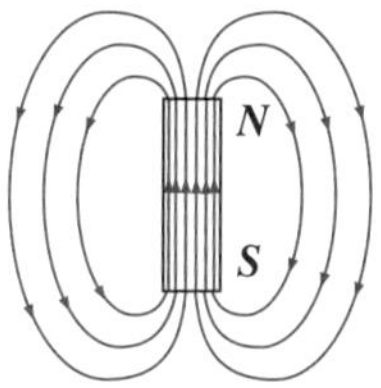

(Ⅲ) $\mathrm{rot}\,\boldsymbol{H}=\boldsymbol{i}+\dfrac{\partial\boldsymbol{D}}{\partial t}$ ……(＊3) についても考えてみよう。実は，これは
（$\boldsymbol{i}$：定常電流）（$\dfrac{\partial\boldsymbol{D}}{\partial t}$：変位電流）

右辺の 2 つの項 $\boldsymbol{i}$ (定常電流(ていじょうでんりゅう)) と $\dfrac{\partial\boldsymbol{D}}{\partial t}$ (変位電流(へんいでんりゅう)) それぞれに分解して考察するのが分かりやすい。1 つずつ見ていこう。

(ⅰ) $\text{rot}\,\boldsymbol{H}=\boldsymbol{i}$ ……(∗) は，"アンペールの法則" $H=\dfrac{I}{2\pi a}$ を

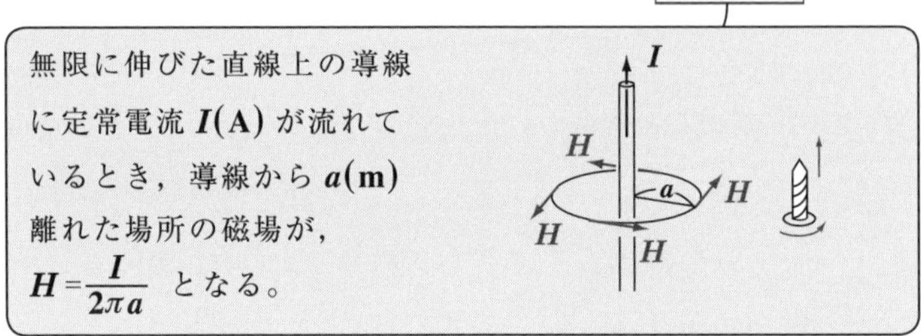
無限に伸びた直線上の導線に定常電流 I(A) が流れているとき，導線から a(m) 離れた場所の磁場が，$H=\dfrac{I}{2\pi a}$ となる。

基に導かれる公式で，電流密度 $\boldsymbol{i}$ は，電流の方向ベクトルを加味した単位面積当りの電流を表している。また，磁場 $\boldsymbol{H}$ も当然ベクトルで表している。ここで，(∗) より，定常電流 $\boldsymbol{i}$ のまわりに磁場 $\boldsymbol{H}$ がループを描いて存在していることが分かるんだね。つまり，アンペールの法則，そのものってことなんだね。次，

(ⅱ) $\text{rot}\,\boldsymbol{H}=\dfrac{\partial \boldsymbol{D}}{\partial t}$ ……(∗)′ についても考えてみよう。図 **6** に示すようにコンデンサーを含む閉回路に直流電流を流すものとする。初め，コンデンサーに電荷はなかったものとすると，コンデンサーが十分帯電するまで電流は流れ続ける。その結果，アンペールの法則より，導線のまわりに回転する磁場 $\boldsymbol{H}$ が発生するが，このコンデンサーの **2** 枚の極板間にも磁場が生じるんだね。これは極板間に実際に電流が流れているわけではないけれど，**2** 枚の極板に正・負の電荷が蓄えられていく過程で，極板間の電場 $\boldsymbol{E}$ の経時変化 $\dfrac{\partial \boldsymbol{E}}{\partial t}$ に比例して，回転する磁場 $\boldsymbol{H}$ が生じる

図 **6** 変位電流による磁場 $\boldsymbol{H}$

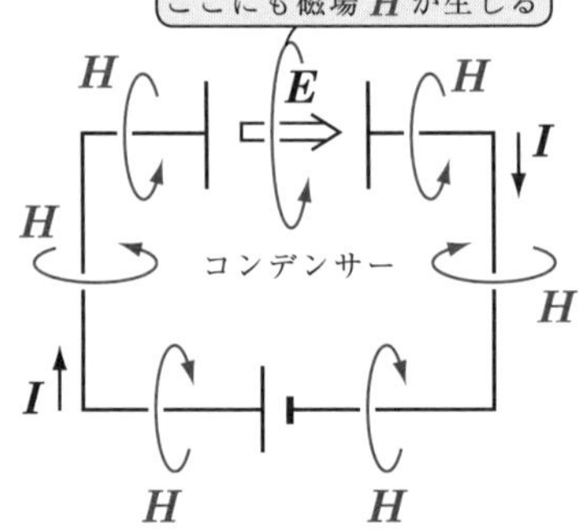

ことになる。つまり，ε_0 を比例定数として，

$$\mathbf{rot}\,\boldsymbol{H} = \varepsilon_0\frac{\partial \boldsymbol{E}}{\partial t} = \frac{\partial(\varepsilon_0\boldsymbol{E})}{\partial t} = \frac{\partial \boldsymbol{D}}{\partial t} \quad \cdots\cdots(*)'$$ が成り立つんだね。

そして，これが，変位電流による磁場の公式になる。

よって，$(*)$ と $(*)'$ を併せて，

$$\mathbf{rot}\,\boldsymbol{H} = \boldsymbol{i} + \frac{\partial \boldsymbol{D}}{\partial t} \quad \cdots\cdots(*3)$$ が成り立つんだね。では，最後に，

(Ⅳ) $\mathbf{rot}\,\boldsymbol{E} = -\dfrac{\partial \boldsymbol{B}}{\partial t} \quad \cdots\cdots(*4)$ について解説しよう。この $(*4)$ は，ファラデーの **"電磁誘導の法則"** $V = -\dfrac{\partial \Phi}{\partial t}$ を基に導けるんだね。

円形コイルに対して，右図のように棒磁石を上下させて，円形コイルを貫く磁束 $\Phi(\mathrm{Wb})$ を時間的に変化をさせると，その変化を妨げる向きに誘導起電力 $V(\mathrm{V})$ が生じるんだね。

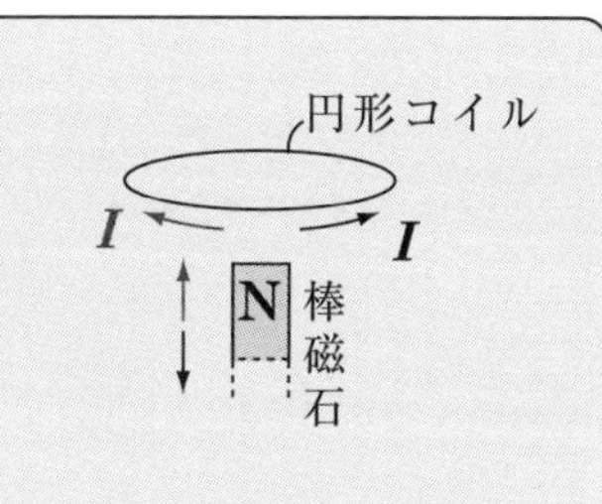

そして，公式 $(*4)$ より，図7に示すように，磁束密度 $\boldsymbol{B}$ を時間的に変化させると，その変化を妨げる向きに回転する電場 $\boldsymbol{E}$ が生じることが分かるんだね。

図7　時間変化する $\boldsymbol{B}$ による電場 $\boldsymbol{E}$

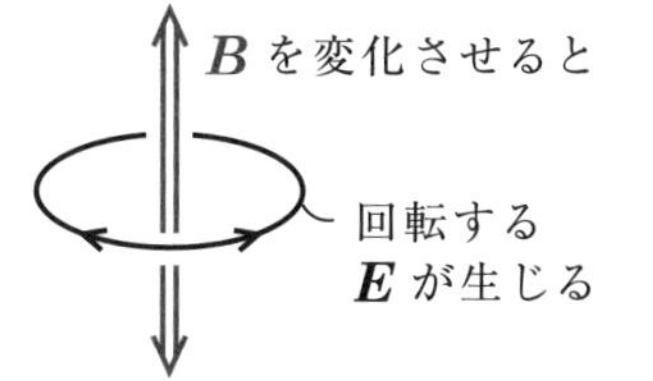

以上より，マクスウェルの4つの方程式

(Ⅰ) $\mathbf{div}\,\boldsymbol{D} = \rho \quad \cdots\cdots\cdots\cdots(*1)$　　(Ⅱ) $\mathbf{div}\,\boldsymbol{B} = 0 \quad \cdots\cdots\cdots\cdots(*2)$

(Ⅲ) $\mathbf{rot}\,\boldsymbol{H} = \boldsymbol{i} + \dfrac{\partial \boldsymbol{D}}{\partial t} \quad \cdots\cdots(*3)$　　(Ⅳ) $\mathbf{rot}\,\boldsymbol{E} = -\dfrac{\partial \boldsymbol{B}}{\partial t} \quad \cdots\cdots(*4)$

の意味と，その概略をご理解頂けたと思う。では，これを基に光などを含む電磁波の発生のメカニズムについて，考えてみることにしよう。

ここでは，電荷も定常電流もない空間を考える。したがって，$\rho=0$ かつ $\boldsymbol{i}=\boldsymbol{0}$ とする。すると，

$$\operatorname{div}\boldsymbol{D}=\rho \quad \cdots\cdots(*1)$$
$$\operatorname{div}\boldsymbol{B}=0 \quad \cdots\cdots(*2)$$
$$\operatorname{rot}\boldsymbol{H}=\boldsymbol{i}+\frac{\partial \boldsymbol{D}}{\partial t} \quad \cdots\cdots(*3)$$
$$\operatorname{rot}\boldsymbol{E}=-\frac{\partial \boldsymbol{B}}{\partial t} \quad \cdots\cdots(*4)$$

・$(*1)$ は $\operatorname{div}\underbrace{\boldsymbol{D}}_{\varepsilon_0\boldsymbol{E}}=0$ より，

$\underbrace{\varepsilon_0}_{\text{定数}}\operatorname{div}\boldsymbol{E}=0$ となり，よって，$\operatorname{div}\boldsymbol{E}=0$ ……$(*1)'$ となる。（両辺を $\varepsilon_0(>0)$ で割った。）

・$(*2)$ は，$\operatorname{div}\underbrace{\boldsymbol{B}}_{\mu_0\boldsymbol{H}}=\underbrace{\mu_0}_{\text{定数}}\operatorname{div}\boldsymbol{H}=0$ より，　$\operatorname{div}\boldsymbol{H}=0$ ……$(*2)'$ となる。（両辺を $\mu_0(>0)$ で割った。）

・$(*3)$ は，$\boldsymbol{i}=\boldsymbol{0}$ より，

$$\operatorname{rot}\boldsymbol{H}=\frac{\partial \boldsymbol{D}}{\partial t}=\frac{\partial(\varepsilon_0\boldsymbol{E})}{\partial t}=\underbrace{\varepsilon_0}_{\text{定数}}\frac{\partial \boldsymbol{E}}{\partial t} \quad \cdots\cdots(*3)'$$

となる。また，

・$(*4)$ は，

$$\operatorname{rot}\boldsymbol{E}=-\frac{\partial \boldsymbol{B}}{\partial t}=-\frac{\partial(\mu_0\boldsymbol{H})}{\partial t}=-\underbrace{\mu_0}_{\text{定数}}\frac{\partial \boldsymbol{H}}{\partial t} \quad \cdots\cdots(*4)'$$

となる。

以上より，$\rho=0$，$\boldsymbol{i}=\boldsymbol{0}$ とおくと，マクスウェルの方程式は，次のように表現できるんだね。

$$\operatorname{div}\boldsymbol{E}=0 \quad \cdots\cdots(*1)' \qquad \operatorname{div}\boldsymbol{H}=0 \quad \cdots\cdots(*2)'$$
$$\operatorname{rot}\boldsymbol{H}=\varepsilon_0\frac{\partial \boldsymbol{E}}{\partial t} \quad \cdots\cdots(*3)' \qquad \operatorname{rot}\boldsymbol{E}=-\mu_0\frac{\partial \boldsymbol{H}}{\partial t} \quad \cdots\cdots(*4)'$$

ここで，電荷密度 ρ も定常電流 $\boldsymbol{i}$ も存在しない真空中において，初めに，図 8(i) に示すように，何らかの変位電流が生じて，時間的に変化する電場 $\boldsymbol{E}$ が発生したとしよう。すると，$(*3)'$ に従って，回転する磁場 $\boldsymbol{H}$ が生じることになる。すると，この磁場 $\boldsymbol{H}$ も時間的に変化することになるので，$(*4)'$ に従って，次に回転する電

場 $\boldsymbol{E}$ が生じることになる。この電場 $\boldsymbol{E}$ も時間的に変化するので，(＊3)′ より，さらに回転する磁場 $\boldsymbol{H}$ が生じることになる。…そして，同様のことが次々に繰り返されることになるので，図8(ⅱ)に示すように経時変化しながら，電場 $\boldsymbol{E}$ と磁場 $\boldsymbol{H}$ が真空中を次々に伝わっていくことになるんだね。

図**8** 電磁波の発生メカニズム

(ⅰ) 変動する電場 $\boldsymbol{E}$ の発生

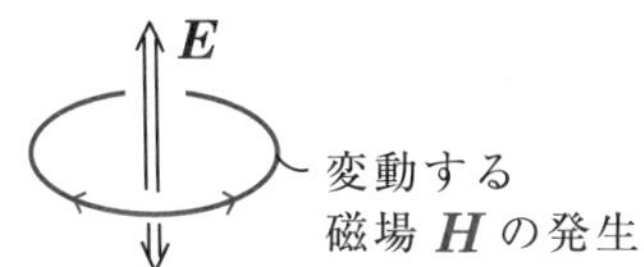

(ⅱ) 電磁波の発生

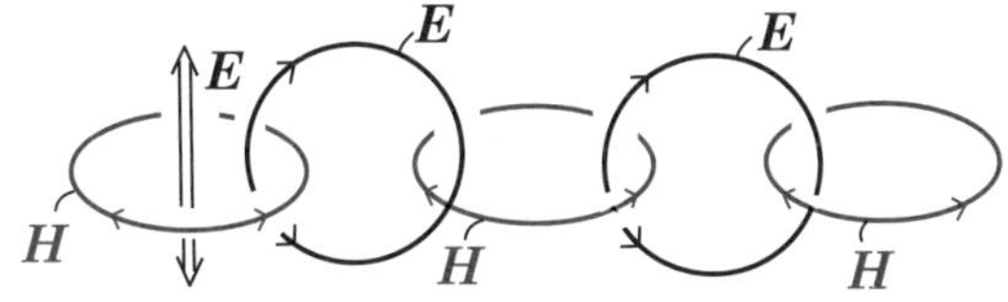

この伝播速度は，光速度に等しく，真空中を伝わっていくことになる。これが，光も含めた電磁波が真空中を伝播していくメカニズムになるんだね。直感的な解説ではあったけれど，これで，マクスウェルの方程式から，電磁波が発生するイメージをつかんで頂けたと思う。

数学的に厳密に電磁波の方程式を導いてみたい方は，**「電磁気学キャンパス・ゼミ」**（**マセマ**）でさらに学習されることを勧める。でも，ここで，解説した概略の電磁波のイメージがあれば，電磁気学における緻密な解説にも無理なくついていけると思う。まず，理論の全体像を大ざっぱでもいいから俯瞰(ふかん)してみることはとても大事なんだね。これで，電磁気学の大きな流れをつかむことができたんだよ。面白かっただろう？

それでは，頭をまたベクトル解析に戻して，次の演習問題と実践問題で，スカラーポテンシャルの問題にチャレンジしてみてくれ。

演習問題 10 ●スカラーポテンシャル●

空間ベクトル場 $\boldsymbol{f}=\left[\frac{1}{\sqrt{1-x^2}},\ -2z^2,\ -4yz\right]$ $(-1<x<1)$ が，渦のない場であることを示し，$\boldsymbol{f}$ のスカラーポテンシャル $\varphi(x,\ y,\ z)$ の1つを求めよ。

ヒント！ まず，$\mathrm{rot}\,\boldsymbol{f}=\boldsymbol{0}$ となることを示し，$\boldsymbol{f}=-\nabla\varphi$ をみたす φ を，$-\varphi=\int_0^x f(x,\ y,\ z)dx+\int_0^y g(0,\ y,\ z)dy+\int_0^z h(0,\ 0,\ z)dz$ から，求める。

解答&解説

空間ベクトル場 $\boldsymbol{f}=\left[\underbrace{\frac{1}{\sqrt{1-x^2}}}_{f(x,\ y,\ z)},\ \underbrace{-2z^2}_{g(x,\ y,\ z)},\ \underbrace{-4yz}_{h(x,\ y,\ z)}\right]$

の回転 (rot) を求めると，

$\mathrm{rot}\,\boldsymbol{f}=[0,\ 0,\ 0]=\boldsymbol{0}$ となる。

$\frac{\partial}{\partial x}\quad\frac{\partial}{\partial y}\quad\frac{\partial}{\partial z}\quad\frac{\partial}{\partial x}$

$\frac{1}{\sqrt{1-x^2}}\quad -2z^2\quad -4yz\quad \frac{1}{\sqrt{1-x^2}}$

$[-4z+4z,\ \ 0-0,\ \ 0-0]$

$\therefore$ $\boldsymbol{f}$ は渦のない場である。

よって，$\boldsymbol{f}=[f(x,\ y,\ z),\ g(x,\ y,\ z),\ h(x,\ y,\ z)]$ とおくと，

$\boldsymbol{f}=-\nabla\varphi$ をみたすスカラーポテンシャル $\varphi(x,\ y,\ z)$ が存在する。

$$-\varphi=\int_0^x \underbrace{f(x,\ y,\ z)}_{\frac{1}{\sqrt{1-x^2}}}dx+\int_0^y \underbrace{g(0,\ y,\ z)}_{-2z^2}dy+\cancel{\int_0^z \underbrace{h(0,\ 0,\ z)}_{-4\cdot 0\cdot z=0}dz}$$

$$=\int_0^x \frac{1}{\sqrt{1-x^2}}dx-2\int_0^y z^2dy$$

積分公式：$\int\frac{1}{\sqrt{1-x^2}}dx=\sin^{-1}x$ を使った！

$$=[\sin^{-1}x]_0^x-2[z^2y]_0^y$$

$$=\sin^{-1}x-\cancel{\sin^{-1}0}-2(z^2y-\cancel{z^2\cdot 0})\quad より，$$

$\varphi(x,\ y,\ z)=-\sin^{-1}x+2yz^2$ である。

実際に，$-\nabla\varphi=\nabla(\sin^{-1}x-2yz^2)=\left[\frac{1}{\sqrt{1-x^2}},\ -2z^2,\ -4yz\right]=\boldsymbol{f}$ となって，間違いないことが分かるね。

実践問題 10　● スカラーポテンシャル ●

空間ベクトル場 $\boldsymbol{f}=\left[-\frac{1}{1+x^2},\ 2yz,\ y^2\right]$ が，渦のない場であることを示し，$\boldsymbol{f}$ のスカラーポテンシャル $\varphi(x,\ y,\ z)$ の 1 つを求めよ。

ヒント！ まず，$\mathrm{rot}\,\boldsymbol{f}=\boldsymbol{0}$ から $\boldsymbol{f}$ が渦のない場であることを示し，$\boldsymbol{f}=-\nabla\varphi$ をみたすスカラーポテンシャル $\varphi(x,\ y,\ z)$ を積分公式から導けばいいんだね。

解答＆解説

空間ベクトル場 $\boldsymbol{f}=\left[\underbrace{-\frac{1}{1+x^2}}_{f(x,\ y,\ z)},\ \underbrace{2yz}_{g(x,\ y,\ z)},\ \underbrace{y^2}_{h(x,\ y,\ z)}\right]$

の回転 (rot) を求めると，

$\mathrm{rot}\,\boldsymbol{f}=[0,\ 0,\ 0]=\boldsymbol{0}$ となる。

$\frac{\partial}{\partial x}$　$\frac{\partial}{\partial y}$　$\frac{\partial}{\partial z}$　$\frac{\partial}{\partial x}$

$-\frac{1}{1+x^2}$　$2yz$　y^2　$-\frac{1}{1+x^2}$

$,\ 0-0]$　$[2y-2y,$　$0-0$

$\therefore\ \boldsymbol{f}$ は (ア)　　　　 である。

よって，$\boldsymbol{f}=[f(x,\ y,\ z),\ g(x,\ y,\ z),\ h(x,\ y,\ z)]$ とおくと，

$\boldsymbol{f}=-\nabla\varphi$ をみたすスカラーポテンシャル $\varphi(x,\ y,\ z)$ が存在する。

$$-\varphi=\int_0^x \underbrace{f(x,\ y,\ z)}_{-\frac{1}{1+x^2}}dx+\int_0^y \underbrace{g(0,\ y,\ z)}_{2yz}dy+\int_0^z \underbrace{h(0,\ 0,\ z)}_{0^2=0}dz$$

$$=-\int_0^x \frac{1}{1+x^2}dx+2\int_0^y \text{(イ)}\ dy$$

$$=-[\ \text{(ウ)}\ ]_0^x+2\left[\frac{1}{2}zy^2\right]_0^y$$

積分公式：
$\int\frac{1}{1+x^2}dx=\tan^{-1}x$
を使った！

$$=-(\tan^{-1}x-\tan^{-1}0)+zy^2-z\cdot0^2$$ より，

$\varphi(x,\ y,\ z)=$ (エ)　　　　 である。

解答　(ア) 渦のない場　(イ) zy (または yz)
(ウ) $\tan^{-1}x$　(エ) $\tan^{-1}x-y^2z$

講義3● スカラー場とベクトル場　公式エッセンス

1. 空間ベクトル場 $\boldsymbol{f} = [f, g, h]$ 内の流線の微分方程式

$$\frac{dx}{f} = \frac{dy}{g} = \frac{dz}{h} \quad (\text{ただし, } f \neq 0,\ g \neq 0,\ h \neq 0)$$

2. 位置ベクトル $\boldsymbol{p}$ のノルム $p = \|\boldsymbol{p}\|$ のグラディエント

$$\mathrm{grad}\, p = \nabla p = \frac{\boldsymbol{p}}{p}$$

3. ∇ の基本公式　(C_1, C_2：実数定数)

(Ⅰ) $\nabla(C_1 f + C_2 g) = C_1 \nabla f + C_2 \nabla g$　(Ⅱ) $\nabla(fg) = (\nabla f)g + f(\nabla g)$ など。

4. 位置ベクトル $\boldsymbol{p}$ のノルム $p = \|\boldsymbol{p}\|$ の ∇ に関する公式

(ｉ) $\nabla p^n = np^{n-2}\boldsymbol{p}$　(n：実数)　　(ⅱ) $\nabla \log p = \dfrac{\boldsymbol{p}}{p^2}$

5. 等位曲面上の点 P_0 における接平面の方程式

$$\mathrm{grad}\, f \cdot (\boldsymbol{p} - \boldsymbol{p}_0) = 0$$

6. div の基本公式　(C_1, C_2：実数定数)

(Ⅰ) $\mathrm{div}(C_1 \boldsymbol{f}_1 + C_2 \boldsymbol{f}_2) = C_1 \mathrm{div}\, \boldsymbol{f}_1 + C_2 \mathrm{div}\, \boldsymbol{f}_2$　など。

7. $\mathrm{div}\, \boldsymbol{p}$ と $\mathrm{div}(p^n \boldsymbol{p})$ の公式：$\boldsymbol{p} = [x, y, z]$ のとき,

(ｉ) $\mathrm{div}\, \boldsymbol{p} = 3$　(ⅱ) $\mathrm{div}(p^n \boldsymbol{p}) = (n+3)p^n$　(n：実数)

8. rot の基本公式　($\boldsymbol{f}$, $\boldsymbol{f}_1$, $\boldsymbol{f}_2$：空間ベクトル値関数)

(Ⅰ) $\mathrm{rot}(C_1 \boldsymbol{f}_1 + C_2 \boldsymbol{f}_2) = C_1 \mathrm{rot}\, \boldsymbol{f}_1 + C_2 \mathrm{rot}\, \boldsymbol{f}_2$　(C_1, C_2：実数定数)

(Ⅱ) $\mathrm{rot}(\varphi \boldsymbol{f}) = (\nabla \varphi) \times \boldsymbol{f} + \varphi(\mathrm{rot}\, \boldsymbol{f})$　(φ：スカラー値関数)

9. 位置ベクトル $\boldsymbol{p} = [x, y, z]$ の rot に関する公式

(ｉ) $\mathrm{rot}\, \boldsymbol{p} = \boldsymbol{0}$　　(ⅱ) $\mathrm{rot}(p^n \boldsymbol{p}) = \boldsymbol{0}$　(n：実数)

10. $\mathrm{div}\,\mathrm{rot}\, \boldsymbol{f}$ と $\mathrm{rot}\,\mathrm{grad}\, \varphi$ の公式

(ｉ) $\mathrm{div}\,\mathrm{rot}\, \boldsymbol{f} = 0$　　(ⅱ) $\mathrm{rot}\,\mathrm{grad}\, \varphi = \boldsymbol{0}$

11. 空間ベクトル場 $\boldsymbol{f}$ がスカラーポテンシャル φ をもつ条件

$$\boldsymbol{f} = -\nabla \varphi \iff \mathrm{rot}\, \boldsymbol{f} = \boldsymbol{0}$$

12. 空間ベクトル場 $\boldsymbol{f}$ がベクトルポテンシャル $\boldsymbol{g}$ をもつ条件

$$\boldsymbol{f} = \mathrm{rot}\, \boldsymbol{g} \iff \mathrm{div}\, \boldsymbol{f} = 0$$

線積分と面積分

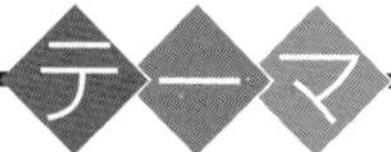

▶ 線積分
（スカラー場の線積分、ベクトル場の線積分）

▶ 面積分
（スカラー場の面積分、ベクトル場の面積分）

▶ ガウスの発散定理
（ガウスの積分と立体角）

▶ ストークスの定理

§1. 線積分

さァ，これから“線積分”の講義に入ろう。座標平面や座標空間内の曲線 C は，位置ベクトル $\boldsymbol{p}(t)$ のように，1つのパラメータ t を使って表す

（具体的には，$\boldsymbol{p}(t)=[x(t),\ y(t)]$ や $[x(t),\ y(t),\ z(t)]$ のことだ。）

ことができた。この曲線 C に沿ってスカラー値関数（スカラー場）やベクトル値関数（ベクトル場）を積分することを“**線積分**”という。平面か空間か，またスカラー場かベクトル場か，さらにパラメータの変換なども考えると，一口に“線積分”といっても，そのヴァリエーションがかなり大きいことが分かると思う。

これから，1つ1つていねいに解説していこう。

● スカラー場の線積分から始めよう！

スカラー場の“**線積分**”(*line integral*) といっても，(Ⅰ) **平面スカラー場の線積分**と，(Ⅱ) **空間スカラー場の線積分**がある。まず，(Ⅰ) 平面スカラー場の線積分から解説しよう。

(Ⅰ) 平面スカラー場の線積分

右図に示すように，平面スカラー場 $f(x,\ y)$ に，パラメータ t を用いて，

曲線 $C: x=x(t),\ \ y=y(t)$
$(a \leqq t \leqq b)$

（これを $\boldsymbol{p}(t)=[x(t),\ y(t)]\ (a \leqq t \leqq b)$ と，位置ベクトルで表現してもいい。）

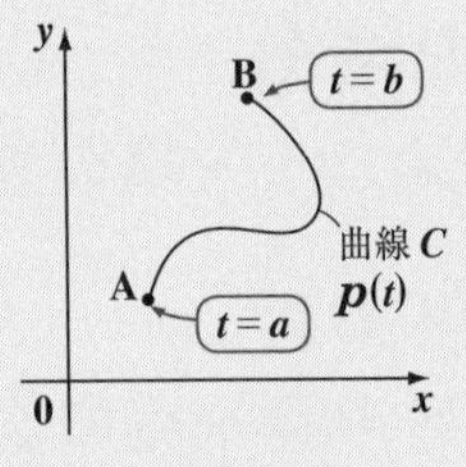

が与えられているものとする。このとき，2変数スカラー値関数 $f(x,\ y)$ の**曲線 C に沿った線積分**を，次のように定義する。

$$\begin{cases} \displaystyle\int_C f(x,\ y)\,dx = \int_a^b f(x(t),\ y(t))\,x'(t)\,dt \\ \displaystyle\int_C f(x,\ y)\,dy = \int_a^b f(x(t),\ y(t))\,y'(t)\,dt \end{cases} \cdots\cdots(*1)$$

（$dx = \dfrac{dx}{dt}dt = x'(t)dt$）

（$dy = \dfrac{dy}{dt}dt = y'(t)dt$）

これらをまとめて，以下のように表してもいい。

$$\int_C f d\boldsymbol{p} = \left[\int_C f(x,\ y)\,dx,\ \int_C f(x,\ y)\,dy\right] \cdots\cdots(*1)'$$

$\boldsymbol{p}=[x,\ y]$ より，$(*1)'$ の $d\boldsymbol{p}$ とは $d\boldsymbol{p}=[dx,\ dy]$ のことだ。そして，これにスカラー値関数 f がかかったものを C に沿って x と y で積分したものが，$(*1)'$ の右辺のベクトルの成分になるんだね。当然これらの積分は，$(*1)$ に示すように，パラメータ t に変数変換して行うことになる。

ここまでは大丈夫だね。それでは次，(Ⅱ) 空間スカラー場の線積分についても，その定義を下に示しておこう。

(Ⅱ) 空間スカラー場の線積分

右図に示すように，空間スカラー場 $f(x,\ y,\ z)$ に，パラメータ t を用いて曲線 $C: x=x(t),\ \ y=y(t),\ \ z=z(t)$ $(a \leqq t \leqq b)$

これを，$\boldsymbol{p}(t)=[x(t),\ y(t),\ z(t)]$ $(a \leqq t \leqq b)$ と表してもいい。

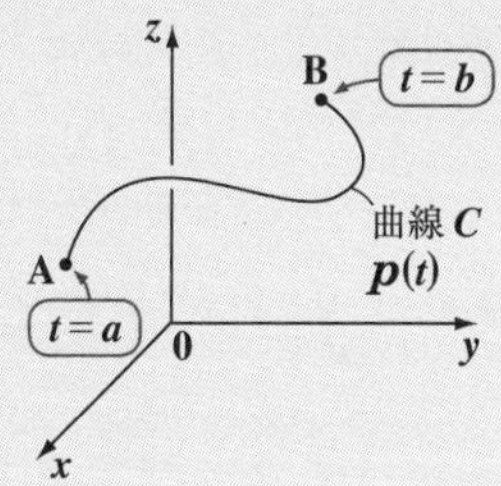

が与えられているものとする。このとき，3 変数スカラー値関数 $f(x,\ y,\ z)$ の**曲線 C に沿った線積分**を，次のように定義する。

$$\begin{cases} \displaystyle\int_C f(x,\ y,\ z)\,dx = \int_a^b f(x(t),\ y(t),\ z(t))\,x'(t)\,dt \\ \displaystyle\int_C f(x,\ y,\ z)\,dy = \int_a^b f(x(t),\ y(t),\ z(t))\,y'(t)\,dt \\ \displaystyle\int_C f(x,\ y,\ z)\,dz = \int_a^b f(x(t),\ y(t),\ z(t))\,z'(t)\,dt \end{cases} \quad \cdots\cdots(*2)$$

これらをまとめて，以下のように表してもいい。

$$\int_C f\,d\boldsymbol{p} = \left[\int_C f(x,\ y,\ z)\,dx,\ \int_C f(x,\ y,\ z)\,dy,\ \int_C f(x,\ y,\ z)\,dz\right] \quad \cdots\cdots(*2)'$$

$(*2)'$ において，$d\boldsymbol{p}$ は $d\boldsymbol{p}=[dx,\ dy,\ dz]$ のことで，これにスカラー値関数 f をかけて，C に沿って $x,\ y,\ z$ で積分したものが，$(*2)'$ の右辺のベクトルの各成分になっている。また，各成分の具体的な積分は，$(*2)$ に示すように，t に変数変換して行うんだね。

それでは，平面スカラー場と空間スカラー場の線積分を，次の例題で練習してみよう。

例題 36　次の各線積分を求めよう。

(1) $f(x, y) = -3x + 6y$，曲線 $C : x = t^2,\ y = t\ (0 \leqq t \leqq 2)$ のとき，

$\int_C f\,d\boldsymbol{p} = \left[\int_C f\,dx,\ \int_C f\,dy\right]$ を求めよう。

(2) $f(x, y, z) = 6x\sqrt{y}z$，曲線 $C : x = t,\ y = t^2,\ z = 1 - t\ (0 \leqq t \leqq 1)$ のとき，

$\int_C f\,d\boldsymbol{p} = \left[\int_C f\,dx,\ \int_C f\,dy,\ \int_C f\,dz\right]$ を求めよう。

(1) 曲線 $C : x = t^2,\ y = t\ (0 \leqq t \leqq 2)$ より，

$f(x, y) = -3x + 6y = -3t^2 + 6t$

このとき，求める線積分は，

$$\int_C f\,d\boldsymbol{p} = \left[\int_C f(x, y)\,dx,\ \int_C f(x, y)\,dy\right]$$

$$= \left[\int_0^2 (-3t^2 + 6t) \cdot \underbrace{2t}_{\frac{dx}{dt}}\,dt,\ \int_0^2 (-3t^2 + 6t) \cdot \underbrace{1}_{\frac{dy}{dt}}\,dt\right]$$

$$= \left[\underbrace{\int_0^2 (-6t^3 + 12t^2)\,dt}_{\left[-\frac{3}{2}t^4 + 4t^3\right]_0^2},\ \underbrace{\int_0^2 (-3t^2 + 6t)\,dt}_{\left[-t^3 + 3t^2\right]_0^2}\right]$$

← x 成分，y 成分共に t での積分になった！

$= [-24 + 32,\ -8 + 12] = [8,\ 4]$ となって，答えだ！

(2) 曲線 $C : x = t,\ y = t^2,\ z = 1 - t\ (0 \leqq t \leqq 1)$

より，$f(x, y, z) = 6x\sqrt{y}z$

$= 6t \cdot t \cdot (1 - t) = 6(t^2 - t^3)$

このとき，求める線積分は，

$$\int_C f\,d\boldsymbol{p} = \left[\int_C f(x, y, z)\,dx,\ \int_C f(x, y, z)\,dy,\ \int_C f(x, y, z)\,dz\right]$$

$$= \left[\int_0^1 6(t^2 - t^3) \cdot \underbrace{1}_{\frac{dx}{dt}}\,dt,\ \int_0^1 6(t^2 - t^3) \cdot \underbrace{2t}_{\frac{dy}{dt}}\,dt,\ \int_0^1 6(t^2 - t^3) \cdot \underbrace{(-1)}_{\frac{dz}{dt}}\,dt\right]$$

$$=\left[\int_0^1(6t^2-6t^3)\,dt,\ \int_0^1(12t^3-12t^4)\,dt,\ \int_0^1(6t^3-6t^2)\,dt\right]$$

$$\left[2t^3-\frac{3}{2}t^4\right]_0^1 \qquad \left[3t^4-\frac{12}{5}t^5\right]_0^1 \qquad \left[\frac{3}{2}t^4-2t^3\right]_0^1$$

$$=\left[2-\frac{3}{2},\ 3-\frac{12}{5},\ \frac{3}{2}-2\right]=\left[\frac{1}{2},\ \frac{3}{5},\ -\frac{1}{2}\right]$$ となるんだね。大丈夫？

次，パラメータによるスカラー場の線積分についても紹介しておこう。今回は空間スカラー場 $f(x, y, z)$ のみについて示す。平面スカラー場 $f(x, y)$ についての積分も同様だからね。

パラメータによる空間スカラー場の線積分

曲線 $C : x=x(t),\ \ y=y(t),\ \ z=z(t)\ \ (a \leqq t \leqq b)$ のとき，
空間スカラー場 $f(x, y, z)$ のパラメータ t による線積分は

$$\int_C f(x, y, z)\,dt=\int_a^b f(x(t), y(t), z(t))\,dt \quad \cdots\cdots(*)$$ となる。

ここで，特にパラメータが曲線の長さ s であるとき，

$ds=\sqrt{(dx)^2+(dy)^2+(dz)^2}$ より，この線積分は

$$\int_C f(x, y, z)\,ds=\int_a^b f(x(t), y(t), z(t))\sqrt{x'(t)^2+y'(t)^2+z'(t)^2}\,dt \quad \cdots\cdots(*)'$$

$$\frac{ds}{dt}dt=\frac{\sqrt{(dx)^2+(dy)^2+(dz)^2}}{dt}dt=\sqrt{\left(\frac{dx}{dt}\right)^2+\left(\frac{dy}{dt}\right)^2+\left(\frac{dz}{dt}\right)^2}\,dt$$

となる。

$(*)$ の公式は問題ないね。$(*)'$ は，曲線 C に沿った $f(x, y, z)$ の線積分で，図 1 のように C が点 A から点 B までの曲線であれば，

$\int_C fds$ を $\int_{AB} fds$ や $\int_{\widehat{AB}} fds$ などと表してもいい。また，図 1 に示すように，点 B から点 A に逆に向う曲線を $-C$ とおくと，

$$\int_{-C} fds=-\int_C fds$$ が成り立つ。

図 1 $\int_C fds$ と $\int_{-C} fds$ の関係

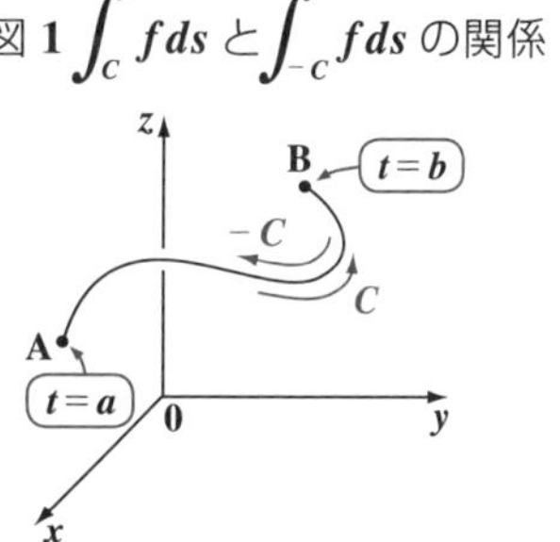

さらに図 2 に示すように，曲線 C が複数の滑らかな曲線 $C_1, C_2, \cdots, C_n$ をつないでできているとき，

$$\int_C f\,ds = \int_{C_1} f\,ds + \int_{C_2} f\,ds + \cdots + \int_{C_n} f\,ds$$

の関係も成り立つ。

図 2　$C = C_1 + C_2 + \cdots + C_n$ のイメージ

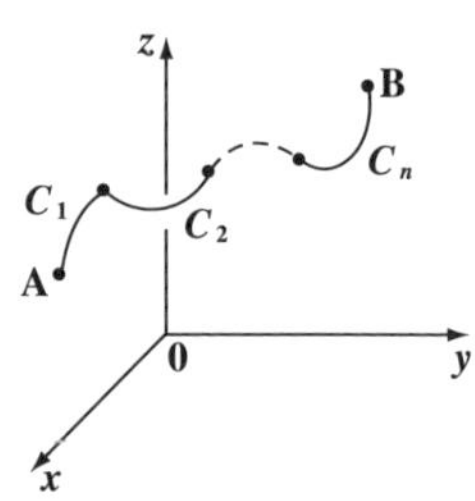

それでは，$\int_C f\,ds$ の問題を練習しておこう。

> 例題 37　曲線 $C: x = \cos t,\ y = \sin t,\ z = \sqrt{3}t\ (0 \leqq t \leqq 2\pi)$ のとき，$\int_C (xy+z)\,ds$ を求めよう。（ただし，s は曲線の長さを表す。）

曲線 C は，右図に示すような円柱らせんだね。

$$\int_C (xy+z)\,ds = \int_0^{2\pi} (\cos t \cdot \sin t + \sqrt{3}t)\frac{ds}{dt}\,dt$$

（$\frac{ds}{dt}$：これを求める。　dt：t での積分に変換する。）

ここで，

$$\frac{ds}{dt} = \sqrt{\left(\frac{dx}{dt}\right)^2 + \left(\frac{dy}{dt}\right)^2 + \left(\frac{dz}{dt}\right)^2}$$

$$= \sqrt{(-\sin t)^2 + (\cos t)^2 + (\sqrt{3})^2} = \sqrt{4} = 2$$ より，

$$\int_C (xy+z)\,ds = \int_0^{2\pi} (\cos t \cdot \sin t + \sqrt{3}t) \cdot 2\,dt$$

$$= \int_0^{2\pi} (2\sin t \cdot \cos t + 2\sqrt{3}t)\,dt = \left[\sin^2 t + \sqrt{3}t^2\right]_0^{2\pi} = 4\sqrt{3}\pi^2$$ となる。

（$2f \cdot f'$ とみる → 積分 → f^2）

> 例題 38　C を次の曲線とするとき，$\int_C (xy+yz+zx)\,ds$ を求めよう。
> （ただし，s は曲線の長さを表す。）
> (1) C : O(0, 0, 0) と R(1, 2, 2) を結ぶ線分。
> (2) C : O(0, 0, 0) と P(1, 0, 0) と Q(1, 2, 0) と R(1, 2, 2) を順に結ぶ折れ線。

(1) 曲線 C は右図に示すように，点 $\mathbf{O(0,\ 0,\ 0)}$ と点 $\mathbf{R(1,\ 2,\ 2)}$ を結ぶ線分なので，

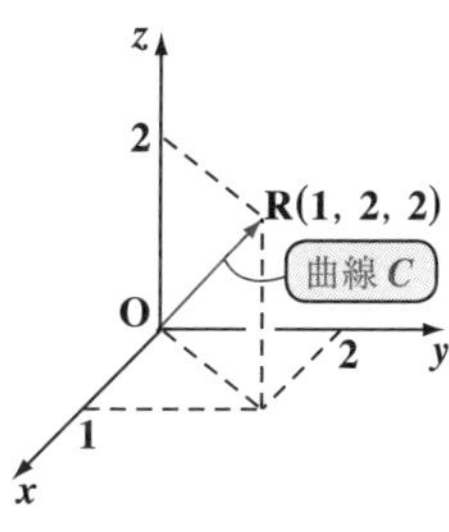

$C : x = t,\ y = 2t,\ z = 2t\ (0 \leqq t \leqq 1)$

とおける。これから，

$$xy + yz + zx = t \cdot 2t + 2t \cdot 2t + 2t \cdot t = 8t^2$$

$$\frac{ds}{dt} = \sqrt{\left(\frac{dx}{dt}\right)^2 + \left(\frac{dy}{dt}\right)^2 + \left(\frac{dz}{dt}\right)^2} = \sqrt{1^2 + 2^2 + 2^2} = 3$$

より，求める線積分は，

$$\int_C (xy + yz + zx)\,ds = \int_0^1 8t^2 \cdot \underbrace{3}_{\frac{ds}{dt}}\,dt = 24\left[\frac{1}{3}t^3\right]_0^1 = 8$$ となって答えだ！

(2) 曲線 C は右図に示すように，点 $\mathbf{O(0,\ 0,\ 0)}$，$\mathbf{P(1,\ 0,\ 0)}$，$\mathbf{Q(1,\ 2,\ 0)}$，$\mathbf{R(1,\ 2,\ 2)}$ を順に結ぶ折れ線なので，$\overline{\mathbf{OP}}$，$\overline{\mathbf{PQ}}$，$\overline{\mathbf{QR}}$ の 3 つの経路を順に C_1，C_2，C_3 とおくと，

$C = C_1 + C_2 + C_3$ となる。

(ⅰ) C_1 では，$x = s,\ y = 0,\ z = 0\ (0 \leqq s \leqq 1)$

(ⅱ) C_2 では，$x = 1,\ y = s,\ z = 0\ (0 \leqq s \leqq 2)$

(ⅲ) C_3 では，$x = 1,\ y = 2,\ z = s\ (0 \leqq s \leqq 2)$ であることに注意して，

求める線積分は，

今回は，パラメータとして曲線の長さ s を直接用いた。

$$\int_C f\,ds = \int_{C_1} \underbrace{0}_{x\cdot 0+0\cdot 0+0\cdot x}\,ds + \int_{C_2} \underbrace{1 \cdot y}_{1\cdot y+y\cdot 0+0\cdot 1}\,ds + \int_{C_3} \underbrace{(1 \cdot 2 + 2 \cdot z + z \cdot 1)}_{3z+2}\,ds$$

$$= \int_0^2 s\,ds + \int_0^2 (3s + 2)\,ds$$

$$= \left[\frac{1}{2}s^2\right]_0^2 + \left[\frac{3}{2}s^2 + 2s\right]_0^2$$

$= 2 + 6 + 4 = 12$ となって，答えだね。

● ベクトル場の線積分もマスターしよう！

ベクトル場の線積分においても，(Ⅰ)平面ベクトル場の線積分と(Ⅱ)空間ベクトル場の線積分がある。そして，さらに様々な線積分が定義できるんだけれど，ここではまず最も頻出の"**接線線積分**(せっせんせんせきぶん)"について，その定義を示しておこう。

ベクトル場の接線線積分

(Ⅰ) 平面ベクトル場の**接線線積分**

右図に示すような平面ベクトル場

$\boldsymbol{f}(\mathrm{P}) = [f,\ g]$ に，

曲線 $C : \boldsymbol{p}(t) = [x(t),\ y(t)]$

$(a \leqq t \leqq b)$

が与えられているとき，$\boldsymbol{f}(\mathrm{P})$ と $d\boldsymbol{p}$ の内積の**曲線 C に沿った接線線積分**を次のように定義する。

$$\int_C \boldsymbol{f}(\mathrm{P})\cdot d\boldsymbol{p} = \int_C (f\,dx + g\,dy) = \int_C f\,dx + \int_C g\,dy$$

$$= \int_a^b f\frac{dx}{dt}dt + \int_a^b g\frac{dy}{dt}dt \quad \cdots\cdots (*1)$$

これは，$\int_C \boldsymbol{f}(\mathrm{P})\cdot d\boldsymbol{p} = \int_a^b \boldsymbol{f}(\mathrm{P})\cdot\frac{d\boldsymbol{p}}{dt}dt = \int_a^b \boldsymbol{f}(\mathrm{P})\cdot\boldsymbol{p}'(t)dt$ のことだから "接線線積分" と呼ばれるんだね。

接線ベクトル $\left[\frac{dx}{dt},\ \frac{dy}{dt}\right]$

(Ⅱ) 空間ベクトル場の**接線線積分**

右図に示すような空間ベクトル場

$\boldsymbol{f}(\mathrm{P}) = [f,\ g,\ h]$ に，

曲線 $C : \boldsymbol{p}(t) = [x(t),\ y(t),\ z(t)]$

$(a \leqq t \leqq b)$

が与えられているとき，$\boldsymbol{f}(\mathrm{P})$ と $d\boldsymbol{p}$ の内積の**曲線 C に沿った接線線積分**を次のように定義する。

$$\int_C \boldsymbol{f}(\mathrm{P})\cdot d\boldsymbol{p} = \int_C (f\,dx + g\,dy + h\,dz) = \int_C f\,dx + \int_C g\,dy + \int_C h\,dz$$

$$= \int_a^b f\frac{dx}{dt}dt + \int_a^b g\frac{dy}{dt}dt + \int_a^b h\frac{dz}{dt}dt \quad \cdots\cdots (*2)$$

それでは，次の例題で接線線積分の問題を解いてみよう。

> 例題 39　次の各接線線積分を求めてみよう。
>
> (1) $\boldsymbol{f}(x,\ y) = [-3x,\ 6y]$，曲線 $C : x = t^2,\ y = t\ (0 \leqq t \leqq 2)$ のとき
>
> $\int_C \boldsymbol{f} \cdot d\boldsymbol{p}$ を求めよう。
>
> (2) $\boldsymbol{f}(x,\ y,\ z) = [2x,\ \sqrt{y},\ 2z]$，曲線 $C : x = t,\ y = t^2,\ z = 1 - t\ (0 \leqq t \leqq 1)$
>
> のとき，$\int_C \boldsymbol{f} \cdot d\boldsymbol{p}$ を求めよう。

(1) 平面ベクトル場 $\boldsymbol{f} = [f,\ g] = [-3x,\ 6y]$

曲線 $C : \boldsymbol{p}(t) = [x,\ y] = [t^2,\ t]\ (0 \leqq t \leqq 2)$

よって，求める接線線積分は，

$$\int_C \boldsymbol{f} \cdot d\boldsymbol{p} = \int_C ((-3x)\,dx + 6y\,dy)$$

$\frac{dx}{dt}dt = 2tdt$　　$\frac{dy}{dt}dt = 1 \cdot dt$

$$= -3\int_0^2 t^2 \cdot 2t\,dt + 6\int_0^2 t \cdot 1\,dt$$

$$= -6 \cdot \left[\frac{1}{4}t^4\right]_0^2 + 6 \cdot \left[\frac{1}{2}t^2\right]_0^2 = -6 \times 4 + 6 \times 2 = -12$$ となる。

(2) 空間ベクトル場 $\boldsymbol{f} = [f,\ g,\ h]$

$= [2x,\ \sqrt{y},\ 2z]$

曲線 $C : \boldsymbol{p}(t) = [x,\ y,\ z]$

$= [t,\ t^2,\ 1 - t]\ (0 \leqq t \leqq 1)$

よって，求める接線線積分は，

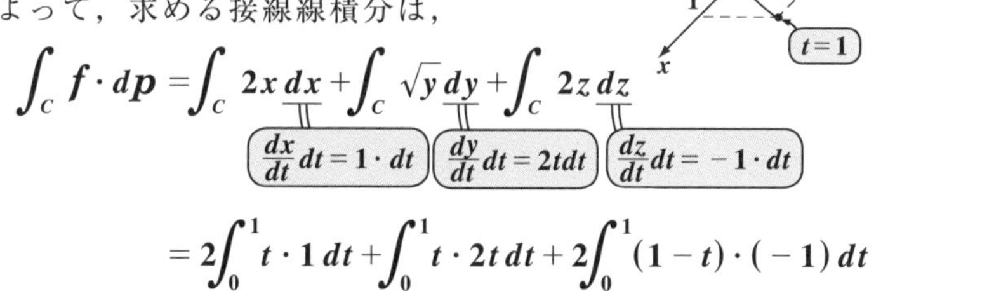

$$\int_C \boldsymbol{f} \cdot d\boldsymbol{p} = \int_C 2x\,dx + \int_C \sqrt{y}\,dy + \int_C 2z\,dz$$

$\frac{dx}{dt}dt = 1 \cdot dt$　　$\frac{dy}{dt}dt = 2tdt$　　$\frac{dz}{dt}dt = -1 \cdot dt$

$$= 2\int_0^1 t \cdot 1\,dt + \int_0^1 t \cdot 2t\,dt + 2\int_0^1 (1 - t) \cdot (-1)\,dt$$

$$\int_C \boldsymbol{f}\cdot d\boldsymbol{p} = \left[t^2\right]_0^1 + \frac{2}{3}\left[t^3\right]_0^1 + 2\left[\frac{1}{2}t^2 - t\right]_0^1$$

$$= 1 + \frac{2}{3} + 2\left(\frac{1}{2} - 1\right) = \frac{2}{3}$$ となって，答えだ！

ベクトル場の接線線積分においても，スカラー場の線積分のときと同様に次の公式

$$\int_{-C} \boldsymbol{f}\cdot d\boldsymbol{p} = -\int_C \boldsymbol{f}\cdot d\boldsymbol{p} \quad (C = \widehat{\mathrm{AB}},\ -C = \widehat{\mathrm{BA}})$$ と

$$\int_C \boldsymbol{f}\cdot d\boldsymbol{p} = \int_{C_1} \boldsymbol{f}\cdot d\boldsymbol{p} + \int_{C_2} \boldsymbol{f}\cdot d\boldsymbol{p} + \cdots + \int_{C_n} \boldsymbol{f}\cdot d\boldsymbol{p} \quad (C = C_1 + C_2 + \cdots + C_n)$$

が成り立つ。

それでは次，空間ベクトル場が ∇f の場合の接線線積分の公式を下に示そう。平面ベクトル場が ∇f の場合は z 成分の部分がなくなるだけで同様だ。

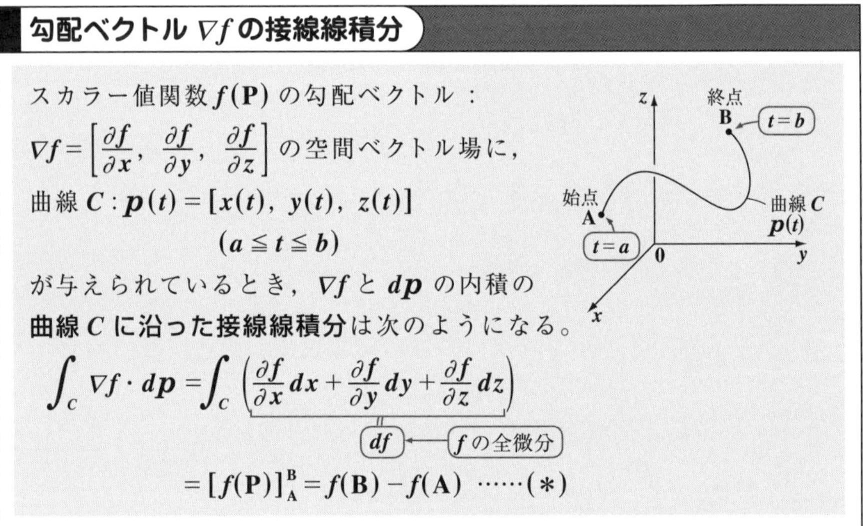

勾配ベクトル ∇f の接線線積分

スカラー値関数 $f(\mathrm{P})$ の勾配ベクトル：

$\nabla f = \left[\frac{\partial f}{\partial x},\ \frac{\partial f}{\partial y},\ \frac{\partial f}{\partial z}\right]$ の空間ベクトル場に，

曲線 $C : \boldsymbol{p}(t) = [x(t),\ y(t),\ z(t)]$

$(a \leqq t \leqq b)$

が与えられているとき，∇f と $d\boldsymbol{p}$ の内積の

曲線 C に沿った接線線積分は次のようになる。

$$\int_C \nabla f\cdot d\boldsymbol{p} = \int_C \underbrace{\left(\frac{\partial f}{\partial x}dx + \frac{\partial f}{\partial y}dy + \frac{\partial f}{\partial z}dz\right)}_{df}$$

df ← f の全微分

$$= \left[f(\mathrm{P})\right]_{\mathrm{A}}^{\mathrm{B}} = f(\mathrm{B}) - f(\mathrm{A}) \quad \cdots\cdots(*)$$

このように，勾配ベクトル ∇f の接線線積分は，曲線 C の始点 A と終点 B だけで決まり，途中の経路には依存しないんだね。

ここで，質点 P が右図のように，力 $\boldsymbol{f}$ を受けて曲線 C に沿って A から B まで移動するとき，この力 $\boldsymbol{f}$ が P になした仕事を W とおくと，

$$W = \int_C \boldsymbol{f}\cdot d\boldsymbol{p} \quad \cdots\cdots①$$ となるんだね。

(接線線積分だ。)

ここで，力の場 $\boldsymbol{f}$ が，万有引力の場合のように，スカラーポテンシャル φ をもてば，$\boldsymbol{f} = -\nabla\varphi$ ……②となる。よって，②を①に代入すると，

$$W = -\int_C \nabla\varphi \cdot d\boldsymbol{p} = -[\varphi(\mathrm{P})]_{\mathrm{A}}^{\mathrm{B}} = \varphi(\mathrm{A}) - \varphi(\mathrm{B})$$ となって，

移動経路 C によらず，仕事 W は，始点 A と終点 B のみで決まるんだね。したがって，A＝B，すなわち始点と終点が一致するとき，経路 C は閉曲線となるので，$\oint_C \nabla f \cdot d\boldsymbol{p} = 0$ も導ける。納得いった？

$\oint_C$ は，C が閉曲線であることを表す。

では，次の例題で勾配ベクトルの接線線積分の問題も解いておこう。

例題 40　$f(x, y, z) = xy - z^2$，曲線 C を $\mathrm{A}(1, 1, 1)$ から $\mathrm{B}(2, 3, -1)$ に到る曲線とする。このとき，$\int_C \nabla f \cdot d\boldsymbol{p}$ を求めてみよう。

f の勾配ベクトル $\nabla f = [y, x, -2z]$ の接線線積分は，積分経路によらず始点と終点の座標だけで決まる。だから，

$[f_x, f_y, f_z]$ のこと

$$\int_C \nabla f \cdot d\boldsymbol{p} = [f(\mathrm{P})]_{\mathrm{A}}^{\mathrm{B}} = f(\mathrm{B}) - f(\mathrm{A}) = f(2, 3, -1) - f(1, 1, 1)$$

$2 \cdot 3 - (-1)^2 = 5$　$1 \cdot 1 - 1^2 = 0$

$= 5$　となって，アッサリ答えが求まるんだね。面白かった？

ベクトル場の線積分としては，他に次のようなものも考えられる。

$$\int_C \boldsymbol{f}\,dt = \left[\int_a^b f\,dt,\ \int_a^b g\,dt,\ \int_a^b h\,dt\right]$$ や，← t での直接積分

$$\int_C \boldsymbol{f} \times d\boldsymbol{p} = \left[\int_C (g\,dz - h\,dy),\ \int_C (h\,dx - f\,dz),\ \int_C (f\,dy - g\,dx)\right]$$

f g h f
dx dy dz dx
$, f\,dy - g\,dx]$ $[g\,dz - h\,dy,\ h\,dx - f\,dz$

$\boldsymbol{f}$ と $d\boldsymbol{p}$ の外積の C に沿った線積分だ。

頻度としては，それ程高くないので，解説は割愛したけれど，これまでの解説をマスターしていれば，たとえ出題されてもスグに解けるはずだ！

今回は，例題で十分に線積分の練習はできたので，演習問題と実践問題は省略する。

§2. 面積分

それでは，これから“**面積分**”について解説しよう。座標平面上の平面を除いて，曲面 S は空間内だけに存在するので，今回対象となる場は空間のみだけれど，この“面積分”においても，線積分のときと同様に“**スカラー場の面積分**”と“**ベクトル場の面積分**”の 2 種類があるんだよ。

また，この面積分では“**面要素**” dS だけでなく，“**面要素ベクトル**” $d\boldsymbol{S}$ も登場する。この面要素ベクトル $d\boldsymbol{S}$ についての理解が面積分を理解する上で重要な鍵となるので，詳しくていねいに解説するつもりだ。

レベルは上がるけれど，面白さも倍増するはずだ！ 頑張ろう !!

● 面要素によるスカラー場の面積分から始めよう！

まず，空間スカラー場 $f(x, y, z)$ における“**面要素**”(*surface element*)dS による“**面積分**”(*surface integral*)から解説しよう。

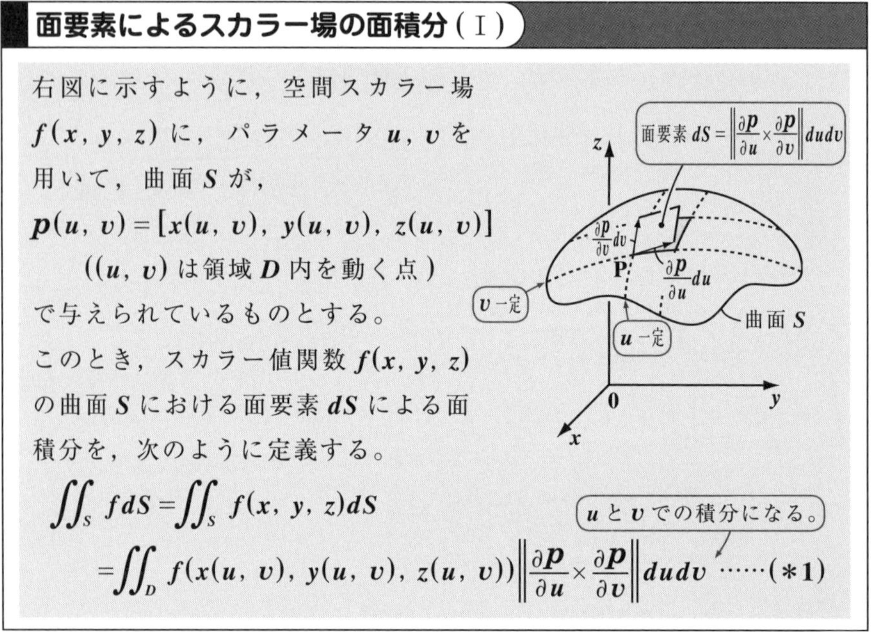

面要素によるスカラー場の面積分 (Ⅰ)

右図に示すように，空間スカラー場 $f(x, y, z)$ に，パラメータ u, v を用いて，曲面 S が，

$$\boldsymbol{p}(u, v) = [x(u, v), y(u, v), z(u, v)]$$

（(u, v) は領域 D 内を動く点）

で与えられているものとする。

このとき，スカラー値関数 $f(x, y, z)$ の曲面 S における面要素 dS による面積分を，次のように定義する。

$$\iint_S f dS = \iint_S f(x, y, z) dS$$

$$= \iint_D f(x(u, v), y(u, v), z(u, v)) \left\| \frac{\partial \boldsymbol{p}}{\partial u} \times \frac{\partial \boldsymbol{p}}{\partial v} \right\| dudv \quad \cdots\cdots (*1)$$

点 P におけるスカラー値 $f(x, y, z)$ に微小な面要素 $dS = \left\| \frac{\partial \boldsymbol{p}}{\partial u} \times \frac{\partial \boldsymbol{p}}{\partial v} \right\| dudv$

面要素 dS については P117 参照

をかけて (u, v) の領域 D で重積分したものが，求める f の面積分になる。

それでは，スカラー場の面積分を実際に次の例題で計算してみよう。

> 例題 41　$f(x, y, z) = (x^2 + y^2)z$ であり，半球面 S が，
> $\boldsymbol{p}(\theta, \varphi) = [a\sin\theta\cos\varphi, \ a\sin\theta\sin\varphi, \ a\cos\theta]\left(0 \leqq \theta \leqq \dfrac{\pi}{2}, \ 0 \leqq \varphi \leqq 2\pi\right)$
> $(a > 0)$ で与えられている。このとき，面積分 $\iint_S f dS$ を求めてみよう。

右図に示すように，半径 $a(>0)$ の上半球面 S が，$\boldsymbol{p}(\theta, \varphi)$ で与えられている。

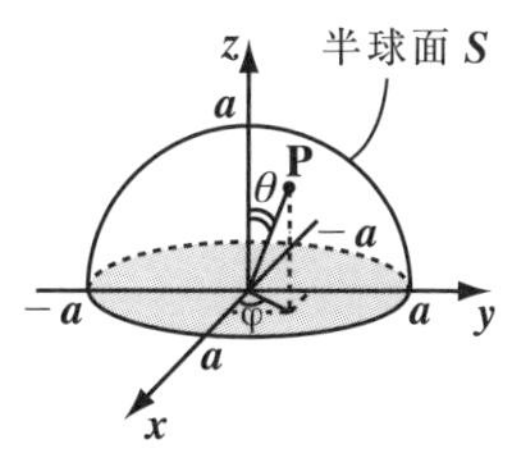

$x = a\sin\theta\cos\varphi, \ y = a\sin\theta\sin\varphi, \ z = a\cos\theta$

$\left(0 \leqq \theta \leqq \dfrac{\pi}{2}, \ 0 \leqq \varphi \leqq 2\pi\right)$ より，

$f(x, y, z) = (x^2 + y^2)z$

$= (\underbrace{a^2\sin^2\theta\cos^2\varphi + a^2\sin^2\theta\sin^2\varphi}_{a^2\sin^2\theta(\cos^2\varphi + \sin^2\varphi) = a^2\sin^2\theta})a\cos\theta$

$= a^3\sin^2\theta\cos\theta$ ……①　となる。

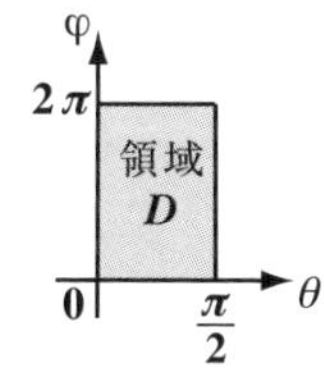

公式：$\iint_S f dS = \iint_D \underbrace{f}_{a^3\sin^2\theta\cos\theta \ (①より)} \left\| \dfrac{\partial \boldsymbol{p}}{\partial \theta} \times \dfrac{\partial \boldsymbol{p}}{\partial \varphi} \right\| d\theta d\varphi$ ……$(*)$

より，後は $\left\| \dfrac{\partial \boldsymbol{p}}{\partial \theta} \times \dfrac{\partial \boldsymbol{p}}{\partial \varphi} \right\|$ を求めればいいんだね。これについては，既に P118 でやっているけれど，ここでももう 1 度計算しておこう。

$$\begin{cases} \dfrac{\partial \boldsymbol{p}}{\partial \theta} = [a\cos\theta\cos\varphi, \ a\cos\theta\sin\varphi, \ -a\sin\theta] \\ \dfrac{\partial \boldsymbol{p}}{\partial \varphi} = [-a\sin\theta\sin\varphi, \ a\sin\theta\cos\varphi, \ 0] \end{cases}$$ より，

$\dfrac{\partial \boldsymbol{p}}{\partial \theta} \times \dfrac{\partial \boldsymbol{p}}{\partial \varphi} = [a^2\sin^2\theta\cos\varphi, \ a^2\sin^2\theta\sin\varphi, \ \underbrace{a^2\sin\theta\cos\theta}_{a^2\sin\theta\cos\theta(\cos^2\varphi + \sin^2\varphi)}]$

$\therefore \left\| \dfrac{\partial \boldsymbol{p}}{\partial \theta} \times \dfrac{\partial \boldsymbol{p}}{\partial \varphi} \right\| = \sqrt{a^4\sin^4\theta(\underbrace{\cos^2\varphi + \sin^2\varphi}_{1}) + a^4\sin^2\theta\cos^2\theta}$

$= \sqrt{a^4\sin^2\theta(\sin^2\theta + \cos^2\theta)} = a^2\sin\theta$ ……②　となる。（この結果は覚えていいよ！）

①，②を $(*)$ に代入して，領域 D で累次積分すればいいんだね。よって，

$$\iint_S f\,dS = \iint_D \underset{a^3\sin^2\theta\cos\theta\ (①より)}{f} \underbrace{\left\| \frac{\partial \boldsymbol{p}}{\partial \theta} \times \frac{\partial \boldsymbol{p}}{\partial \varphi} \right\|}_{a^2\sin\theta\ (②より)} d\theta d\varphi$$

$$= a^5 \underbrace{\int_0^{2\pi} d\varphi}_{[\varphi]_0^{2\pi}} \underbrace{\int_0^{\frac{\pi}{2}} \sin^3\theta\cos\theta\,d\theta}_{\left[\frac{1}{4}\sin^4\theta\right]_0^{\frac{\pi}{2}}}$$

公式 $\int f^3 \cdot f' d\theta = \frac{1}{4} f^4 + C$

$= a^5 \cdot 2\pi \cdot \frac{1}{4} = \frac{\pi}{2} a^5$ となって，答えだ！ 大丈夫だった？

それでは次，曲面 S が $z = \varphi(x,\ y)$ の形で与えられるときの面要素によるスカラー場の面積分の公式も下に示しておこう。

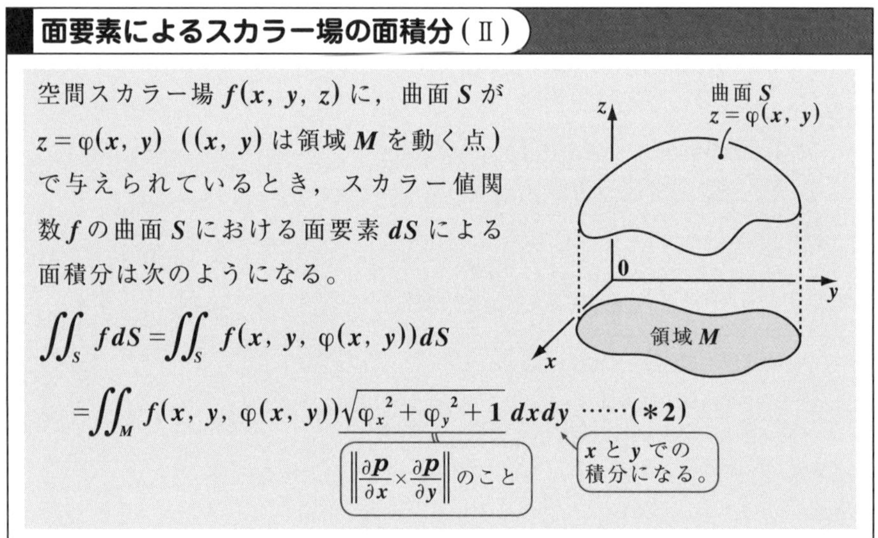

面要素によるスカラー場の面積分（Ⅱ）

空間スカラー場 $f(x,\ y,\ z)$ に，曲面 S が $z = \varphi(x,\ y)$ （$(x,\ y)$ は領域 M を動く点）で与えられているとき，スカラー値関数 f の曲面 S における面要素 dS による面積分は次のようになる。

$$\iint_S f\,dS = \iint_S f(x,\ y,\ \varphi(x,\ y))\,dS$$

$$= \iint_M f(x,\ y,\ \varphi(x,\ y)) \underbrace{\sqrt{\varphi_x{}^2 + \varphi_y{}^2 + 1}}_{\left\| \frac{\partial \boldsymbol{p}}{\partial x} \times \frac{\partial \boldsymbol{p}}{\partial y} \right\| \text{のこと}} dxdy \quad \cdots\cdots(*2)$$

x と y での積分になる。

面積分の公式（Ⅰ）の積分変数 $u,\ v$ が公式（Ⅱ）では積分変数 $x,\ y$ に置き換えられている。このとき，曲面 S も $x,\ y$ により，$\boldsymbol{p}(x,\ y) = [x,\ y,\ \underbrace{\varphi(x,\ y)}_{z}]$ となるので，

$$\frac{\partial \boldsymbol{p}}{\partial x} = [1,\ 0,\ \varphi_x],\quad \frac{\partial \boldsymbol{p}}{\partial y} = [0,\ 1,\ \varphi_y]$$

よって，$\frac{\partial \boldsymbol{p}}{\partial x} \times \frac{\partial \boldsymbol{p}}{\partial y} = [-\varphi_x,\ -\varphi_y,\ 1]$ より，

$$\begin{matrix} 1 & 0 & \varphi_x & 1 \\ 0 & 1 & \varphi_y & 0 \end{matrix}$$
$$,1]\ [-\varphi_x,\ -\varphi_y$$

$$\left\| \frac{\partial \boldsymbol{p}}{\partial x} \times \frac{\partial \boldsymbol{p}}{\partial y} \right\| = \sqrt{(-\varphi_x)^2 + (-\varphi_y)^2 + 1^2}$$

$= \sqrt{\varphi_x{}^2 + \varphi_y{}^2 + 1}$ 　となるんだね。

例題 **41** の半径 a の上半球面は，$z=\varphi(x,\ y)=\sqrt{a^2-x^2-y^2}$ と表すこともできる。同一問題を面積分の公式(II)を使って求めてみよう。

> 例題 **42** $f(x,\ y,\ z)=(x^2+y^2)z$ であり，半球面 S が，
> $z=\sqrt{a^2-x^2-y^2}$ $(\underbrace{x^2+y^2\leqq a^2}_{\text{領域}M})$ で与えられているとき，面積分 $\iint_S fdS$ を求めてみよう。　(ただし，$a>0$ とする。)

半球面 S を，

$$z=\varphi(x,\ y)=\sqrt{a^2-x^2-y^2}=(a^2-x^2-y^2)^{\frac{1}{2}}$$

とおいて，偏微分 φ_x と φ_y を求めるよ。

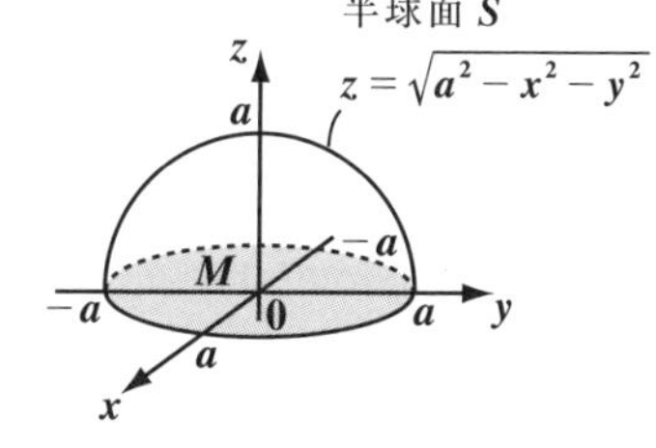

$$\begin{cases}\varphi_x=\frac{1}{2}(a^2-x^2-y^2)^{-\frac{1}{2}}\cdot(-2x)=-\frac{x}{z}\\ \varphi_y=\frac{1}{2}(a^2-x^2-y^2)^{-\frac{1}{2}}\cdot(-2y)=-\frac{y}{z}\end{cases}$$

$(\because z=\sqrt{a^2-x^2-y^2}$ だからね。)

よって，

$$\left\|\frac{\partial \boldsymbol{p}}{\partial x}\times\frac{\partial \boldsymbol{p}}{\partial y}\right\|=\sqrt{\varphi_x{}^2+\varphi_y{}^2+1}$$

$$=\sqrt{\left(-\frac{x}{z}\right)^2+\left(-\frac{y}{z}\right)^2+1}$$

$$=\sqrt{\frac{x^2+y^2+z^2}{z^2}}$$

$$=\frac{a}{z}\ \cdots\cdots①\quad \text{となる。}$$

$(\because x^2+y^2+z^2=a^2,\ z\geqq 0)$

以上より，求める面積分は，

$$\iint_S fdS=\iint_M \underbrace{f}_{(x^2+y^2)z}\ \underbrace{\sqrt{\varphi_x{}^2+\varphi_y{}^2+1}}_{\frac{a}{z}\ (①より)}\,dxdy$$

$$=a\iint_M (x^2+y^2)dxdy\ \cdots\cdots②$$

ここで，極座標変換：

$$x=r\cos\theta,\ y=r\sin\theta\ \ (\underbrace{0\leqq r\leqq a,\ 0\leqq\theta\leqq 2\pi}_{\text{領域}D'})$$

を行うと，ヤコビアン $J=r$ より，②は，

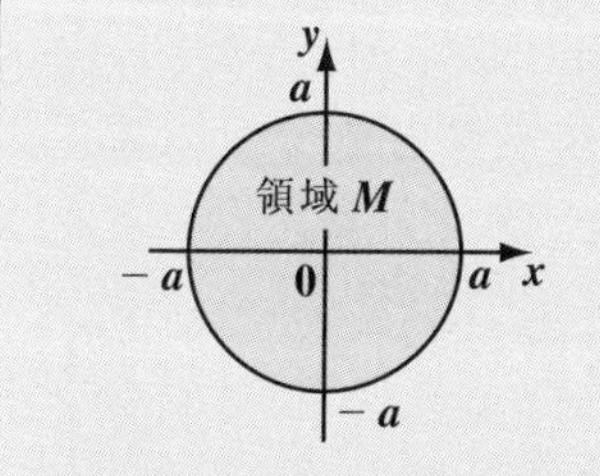

$x=r\cos\theta$，$y=r\sin\theta$ により，
$(x,\ y)\longrightarrow(r,\ \theta)$ に
極座標変換すると，
ヤコビアン J は，

$$J=\begin{vmatrix}x_r & x_\theta\\ y_r & y_\theta\end{vmatrix}=\begin{vmatrix}\cos\theta & -r\sin\theta\\ \sin\theta & r\cos\theta\end{vmatrix}$$
$$=r(\cos^2\theta+\sin^2\theta)=r$$

となる。

「微分積分キャンパス・ゼミ」(マセマ)

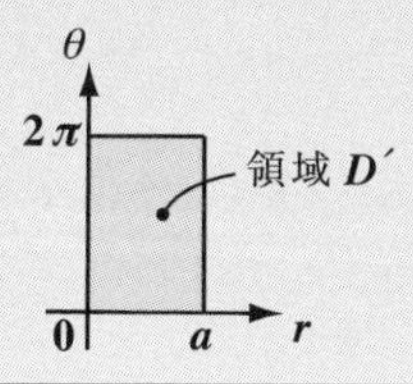

$$\iint_S f dS = a\iint_M \underbrace{(x^2+y^2)}_{r^2} dxdy = a\iint_{D'} r^2 \cdot \underbrace{r}_{|J|\ (J: ヤコビアン)} drd\theta$$

$$= a\underbrace{\int_0^a r^3 dr}_{\left[\frac{1}{4}r^4\right]_0^a}\underbrace{\int_0^{2\pi} d\theta}_{[\theta]_0^{2\pi}} = \frac{a^5}{4}\cdot 2\pi = \frac{\pi}{2}a^5$$ となって，

例題 **41** と同じ結果が導けた！

● 面要素ベクトルによるスカラー場の面積分も押さえよう！

それでは次，空間スカラー場 $f(x, y, z)$ において"**面要素**（めんようそ）**ベクトル**"(*surface element vector*) $d\boldsymbol{S}$ による"**面積分**"について解説しよう。まず重要な面要素ベクトル $d\boldsymbol{S}$ について解説しよう。

図 **1**(i) に示すように，ある曲面 $S : \boldsymbol{p}(u, v)$ 上の点 P における面要素ベクトル $d\boldsymbol{S}$ は，**2** つの微小なベクトル $\frac{\partial \boldsymbol{p}}{\partial u}du$ と $\frac{\partial \boldsymbol{p}}{\partial v}dv$ の両方に直交し，その大きさは面要素 dS に等しい。よって，点 P における接平面の単位法線ベクトル $\boldsymbol{n}$ を用いると，面要素ベクトル $d\boldsymbol{S}$ は，

$$d\boldsymbol{S} = \boldsymbol{n}dS \quad \cdots\cdots ①$$

ベクトル $\boldsymbol{n}$ にスカラー dS がかけられている形だ。

当然，この単位法線ベクトル $\boldsymbol{n}$ は，図 **1**(ii) に示すように，

図 **1**　面要素ベクトル

(i)

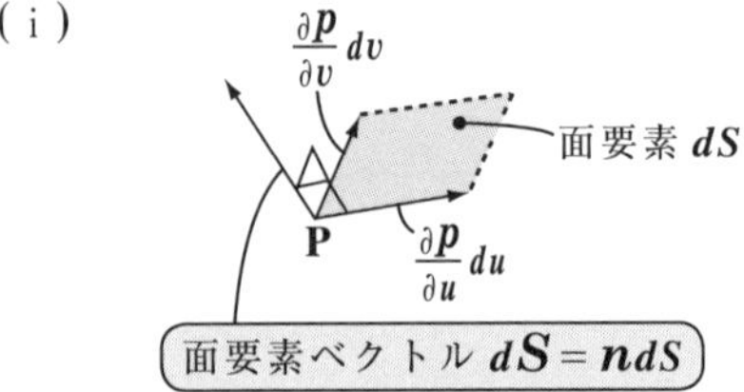

(ii)

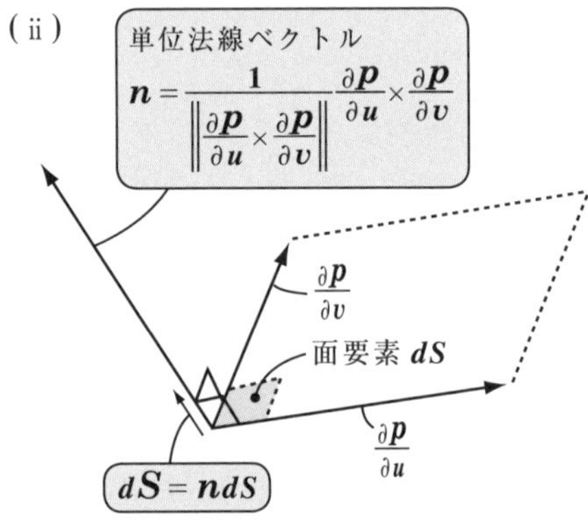

$$\boldsymbol{n} = \frac{\frac{\partial \boldsymbol{p}}{\partial u}\times\frac{\partial \boldsymbol{p}}{\partial v}}{\left\|\frac{\partial \boldsymbol{p}}{\partial u}\times\frac{\partial \boldsymbol{p}}{\partial v}\right\|} \quad \cdots\cdots ②$$ から求めることができるんだね。

注意

面積分の対象となる曲面 S は，メビウスの帯のような表裏の区別のつかない特殊なものを除いて，すべて表裏の区別のつくものとする。そして，曲面上の各点における単位法線ベクトル $\boldsymbol{n}$ の向きは2通りあるが，その内の一方を正の向き，他方を負の向きと定める。さらに $\boldsymbol{n}$ は曲面上で連続であるものとする。ここで，球面のような，内部と外部の区別のつく閉曲面については，その内部から外部に向かう向きを単位法線ベクトル $\boldsymbol{n}$ の正の向きと定める。$\boldsymbol{n}$ については以上の約束事があることを頭に入れておこう。

ここで，図2に示すように単位法線ベクトル $\boldsymbol{n}$ と，x 軸，y 軸，z 軸の正の向きとがなす角をそれぞれ α，β，γ と表すと，$\boldsymbol{n}$ は方向余弦 $\cos\alpha$，$\cos\beta$，$\cos\gamma$ を成分にもつベクトルであることは知ってるね。エッ，忘れたって？ P49を見てくれ。よって，

$\boldsymbol{n} = [\cos\alpha,\ \cos\beta,\ \cos\gamma]$ ……③

だね。③を①に代入して，

図2　$\boldsymbol{n}$ と方向余弦

$\boldsymbol{n} = [\cos\alpha,\ \cos\beta,\ \cos\gamma]$

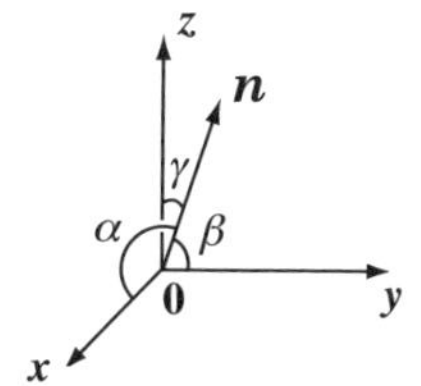

図3　方向余弦と正射影 (P50参照)

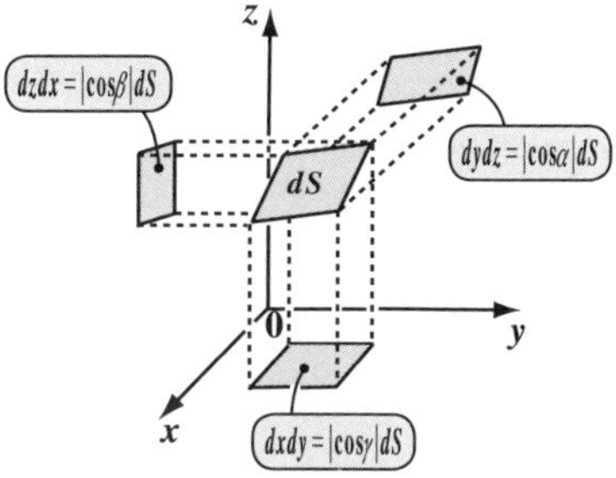

$d\boldsymbol{S} = [\cos\alpha,\ \cos\beta,\ \cos\gamma]dS$

$\therefore\ d\boldsymbol{S} = [\cos\alpha dS,\ \cos\beta dS,\ \cos\gamma dS]$ ……④

が導ける。$\cos\alpha$，$\cos\beta$，$\cos\gamma$ は正・負の値を取り得るので，この絶対値をとったもの，$|\cos\alpha|dS$，$|\cos\beta|dS$，$|\cos\gamma|dS$ は面要素 dS を，それぞれ yz 平面，zx 平面，xy 平面に正射影したものであるから，

$|\cos\alpha|dS = dydz$，$|\cos\beta|dS = dzdx$，$|\cos\gamma|dS = dxdy$，すなわち，

$\cos\alpha dS = \pm dydz$，$\cos\beta dS = \pm dzdx$，$\cos\gamma dS = \pm dxdy$ となるんだね。

（⊕か⊖は，各方向余弦 $\cos\alpha$，$\cos\beta$，$\cos\gamma$ の符号と一致する！）

よって，面要素ベクトル $d\boldsymbol{S}$ は，

$d\boldsymbol{S} = [\pm dydz,\ \pm dzdx,\ \pm dxdy]$ ……⑤　と表すこともできるんだね。

（∵面要素 $dydz$，$dzdx$，$dxdy$ は，すべて⊕だからね。）

さらに，$dydz$ を $dudv$ に変換するには，ヤコビアン J を利用すればいいので，$dydz = |J|dudv$ と表せる。ここで，

ヤコビアン $J = \begin{vmatrix} \dfrac{\partial y}{\partial u} & \dfrac{\partial y}{\partial v} \\ \dfrac{\partial z}{\partial u} & \dfrac{\partial z}{\partial v} \end{vmatrix} = \dfrac{\partial y}{\partial u}\cdot\dfrac{\partial z}{\partial v} - \dfrac{\partial y}{\partial v}\cdot\dfrac{\partial z}{\partial u} = \dfrac{\partial(y,\ z)}{\partial(u,\ v)}$ とおくと，

$dydz = \left|\dfrac{\partial(y,\ z)}{\partial(u,\ v)}\right|dudv$ と表せる。同様に，

$dzdx = \left|\dfrac{\partial(z,\ x)}{\partial(u,\ v)}\right|dudv$，$dxdy = \left|\dfrac{\partial(x,\ y)}{\partial(u,\ v)}\right|dudv$ と表せる。

以上より，面要素ベクトル $d\boldsymbol{S}$ による，空間スカラー場 $f(x,\ y,\ z)$ の面積分を次のように定義する。

面要素ベクトルによるスカラー場の面積分（I）

右図に示すように，空間スカラー場 $f(x,\ y,\ z)$ に，パラメータ $u,\ v$ を用いて，曲面 S が，

$\boldsymbol{p}(u,\ v) = [x(u,\ v),\ y(u,\ v),\ z(u,\ v)]$

（$(u,\ v)$ は領域 D 内を動く点）

で与えられるものとする。

このとき，スカラー値関数 $f(x,\ y,\ z)$ の曲面 S における面要素ベクトル $d\boldsymbol{S}$ による面積分を，次のように定義する。

$$\iint_S f d\boldsymbol{S} = \left[\iint_S f\cos\alpha dS,\ \iint_S f\cos\beta dS,\ \iint_S f\cos\gamma dS\right] \cdots (*1)$$

$\cos\alpha$，$\cos\beta$，$\cos\gamma$ は，⊕，⊖ の値を取り得る。

$$\iint_S f d\boldsymbol{S} = \left[\pm\iint_{M'} f dydz,\ \pm\iint_{M''} f dzdx,\ \pm\iint_M f dxdy\right] \cdots (*2)$$

$$\iint_S f d\boldsymbol{S} = \left[\pm\iint_D f\left|\frac{\partial(y,\ z)}{\partial(u,\ v)}\right|dudv,\ \pm\iint_D f\left|\frac{\partial(z,\ x)}{\partial(u,\ v)}\right|dudv,\right.$$

$$\left.\pm\iint_D f\left|\frac{\partial(x,\ y)}{\partial(u,\ v)}\right|dudv\right] \cdots\cdots (*3)$$

$(*2)$，$(*3)$ の各符号（⊕，⊖）は，$(*1)$ の $\cos\alpha$，$\cos\beta$，$\cos\gamma$ の符号（⊕，⊖）と一致する。

$(*1)$ は，$d\boldsymbol{S}=[\cos\alpha dS,\ \cos\beta dS,\ \cos\gamma dS]$ ……④ にスカラー値関数 f をかけて 2 重積分したものであり，$(*2)$ は $d\boldsymbol{S}=[\pm dydz,\ \pm dzdx,\ \pm dxdy]$ ……⑤ に同様のことをして導かれた公式なんだね。$(*3)$ も同様だ。

面要素ベクトル $d\boldsymbol{S}$ による面積分は，表現が多様なので，初めはとまどうと思う。でも，$d\boldsymbol{S}$ の意味を詳しく解説したからマスターできるはずだ。

ここで，$(*1)$ については，$\boldsymbol{n}=[\cos\alpha,\ \cos\beta,\ \cos\gamma]$，$\boldsymbol{i}=[1,\ 0,\ 0]$，$\boldsymbol{j}=[0,\ 1,\ 0]$，$\boldsymbol{k}=[0,\ 0,\ 1]$ を用いると，$\boldsymbol{i}\cdot\boldsymbol{n}=\cos\alpha$，$\boldsymbol{j}\cdot\boldsymbol{n}=\cos\beta$，$\boldsymbol{k}\cdot\boldsymbol{n}=\cos\gamma$ となるので，この面積分は，

$$\iint_S fd\boldsymbol{S}=\left[\iint_S f\boldsymbol{i}\cdot\boldsymbol{n}dS,\ \iint_S f\boldsymbol{j}\cdot\boldsymbol{n}dS,\ \iint_S f\boldsymbol{k}\cdot\boldsymbol{n}dS\right]\cdots(*1)'$$

と表現することもできるんだ。エッ，ヴァリエーションが多すぎて，嫌になったって？ 後，もう少しだ！ 最後に曲面 S が，$z=\varphi(x,\ y)$ の形で与えられるときの，面要素ベクトルによるスカラー場の面積分の公式を下に示そう。

面要素ベクトルによるスカラー場の面積分（Ⅱ）

空間スカラー場 $f(x,\ y,\ z)$ に，曲面 S が $z=\varphi(x,\ y)$ （$(x,\ y)$ は領域 M を動く点）で与えられているとき，スカラー値関数 f の曲面 S における面要素ベクトル $d\boldsymbol{S}$ による面積分は次のようになる。

曲面 S
$z=\varphi(x,\ y)$
z
0
y
x
領域 M

$$\iint_S fd\boldsymbol{S}=\iint_S f(x,\ y,\ \varphi(x,\ y))d\boldsymbol{S}$$

$$=\left[\pm\iint_M f|\varphi_x|dxdy,\ \pm\iint_M f|\varphi_y|dxdy,\ \pm\iint_M fdxdy\right]\cdots\cdots(*4)$$

（$(*4)$ の各符号（⊕, ⊖）も，$(*1)$ の $\cos\alpha$, $\cos\beta$, $\cos\gamma$ の符号（⊕, ⊖）と一致する。）

$(*4)$ は，$(*3)$ の右辺の各成分の z を $z=\varphi(x,\ y)$ とおき，また変数 u，v を変数 x，y に置き換えると得られる。すなわち，

（ⅰ）x 成分は，

$$\pm\iint_D f\left|\frac{\partial(y,\ z)}{\partial(u,\ v)}\right|dudv=\pm\iint_M f\left|\frac{\partial(y,\ \varphi)}{\partial(x,\ y)}\right|dxdy$$

（z → φ）（x, y での積分となったので，積分領域は M に変わる。）

$$=\pm\iint_M f|\varphi_x|dxdy$$ となる。

$$\begin{vmatrix} y_x & y_y \\ \varphi_x & \varphi_y \end{vmatrix}=\begin{vmatrix} 0 & 1 \\ \varphi_x & \varphi_y \end{vmatrix}=-\varphi_x$$

(ⅱ) y 成分は，

$$\pm\iint_D f\left|\frac{\partial(z,\ x)}{\partial(u,\ v)}\right|dudv = \pm\iint_M f\left|\frac{\partial(\varphi,\ x)}{\partial(x,\ y)}\right|dxdy$$

（z は φ）

$$= \pm\iint_M f|\varphi_y|dxdy \text{ となる。}$$

$$\begin{vmatrix}\varphi_x & \varphi_y \\ x_x & x_y\end{vmatrix} = \begin{vmatrix}\varphi_x & \varphi_y \\ 1 & 0\end{vmatrix} = -\varphi_y$$

(ⅲ) z 成分は，

$$\pm\iint_D f\left|\frac{\partial(x,\ y)}{\partial(u,\ v)}\right|dudv = \pm\iint_M f\left|\frac{\partial(x,\ y)}{\partial(x,\ y)}\right|dxdy$$

$$= \pm\iint_M fdxdy \text{ となる。}$$

$$\begin{vmatrix}x_x & x_y \\ y_x & y_y\end{vmatrix} = \begin{vmatrix}1 & 0 \\ 0 & 1\end{vmatrix} = 1$$

以上(ⅰ)(ⅱ)(ⅲ)より，(*4)の面積分の公式が得られることも分かったと思う。

> 例題 43　$f(x,\ y,\ z) = x + 2y + z$ であり，
> 平面 S が $2x + 2y - z = 2$　$(x \geqq 0,\ y \geqq 0,\ z \leqq 0)$ で与えられているとき，
> 面要素ベクトルによる面積分 $\iint_S fd\boldsymbol{S}$ を求めてみよう。
> (ただし，S の単位法線ベクトル $\boldsymbol{n}$ の x 成分は正とする。)

少し緊張してるって？ 大丈夫だよ。公式通りに解いていこう。

平面 S：$2x + 2y - z = 2$ ……①

$(x \geqq 0,\ y \geqq 0,\ z \leqq 0)$ より，

これは右図に示すように，3 点 $(1,\ 0,\ 0)$，$(0,\ 1,\ 0)$，$(0,\ 0,\ -2)$ を頂点とする三角形になる。

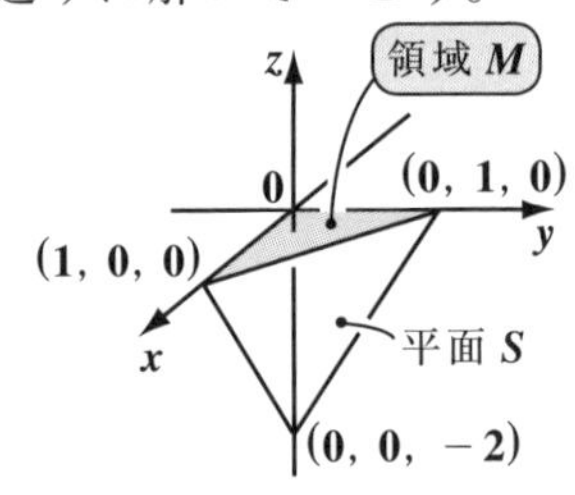

当然，この平面 S の単位法線ベクトル $\boldsymbol{n}$ は定ベクトルになる。求めてみよう。

①より，$F(x,\ y,\ z) = 2x + 2y - z - 2 = 0$ ……①′ とおくと，これはスカラー場 $F(x,\ y,\ z)$ の 1 つの等位曲面を表すので，①′の勾配ベクトル

$$\nabla F = \left[\frac{\partial F}{\partial x},\ \frac{\partial F}{\partial y},\ \frac{\partial F}{\partial z}\right] = [2,\ 2,\ -1]$$ は①の法線ベクトルになる。

よって，このノルムを求めると，$\|\nabla F\| = \sqrt{2^2 + 2^2 + (-1)^2} = \sqrt{9} = 3$ より，

①の単位法線ベクトル $\boldsymbol{n}$ は，

$$\boldsymbol{n} = \frac{1}{\|\nabla F\|}\nabla F = \frac{1}{3}[2,\ 2,\ -1] = \left[\frac{2}{3},\ \frac{2}{3},\ -\frac{1}{3}\right] \text{ となる。}$$

（$\frac{2}{3} = \cos\alpha$，$\frac{2}{3} = \cos\beta$，$-\frac{1}{3} = \cos\gamma$。これは⊕だから OK だね。）

①より，平面(曲面)S は，$z=\varphi(x,\ y)=2x+2y-2$ ……② とおける。
よって，スカラー値関数 $f(x,\ y,\ z)$ に②を代入して，
$f(x,\ y,\ z)=x+2y+z=x+2y+2x+2y-2=3x+4y-2$ ……③ となる。
以上より，求める面要素ベクトル $d\boldsymbol{S}$ による面積分は，

$$\iint_S f d\boldsymbol{S}=\left[\iint_S f\cdot\frac{2}{3}dS,\ \iint_S f\cdot\frac{2}{3}dS,\ \iint_S f\cdot\left(-\frac{1}{3}\right)dS\right]\ ((*1)\text{より})$$

（$\frac{2}{3}=\cos\alpha$，$\frac{2}{3}=\cos\beta$，$-\frac{1}{3}=\cos\gamma$ ← これのみ⊖）

$$=\left[\iint_{M'} f\,dydz,\ \iint_{M''} f\,dzdx,\ -\iint_M f\,dxdy\right]\quad((*2)\text{より})$$

（$\cos\gamma$ は⊖より，これのみ⊖の符号になる！）

$$=\left[\iint_M f|\varphi_x|dxdy,\ \iint_M f|\varphi_y|dxdy,\ -\iint_M f\,dxdy\right]\ ((*4)\text{より})$$

（$\frac{\partial\varphi}{\partial x}=2$，$\frac{\partial\varphi}{\partial y}=2$　すべて，x と y での積分に統一した！）

$$=\left[2\iint_M f\,dxdy,\ 2\iint_M f\,dxdy,\ -\iint_M f\,dxdy\right]\ \cdots\cdots④\ \text{となる。}$$

よって，$\iint_M f\,dxdy$ を求めて，④に代入すればいいんだね。

xy 平面における積分領域 M を右に示す。
これから，

y, x, 1, $1-x$, 0, $y=1-x$, 領域 M

$$\iint_M f\,dxdy=\int_0^1\left\{\int_0^{1-x}(3x+4y-2)dy\right\}dx$$

（$f=3x+4y-2$（③より））　累次積分

（$[2y^2+(3x-2)y]_0^{1-x}=2(1-x)^2+(3x-2)(1-x)$
$=(1-x)(2-2x+3x-2)=x(1-x)$）

$$=\int_0^1(x-x^2)dx=\left[\frac{1}{2}x^2-\frac{1}{3}x^3\right]_0^1=\frac{1}{2}-\frac{1}{3}=\frac{1}{6}\ \cdots\cdots⑤$$

⑤を④に代入して，

$$\iint_S f d\boldsymbol{S}=\left[2\cdot\frac{1}{6},\ 2\cdot\frac{1}{6},\ -\frac{1}{6}\right]=\left[\frac{1}{3},\ \frac{1}{3},\ -\frac{1}{6}\right]\ \text{となって，答えだ！}$$

自力でスラスラ解けるようになるまで，練習しよう！
面積分で最も重要なポイントは，“面要素ベクトル” $d\boldsymbol{S}$ と面要素 dS の公式をシッカリ頭に入れておくことなんだ。次にまとめて示しておこう。

面要素ベクトルと面要素

(Ⅰ) 面要素ベクトル $d\boldsymbol{S}$

$$d\boldsymbol{S}=\boldsymbol{n}dS=[\cos\alpha dS,\ \cos\beta dS,\ \cos\gamma dS]$$

$$=[\pm dydz,\ \pm dzdx,\ \pm dxdy]$$

$\boldsymbol{p}(u,\ v)$ のとき →

$$=\left[\pm\left|\frac{\partial(y,\ z)}{\partial(u,\ v)}\right|dudv,\pm\left|\frac{\partial(z,\ x)}{\partial(u,\ v)}\right|dudv,\pm\left|\frac{\partial(x,\ y)}{\partial(u,\ v)}\right|dudv\right]$$

$z=\varphi(x,\ y)$ のとき →

$$=[\pm|\varphi_x|dxdy,\ \ \pm|\varphi_y|dxdy,\ \ \pm dxdy]$$

この⊕,⊖は，$\cos\alpha$ の　この⊕,⊖は，$\cos\beta$ の　この⊕,⊖は，$\cos\gamma$ の⊕,⊖と一致する。

(Ⅱ) 面要素 dS

$$dS=\left\|\frac{\partial\boldsymbol{p}}{\partial u}\times\frac{\partial\boldsymbol{p}}{\partial v}\right\|dudv=\sqrt{{\varphi_x}^2+{\varphi_y}^2+1}\,dxdy$$

S が，$\boldsymbol{p}(u,\ v)$ のとき　S が，$z=\varphi(x,\ y)$ のとき

さらに，

$|\cos\alpha|dS=dydz$，$|\cos\beta|dS=dzdx$，$|\cos\gamma|dS=dxdy$　より，

$$dS=\frac{1}{|\cos\alpha|}dydz=\frac{1}{|\cos\beta|}dzdx=\frac{1}{|\cos\gamma|}dxdy$$

● ベクトル場の面積分もマスターしよう！

空間ベクトル場 $\boldsymbol{f}=[f,\ g,\ h]$ の面積分として，次の **3** つを定義する。

空間ベクトル場の面積分

空間ベクトル場 $\boldsymbol{f}=[f(x,\ y,\ z),\ g(x,\ y,\ z),\ h(x,\ y,\ z)]$ の曲面 S における面積分として，次の **3** つを定義する。

(1) $\displaystyle\iint_S \boldsymbol{f}dS=\left[\iint_S fdS,\ \iint_S gdS,\ \iint_S hdS\right]$

(2) $\displaystyle\iint_S \boldsymbol{f}\cdot d\boldsymbol{S}=\iint_S \boldsymbol{f}\cdot\boldsymbol{n}\,dS=\iint_S (f\cos\alpha+g\cos\beta+h\cos\gamma)dS$

(3) $\displaystyle\iint_S \boldsymbol{f}\times d\boldsymbol{S}=\iint_S \boldsymbol{f}\times\boldsymbol{n}\,dS$

$$=\left[\iint_S(g\cos\gamma-h\cos\beta)dS,\ \iint_S(h\cos\alpha-f\cos\gamma)dS,\ \iint_S(f\cos\beta-g\cos\alpha)dS\right]$$

(1) は，ベクトル $\boldsymbol{f}=[f,\ g,\ h]$ にスカラー dS をかけて面積分にしたもので，結果はベクトルになる。

(2) は，2つのベクトル $\boldsymbol{f}=[f,\ g,\ h]$ と $\boldsymbol{n}=[\cos\alpha,\ \cos\beta,\ \cos\gamma]$ の内積の面積分だから，結果は当然スカラーになるんだね。

(3) は，2つのベクトル $\boldsymbol{f}=[f,\ g,\ h]$ と $\boldsymbol{n}=[\cos\alpha,\ \cos\beta,\ \cos\gamma]$ の外積の面積分だから，その結果はベクトルになる。これも大丈夫だね。

そして，具体的な面積分の計算では条件に合わせて，面要素ベクトル $d\boldsymbol{S}$ や面要素 dS の公式を使い分けていけばいいんだね。

それでは早速，以下の例題で実際に計算してみることにしよう。

> 例題 44　$\boldsymbol{f}(x,\ y,\ z)=[x,\ 2y,\ z]$ であり，
> 平面 S が $2x+2y-z=2$ $(x\geqq 0,\ y\geqq 0,\ z\leqq 0)$ で与えられているとき，次の面積分を求めてみよう。(ただし，S の単位法線ベクトル $\boldsymbol{n}$ の x 成分は正とする。)
>
> (1) $\displaystyle\iint_S \boldsymbol{f}dS$　　(2) $\displaystyle\iint_S \boldsymbol{f}\cdot\boldsymbol{n}dS$　　(3) $\displaystyle\iint_S \boldsymbol{f}\times\boldsymbol{n}dS$

平面 S：$2x+2y-z=2$ ……①

$(x\geqq 0,\ y\geqq 0,\ z\leqq 0)$ は，

例題 43 と同じで，その単位法線ベクトル $\boldsymbol{n}$ は，

(これは⊕で，問題文の条件をみたす。)

$\boldsymbol{n}=\left[\dfrac{2}{3},\ \dfrac{2}{3},\ -\dfrac{1}{3}\right]$ となるんだね。
($\cos\alpha$)($\cos\beta$)($\cos\gamma$)

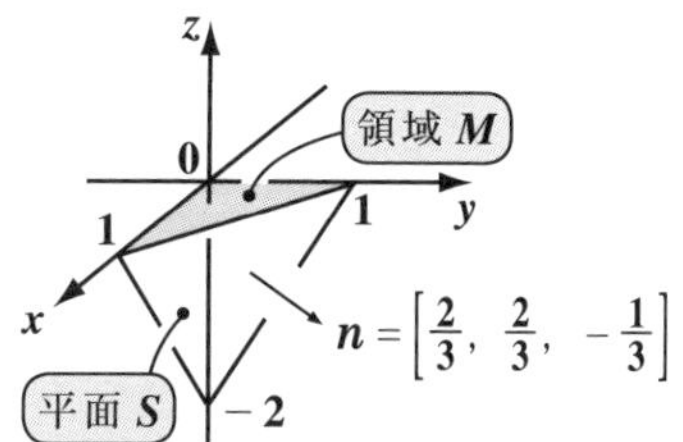

それでは，空間ベクトル場 $\boldsymbol{f}=[x,\ 2y,\ z]$ の3つの面積分を求めることにしよう。ここで，面要素 dS は，右の xy 平面の領域 M を用いることにして，

$$dS=\frac{1}{|\cos\gamma|}dxdy=3dxdy\quad とする。$$

($\cos\gamma = -\frac{1}{3}$)

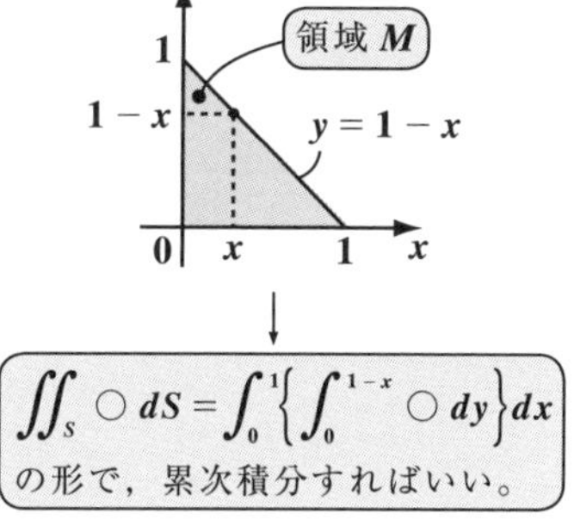

(1) $\displaystyle\iint_S \boldsymbol{f}dS = \iint_S [x,\ 2y,\ z]dS$

$\displaystyle = \Big[\underbrace{\iint_S xdS}_{(\text{i})},\ \underbrace{2\iint_S ydS}_{(\text{ii})},\ \underbrace{\iint_S zdS}_{(\text{iii})}\Big]$ ……① を求める。

($z = 2x+2y-2$ ($\because S : 2x+2y-z=2$))

(i) $\displaystyle\iint_S x\underline{dS} = 3\iint_M xdxdy = 3\int_0^1\Big\{\int_0^{1-x} xdy\Big\}dx$

($dS = 3dxdy$)

($\displaystyle\int_0^{1-x} xdy = [xy]_0^{1-x} = x(1-x)$)

$\displaystyle = 3\int_0^1 (x - x^2)dx = 3\Big[\frac{1}{2}x^2 - \frac{1}{3}x^3\Big]_0^1 = 3\Big(\frac{1}{2} - \frac{1}{3}\Big) = \frac{1}{2}$

(ii) $\displaystyle 2\iint_S y\underline{dS} = 6\iint_M ydxdy = 6\int_0^1\Big\{\int_0^{1-x} ydy\Big\}dx$

($dS = 3dxdy$)

($\displaystyle\int_0^{1-x} ydy = \Big[\frac{1}{2}y^2\Big]_0^{1-x} = \frac{1}{2}(1-x)^2$)

$\displaystyle = 3\int_0^1 (1-x)^2dx = 3\Big[-\frac{1}{3}(1-x)^3\Big]_0^1 = -(0-1) = 1$

(iii) $\displaystyle\iint_S (2x+2y-2)\underline{dS} = 3\iint_M (2x+2y-2)dxdy$

($dS = 3dxdy$)

$\displaystyle = 3\int_0^1\Big\{\int_0^{1-x}\{2y+2(x-1)\}dy\Big\}dx$

($\displaystyle\int_0^{1-x}\{2y+2(x-1)\}dy = [y^2+2(x-1)y]_0^{1-x} = (1-x)^2 - 2(1-x)^2 = -(1-x)^2$)

$\displaystyle = -3\int_0^1 (1-x)^2dx = -3\Big[-\frac{1}{3}(1-x)^3\Big]_0^1 = 0 - 1 = -1$

以上 (i)(ii)(iii) を①に代入して，

$\displaystyle\iint_S \boldsymbol{f}dS = \Big[\frac{1}{2},\ 1,\ -1\Big]$ となる。大丈夫？

(2) $\displaystyle\iint_S \boldsymbol{f}\cdot\boldsymbol{n}dS = \iint_S [x,\ 2y,\ z]\cdot\Big[\frac{2}{3},\ \frac{2}{3},\ -\frac{1}{3}\Big]\underline{dS}$ より，

($\boldsymbol{n}dS$ は $d\boldsymbol{S}$ のこと)　($dS = 3dxdy$)

($\displaystyle [x,\ 2y,\ z]\cdot\Big[\frac{2}{3},\ \frac{2}{3},\ -\frac{1}{3}\Big] = \frac{2}{3}x + \frac{4}{3}y - \frac{1}{3}z = \frac{1}{3}(2x+4y-z) = \frac{1}{3}(2y+2)$　($z = 2x+2y-2$))

$$\iint_S \boldsymbol{f}\cdot\boldsymbol{n}\,dS = 3\iint_M \frac{2}{3}(y+1)\,dxdy = 2\int_0^1\left\{\int_0^{1-x}(y+1)\,dy\right\}dx$$

$$\left[\frac{1}{2}y^2+y\right]_0^{1-x} = \frac{1}{2}(1-x)^2+1-x$$
$$= \frac{1}{2}-x+\frac{1}{2}x^2+1-x = \frac{1}{2}x^2-2x+\frac{3}{2}$$

$$= \int_0^1(x^2-4x+3)\,dx = \left[\frac{1}{3}x^3-2x^2+3x\right]_0^1 = \frac{1}{3}-2+3 = \frac{4}{3}$$

となって，答えだ。

(3) $\displaystyle\iint_S \boldsymbol{f}\times\boldsymbol{n}\,dS = \iint_S [x,\ 2y,\ z]\times\left[\frac{2}{3},\ \frac{2}{3},\ -\frac{1}{3}\right]dS$

（$\boldsymbol{n}\,dS$: dS のこと）

$$[x,\ 2y,\ z]\times\left[\frac{2}{3},\ \frac{2}{3},\ -\frac{1}{3}\right] = \left[-\frac{2}{3}y-\frac{2}{3}z,\ \frac{2}{3}z+\frac{1}{3}x,\ \frac{2}{3}x-\frac{4}{3}y\right]$$

$$= \left[\underbrace{-\frac{2}{3}\iint_S(y+z)\,dS}_{(\text{i})},\ \underbrace{\frac{1}{3}\iint_S(2z+x)\,dS}_{(\text{ii})},\ \underbrace{\frac{2}{3}\iint_S(x-2y)\,dS}_{(\text{iii})}\right]\cdots\cdots②$$

ここで，

(ⅰ) $\displaystyle -\frac{2}{3}\iint_S(y+z)\,dS = -2\int_0^1\left\{\int_0^{1-x}(2x+3y-2)\,dy\right\}dx$

（$y+z = y+(2x+2y-2)$，$dS = 3dxdy$）

$$\left[\frac{3}{2}y^2+2(x-1)y\right]_0^{1-x} = \frac{3}{2}(1-x)^2-2(1-x)^2 = -\frac{1}{2}(1-x)^2$$

$$= \int_0^1(1-x)^2\,dx = \left[-\frac{1}{3}(1-x)^3\right]_0^1 = -\frac{1}{3}(0-1) = \frac{1}{3}$$

(ⅱ) $\displaystyle \frac{1}{3}\iint_S(2z+x)\,dS = \int_0^1\left\{\int_0^{1-x}(5x+4y-4)\,dy\right\}dx$

（$2z+x = 2(2x+2y-2)+x$，$dS = 3dxdy$）

$$[2y^2+(5x-4)y]_0^{1-x} = 2(1-x)^2+(5x-4)(1-x)$$
$$= 2-4x+2x^2-5x^2+9x-4 = -3x^2+5x-2$$

$$= \int_0^1(-3x^2+5x-2)\,dx = \left[-x^3+\frac{5}{2}x^2-2x\right]_0^1 = -1+\frac{5}{2}-2 = -\frac{1}{2}$$

(ⅲ) $\displaystyle \frac{2}{3}\iint_S(x-2y)\,dS = 2\int_0^1\left\{\int_0^{1-x}(x-2y)\,dy\right\}dx$

（$dS = 3dxdy$）

$$[xy-y^2]_0^{1-x} = x(1-x)-(1-x)^2 = -2x^2+3x-1$$

(iii) の続き

$$\frac{2}{3}\iint_S (x-2y)dS = 2\int_0^1 (-2x^2+3x-1)dx = 2\left[-\frac{2}{3}x^3+\frac{3}{2}x^2-x\right]_0^1$$

$$= 2\left(-\frac{2}{3}+\frac{3}{2}-1\right) = 2\cdot\frac{-4+9-6}{6} = -\frac{1}{3}$$

以上 (i)(ii)(iii) を②に代入して，

$$\iint_S \boldsymbol{f}\times\boldsymbol{n}\,dS = \left[\frac{1}{3},\ -\frac{1}{2},\ -\frac{1}{3}\right]$$ となって，答えだ！

それでは，もう 1 題，ベクトル場の面積分の問題を解いてみよう。

例題 45　$\boldsymbol{f} = [2xz,\ 2yz,\ 0]$ であり，半球面 S が，

$x^2+y^2+z^2=4\ \ (z \geqq 0)$ で与えられているとき，面積分 $\iint_S \boldsymbol{f}\cdot\boldsymbol{n}\,dS$ を求めてみよう。(ただし，S の単位法線ベクトル $\boldsymbol{n}$ の z 成分は 0 以上とする。)

半球面 S : $x^2+y^2+z^2=4$ ……①　$(z \geqq 0)$

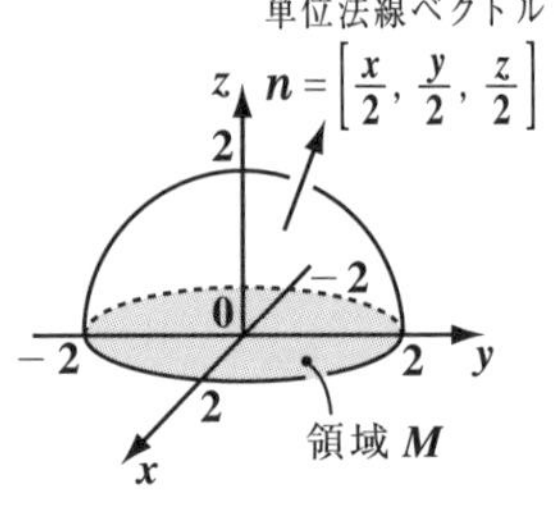

①より，$F(x,\ y,\ z) = x^2+y^2+z^2-4=0$ ……①′

とおくと，これはスカラー場 $F(x,\ y,\ z)$ の 1 つの等位曲面を表すので，

①′の勾配ベクトル $\nabla F = [2x,\ 2y,\ 2z]$

は，①の法線ベクトルになる。よって，このノルムを求めると，

$$\|\nabla F\| = \sqrt{(2x)^2+(2y)^2+(2z)^2} = 2\sqrt{x^2+y^2+z^2} = 2\sqrt{4} = 4$$ となる。

($x^2+y^2+z^2$ は 4 (①より))

これから，①の単位法線ベクトル $\boldsymbol{n}$ は，

$$\boldsymbol{n} = \frac{1}{\|\nabla F\|}\nabla F = \frac{1}{4}[2x,\ 2y,\ 2z] = \left[\frac{x}{2},\ \frac{y}{2},\ \frac{z}{2}\right]$$

($\frac{x}{2} = \cos\alpha$, $\frac{y}{2} = \cos\beta$, $\frac{z}{2} = \cos\gamma$；$z \geqq 0$ より，題意をみたす。)

ここで，空間ベクトル場 $\boldsymbol{f} = [2xz,\ 2yz,\ 0]$ より，

$$\boldsymbol{f}\cdot\boldsymbol{n} = [2xz,\ 2yz,\ 0]\cdot\left[\frac{x}{2},\ \frac{y}{2},\ \frac{z}{2}\right] = x^2z+y^2z = (x^2+y^2)z$$

以上より，求める面積分は，

$$\iint_S \boldsymbol{f}\cdot\boldsymbol{n}dS = \iint_M (x^2+y^2)z\cdot\frac{2}{z}dxdy$$

$dS = \frac{1}{|\cos\gamma|}dxdy = \frac{1}{\frac{z}{2}}dxdy = \frac{2}{z}dxdy$

$$= 2\iint_M (x^2+y^2)dxdy \quad \cdots\cdots ②$$

ここで，極座標変換：

$x = r\cos\theta$，$y = r\sin\theta$ $(0 \leqq r \leqq 2,\ 0 \leqq \theta \leqq 2\pi)$

を行うと，ヤコビアン $J = r$ より，②は，

$$\iint_S \boldsymbol{f}\cdot\boldsymbol{n}dS = 2\iint_{D'} r^2\cdot r\,drd\theta$$

$r^2 = (x^2+y^2)$，$r = |J|$

$$= 2\int_0^{2\pi}d\theta\int_0^2 r^3dr = 2\cdot 2\pi\cdot 4 = 16\pi$$

$[\theta]_0^{2\pi} = 2\pi$，$\left[\frac{1}{4}r^4\right]_0^2 = 4$

となって，答えだ！ 大丈夫だった？

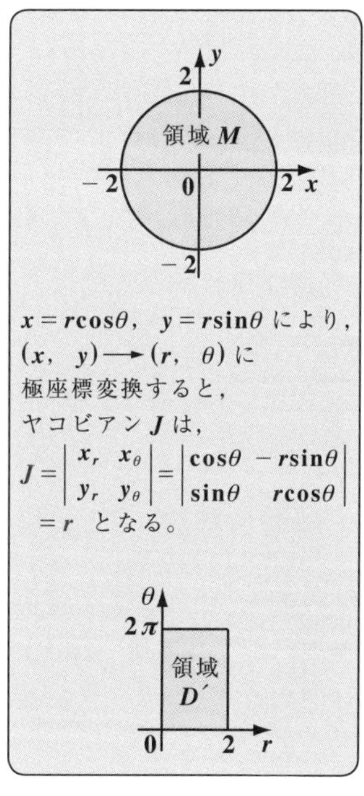

$x = r\cos\theta$，$y = r\sin\theta$ により，$(x,\ y) \longrightarrow (r,\ \theta)$ に極座標変換すると，ヤコビアン J は，

$$J = \begin{vmatrix} x_r & x_\theta \\ y_r & y_\theta \end{vmatrix} = \begin{vmatrix} \cos\theta & -r\sin\theta \\ \sin\theta & r\cos\theta \end{vmatrix}$$

$= r$ となる。

例題 45 は，半球面 S を $\boldsymbol{p}(\theta,\ \varphi) = [2\sin\theta\cos\varphi,\ 2\sin\theta\sin\varphi,\ 2\cos\theta]$ （それぞれ x, y, z）

$\left(0 \leqq \theta \leqq \frac{\pi}{2},\ 0 \leqq \varphi \leqq 2\pi\right)$ とおき，

$$\begin{cases} dS = \left\|\frac{\partial\boldsymbol{p}}{\partial\theta}\times\frac{\partial\boldsymbol{p}}{\partial\varphi}\right\|d\theta d\varphi = 4\sin\theta\,d\theta d\varphi \\ \boldsymbol{f}\cdot\boldsymbol{n} = (x^2+y^2)z = 4\sin^2\theta\cdot 2\cos\theta \end{cases}$$ より，

$\left\|\frac{\partial\boldsymbol{p}}{\partial\theta}\times\frac{\partial\boldsymbol{p}}{\partial\varphi}\right\| = 2^2\cdot\sin\theta$ ← P195 の公式②で，$a = 2$ のとき

$x^2+y^2 = 4\sin^2\theta(\cos^2\varphi+\sin^2\varphi)$，$z = 2\cos\theta$

$$\iint_S \boldsymbol{f}\cdot\boldsymbol{n}dS = \int_0^{2\pi}\left\{\int_0^{\frac{\pi}{2}} 4\sin^2\theta\cdot 2\cos\theta\cdot 4\sin\theta\,d\theta\right\}d\varphi$$

$32\int_0^{\frac{\pi}{2}}\sin^3\theta\cdot\cos\theta\,d\theta = 32\left[\frac{1}{4}\sin^4\theta\right]_0^{\frac{\pi}{2}} = 8$

$$= 8\int_0^{2\pi}d\varphi = 8[\varphi]_0^{2\pi} = 8\cdot 2\pi = 16\pi$$ と求めてもいい。これも大丈夫？

演習問題 11	● ベクトル場の面積分 ●

空間ベクトル場 $\boldsymbol{f} = [3x,\ 4z,\ 2y]$ と

曲面 S：$y^2 + z^2 = 4 \quad (0 \leqq x \leqq 3,\ y \geqq 0,\ z \geqq 0)$ が与えられている。

このとき，面積分 $\iint_S \boldsymbol{f} \cdot \boldsymbol{n} dS$ を求めよ。(ただし，$\boldsymbol{n}$ は曲面 S の単位法線ベクトルであり，その z 成分は 0 以上である。)

ヒント！ まず，$F(x,\ y,\ z) = y^2 + z^2 - 4$ とおいて，∇F と $\|\nabla F\|$ から単位法線ベクトル $\boldsymbol{n}$ を求めて解けばいいね。ここでは，2つの別解についても練習しておこう。

解答＆解説

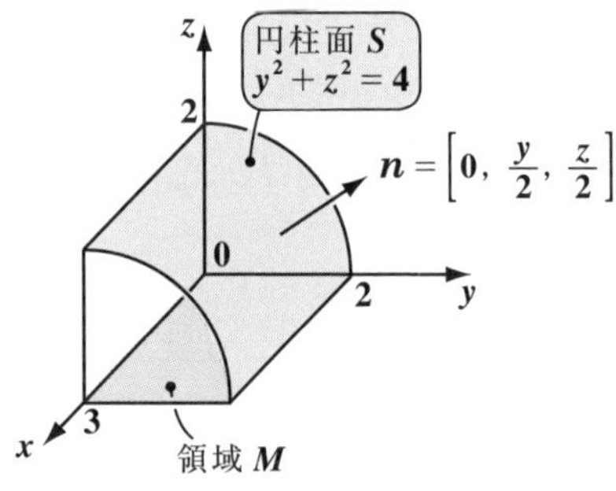

曲面 S：$y^2 + z^2 = 4$ ……①

$(0 \leqq x \leqq 3,\ y \geqq 0,\ z \geqq 0)$ は，右図に示すように，x 軸を中心軸とする半径 2 の円柱面の1部である。①より，

$F(x,\ y,\ z) = y^2 + z^2 - 4 = 0$ ……①´

とおくと，これはスカラー場 $F(x,\ y,\ z)$ の1つの等位曲面を表すので，①´の勾配ベクトル $\nabla F = [0,\ 2y,\ 2z]$ は①の法線ベクトルになる。

よって，このノルムを求めると，

$$\|\nabla F\| = \sqrt{(2y)^2 + (2z)^2} = 2\sqrt{\underbrace{y^2 + z^2}_{4\ (①より)}} = 2\sqrt{4} = 4 \quad \text{となる。}$$

これから，①の単位法線ベクトル $\boldsymbol{n}$ は，

$$\boldsymbol{n} = \frac{1}{\|\nabla F\|}\nabla F = \frac{1}{4}[0,\ 2y,\ 2z] = \left[0,\ \underbrace{\frac{y}{2}}_{\cos\beta},\ \underbrace{\frac{z}{2}}_{\cos\gamma}\right] \quad \text{となり，}$$

これは，$z \geqq 0$ より，$\boldsymbol{n}$ の z 成分が 0 以上である条件をみたす。

ここで，空間ベクトル場 $\boldsymbol{f} = [3x,\ 4z,\ 2y]$ より，

$$\boldsymbol{f} \cdot \boldsymbol{n} = [3x,\ 4z,\ 2y] \cdot \left[0,\ \frac{y}{2},\ \frac{z}{2}\right] = 2yz + yz = 3yz \quad \text{となる。}$$

以上より，求める面積分は次のようになる。

$$\iint_S \underbrace{\boldsymbol{f}\cdot\boldsymbol{n}}_{3yz}\,\underbrace{dS}_{\frac{1}{|\cos\gamma|}dxdy=\frac{2}{z}dxdy}=\iint_M 3y\cancel{z}\cdot\frac{2}{\cancel{z}}dxdy$$

$$=\int_0^3\left\{\underbrace{\int_0^2 6ydy}_{[3y^2]_0^2=12}\right\}dx=12\underbrace{\int_0^3 dx}_{[x]_0^3=3}=36$$

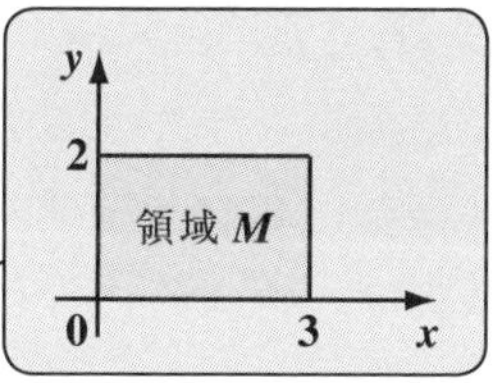

別解 1

曲面 S : $z=\varphi(x,\ y)=\sqrt{4-y^2}$ $(0\leqq y\leqq 2,\ 0\leqq x\leqq 3)$ とおくと，

$\varphi_x=\dfrac{\partial\varphi}{\partial x}=0$，$\varphi_y=\dfrac{\partial\varphi}{\partial y}=\dfrac{1}{2}(4-y^2)^{-\frac{1}{2}}\cdot(-2y)=-\dfrac{y}{\sqrt{4-y^2}}=-\dfrac{y}{z}$

S の単位法線ベクトル $\boldsymbol{n}=[\cos\alpha,\ \cos\beta,\ \cos\gamma]$ とおくと，図形的に明らかに，$\cos\alpha\geqq 0$，$\cos\beta\geqq 0$，$\cos\gamma\geqq 0$ より，（符号はすべて⊕でいい！）

面要素ベクトル $d\boldsymbol{S}=[\underbrace{|\varphi_x|}_{0}dxdy,\ \underbrace{|\varphi_y|}_{\frac{y}{z}}dxdy,\ dxdy]=\left[0,\ \dfrac{y}{z}dxdy,\ dxdy\right]$

よって，$\boldsymbol{f}\cdot d\boldsymbol{S}=[3x,\ 4z,\ 2y]\cdot\left[0,\ \dfrac{y}{z}dxdy,\ dxdy\right]$

$$=4ydxdy+2ydxdy=6ydxdy\quad[=\boldsymbol{f}\cdot\boldsymbol{n}\,dS]$$

となり，以下同様に面積分を行えばいい。

別解 2

曲面 S : $x=v$，$y=2\cos u$，$z=2\sin u$ $\left(0\leqq v\leqq 3,\ 0\leqq u\leqq\dfrac{\pi}{2}\right)$ とおいて，

公式 $\displaystyle\iint_S \boldsymbol{f}\cdot\boldsymbol{n}dS=\iint_D \boldsymbol{f}\cdot\boldsymbol{n}\left\|\frac{\partial\boldsymbol{p}}{\partial u}\times\frac{\partial\boldsymbol{p}}{\partial v}\right\|dudv$ ……(a) を使ってもいい。

$\boldsymbol{p}(u,\ v)=[v,\ 2\cos u,\ 2\sin u]$

$\dfrac{\partial\boldsymbol{p}}{\partial u}=[0,\ -2\sin u,\ 2\cos u]$，$\dfrac{\partial\boldsymbol{p}}{\partial v}=[1,\ 0,\ 0]$ より，

$\dfrac{\partial\boldsymbol{p}}{\partial u}\times\dfrac{\partial\boldsymbol{p}}{\partial v}=[0,\ 2\cos u,\ 2\sin u]$　よって，$\left\|\dfrac{\partial\boldsymbol{p}}{\partial u}\times\dfrac{\partial\boldsymbol{p}}{\partial v}\right\|=2$ …………(b)

$\boldsymbol{f}\cdot\boldsymbol{n}=[3v,\ 8\sin u,\ 4\cos u]\cdot[0,\ \cos u,\ \sin u]=12\sin u\cos u$ ……(c)

(b)，(c)を(a)に代入して積分すると，36 の結果が得られる。自分で試してみてごらん。

§3. ガウスの発散定理

これから"ガウスの発散定理(はっさんていり)"について解説しよう。これは閉曲面 S で囲まれた領域 V がベクトル場 $\boldsymbol{f}$ であるときの体積分と面積分についての公式で，物理的にも非常に重要な意味をもっている。その物理的な意味も含めて，これから詳しく解説するつもりだ。

さらに，ここでは"ガウスの立体角(りったいかく)" ω (オメガ) についても，その図形的な意味と併せて教えよう。

今回も盛り沢山な内容になるけれど，ていねいに解説するからすべて理解できるはずだ。頑張ろう！

● ガウスの発散定理を導いてみよう！

まず，"ガウスの発散定理(はっさんていり)" (Ⅰ) (*Gauss' divergence theorem*) を下に示そう。

ガウスの発散定理

右図に示すようにベクトル場 $\boldsymbol{f}=[f,\ g,\ h]$ の中に，閉曲面 S に囲まれた領域 V があるとき，次式が成り立つ。

(Ⅰ) $\displaystyle\iiint_V \mathrm{div}\,\boldsymbol{f}\,dV=\iint_S \boldsymbol{f}\cdot\boldsymbol{n}\,dS$ ……(∗1)

(ただし，単位法線ベクトル $\boldsymbol{n}$ は，閉曲面 S の内部から外部に向かう向きにとる。)

$\mathrm{div}\,\boldsymbol{f}=\dfrac{\partial f}{\partial x}+\dfrac{\partial g}{\partial y}+\dfrac{\partial h}{\partial z}$ であり，また，$\boldsymbol{n}=[\cos\alpha,\ \cos\beta,\ \cos\gamma]$ より，$\boldsymbol{f}\cdot\boldsymbol{n}=f\cos\alpha+g\cos\beta+h\cos\gamma$ となる。よって，(∗1) は具体的に書くと，

$$\iiint_V (f_x+g_y+h_z)dV=\iint_S (f\cos\alpha+g\cos\beta+h\cos\gamma)dS \quad\cdots\cdots(*1)'$$

と表されるんだね。

この (∗1) のガウスの発散定理は，物理的に考えると当たり前の公式であることが見えてくると思う。説明しよう。

ここで，ベクトル場 $\boldsymbol{f}=[f,\ g,\ h]$ を水の流速であると考えてみよう。すると，図 **1** に示すように閉曲面 S の中の面要素(微小面積)dS を通って，内部から外部へ単位時間当たりに流出する実質的な水量は，

$\boldsymbol{f}\cdot\boldsymbol{n}\,dS$ ……① であることが分かる？

図 **1**
$\iint_S \boldsymbol{f}\cdot\boldsymbol{n}\,dS$ の物理的な意味

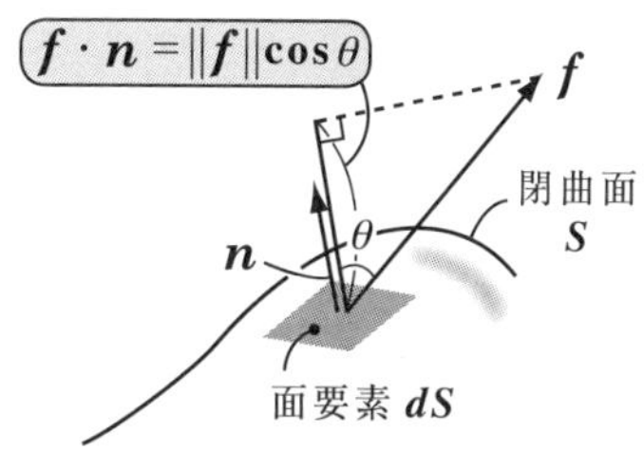

実質的な流出量を求めるためには，流速 $\boldsymbol{f}$ の dS に対して垂直な成分のみが必要であり，$\boldsymbol{f}$ と $\boldsymbol{n}$ のなす角を θ とおくと，これは $\|\boldsymbol{f}\|\cos\theta=\|\boldsymbol{f}\|\underbrace{\|\boldsymbol{n}\|}_{1}\cos\theta=\boldsymbol{f}\cdot\boldsymbol{n}$ となり，これに dS(面要素)をかけたものが，実質的な dS を通る流出量①になるんだね。そして，これを閉曲面全体で面積分した(＊1)の右辺 $\iint_S \boldsymbol{f}\cdot\boldsymbol{n}\,dS$ が，閉曲面 S 全体を通して内部から外部に流れ出す(水の流出量)となるわけだ。

では，何故水が流出するのか？ それは，閉曲面 S の内部の領域 V に水の湧き出し($\mathrm{div}\,\boldsymbol{f}$)があるはずで，その(湧き出しの総量)が，$\mathrm{div}\,\boldsymbol{f}$ を体積 V 全体に渡って集計した $\iiint_V \mathrm{div}\,\boldsymbol{f}\,dV$ となるんだね。

以上より，(＊1)の“ガウスの定理”：

$$\underbrace{\iiint_V \mathrm{div}\,\boldsymbol{f}\,dV}_{V\text{での湧き出しの総量（計算がラク！）}}=\underbrace{\iint_S \boldsymbol{f}\cdot\boldsymbol{n}\,dS}_{S\text{から流出する総量（計算がメンドウ！）}}\quad\cdots\cdots(*1)$$

が導けるんだね。

この(＊1)において，一般に右辺の面積分 $\iint_S \boldsymbol{f}\cdot\boldsymbol{n}\,dS$ の方が計算が大変で，左辺の体積分 $\iiint_V \mathrm{div}\,\boldsymbol{f}\,dV$ の計算が簡単な場合が多い。したがって，問題では「右辺の面積分を求める代わりに，左辺の体積分を求める」形式のものが多いことも頭に入れておいてくれ。

それでは実際に，次の例題で，このガウスの発散定理を使ってみることにしよう。そして，ここで，**3** 重積分(体積分)の練習もしてみよう。

例題 **46**　空間ベクトル場 $\boldsymbol{f}=[x,\ y,\ z]$ において，**3** つの座標平面と平面 $2x+2y+z=2$ とで囲まれる領域を V とおく。また，V を囲む閉曲面を S とおく。このとき，ガウスの発散定理：

$\iiint_V \mathrm{div}\,\boldsymbol{f}\,dV=\iint_S \boldsymbol{f}\cdot\boldsymbol{n}\,dS$ ……$(*1)$　が成り立つことを確認してみよう。

（ただし，$\boldsymbol{n}$ は S の内部から外部に向かう向きをとる。）

xy 平面，yz 平面，zx 平面と
平面 $2x+2y+z=2$ ……①とで囲まれた領域 V は
右図に示すような三角すいになるのはいいね。

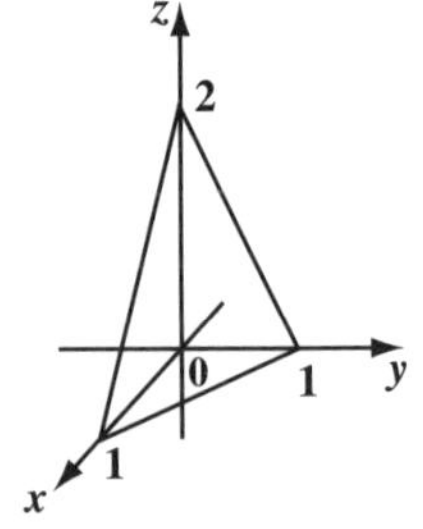

(Ⅰ) まず，$(*1)$ の左辺の体積分から求めよう。

$\boldsymbol{f}=[x,\ y,\ z]$ より，この発散は，

$\mathrm{div}\,\boldsymbol{f}=\dfrac{\partial x}{\partial x}+\dfrac{\partial y}{\partial y}+\dfrac{\partial z}{\partial z}=1+1+1=3$ より，

$\iiint_V \underbrace{\mathrm{div}\,\boldsymbol{f}}_{3}\,dV=3\iiint_V dV=3\cdot\dfrac{1}{3}=1$　となって，アッサリ答えが出るね。

底面積 $\dfrac{1}{2}\cdot1\cdot1$，高さ **2** の三角すいの体積 $\dfrac{1}{3}\times\dfrac{1}{2}\cdot1\cdot1\times2=\dfrac{1}{3}$

参考

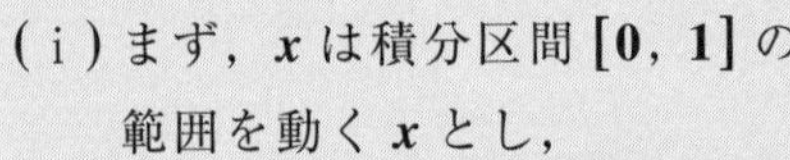

3 重積分（累次積分）のいい練習になるので，$\iiint_V dV$ の積分による解法も示しておこう。右図より，

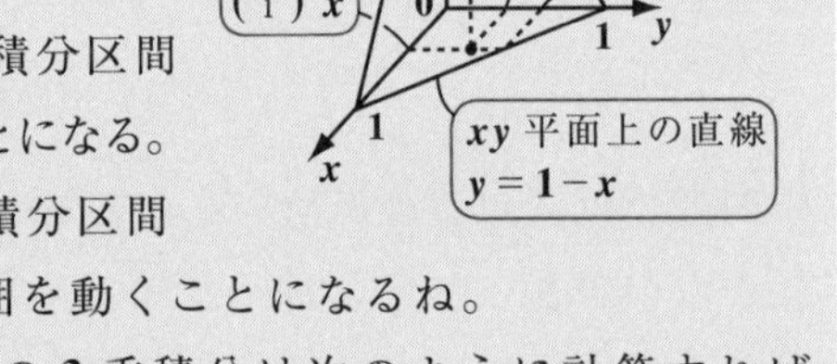

(ⅰ) まず，x は積分区間 $[0,\ 1]$ の範囲を動く x とし，

(ⅱ) 次に，そのときの y は積分区間 $[0,\ 1-x]$ の範囲を動くことになる。

(ⅲ) そしてこのとき，z は積分区間 $[0,\ 2-2x-2y]$ の範囲を動くことになるね。

以上（ⅰ）（ⅱ）（ⅲ）より，この **3** 重積分は次のように計算すればいいんだね。

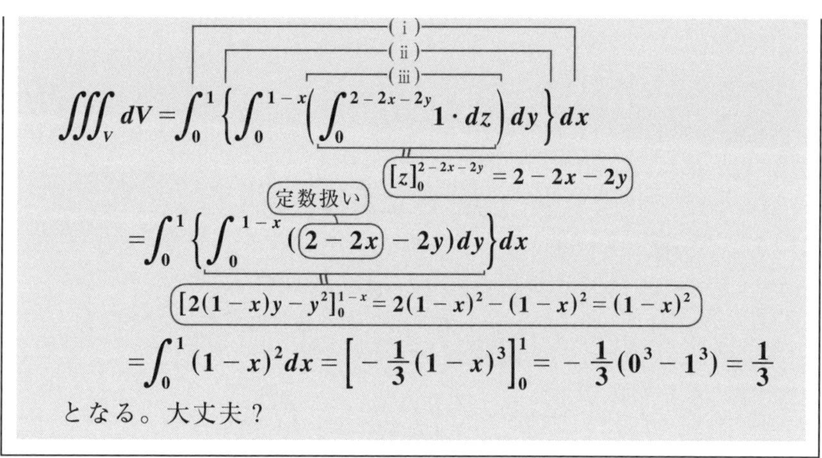

$$\iiint_V dV = \int_0^1 \left\{ \int_0^{1-x} \left(\int_0^{2-2x-2y} 1 \cdot dz \right) dy \right\} dx$$

(ⅰ), (ⅱ), (ⅲ)

$[z]_0^{2-2x-2y} = 2-2x-2y$

定数扱い

$$= \int_0^1 \left\{ \int_0^{1-x} ((2-2x) - 2y)\, dy \right\} dx$$

$[2(1-x)y - y^2]_0^{1-x} = 2(1-x)^2 - (1-x)^2 = (1-x)^2$

$$= \int_0^1 (1-x)^2 dx = \left[-\frac{1}{3}(1-x)^3 \right]_0^1 = -\frac{1}{3}(0^3 - 1^3) = \frac{1}{3}$$

となる。大丈夫？

(Ⅱ) 次，(＊1) の右辺の面積分を求めよう。

右図のように **3** 点 **A, B, C** をとると，閉曲面 S は，**4** つの **3** 角形 S_1，S_2，S_3，S_4 から成ること

△OAB　△OBC　△OCA　△ABC

が分かるだろう。よって，面積分も

$$\iint_S \boldsymbol{f} \cdot \boldsymbol{n}\, dS = \iint_{S_1} + \iint_{S_2} + \iint_{S_3} + \iint_{S_4} \quad \cdots\cdots ②$$

ということになる。**1** つずつ求めていこう。

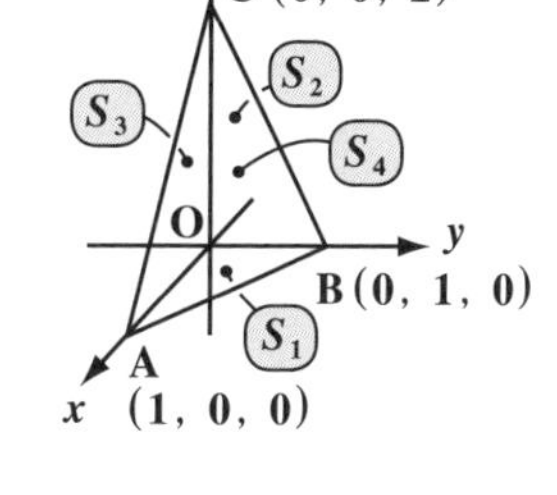

(ⅰ) S_1：平面 $z = 0$ より，単位法線ベクトル $\boldsymbol{n} = [0, 0, -1]$

$\therefore \boldsymbol{f} \cdot \boldsymbol{n} = -z = 0$ より，$\iint_{S_1} \boldsymbol{f} \cdot \boldsymbol{n}\, dS = 0$

(ⅱ) S_2：平面 $x = 0$ より，単位法線ベクトル $\boldsymbol{n} = [-1, 0, 0]$

$\therefore \boldsymbol{f} \cdot \boldsymbol{n} = -x = 0$ より，$\iint_{S_2} \boldsymbol{f} \cdot \boldsymbol{n}\, dS = 0$

(ⅲ) S_3：平面 $y = 0$ より，単位法線ベクトル $\boldsymbol{n} = [0, -1, 0]$

$\therefore \boldsymbol{f} \cdot \boldsymbol{n} = -y = 0$ より，$\iint_{S_3} \boldsymbol{f} \cdot \boldsymbol{n}\, dS = 0$

(iv) S_4：平面 $2x+2y+z=2$ ……①より，

法線ベクトル $\boldsymbol{h}=[2,\ 2,\ 1]$

$\|\boldsymbol{h}\|=\sqrt{2^2+2^2+1^2}=\sqrt{9}=3$ より，

単位法線ベクトル $\boldsymbol{n}=\dfrac{1}{\|\boldsymbol{h}\|}\boldsymbol{h}=\left[\dfrac{2}{3},\ \dfrac{2}{3},\ \dfrac{1}{3}\right]$ （$\cos\gamma \oplus$）

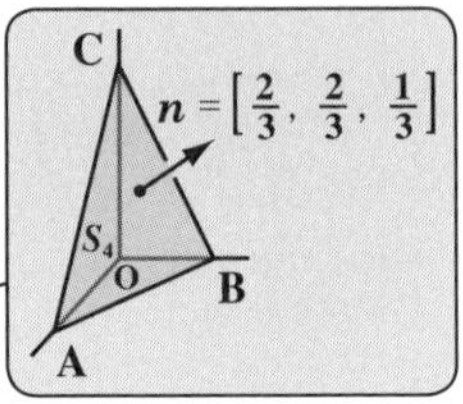

C
$\boldsymbol{n}=\left[\frac{2}{3},\ \frac{2}{3},\ \frac{1}{3}\right]$
S_4
O
B
A

ここで，$\boldsymbol{f}=[x,\ y,\ z]$ より，

$$\boldsymbol{f}\cdot\boldsymbol{n}=\frac{2}{3}x+\frac{2}{3}y+\frac{1}{3}z=\frac{2}{3}x+\frac{2}{3}y+\frac{1}{3}(2-2x-2y)=\frac{2}{3}$$

$z = 2-2x-2y$ （①より）

よって，$\displaystyle\iint_{S_4}\boldsymbol{f}\cdot\boldsymbol{n}\,dS=\frac{2}{3}\iint_{S_4}dS=\frac{2}{3}\iint_{S_1}3dxdy$

$\boldsymbol{f}\cdot\boldsymbol{n}=\dfrac{2}{3}$

$dS=\dfrac{1}{|\cos\gamma|}dxdy=3dxdy\ \left(\because\ \cos\gamma=\dfrac{1}{3}\right)$

$$=2\iint_{S_1}dxdy=2\cdot\frac{1}{2}=1$$

$\displaystyle\iint_{S_1}dxdy=\frac{1}{2}\cdot1\cdot1=\frac{1}{2}$

累次積分では

$\displaystyle\int_0^1\left(\int_0^{1-x}1dy\right)dx$ で求める。

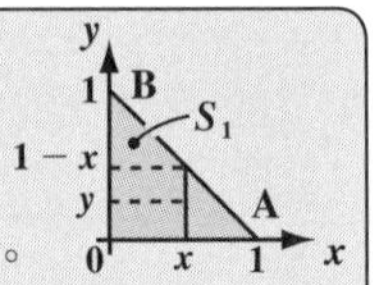

y
1
B
S_1
$1-x$
y
A
0
x
1
x

以上(i)〜(iv)の結果を②に代入して，

面積分 $\displaystyle\iint_S\boldsymbol{f}\cdot\boldsymbol{n}\,dS=\underbrace{\iint_{S_1}}_{0}+\underbrace{\iint_{S_2}}_{0}+\underbrace{\iint_{S_3}}_{0}+\underbrace{\iint_{S_4}}_{1}=1$ となる。

以上(I)(II)より，

$\displaystyle\iiint_V\mathrm{div}\,\boldsymbol{f}\,dV=1,\quad\iint_S\boldsymbol{f}\cdot\boldsymbol{n}\,dS=1$ となって，

ガウスの発散定理：$\displaystyle\iiint_V\mathrm{div}\,\boldsymbol{f}\,dV=\iint_S\boldsymbol{f}\cdot\boldsymbol{n}\,dS$ ……(＊1) が成り立つことが，この例題から確認できたんだね。納得いった？

物理的な考え方から，ガウスの発散定理(＊1)が成り立つことを解説したけれど，ここで，この定理が成り立つことを，数学的にもキチンと証明しておこう。

(Ⅰ)(＊1)の発散定理は具体的には次のように書けることは既に解説した。

$$\iiint_V (f_x + g_y + h_z)dV = \iint_S (f\cos\alpha + g\cos\beta + h\cos\gamma)dS \quad \cdots\cdots(*1)'$$

実は，これはさらに次の3つの積分公式に分解することができる。

$$\begin{cases} \iiint_V f_x dV = \iint_S f\cos\alpha dS & \cdots\cdots(a) \\ \iiint_V g_y dV = \iint_S g\cos\beta dS & \cdots\cdots(b) \\ \iiint_V h_z dV = \iint_S h\cos\gamma dS & \cdots\cdots(c) \end{cases}$$

逆に，この3式の和(a)＋(b)＋(c)からガウスの発散定理(＊1)はできているんだ。この3式はいずれも同様に証明できるので，ここでは(c)のみを証明しておこう。

図2 ガウスの発散定理の証明

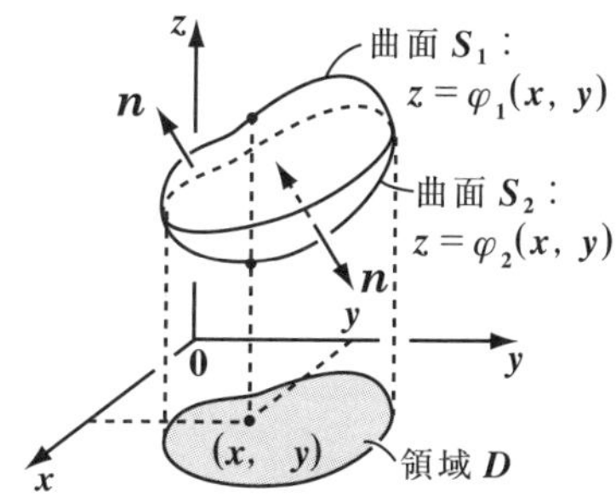

図2に示すように，ベクトル場 $\boldsymbol{f}=[f, g, h]$ に，閉曲面 S が与えられているものとする。この S は，その外部に向かう法線ベクトル $\boldsymbol{n}$ の z 成分 $\cos\gamma$ が0以上となる曲面 S_1 と，0以下となる曲面 S_2 に分割できる。

そして，S_1, S_2 を表す関数として，

$S_1: z=\varphi_1(x, y)$, $S_2: z=\varphi_2(x, y)$ とおくことにする。また，点 (x, y) の動き得る領域を D とおく。このとき，(c)の左辺を変形すると，

$$(\text{(c)の左辺}) = \iiint_V \frac{\partial h}{\partial z}dV = \iint_D \left\{ \underbrace{\int_{\varphi_2}^{\varphi_1} \frac{\partial h(x, y, z)}{\partial z}dz}_{} \right\} dxdy$$

$$[h(x, y, z)]_{\varphi_2}^{\varphi_1} = h(x, y, \varphi_1(x, y)) - h(x, y, \varphi_2(x, y))$$

$$= \iint_D h(x, y, \varphi_1(x, y))dxdy - \iint_D h(x, y, \varphi_2(x, y))dxdy \quad \cdots\cdots(d)$$

(ⅰ) $|\cos\gamma|dS = \cos\gamma dS$ （$\cos\gamma$：0以上）

(ⅱ) $|\cos\gamma|dS = -\cos\gamma dS$ （$\cos\gamma$：0以下）

ここで，

(ⅰ) 曲面 S_1 の単位法線ベクトル $\boldsymbol{n}$ の z 成分 $\cos\gamma$ は 0 以上なので，

$\quad dxdy = |\cos\gamma|dS = \cos\gamma dS$ となり，

(ⅱ) 曲面 S_2 の単位法線ベクトル $\boldsymbol{n}$ の z 成分 $\cos\gamma$ は 0 以下なので，

$\quad dxdy = |\cos\gamma|dS = -\cos\gamma dS$ となる。

以上(ⅰ)(ⅱ)の結果を(d)に代入すると，

$$((\text{c})\text{の左辺}) = \iiint_V \frac{\partial h}{\partial z}dV = \iint_D h(x,\ y,\ \varphi_1)\underbrace{dxdy}_{\cos\gamma dS} - \iint_D h(x,\ y,\ \varphi_2)\underbrace{dxdy}_{-\cos\gamma dS}$$

$$= \iint_{S_1} h\cos\gamma dS + \iint_{S_2} h\cos\gamma dS$$

$$= \iint_S h\cos\gamma dS = ((\text{c})\text{の右辺})$$ となって，

$$\iiint_V h_z dV = \iint_S h\cos\gamma dS \quad \cdots\cdots(\text{c})$$ が成り立つことが証明できた。

(a)，(b)も同様に証明できる。

以上より，“ガウスの発散定理”：$\displaystyle\iiint_V \mathrm{div}\,\boldsymbol{f}dV = \iint_S \boldsymbol{f}\cdot\boldsymbol{n}dS \quad \cdots\cdots(*1)$

が成り立つことが，数学的にも証明できたんだね。納得いった？

それでは次の例題で，ガウスの発散定理を利用してみよう。

例題 47　空間ベクトル場 $\boldsymbol{f} = [2xz,\ 2yz,\ 0]$ に 2 つの曲面

$S_1 : x^2 + y^2 + z^2 = 4\ (z \geqq 0)$　と　$S_2 : x^2 + y^2 \leqq 4\ (z = 0)$

でできる閉曲面 S が与えられている。このとき面積分

$\displaystyle\iint_S \boldsymbol{f}\cdot\boldsymbol{n}dS$ を求めてみよう。（ただし，単位法線ベクトル

$\boldsymbol{n}$ は S の内部から外部に向かう向きをとるものとする。）

閉曲面 S は次の図に示すように，

$\begin{cases} \text{上半球面 } S_1 : x^2 + y^2 + z^2 = 4\ (z \geqq 0) \text{ と，} \\ xy \text{ 平面上の円 } S_2 : x^2 + y^2 \leqq 4\ (z = 0) \end{cases}$ からできている。

この閉曲面 S に囲まれる領域 V は，題意より

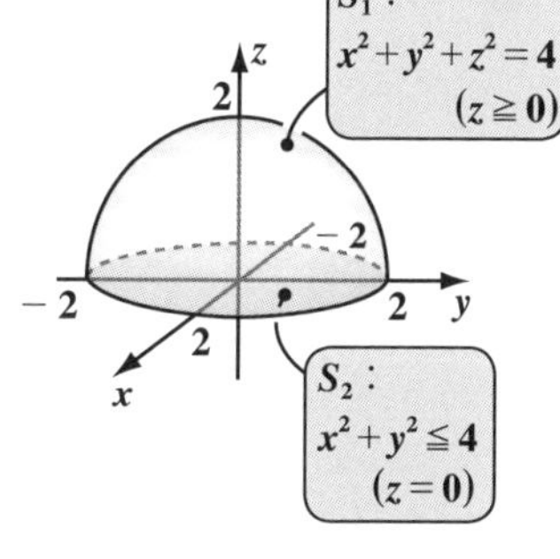

ベクトル場 $\boldsymbol{f}=[2xz,\ 2yz,\ 0]$ なので，
面積分 $\iint_S \boldsymbol{f}\cdot\boldsymbol{n}\,dS$ は，ガウスの発散定理を使って次のように求まる。

$$\iint_S \boldsymbol{f}\cdot\boldsymbol{n}\,dS=\iiint_V \underline{\mathrm{div}\,\boldsymbol{f}}\,dV$$

$$\mathrm{div}\,\boldsymbol{f}=\frac{\partial(2xz)}{\partial x}+\frac{\partial(2yz)}{\partial y}+\frac{\partial(0)}{\partial z}=2z+2z$$

$$=4\iiint zdV$$

$$=4\int_{-2}^{2}\left\{\int_{-\sqrt{4-x^2}}^{\sqrt{4-x^2}}\left(\int_0^{\sqrt{4-x^2-y^2}} zdz\right)dy\right\}dx$$

(iii) $\frac{1}{2}\left[z^2\right]_0^{\sqrt{4-x^2-y^2}}=\frac{1}{2}(4-x^2-y^2)$

$$=2\int_{-2}^{2}\int_{-\sqrt{4-x^2}}^{\sqrt{4-x^2}}\{4-(x^2+y^2)\}dydx \quad\cdots①$$

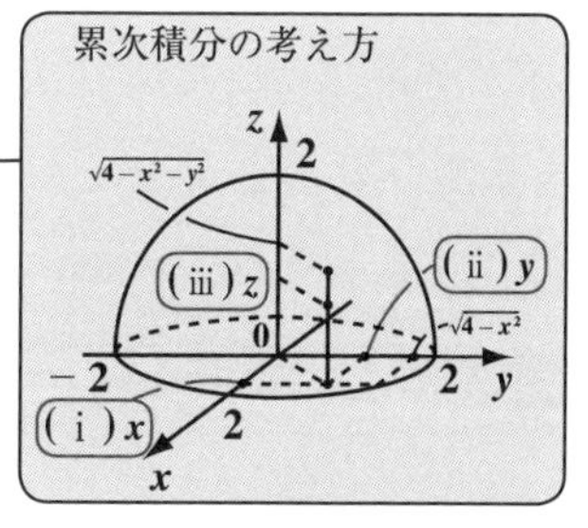

ここで，極座標変換：

$x=r\cos\theta,\ y=r\sin\theta \quad (0\leqq r\leqq 2,\ 0\leqq\theta\leqq 2\pi)$

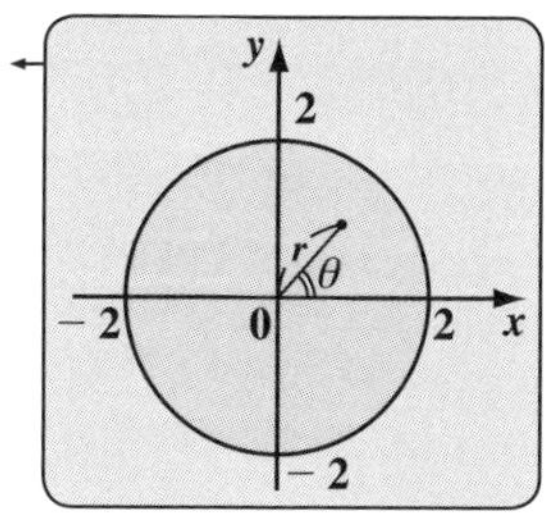

を行うと，ヤコビアン J は，

$$J=\begin{vmatrix} x_r & x_\theta \\ y_r & y_\theta \end{vmatrix}=\begin{vmatrix} \cos\theta & -r\sin\theta \\ \sin\theta & r\cos\theta \end{vmatrix}=r \text{ より，①は，}$$

$$\iint_S \boldsymbol{f}\cdot\boldsymbol{n}\,dS=2\int_0^{2\pi}d\theta\int_0^2(4-r^2)\,r\,dr$$

$\left([\theta]_0^{2\pi}=2\pi\right)$，$\left(r^2=x^2+y^2\right)$，$\left(r=|J|\right)$

$$=4\pi\int_0^2(4r-r^3)dr=4\pi\left[2r^2-\frac{1}{4}r^4\right]_0^2=4\pi(8-4)=16\pi$$

となって，答えだ。

S_2 での面積分 $\iint_{S_2}\boldsymbol{f}\cdot\boldsymbol{n}\,dS=\iint_{S_2}0dS=0$ （$\boldsymbol{n}=[0,\ 0,\ -1]$）なので，これは実質的には例題 **45** (**P208**) と同じ問題を，体積分で求めたんだね。面白かった？

● ガウスの発散定理の応用にもチャレンジしよう！

ここで，空間ベクトル場 $\boldsymbol{f}$ における 3 重積分 (体積分) を定義しておこう。

ベクトル場の 3 重積分

閉曲面 S により囲まれた領域 V が，ベクトル場 $\boldsymbol{f}=[f,\ g,\ h]$ であるとき，$\boldsymbol{f}$ の V における 3 重積分を次のように定義する。

$$\iiint_V \boldsymbol{f}dV=\left[\iiint_V f dV,\ \iiint_V g dV,\ \iiint_V h dV\right]$$

ガウスの発散定理では，$\mathrm{div}\boldsymbol{f}=f_x+g_y+h_z$，すなわち，スカラー場の 3 重積分だったんだね。今回は，"**ガウスの発散定理の応用**" として，次のベクトル場の 3 重積分の公式を 2 つ紹介しておこう。

ガウスの発散定理の応用

(Ⅱ) f が，閉曲面 S で囲まれた領域 V におけるスカラー値関数であるとき，次式が成り立つ。

$$\iiint_V \underline{\nabla f}dV=\iint_S f\boldsymbol{n}dS \quad \cdots\cdots\cdots\cdots(*2)$$

($\underline{\nabla f}$ は $\mathbf{grad}\,f=[f_x,\ f_y,\ f_z]$ のこと)

(Ⅲ) $\boldsymbol{f}=[f,\ g,\ h]$ が，閉曲面 S で囲まれた領域 V におけるベクトル値関数であるとき，次式が成り立つ。

$$\iiint_V \underline{\mathbf{rot}\,\boldsymbol{f}}dV=\iint_S \boldsymbol{n}\times\boldsymbol{f}dS \quad \cdots\cdots(*3)$$

($\underline{\mathbf{rot}\,\boldsymbol{f}}$ は $[h_y-g_z,\ f_z-h_x,\ g_x-f_y]$ のこと)

(∗1) のみでなく，(∗2)，(∗3) も "ガウスの発散定理" と呼ぶことがあるので注意しよう。(∗2)，(∗3) の左辺はいずれも，ベクトル場の 3 重積分になっている。これらはいずれも，$\iiint_V \mathrm{div}\boldsymbol{f}dV=\iint_S \boldsymbol{f}\cdot\boldsymbol{n}dS$ ……(∗1) から導くことが出来る。早速，証明してみよう。

(Ⅱ) の証明

$\boldsymbol{c}$ を任意の定ベクトルとし，$\boldsymbol{f}=f\boldsymbol{c}$ とおくと，“ガウスの発散定理”$(*1)$ より，

$$\iiint_V \underline{\mathrm{div}(f\boldsymbol{c})}\,dV=\iint_S f\boldsymbol{c}\cdot\boldsymbol{n}\,dS$$

$\mathrm{div}(f\boldsymbol{c}) = (\nabla f)\cdot\boldsymbol{c}+f(\mathrm{div}\,\boldsymbol{c})$, $\mathrm{div}\,\boldsymbol{c}=0$ ← P150 div の基本公式：$\mathrm{div}(\varphi\boldsymbol{f})=(\nabla\varphi)\cdot\boldsymbol{f}+\varphi(\mathrm{div}\,\boldsymbol{f})$

$$\iiint_V \underline{(\nabla f)\cdot\boldsymbol{c}}\,dV=\iint_S \boldsymbol{c}\cdot f\boldsymbol{n}\,dS$$

$(\nabla f)\cdot\boldsymbol{c} = \boldsymbol{c}\cdot(\nabla f)$ ← 内積は交換可能

$$\boldsymbol{c}\cdot\iiint_V \nabla f\,dV=\boldsymbol{c}\cdot\iint_S f\boldsymbol{n}\,dS \quad\cdots\cdots①$$

← 積分と内積の操作の順を入れ替えられるものとした。

ここで，$\boldsymbol{c}$ は任意の定ベクトルより，①が成り立つための条件は，

$$\iiint_V \nabla f\,dV=\iint_S f\boldsymbol{n}\,dS$$

$\cdots\cdots(*2)$ である。これで証明終了だ！

(Ⅲ) の証明

$\boldsymbol{c}$ を任意の定ベクトルとし，$\boldsymbol{f}\times\boldsymbol{c}$ を“ガウスの発散定理”$(*1)$ の $\boldsymbol{f}$ に代入すると，

$$\iiint_V \underline{\mathrm{div}(\boldsymbol{f}\times\boldsymbol{c})}\,dV=\iint_S \underline{(\boldsymbol{f}\times\boldsymbol{c})\cdot\boldsymbol{n}}\,dS$$

$\mathrm{div}(\boldsymbol{f}\times\boldsymbol{c}) = (\mathrm{rot}\,\boldsymbol{f})\cdot\boldsymbol{c}-\boldsymbol{f}\cdot(\mathrm{rot}\,\boldsymbol{c})$, $\mathrm{rot}\,\boldsymbol{c}=\boldsymbol{0}$

← P171 各演算子の公式 (2) $\mathrm{div}(\boldsymbol{f}\times\boldsymbol{F})=(\mathrm{rot}\,\boldsymbol{f})\cdot\boldsymbol{F}-\boldsymbol{f}\cdot(\mathrm{rot}\,\boldsymbol{F})$

$\boldsymbol{n}\cdot(\boldsymbol{f}\times\boldsymbol{c})=(\boldsymbol{n},\ \boldsymbol{f},\ \boldsymbol{c})=(\boldsymbol{c},\ \boldsymbol{n},\ \boldsymbol{f})=\boldsymbol{c}\cdot(\boldsymbol{n}\times\boldsymbol{f})$ ← スカラー3重積のメリー・ゴーラウンド (P44)

$$\iiint_V \underline{(\mathrm{rot}\,\boldsymbol{f})\cdot\boldsymbol{c}}\,dV=\iint_S \boldsymbol{c}\cdot(\boldsymbol{n}\times\boldsymbol{f})\,dS$$

$(\mathrm{rot}\,\boldsymbol{f})\cdot\boldsymbol{c} = \boldsymbol{c}\cdot(\mathrm{rot}\,\boldsymbol{f})$ ← 内積は交換可能

$$\boldsymbol{c}\cdot\iiint_V \mathrm{rot}\,\boldsymbol{f}\,dV=\boldsymbol{c}\cdot\iint_S \boldsymbol{n}\times\boldsymbol{f}\,dS \quad\cdots\cdots②$$

← 積分と内積の操作の順を入れ替えられるものとした。

ここで，$\boldsymbol{c}$ は任意の定ベクトルより，②が成り立つための条件は

$$\iiint_V \mathrm{rot}\,\boldsymbol{f}\,dV=\iint_S \boldsymbol{n}\times\boldsymbol{f}\,dS$$

$\cdots\cdots(*3)$ である。これで $(*3)$ の証明も終了だ。証明に任意の定ベクトル $\boldsymbol{c}$ を使うことがポイントだったんだね。

● ガウスの積分と立体角 ω をマスターしよう！

それでは次，**"ガウスの積分"** について解説しよう。まず，この積分公式を下に示す。

ガウスの積分

閉曲面 S 上の任意の位置ベクトル $\boldsymbol{p}=[x,\ y,\ z]$ とそのノルム $p=\|\boldsymbol{p}\|$ について，次の積分公式が成り立つ。

$$\iint_S \frac{\boldsymbol{p}}{p^3}\cdot\boldsymbol{n}\,dS=\begin{cases}0 & (\text{原点 O が } S \text{ の外部にあるとき})\\ 4\pi & (\text{原点 O が } S \text{ の内部にあるとき})\\ 2\pi & (\text{原点 O が } S \text{ 上にあるとき})\end{cases}\quad\cdots\cdots(*)$$

（ただし，単位法線ベクトル $\boldsymbol{n}$ は S の内部から外部に向かう向きをとるものとし，また，O が S 上にあるとき，O において S は滑らかであるとする。）

そして，$(*)$ の左辺の積分を **"ガウスの積分"** という。

これだけでは何のことか分からないって？当然だ！これから詳しく解説しよう。まず，$\dfrac{\boldsymbol{p}}{p^3}=\boldsymbol{f}$ と考えると，$(*)$ の左辺のガウスの積分にはガウスの発散定理が使えて，$\displaystyle\iint_S \frac{\boldsymbol{p}}{p^3}\cdot\boldsymbol{n}\,dS=\iiint_V \mathrm{div}\frac{\boldsymbol{p}}{p^3}\,dV$ ……① と変形できそうだ。

（$\boldsymbol{f}$）（$\boldsymbol{f}$）（$p=0$ のとき積分不能！）

閉曲面 S が原点 O を含んでも，①の左辺の面積分ではいわゆる殻（から）の部分の積分だから被積分関数の分母が 0 となる心配はないね。でも，このとき，①の右辺の体積分では S の中身（なかみ）の積分になるので $p=0$，すなわち被積分関数の分母が 0 となる場合が生じるので，積分不能になるんだね。よって，①のガウスの発散定理が使えるのは，S が O を含まないときのみだ。よって，(i) O が S の外部にあるとき，(ii) O が S の内部にあるとき，(iii) O が S 上にあるとき の 3 通りに分けて "ガウスの積分" を調べる必要があるんだね。まず，

(i) O が S の外部にあるとき

すなわち，図 3 に示すように，S が O を含まないとき，ガウスの発散定理が使えて①が成り立つ。ここで，発散の公式：

$\mathrm{div}(p^n\boldsymbol{p})=(n+3)p^n$ (P151) より，

$\mathrm{div}(p^{-3}\boldsymbol{p})=0$ となる。

図 3 O が S の外部にあるときのイメージ

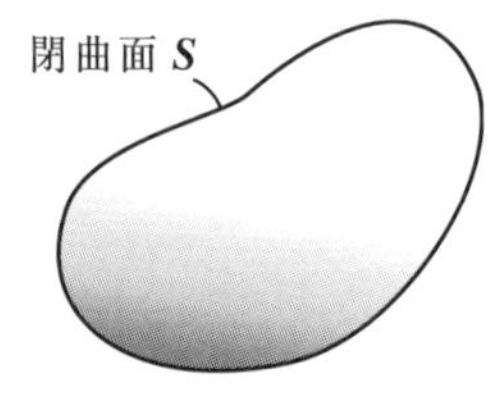

よって，このときガウスの積分は，①より，

$$\iint_S \frac{\boldsymbol{p}}{p^3}\cdot\boldsymbol{n}dS=\iiint_V \underbrace{\mathrm{div}\left(\frac{\boldsymbol{p}}{p^3}\right)}_{0}dV=\mathbf{0}\quad\cdots\cdots②$$ となる。

それでは次，

(ii) **O** が S の内部にあるとき

図 **4** に示すように，原点 **O** を中心とし，S に含まれる小さな半径 r の球面 S_1 を新たに考えることにしよう。

すると，S と S_1 とで囲まれる領域に，原点 **O** は含まれないので，(i) の②と同様に，

図 4 O が S の内部にあるときのイメージ
(これは断面と考えてくれ)

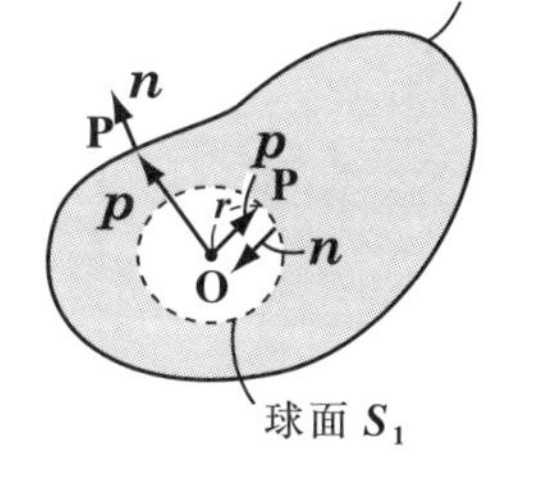

$$\iint_{S+S_1}\frac{\boldsymbol{p}}{p^3}\cdot\boldsymbol{n}dS=\mathbf{0}\quad\cdots\cdots②'$$

が成り立つ。②′をさらに変形すると，

$$\underbrace{\iint_S \frac{\boldsymbol{p}}{p^3}\cdot\boldsymbol{n}dS}_{\text{ガウスの積分}}+\iint_{S_1}\frac{\boldsymbol{p}}{p^3}\cdot\boldsymbol{n}dS=\mathbf{0}$$

$$\frac{1}{p^2}\left(\frac{\boldsymbol{p}}{p}\cdot\boldsymbol{n}\right)=\frac{1}{r^2}(-1)=-\frac{1}{r^2}\quad(\because p=r\ (一定))$$

互いに逆向きの単位ベクトルの内積だから，-1 だね。

図 **4** より，$p=r$ (一定) であり，$\dfrac{\boldsymbol{p}}{p}$ と $\boldsymbol{n}$ は逆向きの単位ベクトルより，$\dfrac{\boldsymbol{p}}{p}\cdot\boldsymbol{n}=-1$ だね。よって，

$$\iint_S \frac{\boldsymbol{p}}{p^3}\cdot\boldsymbol{n}dS-\frac{1}{r^2}\underbrace{\iint_{S_1}dS}_{\text{半径 } r \text{ の球面の表面積 } 4\pi r^2}=\mathbf{0}$$ より，

$$\iint_S \frac{\boldsymbol{p}}{p^3}\cdot\boldsymbol{n}dS-\frac{1}{r^2}\cdot 4\pi r^2=\mathbf{0}$$

$$\therefore\ \iint_S \frac{\boldsymbol{p}}{p^3}\cdot\boldsymbol{n}dS=4\pi$$ も導けた。

それでは最後に，

(iii) **O** が S 上にあるとき

図 5 **O** が S 上にあるときのイメージ
（これは断面と考えてくれ）

図 **5** に示すように，原点 **O** を中心とし，S に半分だけ含まれる小さな半径 r の半球面 S_2 を新たに考える。

すると，S と S_2 とで囲まれる領域に原点 **O** は含まれないので，(ii) の②′と同様に，

$$\iint_{S+S_2} \frac{\boldsymbol{p}}{p^3} \cdot \boldsymbol{n} dS = 0 \quad \cdots\cdots ②''$$

これを，(ii) のときと同様に変形して，

$$\underbrace{\iint_S \frac{\boldsymbol{p}}{p^3} \cdot \boldsymbol{n} dS}_{\text{ガウスの積分}} + \iint_{S_2} \frac{\boldsymbol{p}}{p^3} \cdot \boldsymbol{n} dS = 0$$

$$\iint_{S_2} \frac{1}{\underbrace{p^2}_{r^2}} \Big(\underbrace{\frac{\boldsymbol{p}}{p} \cdot \boldsymbol{n}}_{-1} \Big) dS = -\frac{1}{r^2} \underbrace{\iint_{S_2} dS}_{\text{半径 } r \text{ の半球面の面積 } 2\pi r^2} = -\frac{1}{r^2} \cdot 2\pi r^2 = -2\pi$$

$$\iint_S \frac{\boldsymbol{p}}{p^3} \cdot \boldsymbol{n} dS - 2\pi = 0 \qquad \therefore \iint_S \frac{\boldsymbol{p}}{p^3} \cdot \boldsymbol{n} dS = 2\pi$$ も導けた。

以上で，ガウスの積分公式の数学的な証明は終了だ！では次に，“**立体角**（りったいかく）” ω（オメガ）と絡めて，ガウスの積分の図形的な意味も解説しよう。

図 6 立体角 ω

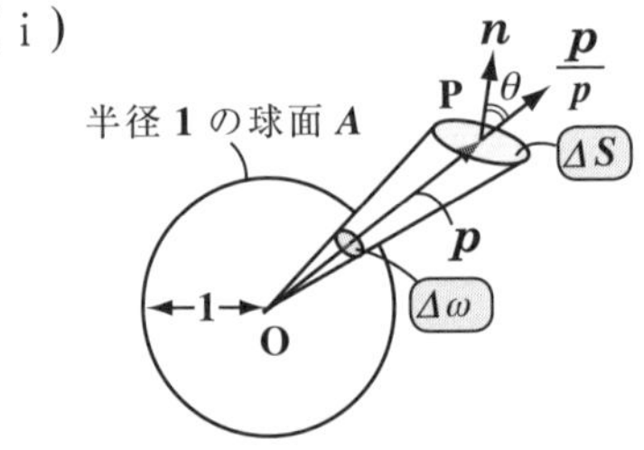

図 **6**(i) に示すように，曲面 S 上の点 **P** を含む微小な曲面の **1** 部を ΔS とおき，また，**2** つの単位ベクトル $\boldsymbol{n}$（**P** における単位法線ベクトル）と $\frac{\boldsymbol{p}}{p}$ のなす角を θ とおく。さらに，**O** を中心とする半径 **1** の球面 A を考える。そして，点 **O** と ΔS を結んでできる錐体（すいたい）が球面 A から切り取る微小な面積を $\Delta\omega$ とおくことにする。

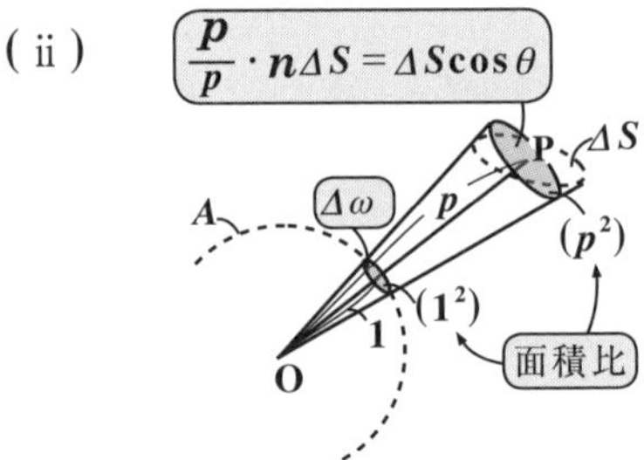

ここで，図 **6** (ⅱ) に示すように，$\dfrac{\boldsymbol{p}}{p}\cdot\boldsymbol{n}\Delta S=\Delta S\cos\theta$ は，ΔS を $\boldsymbol{p}$ と垂直な平面へ正射影したものの面積を表すものであり，**O** と $\Delta S\cos\theta$ の面とでできる直錐体と **O** と $\Delta\omega$ とでできる直錐体の相似比が $1:p$ より，面積比は $1^2:p^2$ となる。これから，

（$\dfrac{\boldsymbol{p}}{p}\cdot\boldsymbol{n}$ ＝ $1\cdot1\cdot\cos\theta=\cos\theta$）（θが鈍角のとき，これは⊖にもなり得る。）

$$\Delta\omega=\frac{1}{p^2}\underbrace{\frac{\boldsymbol{p}}{p}\cdot\boldsymbol{n}}_{\cos\theta}\Delta S=\frac{\boldsymbol{p}}{p^3}\cdot\boldsymbol{n}\Delta S\quad\cdots\cdots③$$ が導かれる。

ここで，$\Delta S\to0$ とすると，$d\omega=\dfrac{\boldsymbol{p}}{p^3}\cdot\boldsymbol{n}dS\quad\cdots\cdots③'$ となるので，これを曲面 S 全体で積分すると，

$$\omega=\iint_S\frac{\boldsymbol{p}}{p^3}\cdot\boldsymbol{n}dS\quad\cdots\cdots④$$ が導かれる。

（このSが閉曲面のとき，④の右辺は“ガウスの積分”になるんだね。）

この ω を“**立体角**”と呼び，点 **O** と曲面 S を結んでできる錐体が半径 **1** の球面 **A** から切り取る面積のことなんだ。そして，S が閉曲面のとき，④は，ガウスの積分値が立体角 ω になることを示しているんだね。

(ⅰ) **O** が S の外部にあるとき，図 **7**(ⅰ) に示すように，ΔS_1 と ΔS_2 の単位法線ベクトルは⊕⊖で逆向きとなるため，互いに打ち消し合って立体角 $\omega=0$ となる。

(ⅱ) **O** が S の内部にあるとき，図 **7**(ⅱ) に示すように，**O** と S を結ぶ直線は半径 **1** の球面 **A** のすべてを切り取る。よって，立体角 ω は，**A** の全面積 $4\pi\cdot1^2=4\pi$，すなわち $\omega=4\pi$ となる。

(ⅲ) **O** が S 上にあるとき，**O** で曲面が滑らかならば，図 **7**(ⅲ) に示すように，**O** と S を結ぶ直線は，半径 **1** の球面の丁度半分を切り取る。よって，$\omega=2\pi\cdot1^2=2\pi$ となるんだね。納得いった？

図 **7** ガウスの積分と立体角 ω の関係

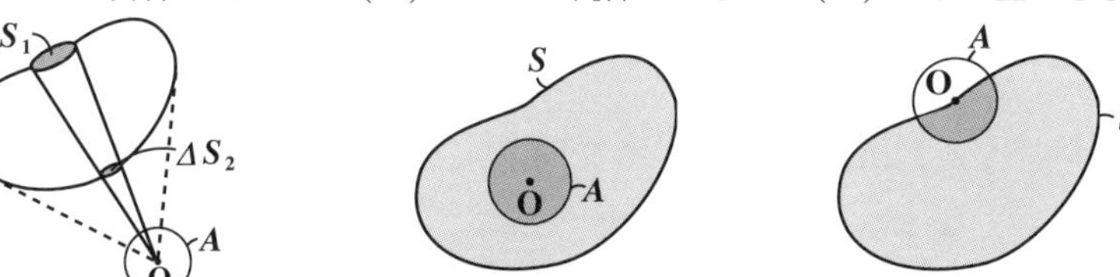

演習問題 12　● ガウスの発散定理(Ⅰ) ●

空間ベクトル場 $\boldsymbol{f}=[x^2,\ 2xy,\ z^2]$ において3つの座標平面 $x=0,\ y=0,\ z=0$ と平面 $y=1$ と曲面 $z=2-\frac{1}{2}x^2$ とで囲まれる領域を V とおく。また，V を囲む閉曲面を S とおく。このとき，面積分 $\iint_S \boldsymbol{f}\cdot\boldsymbol{n}\,dS$ を求めよ。(ただし，単位法線ベクトル $\boldsymbol{n}$ は S の内部から外部に向かう向きをとるものとする。)

ヒント！ ガウスの発散定理を使って，体積計算にもち込んで解けばいいんだね。

解答＆解説

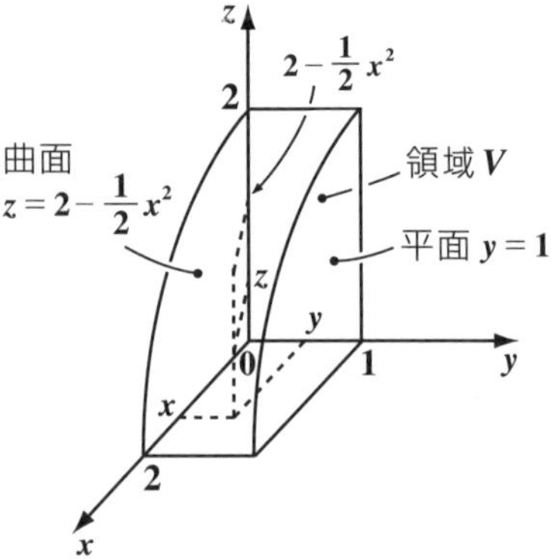

3つの座標平面 $x=0,\ y=0,\ z=0$ と $y=1$，$z=2-\frac{1}{2}x^2$ とで囲まれる領域 V は右図のようになる。ここで，ベクトル場 $\boldsymbol{f}=[x^2,\ 2xy,\ z^2]$ の発散 $\mathrm{div}\,\boldsymbol{f}$ は，$\mathrm{div}\,\boldsymbol{f}=2x+2x+2z=4x+2z$ より，ガウスの発散定理を用いると，

$$\iint_S \boldsymbol{f}\cdot\boldsymbol{n}\,dS=\iiint_V \mathrm{div}\,\boldsymbol{f}\,dV$$

$$=\int_0^2\left\{\int_0^1\left(\int_0^{2-\frac{1}{2}x^2}(4x+2z)\,dz\right)dy\right\}dx$$

$$\left[4xz+z^2\right]_0^{2-\frac{1}{2}x^2}=4x\cdot\left(2-\frac{1}{2}x^2\right)+\left(2-\frac{1}{2}x^2\right)^2=\frac{1}{4}x^4-2x^3-2x^2+8x+4$$

$$=\int_0^2\left\{\int_0^1\left(\frac{1}{4}x^4-2x^3-2x^2+8x+4\right)dy\right\}dx$$

$$\left[\left(\frac{1}{4}x^4-2x^3-2x^2+8x+4\right)y\right]_0^1=\frac{1}{4}x^4-2x^3-2x^2+8x+4$$

$$=\int_0^2\left(\frac{1}{4}x^4-2x^3-2x^2+8x+4\right)dx$$

$$=\left[\frac{1}{20}x^5-\frac{1}{2}x^4-\frac{2}{3}x^3+4x^2+4x\right]_0^2=\frac{32}{20}-8-\frac{16}{3}+16+8$$

$$=\frac{8}{5}+\frac{32}{3}=\frac{24+160}{15}=\frac{184}{15}$$ である。

実践問題 12　● ガウスの発散定理 (Ⅱ) ●

空間ベクトル場 $\boldsymbol{f}=[-2xy,\ 2y^2,\ z^2]$ において 3 つの座標平面と平面 $x=2$ と平面 $z=2-2y$ とで囲まれる領域を V とおく。また，V を囲む閉曲面を S とおく。このとき，面積分 $\iint_S \boldsymbol{f}\cdot\boldsymbol{n}\,dS$ を求めよ。(ただし，単位法線ベクトル $\boldsymbol{n}$ は S の内部から外部に向かう向きをとるものとする。)

ヒント！ ガウスの発散定理を利用して解けばいいんだね。

解答＆解説

3 つの座標平面と $x=2$，$z=2-2y$ とで囲まれる領域 V は，右図のようになる。

ここで，ベクトル場 $\boldsymbol{f}=[-2xy,\ 2y^2,\ z^2]$ の発散をとると，

$$\mathrm{div}\,\boldsymbol{f}=-2y+4y+\boxed{(ア)}=2y+\boxed{(ア)}$$

となる。

よって，ガウスの発散定理より，

$$\iint_S \boldsymbol{f}\cdot\boldsymbol{n}\,dS=\iiint_V \mathrm{div}\,\boldsymbol{f}\,dV$$

$$=\int_0^2\left\{\int_0^{\boxed{(イ)}}\left(\int_0^{\boxed{(ウ)}}(2y+\boxed{(ア)})\,dz\right)dy\right\}dx \qquad \left(\text{内側の積分}=[2yz+z^2]_0^{\boxed{(ウ)}}\right)$$

$$=\int_0^2\left\{\int_0^{\boxed{(イ)}}\left(\boxed{(エ)}\right)dy\right\}dx \qquad \left(\text{内側の積分}=[4y-2y^2]_0^{\boxed{(イ)}}\right)$$

$$=\int_0^2 2\,dx=2[x]_0^2=\boxed{(オ)}$$ である。

(ア) $2z$　(イ) 1　(ウ) $2-2y$　(エ) $4-4y$　(オ) 4

演習問題 13　● ガウスの発散定理（Ⅲ）●

空間ベクトル場 $\boldsymbol{f}=\left[\dfrac{zx^3}{3},\ \dfrac{y^3z}{3},\ z(x^2+y^2)\right]$ において，
円柱面：$x^2+y^2=2\ (0\leqq z\leqq 4)$ と 2 つの平面 $z=0$ と $z=4$ とで囲まれる領域を V とおく。また，この V を囲む閉曲面を S とおく。このとき，面積分 $\displaystyle\iint_S \boldsymbol{f}\cdot\boldsymbol{n}\,dS$ を求めよ。（ただし，単位法線ベクトル $\boldsymbol{n}$ は，S の内部から外部に向かう向きをとるものとする。）

ヒント！ 今回も，ガウスの発散定理：$\displaystyle\iint_S \boldsymbol{f}\cdot\boldsymbol{n}\,dS=\iiint_V \mathrm{div}\,\boldsymbol{f}\,dV$ を用いて，面積分を体積分に持ち込んで解く問題だね。ただし，その際に円柱座標，すなわち，$x=r\cos\theta$，$y=r\sin\theta$　$(0\leqq r\leqq\sqrt{2},\ 0\leqq\theta\leqq 2\pi)$ を利用して計算すると，計算が楽になるんだね。このとき，ヤコビアン J は $J=\begin{vmatrix} x_r & x_\theta \\ y_r & y_\theta \end{vmatrix}$ として求めよう。

解答＆解説

右図に示すように，
円柱面 $x^2+y^2=2$　$(0\leqq z\leqq 4)$ と，
（z 軸上の点を中心とする，半径$\sqrt{2}$の円柱面）
2 平面：$z=0$（xy 平面）と $z=4$ とで囲まれる領域を V とおく。
ここで，ベクトル場 $\boldsymbol{f}=\left[\dfrac{zx^3}{3},\ \dfrac{y^3z}{3},\ z(x^2+y^2)\right]$ の発散 $\mathrm{div}\,\boldsymbol{f}$ を求めると，

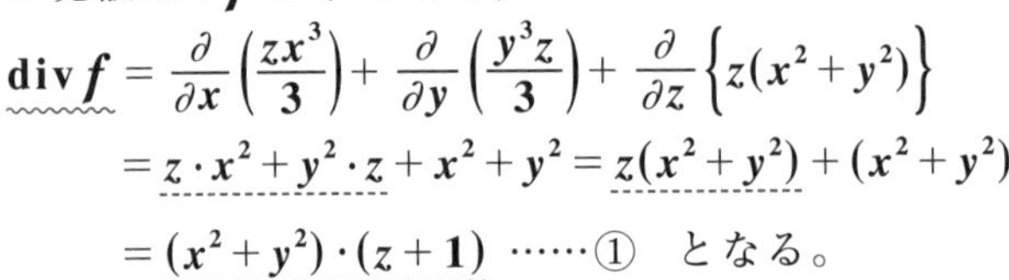

$$\mathrm{div}\,\boldsymbol{f}=\frac{\partial}{\partial x}\left(\frac{zx^3}{3}\right)+\frac{\partial}{\partial y}\left(\frac{y^3z}{3}\right)+\frac{\partial}{\partial z}\left\{z(x^2+y^2)\right\}$$
$$=z\cdot x^2+y^2\cdot z+x^2+y^2=z(x^2+y^2)+(x^2+y^2)$$
$$=(x^2+y^2)\cdot(z+1)\ \cdots\cdots ①$$ となる。

よって，①より求める面積分は，ガウスの発散定理を用いて，次のようになる。

$$\iint_S \boldsymbol{f}\cdot\boldsymbol{n}\,dS=\iiint_V \mathrm{div}\,\boldsymbol{f}\,dV=\iiint_V (x^2+y^2)(z+1)\,dx\,dy\,dz\ \cdots\cdots ②$$

ここで，xy 座標系を円筒座標系に変換すると，

$x = r\cos\theta$, $y = r\sin\theta$

$(0 \leqq r \leqq \sqrt{2}$, $0 \leqq \theta \leqq 2\pi$, $0 \leqq z \leqq 4)$

となる。ここで，

$x_r = \dfrac{\partial x}{\partial r} = \cos\theta$, $x_\theta = \dfrac{\partial x}{\partial \theta} = -r\sin\theta$

$y_r = \dfrac{\partial y}{\partial r} = \sin\theta$, $y_\theta = \dfrac{\partial y}{\partial \theta} = r\cos\theta$ より，

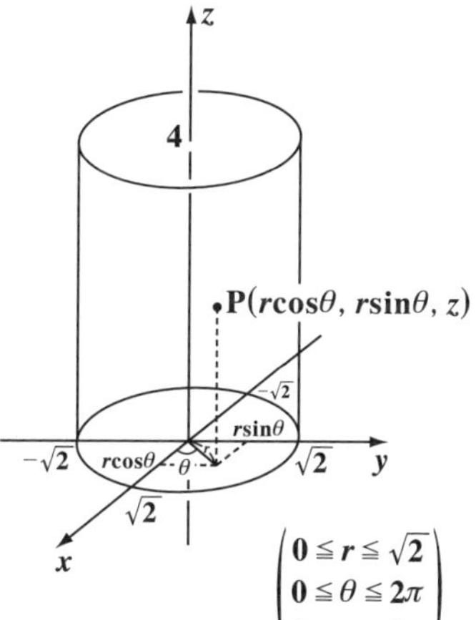

ヤコビアン J を求めると，

$$J = \begin{vmatrix} x_r & x_\theta \\ y_r & y_\theta \end{vmatrix} = \begin{vmatrix} \cos\theta & -r\sin\theta \\ \sin\theta & r\cos\theta \end{vmatrix}$$

$= r\cos^2\theta + r\sin^2\theta = r\underbrace{(\cos^2\theta + \sin^2\theta)}_{1}$ となる。

$\therefore J = r$ である。よって，

$dx\,dy\,dz = |J|\,dr\,d\theta\,dz = r\,dr\,d\theta\,dz$ となる。

以上より，②の積分計算を行うと，

$$\iint_S \boldsymbol{f}\cdot\boldsymbol{n}\,dS = \iiint_V \underbrace{(x^2+y^2)}_{r^2}\cdot(z+1)\underbrace{dx\,dy}_{r\cdot drd\theta}dz$$

$$= \int_0^4\int_0^{2\pi}\int_0^{\sqrt{2}} r^2(z+1)\cdot r\,dr\,d\theta\,dz$$

$$= \underbrace{\int_0^{\sqrt{2}} r^3 dr}_{\frac{1}{4}[r^4]_0^{\sqrt{2}} = \frac{4}{4} = 1}\cdot\underbrace{\int_0^{2\pi} d\theta}_{[\theta]_0^{2\pi} = 2\pi}\cdot\underbrace{\int_0^4 (z+1)dz}_{\left[\frac{1}{2}z^2+z\right]_0^4 = 8+4=12}$$

$= 1\cdot 2\pi\cdot 12 = 24\pi$ となる。……………………………………(答)

演習問題 14　● ガウスの発散定理 (Ⅳ) ●

空間ベクトル場 $f = \left[\frac{x^3}{3}, \frac{y^3}{3}, \frac{z^3}{3}\right]$ において，原点 0 を中心とする半径 $\sqrt{5}$ の球面：$x^2+y^2+z^2=5$ を閉曲面 S とおく。このとき，面積分 $\iint_S f\cdot n dS$ を求めよ。(ただし，単位法線ベクトル n は S の内部から外部に向かう向きをとるものとする。)

ヒント！　これも，ガウスの発散定理：$\iint_S f\cdot n dS = \iiint_V \mathrm{div} f dV$ を使って，体積分にもち込んで解けばいい。ただし，今回の体積分では，球座標，すなわち，$x = r\sin\theta\cos\varphi$，$y = r\sin\theta\sin\varphi$，$z = r\cos\theta$　$(0 \leqq \theta \leqq \pi,\ \ 0 \leqq \varphi \leqq 2\pi,\ \ 0 \leqq r \leqq \sqrt{5})$ を利用すると，計算が楽になるんだね。この場合のヤコビアン J の求め方とその結果もマスターすることだね。頑張ろう！

解答＆解説

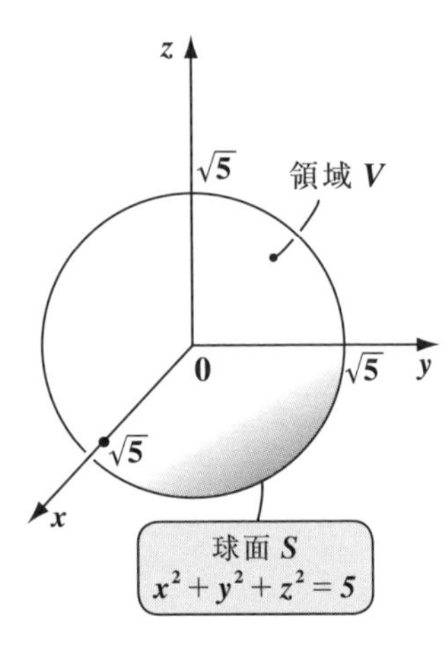

右図に示すような球面 S：

$x^2+y^2+z^2=5$ ……①

(原点 0 を中心とする半径 $\sqrt{5}$ の球面)

で囲まれる領域を V とおく。

ここで，ベクトル場 $f = \left[\frac{x^3}{3}, \frac{y^3}{3}, \frac{z^3}{3}\right]$

の発散をとると，

$$\mathrm{div} f = \frac{\partial}{\partial x}\left(\frac{x^3}{3}\right)+\frac{\partial}{\partial y}\left(\frac{y^3}{3}\right)+\frac{\partial}{\partial z}\left(\frac{z^3}{3}\right)$$

$$= x^2+y^2+z^2 \cdots\cdots ②$$ となる。

よって，求める面積分はガウスの発散定理を用いると，②より

$$\iint_S f\cdot n dS = \iiint_V \mathrm{div} f dV$$

$$= \iiint_V (x^2+y^2+z^2) dxdydz \cdots\cdots ③$$ となる。

ここで，xyz 座標を球座標に変換すると，

$x = r\sin\theta\cos\varphi$, $y = r\sin\theta\sin\varphi$,

$z = r\cos\theta$

$(0 \leqq \theta \leqq \pi,\ 0 \leqq \varphi \leqq 2\pi,\ 0 \leqq r \leqq \sqrt{5})$

となる。ここで,

$x_r = \dfrac{\partial x}{\partial r} = \sin\theta\cos\varphi$,

$x_\theta = \dfrac{\partial x}{\partial \theta} = r\cos\theta\cos\varphi$, ……などより,

このときのヤコビアン J は,

$z = r\cos\theta$

$\mathrm{P}(x, y, z)$

$r\sin\theta$

$y = r\sin\theta\sin\varphi$

$x = r\sin\theta\cos\varphi$

(球座標)

$$J = \begin{vmatrix} x_r & x_\theta & x_\varphi \\ y_r & y_\theta & y_\varphi \\ z_r & z_\theta & z_\varphi \end{vmatrix} = \begin{vmatrix} \sin\theta\cos\varphi & r\cos\theta\cos\varphi & -r\sin\theta\sin\varphi \\ \sin\theta\sin\varphi & r\cos\theta\sin\varphi & r\sin\theta\cos\varphi \\ \cos\theta & -r\sin\theta & 0 \end{vmatrix}$$

サラスの公式

$$= r^2\sin\theta\cos^2\theta\cos^2\varphi + r^2\sin^3\theta\sin^2\varphi + r^2\sin\theta\cos^2\theta\sin^2\varphi + r^2\sin^3\theta\cos^2\varphi$$

$$= r^2\sin\theta\cos^2\theta\underbrace{(\cos^2\varphi + \sin^2\varphi)}_{1} + r^2\sin^3\theta\underbrace{(\sin^2\varphi + \cos^2\varphi)}_{1}$$

この結果は覚えよう!

$$= r^2\sin\theta\cos^2\theta + r^2\sin^3\theta = r^2\sin\theta\underbrace{(\cos^2\theta + \sin^2\theta)}_{1} = r^2\sin\theta \quad \cdots\cdots ④$$ となる。

よって④より, $dxdydz = |J|\,drd\theta d\varphi = r^2\sin\theta\, drd\theta d\varphi$ ……⑤

となる。ゆえに,③は

$$\iint_S \boldsymbol{f}\cdot\boldsymbol{n}\,dS = \iiint_V (x^2+y^2+z^2)\,dxdydz$$

$(x^2+y^2+z^2)$: $r^2\sin^2\theta\cos^2\varphi + r^2\sin^2\theta\sin^2\varphi + r^2\cos^2\theta = r^2\sin^2\theta + r^2\cos^2\theta = r^2$

$dxdydz$: $r^2\sin\theta\, drd\theta d\varphi$

球座標変換のとき,
$dxdydz = r^2\sin\theta\, drd\theta d\varphi$
となる。これは,公式として覚えておこう!

$$= \int_0^{2\pi}\int_0^{\pi}\int_0^{\sqrt{5}} r^2\cdot r^2\sin\theta\, drd\theta d\varphi$$

r, θ, φ について,それぞれ独立して積分できる!

$$= \int_0^{\sqrt{5}} r^4 dr \cdot \int_0^{\pi}\sin\theta\, d\theta \cdot \int_0^{2\pi} d\varphi$$

$\left[\dfrac{1}{5}r^5\right]_0^{\sqrt{5}} = 5\sqrt{5}$　$-[\cos\theta]_0^{\pi} = 1+1 = 2$　$[\varphi]_0^{2\pi} = 2\pi$

$= 5\sqrt{5}\times 2\times 2\pi = 20\sqrt{5}\pi$ となる。……………………………(答)

§4. ストークスの定理

さァ，いよいよ“**ストークスの定理**”の解説に入ろう。これは，前回解説した“**ガウスの発散定理**”と並んで，非常に良く使われる重要な定理なんだ。この“**ストークスの定理**”は，ベクトル場の中の閉曲線で囲まれた曲面について，面積分と線積分との関係を表す公式なんだ。

ここではまず，ストークスの定理の概略を説明して，例題で練習した後，この定理の本格的な証明にもチャレンジしてみよう。

かなりレベルは高いけど，また分かりやすく解説するから，最後までシッカリついてらっしゃい。

● ストークスの定理を紹介しよう！

まず，“**ストークスの定理**”(*Stokes' theorem*)を下に示す。

ストークスの定理

右図に示すように，ベクトル場 $\boldsymbol{f}=[f,\ g,\ h]$ の中に，閉曲線 C で囲まれた曲面 S があるとき，次式が成り立つ。

$$\iint_S \mathrm{rot}\,\boldsymbol{f}\cdot\boldsymbol{n}\,dS=\oint_C \boldsymbol{f}\cdot d\boldsymbol{p}\quad\cdots\cdots(*)$$

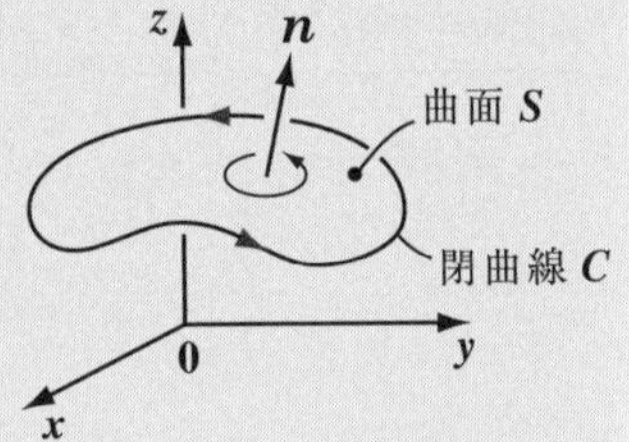

（ただし，単位法線ベクトル $\boldsymbol{n}$ を S の正の側にとり，周回積分路 C は正の向きに回るものとする。）

$\boldsymbol{f}=[f,\ g,\ h]$

$\mathrm{rot}\,\boldsymbol{f}=\left[h_y-g_z,\ f_z-h_x,\ g_x-f_y\right]$

$\boldsymbol{n}=\left[\cos\alpha,\ \cos\beta,\ \cos\gamma\right]$

$d\boldsymbol{p}=[dx,\ dy,\ dz]$ より，$(*)$ の式を具体的に書くと，

$\frac{\partial}{\partial x}$ $\frac{\partial}{\partial y}$ $\frac{\partial}{\partial z}$ $\frac{\partial}{\partial x}$

f g h f

$,\ g_x-f_y][h_y-g_z,\ f_z-h_x$

$$\iint_S\left\{(h_y-g_z)\cos\alpha+(f_z-h_x)\cos\beta+(g_x-f_y)\cos\gamma\right\}dS$$

$$=\oint_C(f\,dx+g\,dy+h\,dz)\quad\cdots\cdots(*)'$$

となる。でも，これでは少し複雑なので，ベクトル場 $\boldsymbol{f}$ を $\boldsymbol{f}=[f,\ g,\ 0]$ と，平面ベクトル場に単純化して考えてみよう。すると，

$$\mathrm{rot}\,\boldsymbol{f}=[-g_z,\ f_z,\ g_x-f_y]$$

$$\boldsymbol{n}=[\underbrace{0}_{\cos\alpha},\ \underbrace{0}_{\cos\beta},\ \underbrace{1}_{\cos\gamma}],\quad d\boldsymbol{p}=[dx,\ dy,\ dz]$$

となるので，(∗)，すなわち(∗)′は，

$$\iint_S (g_x-f_y)\underbrace{dS}_{\frac{1}{|\cos\gamma|}dx\,dy=dx\,dy}=\oint_C (f\,dx+g\,dy)\ \cdots\cdots①$$

（$\iint_S \mathrm{rot}\,\boldsymbol{f}\cdot\boldsymbol{n}\,dS=\oint_C \boldsymbol{f}\cdot d\boldsymbol{p}$ のこと）

となる。これを導いてみよう。

2 次元ベクトル場での閉曲線 C と，それに囲まれる平面(曲面) S のイメージを図 1 (ⅰ)に示す。さらに，この S を図 1 (ⅱ)に示すように，1 辺が Δx と Δy の面要素に分割し，その k 番目の要素を $\boldsymbol{c}_k$ とおく。(閉曲線 C の周辺では，いびつな形になるのは仕方がない。)

図 1　$\boldsymbol{f}=[f,\ g,\ 0]$ のときのストークスの定理

(ⅰ)

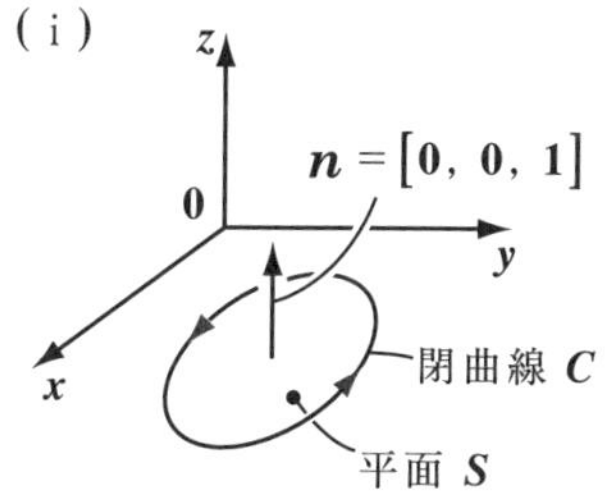

(ⅱ)

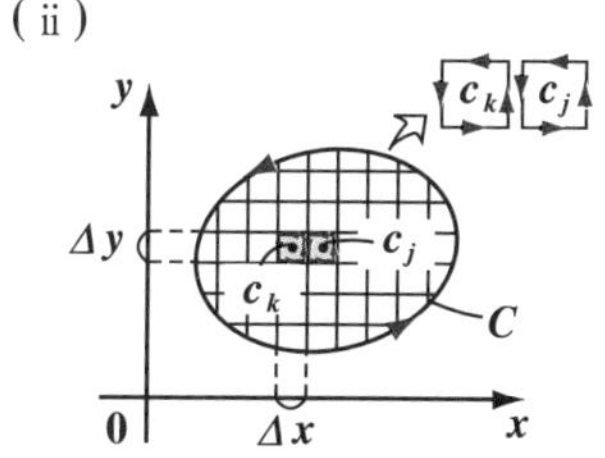

(ⅲ)

$-f\left(x,\ y+\frac{\Delta y}{2}\right)$　$\left(x-\frac{\Delta x}{2},\ y\right)$　$\left(x,\ y+\frac{\Delta y}{2}\right)$　$g\left(x+\frac{\Delta x}{2},\ y\right)$　Δy　c_k　$(x,\ y)$　$\left(x+\frac{\Delta x}{2},\ y\right)$　$-g\left(x-\frac{\Delta x}{2},\ y\right)$　$\left(x,\ y-\frac{\Delta y}{2}\right)$　Δx　$f\left(x,\ y-\frac{\Delta y}{2}\right)$

ここで，これら全要素の接線線積分の総和をとると，

$$\sum_k \oint_{c_k} \boldsymbol{f}\cdot d\boldsymbol{p}\ \cdots\cdots②\quad \text{となる。}$$

図 1 (ⅱ)に示すように，隣り合う要素では，互いに逆向きの線積分を行うので，打ち消し合って，結局②で残るのは，閉曲線 C に沿った接線線積分のみになるんだね。よって，

$$\sum_k \oint_{c_k} \boldsymbol{f}\cdot d\boldsymbol{p}=\oint_C \boldsymbol{f}\cdot d\boldsymbol{p}=\oint_C (f\,dx+g\,dy)\ \cdots\cdots③\quad \text{となる。}$$

次に，図 1 (ⅲ)に示すように，要素 $\boldsymbol{c}_k$ のまわりの接線線積分は，符号も考慮に入れて，

$$\oint_{C_k} \boldsymbol{f}\cdot d\boldsymbol{p}$$
$$= f\left(x,\ y-\frac{\Delta y}{2}\right)\Delta x + g\left(x+\frac{\Delta x}{2},\ y\right)\Delta y - f\left(x,\ y+\frac{\Delta y}{2}\right)\Delta x - g\left(x-\frac{\Delta x}{2},\ y\right)\Delta y$$
$$= \left\{g\left(x+\frac{\Delta x}{2},\ y\right) - g\left(x-\frac{\Delta x}{2},\ y\right)\right\}\Delta y - \left\{f\left(x,\ y+\frac{\Delta y}{2}\right) - f\left(x,\ y-\frac{\Delta y}{2}\right)\right\}\Delta x$$

となる。これをさらに変形して，

$$\oint_{C_k} \boldsymbol{f}\cdot d\boldsymbol{p} = \left\{\underbrace{\frac{g\left(x+\frac{\Delta x}{2},\ y\right)-g(x,\ y)}{\frac{\Delta x}{2}}}_{\frac{\partial g}{\partial x}} + \underbrace{\frac{g(x,\ y)-g\left(x-\frac{\Delta x}{2},\ y\right)}{\frac{\Delta x}{2}}}_{\frac{\partial g}{\partial x}}\right\}\frac{\Delta x}{2}\Delta y$$
$$-\left\{\underbrace{\frac{f\left(x,\ y+\frac{\Delta y}{2}\right)-f(x,\ y)}{\frac{\Delta y}{2}}}_{\frac{\partial f}{\partial y}} + \underbrace{\frac{f(x,\ y)-f\left(x,\ y-\frac{\Delta y}{2}\right)}{\frac{\Delta y}{2}}}_{\frac{\partial f}{\partial y}}\right\}\Delta x\frac{\Delta y}{2}$$

$g(x,\ y)$ を引いた分たした。

$f(x,\ y)$ を引いた分たした。

ここで，この総和をとって，$\sum_k \oint_{C_k} \boldsymbol{f}\cdot d\boldsymbol{p}$ とし，$\Delta x \to 0$，$\Delta y \to 0$ の極限をとると，これは，

$$\sum_k \oint_{C_k} \boldsymbol{f}\cdot d\boldsymbol{p} = \iint_S \left\{\left(\frac{\partial g}{\partial x}+\frac{\partial g}{\partial x}\right)\frac{1}{2}\,dx\,dy - \left(\frac{\partial f}{\partial y}+\frac{\partial f}{\partial y}\right)\frac{1}{2}\,dx\,dy\right\}$$
$$= \iint_S (g_x - f_y)\underbrace{dx\,dy}_{dS\ (\because \cos\gamma = 1)} = \iint_S (g_x - f_y)\,dS \quad \cdots\cdots ④$$ となる。

$\sum_k \oint_{C_k} \boldsymbol{f}\cdot d\boldsymbol{p} = \oint_C (f\,dx + g\,dy)$ ……③と④より，

$\boldsymbol{f} = [f,\ g,\ 0]$ におけるストークスの公式：

$$\underbrace{\iint_S (g_x - f_y)\,dS}_{\text{面積分}} = \underbrace{\oint_C (f\,dx + g\,dy)}_{\text{接線線積分 (P190)}} \quad \cdots\cdots ①$$ が導かれるんだね。

それでは，次の例題で，$\boldsymbol{f} = [f,\ g,\ 0]$ の場合にストークスの定理①が成り立つことを，確認してみよう。

例題 **48** ベクトル場 $\boldsymbol{f}=[-y,\ x,\ 0]$ に，閉曲線 $C: x^2+y^2=1\ (z=0)$ と C で囲まれる平面 (xy 平面上の円板) S がある。このとき，ストークスの定理：$\iint_S \mathrm{rot}\,\boldsymbol{f}\cdot\boldsymbol{n}\,dS=\oint_C \boldsymbol{f}\cdot d\boldsymbol{p}$ ……$(*)$ が成り立つことを確認してみよう。

"ストークスの定理" の場合，"ガウスの発散定理" と違って，左右両辺の一方が計算しやすくて他方が難しいというわけではない。このストークスの定理は，様々な物理学の重要公式を導く上で，威力を発揮する公式なんだよ。

$\boldsymbol{n}=[0,\ 0,\ 1]$　領域 M　平面 S　閉曲線 C

それでは，例題で確認してみよう。

$\boldsymbol{f}=[-y,\ x,\ 0]$ の回転をとると，$\mathrm{rot}\,\boldsymbol{f}=[0,\ 0,\ 2]$ ← $\left(\frac{\partial}{\partial x},\frac{\partial}{\partial y},\frac{\partial}{\partial z},\frac{\partial}{\partial x};\ -y,\ x,\ 0,\ -y\right)$ $[0,\ 0,\ 1-(-1)]$

となる。また，今回の曲面 S は，xy 平面上の円板なので，その単位法線ベクトル $\boldsymbol{n}$ は，明らかに，$\boldsymbol{n}=[0,\ 0,\ 1]$ （$1=\cos\gamma$）

だね。よって，$\mathrm{rot}\,\boldsymbol{f}\cdot\boldsymbol{n}=0\cdot0+0\cdot0+2\cdot1=2$ より，まず，左辺の面積分は，

$$\cdot\ ((*)\text{の左辺})=\iint_S \underbrace{\mathrm{rot}\,\boldsymbol{f}\cdot\boldsymbol{n}}_{2}\,dS=2\iint_S \underbrace{dS}_{\frac{1}{|\cos\gamma|}dx\,dy=\frac{1}{1}dx\,dy\ (\because\cos\gamma=1)}=2\underbrace{\iint_M dx\,dy}_{\pi\cdot1^2\ (S\text{の面積})}=\underline{\underline{2\pi}}\ \text{となる。}$$

次，右辺の接線線積分は，閉曲線 $C: x^2+y^2=1$ を，パラメータ t を使って，$x=\cos t,\ y=\sin t\ (0\leqq t\leqq 2\pi)$ とおくと，

$$\cdot\ ((*)\text{の右辺})=\oint_C \underbrace{\boldsymbol{f}\cdot d\boldsymbol{p}}_{[-y,\ x,\ 0]\cdot[dx,\ dy,\ 0]=-y\,dx+x\,dy}=\oint_C(-y\,dx+x\,dy)$$

$$=\int_0^{2\pi}\Bigl(-\sin t\cdot\underbrace{\frac{dx}{dt}}_{(\cos t)'=-\sin t}dt+\cos t\cdot\underbrace{\frac{dy}{dt}}_{(\sin t)'=\cos t}dt\Bigr)=\int_0^{2\pi}\underbrace{(\sin^2 t+\cos^2 t)}_{1}dt$$

$$=\int_0^{2\pi}dt=[t]_0^{2\pi}=\underline{\underline{2\pi}}\quad\text{となる。}$$

よって，この例題で，ストークスの定理が成り立つことが確認できた！大丈夫だった？　それでは，同じベクトル場 $\boldsymbol{f}=[-y,\ x,\ 0]$ で，閉曲線 C を変えた次の例題でも，確認してみよう。

例題49　ベクトル場 $\boldsymbol{f}=[-y,\ x,\ 0]$ に，4点O，A$(a,\ 0,\ 0)$，B$(a,\ b,\ 0)$，C$(0,\ b,\ 0)$ を結んで出来る閉曲線（折線）C と，C で囲まれる平面（xy 平面上の長方形）S がある。（ただし，$a>0$，$b>0$）　このとき，ストークスの定理：$\iint_S \mathrm{rot}\,\boldsymbol{f}\cdot\boldsymbol{n}\,dS=\oint_C \boldsymbol{f}\cdot d\boldsymbol{p}$ ……$(*)$ が成り立つことを確認してみよう。

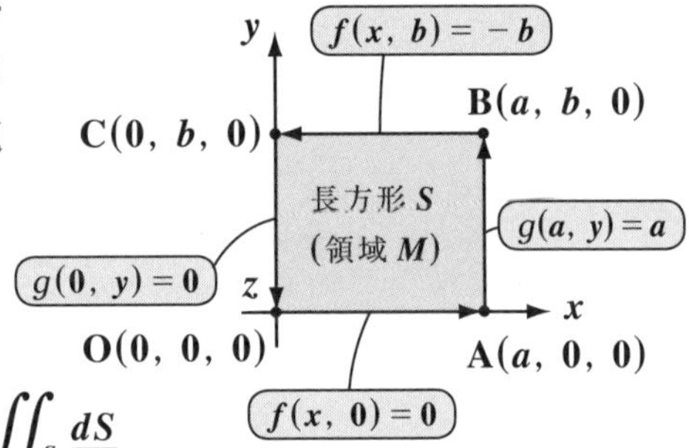

今回の閉曲線 C は，右図に示すように，4点O，A，B，Cを結ぶ長方形になる。ベクトル場 $\boldsymbol{f}=[-y,\ x,\ 0]$ の回転は，例題48と同じだから，$\mathrm{rot}\,\boldsymbol{f}=[0,\ 0,\ 2]$ だね。
また，単位法線ベクトル $\boldsymbol{n}$ も同じく，
$\boldsymbol{n}=[0,\ 0,\ \underbrace{1}_{\cos\gamma}]$ より，

・$((*)$ の左辺$)=\iint_S \underbrace{\mathrm{rot}\,\boldsymbol{f}\cdot\boldsymbol{n}}_{2}\,dS=2\iint_S \underbrace{dS}_{dx\,dy\ (\because \cos\gamma=1)}$

$$=2\underbrace{\iint_M dx\,dy}_{\text{長方形の面積 } ab}=\underline{\underline{2ab}}$$ となるんだね。

次，右辺の接線線積分も求めてみよう。ベクトル場 $\boldsymbol{f}$ を
$\boldsymbol{f}=\left[\underbrace{f(x,\ y)}_{-y},\ \underbrace{g(x,\ y)}_{x},\ 0\right]$ とおくと，$\underbrace{f(x,\ y)=-y}_{\text{ベクトル場の } x \text{ 成分}}$，$\underbrace{g(x,\ y)=x}_{y \text{ 成分}}$
となるので，右上図に示すように，OA，AB，BC，CO の各積分路における被積分関数は，それぞれ，$f(x,\ 0)=0$，$g(a,\ y)=a$，$f(x,\ b)=-b$，$g(0,\ y)=0$ となるんだね。よって，右辺の接線線積分は，

・$((*)$ の右辺$)=\int_0^a 0\,dx+\int_0^b a\,dy-\int_0^a(-b)\,dx-\int_0^b 0\,dy$

（O→A なので⊕）（A→B なので⊕）（B→C なので⊖）（C→O なので⊖）

$$=a[y]_0^b+b[x]_0^a=ab+ba=\underline{\underline{2ab}}$$ となる。

よって，この例題でも，ストークスの定理が成り立つことが確認できた。

それでは，ベクトル場 $\boldsymbol{f}=[f,\ g,\ h]$ の形での，より一般的な条件でも，ストークスの定理が成り立つことを，次の例題で確認してみよう。

> 例題 50　ベクトル場 $\boldsymbol{f}=[x-3y,\ yz^2,\ y^2z]$ に，曲面 $S: x^2+y^2+z^2=9$ $(z\geqq 0)$ と閉曲線 $C: x^2+y^2=9$ $(z=0)$ がある。このとき，ストークスの定理：
> $\iint_S \mathrm{rot}\,\boldsymbol{f}\cdot\boldsymbol{n}\,dS=\oint_C \boldsymbol{f}\cdot d\boldsymbol{p}$ ……(∗) が成り立つことを確認してみよう。
> (ただし，単位法線ベクトル $\boldsymbol{n}$ の z 成分は 0 以上とする。)

右図に示すように，曲面 S は，原点 O を中心とする半径 3 の上半球面で，その境界の閉曲線 C は，xy 平面上の原点 O を中心とする半径 3 の円になるんだね。

まず，ベクトル場 $\boldsymbol{f}=[x-3y,\ yz^2,\ y^2z]$ の回転を求めてみると，$\mathrm{rot}\,\boldsymbol{f}=[0,\ 0,\ 3]$ となる。曲面 $S: x^2+y^2+z^2=9$ $(z\geqq 0)$ より，$F(x,\ y,\ z)=x^2+y^2+z^2-9=0$ とおくと，これは，スカラー場 $F(x,\ y,\ z)$ の等位曲面の 1 つとなる。よって，その勾配ベクトル ∇F とそのノルム $\|\nabla F\|$ を求めると，

$\nabla F=[2x,\ 2y,\ 2z]$,

$\|\nabla F\|=\sqrt{(2x)^2+(2y)^2+(2z)^2}=\sqrt{4(\underbrace{x^2+y^2+z^2}_{9})}=6$　となる。

これから，曲面 S 上の点 $\mathrm{P}(x,\ y,\ z)$ における単位法線ベクトル $\boldsymbol{n}$ は，

$$\boldsymbol{n}=\frac{1}{\|\nabla F\|}\nabla F=\frac{1}{6}[2x,\ 2y,\ 2z]=\left[\frac{x}{3},\ \frac{y}{3},\ \underbrace{\frac{z}{3}}_{\cos\gamma}\right]$$ となる。

($z\geqq 0$ より，$\cos\gamma\geqq 0$ をみたす。)

よって，$\mathrm{rot}\,\boldsymbol{f}\cdot\boldsymbol{n}=[0,\ 0,\ 3]\cdot\left[\frac{x}{3},\ \frac{y}{3},\ \frac{z}{3}\right]=z$ より，まず (∗) の左辺の面積分を求めると，

$$\cdot\ ((*)\text{の左辺})=\iint_S \mathrm{rot}\,\boldsymbol{f}\cdot\boldsymbol{n}\,dS=\iint_S z\,\underbrace{dS}_{\frac{1}{|\cos\gamma|}dx\,dy=\frac{3}{z}dx\,dy}=\iint_M \cancel{z}\cdot\frac{3}{\cancel{z}}dx\,dy$$

$\left((*)\text{の左辺}\right)$の続き

・$\left((*)\text{の左辺}\right) = \iint_S \mathrm{rot}\,\boldsymbol{f}\cdot\boldsymbol{n}\,dS = \iint_M 3\,dx\,dy = 3\underbrace{\iint_M dx\,dy}_{\text{半径3の円の面積}\ \pi\cdot 3^2 = 9\pi} = \underline{\underline{27\pi}}$

となる。

次，閉曲線 C において，$z=0$ より，

$$\boldsymbol{f} = [x-3y,\ y\underset{0}{z^2},\ y^2\underset{0}{z}] = [x-3y,\ 0,\ 0]$$

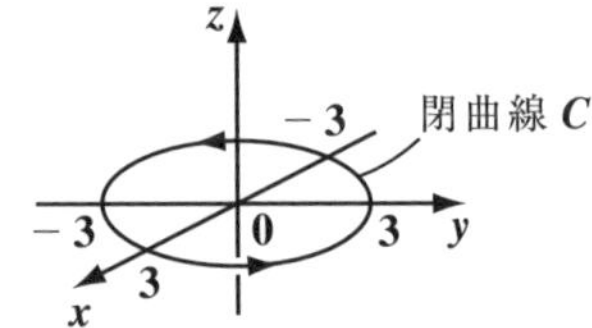

となる。よって，$(*)$の右辺の接線線積分を求めると，

・$\left((*)\text{の右辺}\right) = \oint_C \boldsymbol{f}\cdot d\boldsymbol{p} = \oint_C \left\{(x-3y)\,dx + 0\,dy + 0\cdot 0\right\}$

$$= \oint_C (x-3y)\,dx$$

ここで，$x = 3\cos t,\ y = 3\sin t\ \ (0 \leqq t \leqq 2\pi)$ とおくと，

$$\left((*)\text{の右辺}\right) = \int_0^{2\pi} (3\cos t - 9\sin t)\underbrace{\frac{dx}{dt}}_{(3\cos t)' = -3\sin t}\,dt$$

$$= \int_0^{2\pi} (27\underbrace{\sin^2 t}_{\frac{1}{2}(1-\cos 2t)} - 9\sin t\cos t)\,dt$$

$$= \int_0^{2\pi}\left(\frac{27}{2} - \frac{27}{2}\cos 2t - 9\sin t\cos t\right)dt$$

$$= \left[\frac{27}{2}t - \frac{27}{4}\sin 2t - \frac{9}{2}\sin^2 t\right]_0^{2\pi} = \frac{27}{2}\cdot 2\pi = \underline{\underline{27\pi}}\ \text{となる。}$$

これから，$\boldsymbol{f} = [f,\ g,\ h]$ の形のベクトル場の例題においても，ストークスの定理$(*)$が成り立つことが確認できたんだね。

それではこれから，ベクトル場 $\boldsymbol{f} = [f,\ g,\ h]$ における一般の“ストークスの定理”$(*)$の証明にチャレンジしてみよう。普通，ストークスの定理の証明と言った場合，前述した $\boldsymbol{f} = [f,\ g,\ 0]$ の特殊な場合の証明で済まされてしまうことが多いと思う。でも，こんな有名な定理だ！ その証明を避けて通るわけにはいかないからね。確かに，レベルは上がるけど，ここまで頑張ってきたキミ達なら大丈夫だ。シッカリ解説するから，ヨ～ク聞いてくれ。

● グリーンの定理の証明から始めよう！

ストークスの定理：$\iint_S \mathrm{rot}\,\boldsymbol{f}\cdot\boldsymbol{n}\,dS = \oint_C \boldsymbol{f}\cdot d\boldsymbol{p}$ ……(＊) の証明に，“**平面のグリーンの定理**”が必要となるので，まずこの定理を紹介しておこう。

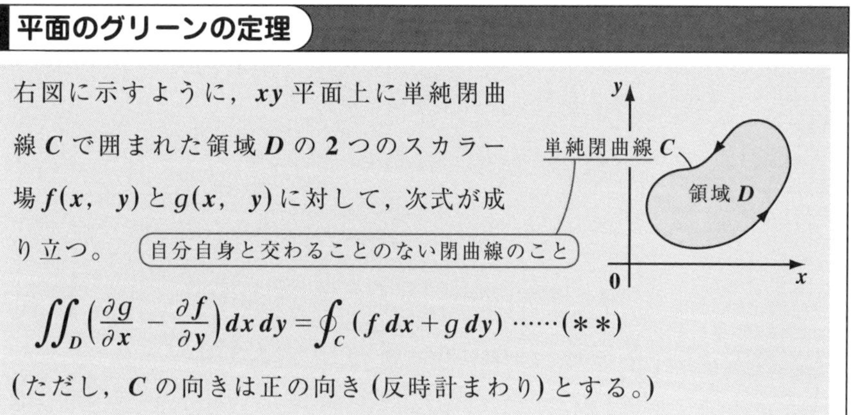

平面のグリーンの定理

右図に示すように，xy 平面上に単純閉曲線 C で囲まれた領域 D の2つのスカラー場 $f(x,\ y)$ と $g(x,\ y)$ に対して，次式が成り立つ。（自分自身と交わることのない閉曲線のこと）

$$\iint_D \left(\frac{\partial g}{\partial x} - \frac{\partial f}{\partial y}\right) dx\,dy = \oint_C (f\,dx + g\,dy) \quad \cdots\cdots(＊＊)$$

(ただし，C の向きは正の向き (反時計まわり) とする。)

この“平面のグリーンの定理”を見て，アレ？と思った方も多いと思う。そう，これはベクトル場を $\boldsymbol{f} = [f,\ g,\ 0]$ とおいた特殊な場合の“ストークスの定理”の式 (**P233** ①式) そのものなんだね。だから覚えやすいはずだ。しかし，「“ストークスの定理”の特殊な場合として“平面のグリーンの定理”が導かれ，この“平面のグリーンの定理”を使って，一般の“ストークスの定理”を証明する」というのであれば，循環論法に陥ってしまうことになるね。よって，ここでは，(＊＊) は“ストークスの定理”の特殊な場合ではなく，あくまでも“平面のグリーンの定理”と見て，まずこれをキチンと証明することにしよう。そして，これを使って，一般の“ストークスの定理”を証明することにしよう。

実は，(＊＊) の式は，次の **2** つの公式に分解される。

$$\begin{cases} (\mathrm{i})\ \ -\iint_D \dfrac{\partial f}{\partial y}\,dx\,dy = \oint_C f\,dx \quad \cdots\cdots(\mathrm{a}) \\ (\mathrm{ii})\ \ \iint_D \dfrac{\partial g}{\partial x}\,dx\,dy = \oint_C g\,dy \quad \cdots\cdots\cdots(\mathrm{b}) \end{cases}$$

そして，(a)＋(b) として，まとめたものが，(＊＊) の公式だったんだ。
それでは，個別に証明していこう。

（この“平面のグリーンの定理”は，「**複素関数キャンパス・ゼミ**」(マセマ) でも証明している。）

(i) $-\iint_D \frac{\partial f}{\partial y}\,dx\,dy = \oint_C f\,dx$ ……(a)の証明

図2 グリーンの定理の証明(i)

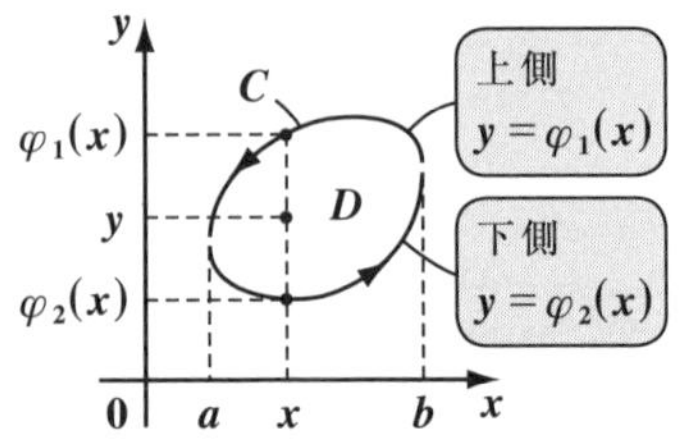

図2に示すように，単純閉曲線 C を上下2つの曲線に分割して，

$$\begin{cases} \text{上側}：y=\varphi_1(x) \\ \text{下側}：y=\varphi_2(x) \end{cases}$$ とおくと，

((a)の左辺)は，累次積分として計算できるので，

$$((\text{a})\text{の左辺}) = -\iint_D \frac{\partial f(x,\ y)}{\partial y}\,dx\,dy = -\int_a^b \left\{ \underbrace{\int_{\varphi_2(x)}^{\varphi_1(x)} \frac{\partial f(x,\ y)}{\partial y}\,dy}_{} \right\} dx$$

$\left[f(x,\ y)\right]_{\varphi_2(x)}^{\varphi_1(x)} = f(x,\ \varphi_1(x)) - f(x,\ \varphi_2(x))$

$$= -\int_a^b \left\{ f(x,\ \varphi_1(x)) - f(x,\ \varphi_2(x)) \right\} dx$$

$$= \int_a^b f(x,\ \varphi_2(x))\,dx - \int_a^b f(x,\ \varphi_1(x))\,dx$$

$$= \int_a^b f(x,\ \varphi_2(x))\,dx + \int_b^a f(x,\ \varphi_1(x))\,dx$$

上・下の曲線に沿った線積分で，結局この和が1周線積分になる！

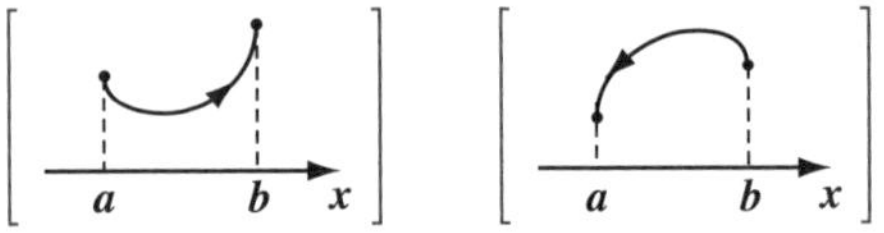

$$= \oint_C f(x,\ y)\,dx = \oint_C f\,dx = ((\text{a})\text{の右辺})$$ となって，終了だ！

(ii) $\iint_D \frac{\partial g}{\partial x}\,dx\,dy = \oint_C g\,dy$ ……(b)の証明

図3 グリーンの定理の証明(ii)

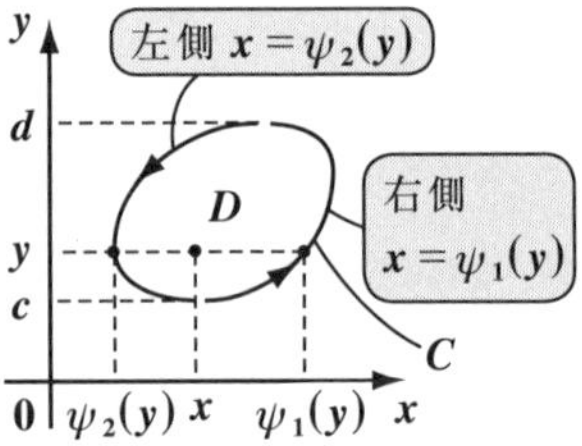

左側 $x=\psi_2(y)$

右側 $x=\psi_1(y)$

図3に示すように，単純閉曲線 C を左右2つの曲線に分割して，

$$\begin{cases} \text{右側}：x=\psi_1(y) \\ \text{左側}：x=\psi_2(y) \end{cases}$$ とおくと，

((b)の左辺)は累次積分で計算できるので，

$$((\text{b})\text{の左辺}) = \iint_D \frac{\partial g(x,\ y)}{\partial x}\,dx\,dy = \int_c^d \left\{ \underbrace{\int_{\psi_2(y)}^{\psi_1(y)} \frac{\partial g(x,\ y)}{\partial x}\,dx}_{} \right\} dy$$

$\left[g(x,\ y)\right]_{\psi_2(y)}^{\psi_1(y)} = g(\psi_1(y),\ y) - g(\psi_2(y),\ y)$

$$((\text{b})\text{の左辺}) = \int_c^d \{g(\psi_1(y),\ y) - g(\psi_2(y),\ y)\}\,dy$$
$$= \int_c^d g(\psi_1(y),\ y)\,dy + \int_d^c g(\psi_2(y),\ y)\,dy$$

左・右の曲線に沿った線積分で，結局この和が1周線積分になる！

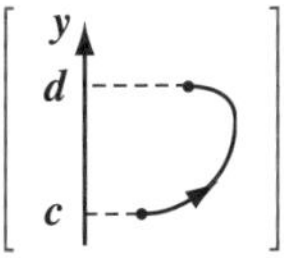

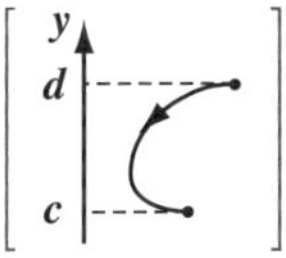

$$= \oint_C g(x,\ y)\,dy = \oint_C g\,dy = ((\text{b})\text{の右辺})$$

となって，これも証明終了だ！

そして，以上より，(a)＋(b)から，**“平面のグリーンの定理”**：

$$\iint_D \left(\frac{\partial g}{\partial x} - \frac{\partial f}{\partial y}\right) dx\,dy = \oint_C (f\,dx + g\,dy) \quad \cdots\cdots(**)$$ が導けるんだね。

● ストークスの定理を証明しよう！

さァ，準備も整ったので，いよいよ，$\boldsymbol{f} = [f,\ g,\ h]$ のときの一般の

“ストークスの定理”：$\iint_S \mathbf{rot}\,\boldsymbol{f}\cdot\boldsymbol{n}\,dS = \oint_C \boldsymbol{f}\cdot d\boldsymbol{p} \quad \cdots\cdots(*)$

の証明に入ろう。$(*)$ を展開してまとめると，$(*)'$ (P232) より，

$$\iint_S \{(h_y - g_z)\cos\alpha + (f_z - h_x)\cos\beta + (g_x - f_y)\cos\gamma\}\,dS = \oint_C (f\,dx + g\,dy + h\,dz)$$

$$= (f_z\cos\beta - f_y\cos\gamma) + (g_x\cos\gamma - g_z\cos\alpha) + (h_y\cos\alpha - h_x\cos\beta)$$

$$\iint_S (f_z\cos\beta - f_y\cos\gamma)\,dS + \iint_S (g_x\cos\gamma - g_z\cos\alpha)\,dS + \iint_S (h_y\cos\alpha - h_x\cos\beta)\,dS$$
$$= \oint_C f\,dx + \oint_C g\,dy + \oint_C h\,dz$$

となり，これから，$(*)$ のストークスの公式は，実は次の**3**つの公式に分解される。

$$\begin{cases} \iint_S (f_z\cos\beta - f_y\cos\gamma)\,dS = \oint_C f\,dx & \cdots\cdots ① \\ \iint_S (g_x\cos\gamma - g_z\cos\alpha)\,dS = \oint_C g\,dy & \cdots\cdots ② \\ \iint_S (h_y\cos\alpha - h_x\cos\beta)\,dS = \oint_C h\,dz & \cdots\cdots ③ \end{cases}$$

← f の式
← g の式
← h の式

そして，①＋②＋③により，“ストークスの公式”$(*)$ が導かれるんだね。
ここで，①を証明すれば，②，③は同様に証明できる。

よって，ここでは，$\iint_S (f_z\cos\beta - f_y\cos\gamma)\,dS = \oint_C f\,dx$ ……①のみを証明することにしよう。

参考

ここで，面要素ベクトル $d\boldsymbol{S} = \boldsymbol{n}dS$ について，さらに深めておこう。**P198** で，$d\boldsymbol{S}$ の公式として次式を示した。

$$d\boldsymbol{S} = \boldsymbol{n}dS = [\ \cos\alpha dS,\quad \cos\beta dS\quad ,\quad \cos\gamma dS\quad]$$

$$= \left[\pm\left|\frac{\partial(y,\ z)}{\partial(u,\ v)}\right|du\,dv,\ \pm\left|\frac{\partial(z,\ x)}{\partial(u,\ v)}\right|du\,dv,\ \pm\left|\frac{\partial(x,\ y)}{\partial(u,\ v)}\right|du\,dv\right]\cdots\text{(a)}$$

$\cos\alpha$ の⊕, ⊖と一致する　$\cos\beta$ の⊕, ⊖と一致する　$\cos\gamma$ の⊕, ⊖と一致する

これは，$d\boldsymbol{S}$ の(a)式の各成分の符号を，個別に方向余弦から定める手法を示したものだった。これに対して，次のように $d\boldsymbol{S}$ を(b)式で表すこともできる。

$$d\boldsymbol{S} = \boldsymbol{n}dS = \quad [\quad \cos\alpha dS\quad ,\quad \cos\beta dS\quad ,\quad \cos\gamma dS\quad]$$

$$= \pm\left[\frac{\partial(y,\ z)}{\partial(u,\ v)}du\,dv,\ \frac{\partial(z,\ x)}{\partial(u,\ v)}du\,dv,\ \frac{\partial(x,\ y)}{\partial(u,\ v)}du\,dv\right]\cdots\text{(b)}$$

(b)は，次のように求められる。

曲面 S が，$\boldsymbol{p}(u,\ v) = [x(u,\ v),\ y(u,\ v),\ z(u,\ v)]$ で与えられた場合，その単位法線ベクトル $\boldsymbol{n}$ は，

$$\boldsymbol{n} = \pm\frac{1}{\left\|\frac{\partial\boldsymbol{p}}{\partial u}\times\frac{\partial\boldsymbol{p}}{\partial v}\right\|}\,\frac{\partial\boldsymbol{p}}{\partial u}\times\frac{\partial\boldsymbol{p}}{\partial v}$$

$\boldsymbol{n}$ は⊕, ⊖の **2** 通りが考えられる。

$$[x_u,\ y_u,\ z_u]\times[x_v,\ y_v,\ z_v]$$
$$= [y_uz_v - z_uy_v,\ z_ux_v - x_uz_v,\ x_uy_v - y_ux_v]$$
$$= \left[\frac{\partial(y,\ z)}{\partial(u,\ v)},\ \frac{\partial(z,\ x)}{\partial(u,\ v)},\ \frac{\partial(x,\ y)}{\partial(u,\ v)}\right]$$

$$= \pm\frac{1}{K}\left[\frac{\partial(y,\ z)}{\partial(u,\ v)},\ \frac{\partial(z,\ x)}{\partial(u,\ v)},\ \frac{\partial(x,\ y)}{\partial(u,\ v)}\right]$$

$\left(\text{ただし，} K = \left\|\frac{\partial\boldsymbol{p}}{\partial u}\times\frac{\partial\boldsymbol{p}}{\partial v}\right\| \text{とおいた。}\right)$

と表せる。これから，面要素ベクトル $d\boldsymbol{S} = \boldsymbol{n}dS$ は，

$$d\boldsymbol{S} = \boldsymbol{n}dS = \pm\frac{1}{K}\left[\frac{\partial(y, z)}{\partial(u, v)}, \frac{\partial(z, x)}{\partial(u, v)}, \frac{\partial(x, y)}{\partial(u, v)}\right]dS$$

$$= \pm\left[\frac{\partial(y, z)}{\partial(u, v)}\frac{dS}{K}, \frac{\partial(z, x)}{\partial(u, v)}\frac{dS}{K}, \frac{\partial(x, y)}{\partial(u, v)}\frac{dS}{K}\right]$$

($\frac{dS}{K} = du\,dv$)

なぜなら，
$dS = K\,du\,dv$
$= \left\|\frac{\partial \boldsymbol{p}}{\partial u} \times \frac{\partial \boldsymbol{p}}{\partial v}\right\| du\,dv$
(P117) だからね。

$$= \pm\left[\frac{\partial(y, z)}{\partial(u, v)}du\,dv, \frac{\partial(z, x)}{\partial(u, v)}du\,dv, \frac{\partial(x, y)}{\partial(u, v)}du\,dv\right] \cdots\text{(b)}$$

と表せるんだね。この(b)式から，

$$d\boldsymbol{S} = [\cos\alpha dS, \cos\beta dS, \cos\gamma dS]$$

$$= \begin{cases} \left[\frac{\partial(y, z)}{\partial(u, v)}du\,dv, \frac{\partial(z, x)}{\partial(u, v)}du\,dv, \frac{\partial(x, y)}{\partial(u, v)}du\,dv\right] \\ -\left[\frac{\partial(y, z)}{\partial(u, v)}du\,dv, \frac{\partial(z, x)}{\partial(u, v)}du\,dv, \frac{\partial(x, y)}{\partial(u, v)}du\,dv\right] \end{cases}$$

となるので，今回の①の証明においても，

(i) $[\cos\beta dS, \cos\gamma dS] = \left[\frac{\partial(z, x)}{\partial(u, v)}du\,dv, \frac{\partial(x, y)}{\partial(u, v)}du\,dv\right]$

か，または，

(ii) $[\cos\beta dS, \cos\gamma dS] = \left[-\frac{\partial(z, x)}{\partial(u, v)}du\,dv, -\frac{\partial(x, y)}{\partial(u, v)}du\,dv\right]$

の **2** 通りを調べればいい。

曲面 S が，$z = \varphi(x, y)$ で与えられた場合の $d\boldsymbol{S}$ も同様に考えると，**P198** の $d\boldsymbol{S}$ の公式は，次のような二者択一形式の公式として表すこともできるんだよ。まとめて，示しておこう。

$$d\boldsymbol{S} = \boldsymbol{n}dS = [\cos\alpha dS, \cos\beta dS, \cos\gamma dS]$$

$$= \pm\left[\frac{\partial(y, z)}{\partial(u, v)}du\,dv, \frac{\partial(z, x)}{\partial(u, v)}du\,dv, \frac{\partial(x, y)}{\partial(u, v)}du\,dv\right]$$

$\frac{\partial(x, y)}{\partial(u, v)}$：これは，⊕または⊖
よって，$\cos\gamma$ の正負だけではこの⊕, ⊖ は決まらない！

$$= \pm[-\varphi_x dx\,dy, -\varphi_y dx\,dy, dx\,dy]$$

$dx\,dy$ = $1 \cdot dx\,dy$：1 これは⊕
よって，$\cos\gamma > 0$ ならば，これは⊕になる。

これも頭に入れておこう！

それでは，$\iint_S (f_z\cos\beta - f_y\cos\gamma)\, dS = \oint_C f\, dx$ ……①の証明に入ろう。

ここで，曲面 S が 2 つのパラメータ u，v により，$\boldsymbol{p}(u,\ v)$ で表されているものとしよう。($(u,\ v)$ は，領域 D を動くものとする。) すると，

$[\cos\beta dS,\ \cos\gamma dS] = \pm\left[\dfrac{\partial(z,\ x)}{\partial(u,\ v)}du\,dv,\ \dfrac{\partial(x,\ y)}{\partial(u,\ v)}du\,dv\right]$ より，

ここでは，$\cos\beta dS = \dfrac{\partial(z,\ x)}{\partial(u,\ v)}du\,dv,\ \cos\gamma dS = \dfrac{\partial(x,\ y)}{\partial(u,\ v)}du\,dv$ として，

$\cos\beta dS = -\dfrac{\partial(z,\ x)}{\partial(u,\ v)}du\,dv,\ \cos\gamma dS = -\dfrac{\partial(x,\ y)}{\partial(u,\ v)}du\,dv$ のときも同様に証明できる。自分で確かめてごらん。

①の左辺を変形することにしよう。

$$(①の左辺) = \iint_S (f_z\underline{\cos\beta\, dS} - f_y\underline{\cos\gamma\, dS})$$

$\dfrac{\partial(z,\ x)}{\partial(u,\ v)}du\,dv = (z_ux_v - x_uz_v)\,du\,dv$

$\dfrac{\partial(x,\ y)}{\partial(u,\ v)}du\,dv = (x_uy_v - y_ux_v)\,du\,dv$

$$= \iint_D \{f_z(z_ux_v - x_uz_v)\,du\,dv - f_y(x_uy_v - y_ux_v)\,du\,dv\}$$

$$= \iint_D \{(f_yy_u + f_zz_u)x_v - (f_yy_v + f_zz_v)x_u\}\,du\,dv$$

x_v と x_u とでまとめた。

$f_xx_ux_v$ をたした分，引いた！

$$= \iint_D \{(\underline{f_xx_u + f_yy_u + f_zz_u})x_v - (\underline{f_xx_v + f_yy_v + f_zz_v})x_u\}\,du\,dv$$

$\dfrac{\partial f}{\partial x}\cdot\dfrac{\partial x}{\partial u} + \dfrac{\partial f}{\partial y}\cdot\dfrac{\partial y}{\partial u} + \dfrac{\partial f}{\partial z}\cdot\dfrac{\partial z}{\partial u} = \dfrac{\partial f}{\partial u} = f_u$

$\dfrac{\partial f}{\partial x}\cdot\dfrac{\partial x}{\partial v} + \dfrac{\partial f}{\partial y}\cdot\dfrac{\partial y}{\partial v} + \dfrac{\partial f}{\partial z}\cdot\dfrac{\partial z}{\partial v} = \dfrac{\partial f}{\partial v} = f_v$

$$= \iint_D (f_ux_v - f_vx_u)\,du\,dv$$

(fx_{vu} をたした分，fx_{uv} を引いた。(ただし，$x_{uv}=x_{vu}$ とする。))

$$(①の左辺)=\iint_D \{(\underbrace{f_u x_v + f x_{vu}}_{(fx_v)_u}) - (\underbrace{f_v x_u + f x_{uv}}_{(fx_u)_v})\}\,du\,dv$$

$$=\iint_D \left\{\frac{\partial}{\partial u}\left(f\frac{\partial x}{\partial v}\right)-\frac{\partial}{\partial v}\left(f\frac{\partial x}{\partial u}\right)\right\}du\,dv$$

$$=\oint_{C'}\left(\underbrace{f\frac{\partial x}{\partial u}}_{これを F}du+\underbrace{f\frac{\partial x}{\partial v}}_{これを G とおくといい。}dv\right)$$

(平面のグリーンの定理より，
$\iint_D (G_u - F_v)\,du\,dv = \oint_{C'}(F\,du + G\,dv)$
(C' は D を囲む閉曲線))

$$=\oint_{C'} f\underbrace{\left(\frac{\partial x}{\partial u}du+\frac{\partial x}{\partial v}dv\right)}_{dx\ (全微分)}=\oint_C f\,dx=(①の右辺)$$ となって，

証明終了だ！ ここまで，大丈夫だった？

後は，$\iint_S (g_x\cos\gamma - g_z\cos\alpha)\,dS=\oint_C g\,dy$ ……②も，

$\iint_S (h_y\cos\alpha - h_x\cos\beta)\,dS=\oint_C h\,dz$ ……③も同様に証明できるので，①＋②＋③より，ストークスの定理：

$$\iint_S \mathrm{rot}\,\boldsymbol{f}\cdot\boldsymbol{n}\,dS=\oint_C \boldsymbol{f}\cdot d\boldsymbol{p}\ \cdots\cdots(*)$$

の証明が完成するんだね。納得いった？

以上で，「**ベクトル解析キャンパス・ゼミ**」の講義はすべて終了です！最後まで読破するのは，かなり大変だったと思う。だけど，途中に様々な数学的な発見や，物理的なエピソードがちりばめられていたので，楽しい道のりでもあったと思う。

このベクトル解析をマスターすることによって初めて，本格的な理論解析や物理学を学習していく基礎が出来上がったと言えるんだ。最後に解説した“ガウスの発散定理”や“ストークスの定理”も，実は，力学や流体力学，電磁気学など，様々な分野で非常に重要な役割を果たすことになるんだよ。

これらについてはまた，「**力学キャンパス・ゼミ**」や「**電磁気学キャンパス・ゼミ**」の中で，詳しく解説しよう。楽しみにしてくれ。

でも今は，先走ることはないよ。この「**ベクトル解析キャンパス・ゼミ**」を自分で納得がいくまで，何度でも繰り返し練習することだ。そして，これをシッカリマスターした後で，さらに応用分野を目指して頑張ってくれたらいいんだよ。

キミ達の成長を，心より楽しみにしている。

マセマ代表　馬場敬之（けいし）

演習問題 15　● ストークスの定理 (I) ●

ベクトル場 $\boldsymbol{f}=[x-y,\ x^2+y^2,\ 0]$ に，閉曲線 $C：x^2+y^2=25\,(z=0)$ と C で囲まれる xy 平面上の円 S がある。このとき，ストークスの定理：$\displaystyle\iint_S \mathrm{rot}\,\boldsymbol{f}\cdot\boldsymbol{n}\,dS=\oint_C \boldsymbol{f}\cdot d\boldsymbol{p}$ ……$(*)$ が成り立つことを確認せよ。
（ただし，単位法線ベクトル $\boldsymbol{n}$ の z 成分は 0 以上とする。）

ヒント！ 曲面 S が xy 平面上の円とその内部：$x^2+y^2\leqq 25\ (z=0)$ より，この単位法線ベクトル $\boldsymbol{n}$ は $\boldsymbol{n}=[0,\ 0,\ 1]$ となるんだね。$(*)$ の左辺と右辺をそれぞれ計算して，これらが一致することを確認してみよう。

解答＆解説

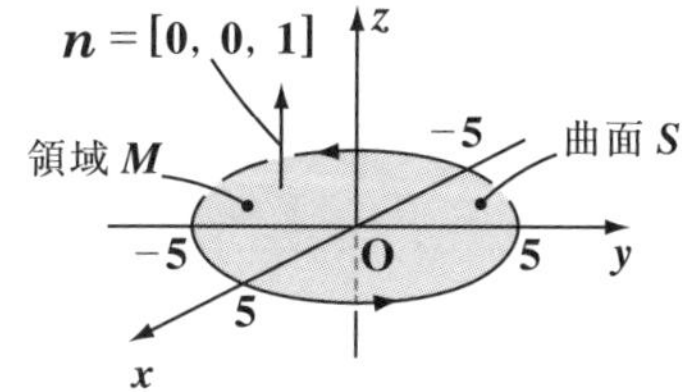

曲面 S は，xy 平面上の原点 O を中心とする半径 5 の円とその内部である。

$S：x^2+y^2\leqq 25$ ……①　$(z=0)$

よって，この法線ベクトル $\boldsymbol{n}$ は，

$\boldsymbol{n}=[0,\ 0,\ 1]$（$1$ は $\cos\gamma$）である。

次に，ベクトル場 $\boldsymbol{f}$ の回転を求めると，

$\mathrm{rot}\,\boldsymbol{f}=[0,\ 0,\ 2x+1]$ である。

$$\begin{array}{cccc}\frac{\partial}{\partial x} & \frac{\partial}{\partial y} & \frac{\partial}{\partial z} & \frac{\partial}{\partial x}\\ x-y & x^2+y^2 & 0 & x-y\\ 2x-(-1)] & [0-0, & 0-0, & \end{array}$$

(i) よって，$\mathrm{rot}\,\boldsymbol{f}\cdot\boldsymbol{n}=[0,\ 0,\ 2x+1]\cdot[0,\ 0,\ 1]$

$=2x+1$ より，$(*)$ の左辺は，

$$((*)\text{の左辺})=\iint_S \mathrm{rot}\,\boldsymbol{f}\cdot\boldsymbol{n}\,dS=\iint_S(2x+1)\,dS=\iint_M(2x+1)\,dxdy \cdots②$$

$$dS=\frac{1}{|\cos\gamma|}dxdy=\frac{1}{1}dxdx\ (\because \cos\gamma=1)$$

今回，領域 M は，曲面 S（xy 平面上の半径 5 の円板）と一致するので，
$x=r\cos\theta,\ y=r\sin\theta\ (0\leqq r\leqq 5,\ 0\leqq\theta\leqq 2\pi)$ とおいて座標を $(x,\ y)$ から極座標 $(r,\ \theta)$ に変換すると，

$dxdy=|J|drd\theta=rdrd\theta$ となる。（J：ヤコビアン）

よって，②をさらに変形して，

$$((*)\text{の左辺})=\iint_M (2\underbrace{x}_{r\cos\theta}+1)\underbrace{dxdy}_{rdrd\theta}$$

$$=\iint_D 2r^2\cos\theta drd\theta+\iint_D rdrd\theta$$

$$=2\int_0^5 r^2dr\underbrace{\int_0^{2\pi}\cos\theta d\theta}_{[\sin\theta]_0^{2\pi}=0}+\int_0^5 rdr\cdot\int_0^{2\pi}1\cdot d\theta$$

$$=\frac{1}{2}\left[r^2\right]_0^5\times\left[\theta\right]_0^{2\pi}=\frac{25}{2}\times 2\pi=25\pi \quad \cdots\cdots ③$$ となる。

θ
2π
D
0
5 r

(ii) 次に，閉曲線 C に沿う，1 周線積分，すなわち，$((*)$の右辺$)$を求めると，

z
−5
C
−5
0
5
y
5
x

$$((*)\text{の右辺})=\oint_C \underbrace{\boldsymbol{f}\cdot d\boldsymbol{p}}_{[x-y,\ x^2+y^2,\ 0]\cdot[dx,\ dy,\ 0]=(x-y)dx+(x^2+y^2)dy}$$

$$=\oint_C\{(x-y)dx+(x^2+y^2)dy\} \quad \cdots\cdots ④$$ となる。

ここで，$x=5\cos t$，$y=5\sin t$ $(0\leqq t\leqq 2\pi)$ とおくと，

点 (x, y) は円 C 上を 1 周する。

$$((*)\text{の右辺})=\int_0^{2\pi}\left\{5(\cos t-\sin t)\underbrace{\frac{dx}{dt}}_{-5\sin t}dt+\underbrace{25}_{25(\cos^2t+\sin^2t)}\cdot\underbrace{\frac{dy}{dt}}_{5\cos t}dt\right\}$$

$$=\int_0^{2\pi}\left\{25(\underbrace{\sin^2t}_{\frac{1}{2}(1-\cos 2t)}-\sin t\cos t)+125\cos t\right\}dt$$

$$=\left[25\left\{\frac{1}{2}\left(t-\frac{1}{2}\sin 2t\right)-\frac{1}{2}\sin^2t\right\}+125\sin t\right]_0^{2\pi}$$

$$=25\times\frac{1}{2}\times 2\pi=25\pi \quad \cdots\cdots ④$$ となって，③と一致する。

以上(i)(ii)より，ストークスの定理が成り立つことが確認できた。…(終)

演習問題 16 ● ストークスの定理(Ⅱ)●

ベクトル場 $\boldsymbol{f}=[y,\ 3x,\ 0]$ に，3 点 $\mathrm{O}(0,\ 0,\ 0)$，$\mathrm{A}(4,\ 0,\ 0)$，$\mathrm{B}(0,\ 2,\ 0)$ を結んで出来る閉曲線(折線) C と，C で囲まれる平面(xy 平面上の $\triangle\mathrm{OAB}$)がある。このとき，

ストークスの定理：$\iint_S \mathrm{rot}\,\boldsymbol{f}\cdot\boldsymbol{n}\,dS=\oint_C \boldsymbol{f}\cdot d\boldsymbol{p}$ ……(＊)

が成り立つことを確認せよ。

ヒント！ $\triangle\mathrm{OAB}$ は，xy 平面上の図形なので，その法線ベクトル $\boldsymbol{n}$ は $\boldsymbol{n}=[0,\ 0,\ 1]$ となる。(＊)の左辺は，$\mathrm{rot}\,\boldsymbol{f}\cdot\boldsymbol{n}$ を求めて面積分し，(＊)の右辺は，(i) $\mathrm{O}\to\mathrm{A}$，(ii) $\mathrm{A}\to\mathrm{B}$，(iii) $\mathrm{B}\to\mathrm{O}$ の 3 通りに場合分けして，各線積分の和を求めるといいんだね。

解答＆解説

$\boldsymbol{f}=[y,\ 3x,\ 0]$ の回転を求めると，$\mathrm{rot}\,\boldsymbol{f}=[0,\ 0,\ 2]$ となる。また，曲面 S は，xy 平面上の $\triangle\mathrm{OAB}$ より，この単位法線ベクトル $\boldsymbol{n}$ は，$\boldsymbol{n}=[0,\ 0,\ \underset{\cos\gamma}{1}]$ となる。

rot$\boldsymbol{f}$ の計算

$$\frac{\partial}{\partial x}\quad\frac{\partial}{\partial y}\quad\frac{\partial}{\partial z}\quad\frac{\partial}{\partial x}$$
$$y\qquad 3x\qquad 0\qquad y$$
$$3-1\ ][\ 0,\qquad 0,$$

z，$\boldsymbol{n}=[0,\ 0,\ 1]$，O，$\mathrm{B}(0,\ 2,\ 0)$，$y$，$S$，領域 M，$\mathrm{A}(4,\ 0,\ 0)$，x

・$\mathrm{rot}\,\boldsymbol{f}\cdot\boldsymbol{n}=[0,\ 0,\ 2]\cdot[0,\ 0,\ 1]=2$ ……① であり，

また，$d\boldsymbol{p}=[dx,\ dy,\ dz]$ より，

・$\boldsymbol{f}\cdot d\boldsymbol{p}=[y,\ 3x,\ 0]\cdot[dx,\ dy,\ dz]=ydx+3xdy$ ……② である。

以上より，(＊)の公式の左右両辺を調べると，

(Ⅰ)((＊)の左辺) $=\iint_S \underbrace{\mathrm{rot}\,\boldsymbol{f}\cdot\boldsymbol{n}}_{2(①より)}\ \underbrace{dS}_{\frac{1}{|\cos\gamma|}dxdy}$

$=2\underbrace{\iint_M 1\cdot dxdy}=2\times4=8$ ……③ となる。

$\triangle\mathrm{OAB}$ の面積のこと。よって，$\frac{1}{2}\times4\times2=4$

y，2，B，領域 M，A，O，4，x

(Ⅱ)(＊)の右辺の積分路 C に沿った周回線積分は，右図に示すように，3 つの経路の線積分に分解される。

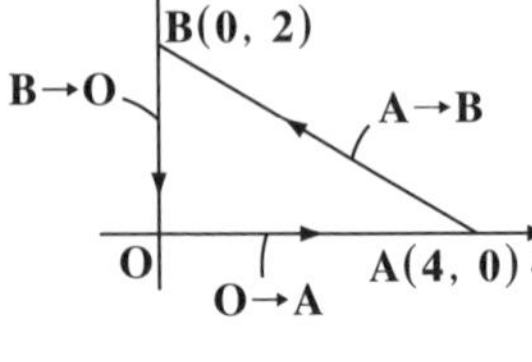

$$((*)\text{の右辺}) = \oint_C \underbrace{\boldsymbol{f}\cdot d\boldsymbol{p}}_{ydx+3xdy\ (②\text{より})}$$

$$= \oint_C (ydx + 3xdy) = \underbrace{\int_{O\to A}}_{(\mathrm{i})} + \underbrace{\int_{A\to B}}_{(\mathrm{ii})} + \underbrace{\int_{B\to O}}_{(\mathrm{iii})} \quad \cdots\cdots ④$$

各経路の積分を求めると，

(ⅰ) $\displaystyle\int_{O\to A}(\underbrace{y}_{0}dx + 3x\underbrace{dy}_{0})$ について，$y = 0$ (一定) より，$dy = 0$

$$\therefore \int_{O\to A}(0\cdot dx + 3x\cdot 0) = 0 \quad \cdots\cdots ⑤ \quad \text{となる。}$$

(ⅱ) $\displaystyle\int_{A\to B}(ydx + 3xdy)$ について，パラメータ (媒介変数) t を用いて，

$t:0\to 4$，$x = 4 - t$，$y = \dfrac{1}{2}t$ より， ← $t:0\to 4$ のとき，$x:4\to 0$，$y:0\to 2$

$dx = -1\cdot dt$，$dy = \dfrac{1}{2}\cdot dt$ となる。よって，

$$\int_0^4\left\{\underbrace{\frac{1}{2}t}_{y}\cdot\underbrace{(-1)dt}_{dx} + 3\underbrace{(4-t)}_{x}\cdot\underbrace{\frac{1}{2}dt}_{dy}\right\} = \int_0^4 \underbrace{(-2t+6)}_{-\frac{1}{2}t+6-\frac{3}{2}t}dt$$

$$= \left[-t^2 + 6t\right]_0^4 = -16 + 24 = 8 \quad \cdots\cdots ⑥ \quad \text{となる。}$$

(ⅲ) $\displaystyle\int_{B\to O}(y\underbrace{dx}_{0} + 3\underbrace{x}_{0}dy)$ について，$x = 0$(一定) より，$dx = 0$

$$\therefore \int_{B\to O}(y\cdot 0 + 3\cdot 0\cdot dy) = 0 \quad \cdots\cdots ⑦ \quad \text{となる。}$$

以上 (ⅰ)，(ⅱ)，(ⅲ) の⑤，⑥，⑦を④に代入すると，

$((*)\text{の右辺}) = 0 + 8 + 0 = 8$ ……⑧ となる。

以上 (Ⅰ)，(Ⅱ) の③と⑧より，(＊) が成り立つことが確認された。……(終)

演習問題 17 ● ストークスの定理 (Ⅲ) ●

ベクトル場 $\boldsymbol{f}=[-2xy-y,\ 2z-x^2,\ 2y]$ に，曲面 S：$x^2+y^2+z^2=4$ $(z\geqq 0)$ と閉曲線 C：$x^2+y^2=4$ $(z=0)$ がある。このとき，ストークスの定理 $\iint_S \mathrm{rot}\,\boldsymbol{f}\cdot\boldsymbol{n}\,dS=\oint_C \boldsymbol{f}\cdot d\boldsymbol{p}$ ……(＊) が成り立つことを確認せよ。(ただし，単位法線ベクトル $\boldsymbol{n}$ の z 成分は 0 以上とする。)

ヒント！ ストークスの定理(＊)の左辺と右辺を計算して，一致することを示せばいい。

解答＆解説

曲面 S は，原点 O を中心とする半径 2 の上半球面で，その境界の閉曲線 C は xy 平面上の原点 O を中心とする半径 2 の円である。

曲面 S (上半球面)　$\boldsymbol{n}=\left[\frac{x}{2},\ \frac{y}{2},\ \frac{z}{2}\right]$　領域 M　閉曲線 C (円)

S の xy 平面への正射影を領域 M とおく。

・ベクトル場 $\boldsymbol{f}$ の回転を求めると，

$\mathrm{rot}\,\boldsymbol{f}=[0,\ 0,\ 1]$ となる。

$\frac{\partial}{\partial x}$　$\frac{\partial}{\partial y}$　$\frac{\partial}{\partial z}$　$\frac{\partial}{\partial x}$

$-2xy-y$　$2z-x^2$　$2y$　$-2xy-y$

$-2x-(-2x-1)]$　$[2-2,$　$0-0,$

・曲面 S：$x^2+y^2+z^2=4$ $(z\geqq 0)$ より，

$F(x,\ y,\ z)=x^2+y^2+z^2-4=0$ とおくと，これはスカラー場 $F(x,\ y,\ z)$ の等位曲面の 1 つである。よって，その勾配ベクトル ∇F とそのノルムは，

$\nabla F=[2x,\ 2y,\ 2z]$

$\|\nabla F\|=\sqrt{(2x)^2+(2y)^2+(2z)^2}=\sqrt{4(\underbrace{x^2+y^2+z^2}_{4})}=4$　である。

これから，曲面 S 上の点 $\mathrm{P}(x,\ y,\ z)$ における単位法線ベクトル $\boldsymbol{n}$ は，

$$\boldsymbol{n}=\frac{1}{\|\nabla F\|}\nabla F=\frac{1}{4}[2x,\ 2y,\ 2z]=\left[\frac{x}{2},\ \frac{y}{2},\ \underbrace{\frac{z}{2}}_{\cos\gamma}\right]$$

$z\geqq 0$ より $\cos\gamma\geqq 0$ をみたす。

(i) よって，$\mathrm{rot}\,\boldsymbol{f}\cdot\boldsymbol{n}=[0,\ 0,\ 1]\cdot\left[\frac{x}{2},\ \frac{y}{2},\ \frac{z}{2}\right]=\frac{z}{2}$ より，(＊) の左辺は，

$$((*)\text{の左辺})=\iint_S \mathrm{rot}\,\boldsymbol{f}\cdot\boldsymbol{n}\,dS=\iint_S \frac{z}{2}\,dS=\iint_M \frac{z}{2}\cdot\frac{2}{z}\,dx\,dy$$

$\frac{1}{|\cos\gamma|}dx\,dy=\frac{2}{z}dx\,dy$

$$\therefore\ ((*)\text{の左辺})=\iint_M dx\,dy=\pi\cdot 2^2=4\pi \quad\cdots\cdots①\quad \text{となる。}$$

半径 2 の円の面積 $\pi\cdot 2^2=4\pi$

(ii) 次に，閉曲線 C において，$z=0$ より，

$$\boldsymbol{f}=[-2xy-y,\ 2z-x^2,\ 2y]=[-2xy-y,\ -x^2,\ 2y]$$

($z=0$)

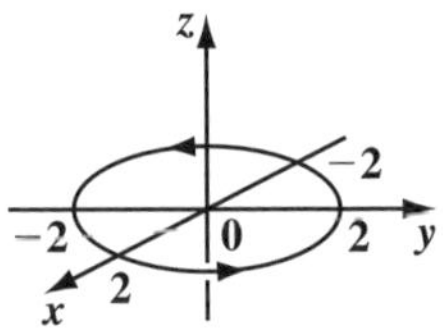

よって，(*)の右辺は，

$$((*)\text{の右辺})=\oint_C \boldsymbol{f}\cdot d\boldsymbol{p}$$

$$=\oint_C\{(-2xy-y)\,dx+(-x^2)\,dy+2y\,dz\}$$

$0\ (\because z=0)$

ここで，$x=2\cos t$，$y=2\sin t\ (0\leqq t\leqq 2\pi)$ とおくと，

$dx=-2\sin t\,dt$，$dy=2\cos t\,dt$ より，

$$((*)\text{の右辺})=\int_0^{2\pi}\{(\underbrace{-8\sin t\cos t-2\sin t}_{-2xy-y})(\underbrace{-2\sin t)dt}_{dx}\underbrace{-4\cos^2 t}_{-x^2}\cdot\underbrace{2\cos t\,dt}_{dy}\}$$

$$=16\int_0^{2\pi}\sin^2 t\cos t\,dt+4\int_0^{2\pi}\sin^2 t\,dt-8\int_0^{2\pi}\cos^3 t\,dt$$

$\frac{1}{3}[\sin^3 t]_0^{2\pi}=0$

$\int_0^{2\pi}\frac{1-\cos 2t}{2}dt=\frac{1}{2}\left[t-\frac{1}{2}\sin 2t\right]_0^{2\pi}=\frac{1}{2}\times 2\pi=\pi$

$\int_0^{2\pi}(1-\sin^2 t)\cdot\cos t\,dt$

$\sin t=u$ とおくと，$t:0\to 2\pi$，$u:0\to 0$，$\cos t\,dt=du$ より，

$\int_0^0(1-u^2)du=0$

$=4\pi\ \cdots\cdots②$ となる。

以上 (i), (ii) の①, ②より，(*)の両辺は共に 4π となるので，ストークスの定理 (*)が成り立つことが確認できた。……………………………………(終)

講義4 ● 線積分と面積分　公式エッセンス

1. 勾配ベクトル ∇f の接線線積分

勾配ベクトル場 ∇f 中の曲線 C : $\boldsymbol{p}(t)=[x(t),\ y(t),\ z(t)]$ について,

$$\int_C \nabla f\cdot d\boldsymbol{p}=\int_C \underbrace{\left(\frac{\partial f}{\partial x}dx+\frac{\partial f}{\partial y}dy+\frac{\partial f}{\partial z}dz\right)}_{df}=[f(\mathrm{p})]_{\mathrm{A}}^{\mathrm{B}}=f(\mathrm{B})-f(\mathrm{A})$$

df ← f の全微分

曲線 C の始点 A, 終点 B のみで決まる。

2. 面要素 dS によるスカラー場の面積分

空間スカラー場 $f(x,\ y,\ z)$ 中の曲面 S : $z=\varphi(x,\ y)$ について,

$$\iint_S f\,dS=\iint_S f(x,\ y,\ \varphi(x,\ y))\,dS=\iint_S f(x,\ y,\ \varphi(x,\ y))\underbrace{\sqrt{\varphi_x{}^2+\varphi_y{}^2+1}}_{\left\|\frac{\partial \boldsymbol{p}}{\partial x}\times\frac{\partial \boldsymbol{p}}{\partial y}\right\|}\,dxdy$$

3. 面要素ベクトル $d\boldsymbol{S}$ によるスカラー場の面積分

空間スカラー場 $f(x,\ y,\ z)$ 中の曲面 S : $z=\varphi(x,\ y)$ について,

$$\iint_S f\,d\boldsymbol{S}=\iint_S f(x,\ y,\ \varphi(x,\ y))\,d\boldsymbol{S}=\left[\pm\iint_M f|\varphi_x|dxdy,\ \pm\iint_M f|\varphi_y|dxdy,\ \pm\iint_M f\,dxdy\right]$$

4. 面要素ベクトル $d\boldsymbol{S}$ と面要素 dS

(Ⅰ) $d\boldsymbol{S}=\boldsymbol{n}dS=[\cos\alpha dS,\ \cos\beta dS,\ \cos\gamma dS]=[\pm dydz,\ \pm dzdx,\ \pm dxdy]$

$$=\left[\pm\left|\frac{\partial(y,\ z)}{\partial(u,\ v)}\right|du\,dv,\ \pm\left|\frac{\partial(z,\ x)}{\partial(u,\ v)}\right|du\,dv,\ \pm\left|\frac{\partial(x,\ y)}{\partial(u,\ v)}\right|du\,dv\right]$$

← $\boldsymbol{p}(u,\ v)$ のとき

$$=[\pm|\varphi_x|dxdy,\ \pm|\varphi_y|dxdy,\ \pm dxdy]$$

← $z=\varphi(x,\ y)$ のとき

(Ⅱ) $dS=\left\|\dfrac{\partial \boldsymbol{p}}{\partial u}\times\dfrac{\partial \boldsymbol{p}}{\partial v}\right\|du\,dv=\sqrt{\varphi_x{}^2+\varphi_y{}^2+1}\,dxdy=\dfrac{1}{|\cos\alpha|}dydz=\dfrac{1}{|\cos\beta|}dzdx=\dfrac{1}{|\cos\gamma|}dxdy$

(S が $\boldsymbol{p}(u,\ v)$ のとき)　(S が $z=\varphi(x,\ y)$ のとき)

5. ガウスの発散定理

閉曲面 S で囲まれた領域 V におけるベクトル場 $\boldsymbol{f}$ について,

$$\iiint_V \mathrm{div}\boldsymbol{f}\,dV=\iint_S \boldsymbol{f}\cdot\boldsymbol{n}\,dS$$

6. ストークスの定理

ベクトル場 $\boldsymbol{f}$ の中に閉曲線 C で囲まれた曲面 S があるとき,

$$\iint_S \mathrm{rot}\,\boldsymbol{f}\cdot\boldsymbol{n}\,dS=\oint_C \boldsymbol{f}\cdot d\boldsymbol{p}$$

Term・Index

あ行

か行

さ行

スバラシク実力がつくと評判の
ベクトル解析 キャンパス・ゼミ
改訂7

マセマ

著　者　馬場 敬之
発行者　馬場 敬之
発行所　マセマ出版社

〒 **332-0023** 埼玉県川口市飯塚 **3-7-21-502**
TEL 048-253-1734　FAX 048-253-1729
Email：**info@mathema.jp**
https://www.mathema.jp

校閲・校正　高杉 豊　秋野 麻里子
制作協力　久池井 茂　久池井 努　印藤 治
滝本 隆　野村 烈　野村 直美
滝本 修二　栄 瑠璃子
間宮 栄二　町田 朱美
カバーデザイン　馬場 冬之
ロゴデザイン　馬場 利貞
印刷所　中央精版印刷株式会社

平成 **19** 年 **6** 月 **5** 日　初版発行
平成 **25** 年 **2** 月 **26** 日　改訂 **1** **4** 刷
平成 **27** 年 **3** 月 **29** 日　改訂 **2** **4** 刷
平成 **28** 年 **12** 月 **23** 日　改訂 **3** **4** 刷
平成 **30** 年 **4** 月 **13** 日　改訂 **4** **4** 刷
令和 元 年 **12** 月 **15** 日　改訂 **5** **4** 刷
令和 **3** 年 **11** 月 **12** 日　改訂 **6** **4** 刷
令和 **5** 年 **1** 月 **21** 日　改訂 **7**　初版発行

ISBN978-4-86615-283-7 3041
落丁・乱丁本はお取りかえいたします。